ANATOMIE FONCTIONNELLE DE L'APPAREIL LOCOMOTEUR

os – articulations – muscles

ANATOMIE FONCTIONNELLE DE L'APPAREIL LOCOMOTEUR
os – articulations – muscles

deuxième édition revue et corrigée

par

Michel GUAY, Ph.D.,
Université Laurentienne

et

Claude CHAPLEAU,
Université de Montréal

1993
LES PRESSES DE L'UNIVERSITÉ DE MONTRÉAL
C.P. 6128, succ. A, Montréal (Qc), Canada, H3C 3J7

Dépôt légal, pour la première édition, 3e trimestre 1991

DEUXIÈME ÉDITION
revue et corrigée

ISBN 2-7606-1617-7
Dépôt légal, 3e trimestre 1993 - Bibliothèque nationale du Québec

REMERCIEMENTS

Les auteurs tiennent à manifester leur gratitude à l'égard des institutions et des personnes suivantes :

L'École de l'activité physique de l'Université Laurentienne.

Le Département d'éducation physique de l'Université de Montréal et son secrétariat, plus particulièrement Madame Lucie Senneville, secrétaire.

Monsieur Pierre-Paul Chapleau pour la réalisation des dessins.

Monsieur Normand Montagne pour la prise de photographies.

Les étudiantes et étudiants du Département d'éducation physique de l'Université de Montréal :

Mesdames	Messieurs
Nancy Demers	Alain Bilodeau
Pascale Deslières	Alfredo Munoz
Sylvie Fréchette	Luc Lauzon
Nathalie Lambert	

qui servirent de modèles pour les photographies de cet ouvrage.

À tous et à chacun, un grand merci.

M.G.
C.C.

PRÉAMBULE

La présentation de cet ouvrage vise à offrir au lecteur une introduction à l'étude de l'anatomie fonctionnelle de l'appareil locomoteur. Dans ce livre nous abordons l'étude de trois grands ensembles indispensables au mouvement : l'ostéologie, l'arthrologie et la myologie. L'approche utilisée propose au lecteur une connaissance des structures squelettique et musculaire, de leurs interrelations ainsi que de leur motilité en regard des mouvements humains.

Cet ouvrage se subdivise en quinze thèmes. Le premier thème traite de l'historique et d'une terminologie utilisée en anatomie. Les thèmes deux, trois et quatre abordent respectivement les généralités sur les os, les articulations et les muscles. Les thèmes cinq à quatorze présentent une anatomie régionale en plus d'offrir un examen macroscopique de plusieurs régions telles : la ceinture scapulaire, le poignet, le thorax, la ceinture pelvienne, etc. Pour chacune de ces régions, on examine les os, les articulations, les muscles et les mouvements qui en découlent. Finalement, le thème quinze indique les différentes étapes à la réalisation d'une analyse cinésiologique.

Ce livre s'adresse d'une part à toute personne intéressée à l'étude de l'anatomie d'un point de vue académique et d'autre part, à tous les professionnels de l'activité physique qui y trouveront sans doute le lien indispensable entre le théorique et le pratique. Par contre, cet ouvrage ne se veut pas uniquement d'ordre académique. Nous sommes convaincus qu'il pourra rendre de précieux services à toutes les personnes intéressées aux mouvements humains et à qui des êtres humains peuvent leur être confiés.

M.G.
C.C.

TABLE DES MATIÈRES

page

REMERCIEMENTS 7

PRÉAMBULE 9

I : Introduction

Les techniques d'exploration 17
Division de l'anatomie 19
Définitions 19
Positions corporelles 20
Termes d'orientation 22
Axes et plans corporels 23
Régions corporelles 24
Personnages importants 29
Sachez que... 29

II : Généralités sur les os

Introduction 31
Os du squelette 31
Fonctions du squelette 34
Classification des os 35
Anatomie macroscopique de l'os 36
Anatomie microscopique de l'os 37
Vascularisation de l'os 38
Tissu cartilagineux 39
Tissu osseux 40
Ossification 41
Croissance de l'os 43
Facteurs influençant le développement des os 45

Terminologie 46
Sachez que... 47

III : Généralités sur les articulations

Classification 49
Types de mouvements 54
Types d'articulations synoviales 55
Mouvements spécifiques à diverses régions 58
Sachez que... 60

IV : Généralités sur les muscles

Les muscles 63
Tissu musculaire 63
Innervation 66
Enveloppes d'un muscle 69
Points d'attaches 69
Forme des muscles squelettiques 70
Action des muscles 71
Sachez que... 72

V : La ceinture scapulaire

Os de la ceinture scapulaire 75
Articulations de la ceinture scapulaire 77
Mouvements de la ceinture scapulaire 79
Muscles de la ceinture scapulaire 80
Sachez que... 86

VI : L'épaule

Os de l'épaule 87
Articulation de l'épaule 88
Mouvements à l'épaule 89
Muscles de l'épaule 91
Sachez que... 97

VII : Le coude et l'avant-bras

Os de l'avant-bras 99
Articulation au coude 101
Articulations de l'avant-bras 103
Mouvements au coude et de l'avant-bras 104
Muscles du coude et de l'avant-bras 105
Sachez que... 111

VIII : Le poignet et la main

Os du poignet et de la main 113
Articulations au poignet et de la main 115

Mouvements du poignet et de la main 118
Muscles agissant au niveau du poignet 120
Muscles agissant sur les doigts 124
Muscles intrinsèques 127
Sachez que... 138

IX : La colonne vertébrale

Os de la colonne vertébrale 139
Articulations de la colonne vertébrale 146
Mouvements de la colonne vertébrale 148
Muscles de la colonne vertébrale 152
Fléchisseur latéral 153
Fléchisseurs 156
Extenseurs 159
Sachez que... 159

X : Le thorax

Os du thorax 163
Articulations du thorax 165
Mouvements du thorax 166
Muscles du thorax 167
Sachez que... 170

XI : La ceinture pelvienne et la cuisse

Os de la ceinture pelvienne 173
Cavités pelviennes 175
Os de la cuisse 176
Articulations du pelvis et de la hanche 178
Mouvements à la hanche 180
Muscles agissant sur l'articulation de la hanche 182
Sachez que... 189

XII : La jambe

Os de la jambe 193
Articulations de la jambe et au genou 195
Mouvements de l'articulation au genou 197
Muscles de l'articulation au genou 198
Sachez que... 201

XIII : La cheville, le pied et les orteils

Os de la cheville 203
Os du pied 204
Os des orteils 204
Arcs du pied 205
Articulation de la cheville 205
Articulations du pied 206

Articulations des orteils 207
Mouvements du pied 208
Muscles extrinsèques de la cheville et du pied 209
Muscles intrinsèques du pied 215
Sachez que... 221

XIV : La tête

Os de la tête 223
Articulations de la tête 228
Muscles de la face 229
Muscles de la mastication 231
Muscles de la langue 232
Muscles du cou 232
Sachez que... 233

XV : Analyse du mouvement humain

Introduction 235
Définitions 235
Leviers 236
Centres de gravité des segments corporels 238
Contraction musculaire squelettique 238
Analyse du mouvement 239
Sachez que... 244

APPENDICE A — Artères et veines du corps

Figure A.1 = Principales artères systémiques 246
Figure A.2 = Principales artères du membre supérieur 247
Figure A.3 = Principales artères du membre inférieur 248
Figure A.4 = Principales veines du corps 249
Figure A.5 = Veines superficielles du membre supérieur 250
Figure A.6 = Veines superficielles du membre inférieur 251

APPENDICE B — Muscles du corps

Figure B.1 = Muscles superficiels de la face antérieure du corps 254
Figure B.2 = Muscles profonds de la face antérieure du corps 255
Figure B.3 = Muscles superficiels de la face postérieure du corps 256
Figure B.4 = Muscles du thorax et les os 257
Figure B.5 = Muscles de l'abdomen 258
Figure B.6 = Muscles du dos 259
Figure B.7 = Muscles profonds du dos 260
Photo B.1 = Muscles et repères osseux du membre supérieur droit (antérieur) 261
Photo B.2 = Muscles et repères osseux du membre supérieur droit (latéropostérieur) 262
Photo B.3 = Muscles et repères osseux du membre inférieur gauche (antérieur) 263
Photo B.4 = Muscles et repères osseux du membre inférieur gauche (postérieur, superficiel) 264

Photo B.5 = Muscles et repères osseux du membre inférieur gauche (postérieur, profond) 265

APPENDICE C — Les nerfs

Figure C.1 = Vue de la base de l'encéphale montrant les nerfs crâniens 268
Figure C.2 = Nerfs spinaux (vue dorsale) 269
Figure C.3 = Branches du plexus cervical 270
Figure C.4 = Plexus brachial 271
Figure C.5 = Plexus lombal 272
Figure C.6 = Plexus sacral et honteux 273

APPENDICE D — Squelette et principales articulations

Photo D.1 = Squelette (antérieur) 276
Photo D.2 = Squelette (postérieur) 277

INDEX DES OS 279

INDEX DES ARTICULATIONS 281

INDEX DES MUSCLES 283

INDEX DES FIGURES 287

INDEX DES PHOTOS 294

INDEX DES TABLEAUX 296

BIBLIOGRAPHIE 298

I

Introduction

LES TECHNIQUES D'EXPLORATION

Le XXe siècle marque un tournant majeur dans l'étude de l'anatomie, grâce aux technologies de pointe qui nous permettent d'analyser beaucoup plus à fond le corps humain et ses multiples composantes.

Aujourd'hui, la tomodensitométrie (scanner), l'échographie, l'endoscopie et d'autres techniques avancées de recherche, ouvrent de nouvelles avenues vers une meilleure compréhension du fonctionnement de la machine humaine.

Sans prétendre dresser la liste complète des procédés et techniques dont nous disposons en cette fin de siècle, nous passerons en revue les procédés les plus utilisés et les mieux maîtrisés à l'heure actuelle pour l'exploration des cellules, des organes et des tissus qui composent notre corps.

DISSECTION

La dissection est le procédé qui consiste à découper un cadavre afin de comprendre de quelle façon un corps vivant est construit. C'est l'approche qui a donné son nom à la science, car le sens littéral du mot « anatomie » signifie découper ou disséquer. Dès 1561, Vésale, le père de l'anatomie moderne, écrivait : « Il faut que j'examine ce véritable livre qu'est le nôtre : le corps de l'homme ». La dissection est en effet à la base des deux principaux chapitres de l'anatomie :

a) Descriptive : qui étudie la morphologie (morphê = forme, logos = science) des différents organes, appareils et systèmes qui constituent le corps humain, c'est-à-dire leur forme et leur structure;

b) Topographique ou régionale : qui étudie les rapports qui s'établissent entre les différents organes, dans une même région du corps humain.

MICROSCOPIE

L'étude à l'aide du microscope a permis de comprendre la structure des organes. Elle constitue un lien essentiel entre l'anatomie et la physiologie. C'est également cette technique qui favorisa l'étude du développement de l'embryon humain.

Les microscopes permettent d'observer les cellules de notre organisme, invisibles à l'œil nu. Avec un microscope classique (optique), l'image est grossie par réfraction de rayons lumineux ordinaires sur des lentilles, généralement regroupées en deux ensembles : une près de l'objet, l'autre près de l'observateur. Pour examiner du tissu cellulaire, il faut en préparer des coupes très fines, les contraster au colorant, si nécessaire, puis les placer sur de petites plaques de verre (les lames). La plupart des appareils produisent un éclairage sous l'échantillon pour en faciliter l'observation.

Le microscope électronique, beaucoup plus puissant, est apparu dans les années 1930. Son principe est identique. Cependant, le grossissement n'est pas obtenu à partir de lumière ordinaire, mais par un faisceau d'électrons, petites particules chargées d'électricité. De nos jours, c'est l'appareil le plus fréquemment utilisé pour étudier les cellules du corps humain.

RADIOLOGIE

La radiologie a fourni des renseignements précieux sur la structure des organes. Les rayons X furent découverts par Röntgen en 1895. Ces rayons traversent facilement les tissus mous, mais ils sont arrêtés par les os, les dents, les objets métalliques, les sels de métaux ou métalloïdes lourds (baryum, bismuth, iode). On se sert donc d'appareils radiographiques pour examiner les os. Lors d'une radiographie, quand le patient se tient devant une plaque photographique, l'ombre de son squelette se projette sur cette plaque et l'impressionne. On obtient ainsi une photographie de l'ossature.

En s'aidant de produits de contraste on peut étudier également les organes creux et obtenir l'image du moule intérieur de cet organe. Les principales substances de contraste sont le sulfate de baryum (tube digestif) et de nombreux dérivés iodés (voies biliaires, urinaires). Ainsi, l'angiographie est la radiographie des vaisseaux après injection d'un produit de contraste.

SCANNER

Le scanner permet d'obtenir des images des diverses parties de l'organisme en coupes fines. L'image obtenue sur écran fournit beaucoup plus d'informations qu'une radiographie ordinaire. Le scanner utilise le principe de la tomographie. Un étroit pinceau de rayons X traverse le corps et est recueilli à sa sortie par des détecteurs qui transmettent les données à un ordinateur. La source de rayons X et les détecteurs tournent autour du corps dans un même plan, fournissant des données à l'ordinateur pour chacun des angles. L'ordinateur enregistre les données et reconstitue point par point une image nette de la coupe considérée. Les premiers scanners, mis au point en 1972, ne permettaient que d'explorer le cerveau. Dans l'abdomen, c'est l'exploration des organes pleins (foie, reins, pancréas) qui ont le plus bénéficié du scanner tandis que celles des organes creux (tube digestif, voies urinaires, etc.) reste du domaine de la radiologie classique.

GAMMAGRAPHIE

La gammagraphie ou scintigraphie est l'examen d'un organe, fait grâce à l'accumulation de radio-isotopes (émetteurs de rayons gamma) à ce niveau sur cet organe. La thyroïde a été le premier organe étudié en gammagraphie avec l'iode 131. On détecte ainsi les goitres et les tumeurs de la glande. On peut également faire des gammagraphies du foie, des reins, du cerveau et du squelette.

ÉCHOGRAPHIE

L'échographie est une technique d'exploration des organes, basée sur la réflexion des ultrasons. L'échographie permet la localisation précise des structures internes des organes, sans préparation et sans danger. On explore ainsi le cerveau, l'œil et l'utérus gravide.

ENDOSCOPIE

L'endoscopie est une méthode d'examen qui consiste à introduire un tube optique muni d'un système d'éclairage (endoscope) dans les cavités naturelles, afin de les examiner. L'endoscope fonctionne comme un « télescope » flexible que l'on introduit dans le corps. Des rayons lumineux sont véhiculés par de minces fibres de verre (technique de la fibre optique) jusqu'à la zone à examiner, et l'image est renvoyée au médecin. Il existe plusieurs types d'appareils : les bronchoscopes servent à explorer les poumons et les bronches; les gastroscopes, l'estomac et les intestins et les arthroscopes, l'intérieur des articulations.

DIVISION DE L'ANATOMIE

Le mot anatomie est d'origine grecque : *ana* signifie de bas en haut et *tomie*, couper. L'anatomie est la science des structures organisées chez l'homme et l'animal. Les multiples facettes de l'anatomie font de cette science la base de la plupart des disciplines cliniques. Particulièrement axée autrefois sur la morphologie, elle s'oriente de plus en plus vers un aspect fonctionnel.

Les différents moyens d'étude du corps humain ont fait surgir de nouvelles branches de l'anatomie. C'est ainsi que l'on distingue l'anatomie :

a) Appliquée : effectuée en vue d'un diagnostic ou d'un traitement;

b) Artistique (plastique, des formes) : qui étudie les formes extérieures du corps humain. Elle fournit des renseignements précieux en clinique. C'est également l'anatomie des peintres et des sculpteurs;

c) Descriptive : étudie la morphologie des organes séparés. Elle les décrit suivant un plan logique, en un style concis. C'est la base de l'anatomie;

d) Macroscopique : pour les structures visibles à l'œil nu;

e) Microscopique : pour les structures à l'aide du microscope;

f) Systémique : englobe toutes les structures et tous les organes d'un même système ou d'un même appareil;

g) Topographique : étudiant les rapports entre les différents organes d'une même région.

DÉFINITIONS

Le lecteur doit connaître certains termes avant de pousser plus loin l'étude de l'anatomie humaine. Voici les principaux termes spécifiques à ce domaine :

1. Appareil locomoteur : composé des trois grands ensembles indispensables au mouvement : l'ostéologie, l'arthrologie et la myologie.
2. Ostéologie : étude des os du squelette.
3. Arthrologie : étude des articulations et de leurs moyens d'union. Anciennement, on distinguait l'étude des articulations (arthrologie) de l'étude des moyens d'union entre les os (syndesmologie). Ces termes sont maintenant synonymes.
4. Myologie : étude des muscles.
5. Cinésiologie (kinésiologie) : étude scientifique du mouvement du corps humain.
6. Physiologie : étude des fonctions des différents organes et appareils d'un être vivant.
7. Morphologie : étude de la configuration et de la structure externe d'un organe ou d'un être vivant.
8. Cellule : unité de base ou fondamentale de tout être vivant.
9. Tissu : ensemble de cellules spécialisées dans l'accomplissement d'un rôle déterminé.
10. Organe : ensemble de tissus entre lesquels s'accomplit une division du travail.

11. Appareil : ensemble d'organes de nature différente (tissus variés) mais qui participent à une même fonction. Ex. : appareil circulatoire (cœur, vaisseaux, sang, lymphe).
12. Système : ensemble d'organes de même nature (tissus similaires) qui participent à une même fonction. Ex. : système nerveux (cerveau, cervelet, bulbe rachidien).

POSITIONS CORPORELLES

À moins d'avis contraire, toutes les descriptions anatomiques font référence à un organisme en position anatomique. Pour cette raison, il est essentiel de se familiariser avec les termes utilisés pour décrire les différentes positions corporelles.

a) Position anatomique : la posture de référence du corps en anatomie descriptive. Elle est définie par une convention internationale : le sujet a les pieds légèrement écartés, talons rapprochés et orteils pointés vers l'extérieur, les avant-bras sont en extension, membres supérieurs sont collés au tronc, paume de la main regarde en avant et la tête est droite (Photos 1.1 et 1.2). En position anatomique, tous les segments sont considérés comme étant en extension.

b) Couché ventral (décubitus ventral) : le corps est étendu, face contre terre, sur ses surfaces antérieures.

c) Couché dorsal (décubitus dorsal) : le corps est étendu, sur ses faces postérieures alors que le visage est dirigé vers le haut.

d) Couché latéral (décubitus latéral) : le corps est étendu sur un côté, droit ou gauche.

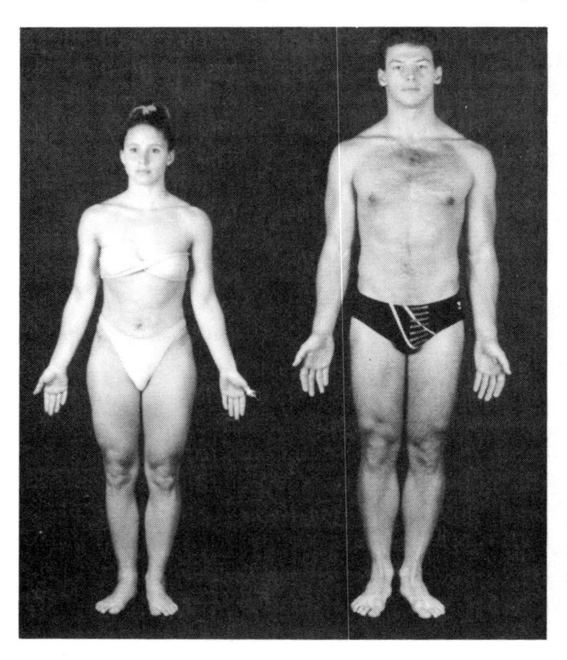

Photo 1.1

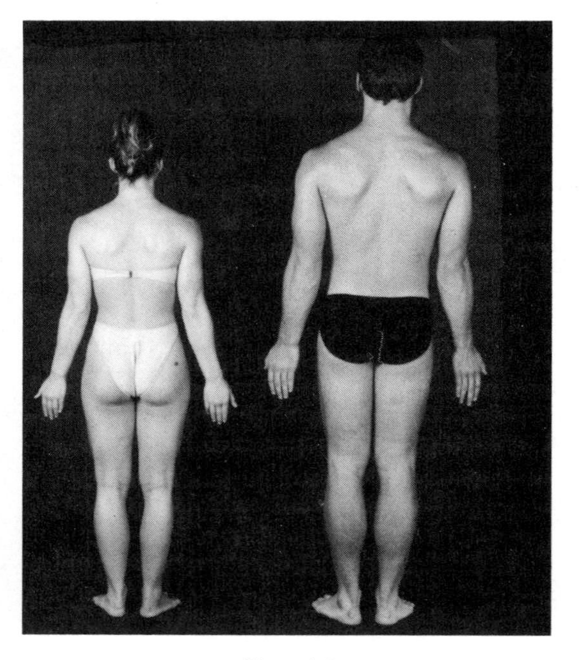

Photo 1.2

Position anatomique

Les sujets : *Pascale Deslières : 1,57 m (5′2″), 57 kg (114 lb)*
Luc Lauzon : 1,86 m (6′1″), 90 kg (200 lb)

POSITION ANATOMIQUE DE TROIS ATHLÈTES FÉMININES PRATIQUANT DES ACTIVITÉS VARIÉES ET OFFRANT DES GABARITS FORT DIFFÉRENTS

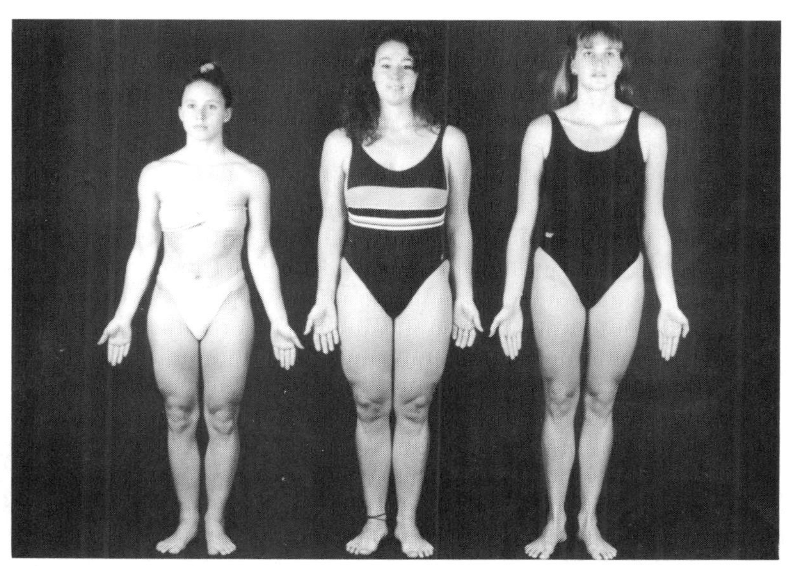

Photo 1.3 Vue antérieure.

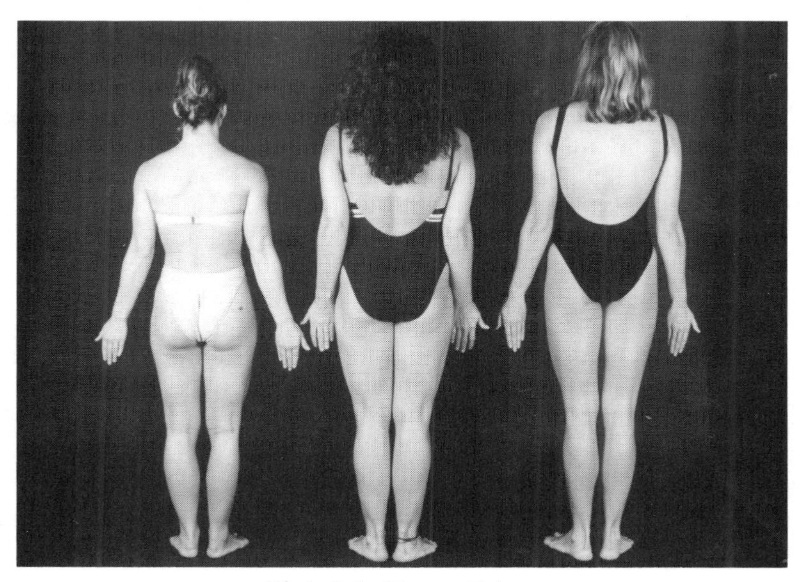

Photo 1.4 Vue postérieure.

De gauche à droite :

Pascale Deslières : 1,57 m — 57 kg; membre de l'équipe canadienne de waterpolo (5′2″, 114 lb)
Nathalie Lambert : 1,71 m — 70 kg, championne mondiale en patinage de vitesse sur courte piste (5′6″, 154 lb)
Sylvie Fréchette : 1,79 m — 64 kg, championne mondiale en nage synchronisée (5′9″, 140 lb)

TERMES D'ORIENTATION

Les termes utilisés pour définir l'orientation, en référence à la position anatomique, viennent par paires (Photos 1.5 et 1.6).

a) 1° Antérieur : en avant d'une autre.
 2° Postérieur : en arrière d'une autre.

b) 1° Ventral : face antérieure du corps ou d'un segment.
 2° Dorsal : face postérieure du corps ou d'un segment.

c) 1° Supérieur : au-dessus d'une autre.
 2° Inférieur : au-dessous d'une autre.

d) 1° Crânial : orienté en direction de la tête.
 2° Caudal : en direction du coccyx.

e) 1° Médial (interne) : plus près de la ligne centrale du corps.
 2° Latéral (externe) : plus loin de la ligne centrale du corps.

f) 1° Proximal : plus près de la racine du membre par rapport à une autre.
 2° Distal : plus loin de la racine du membre par rapport à une autre.

g) 1° Superficiel : près de la surface.
 2° Profond : loin de la surface.

QUELQUES TERMES D'ORIENTATION

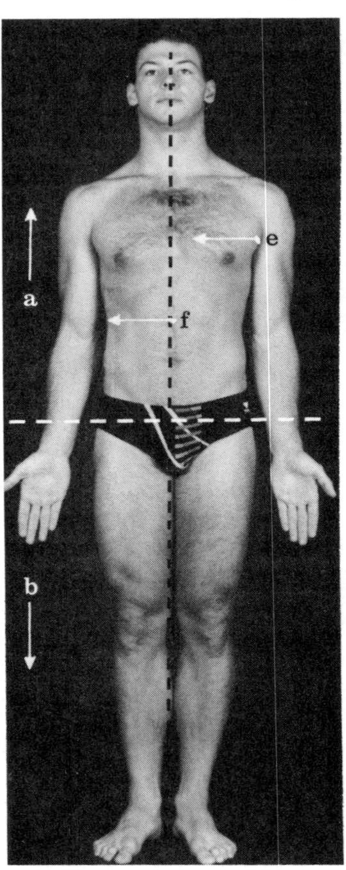

Photo 1.5 *Vue antérieure.*

a) Supérieur
b) Inférieur
c) Crânial
d) Proximal
e) Médial
f) Latéral
g) Distal
h) Caudal

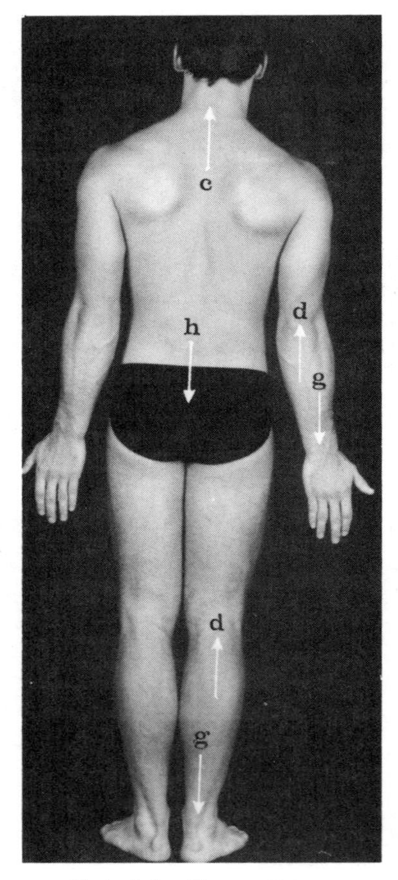

Photo 1.6 *Vue postérieure.*

AXES ET PLANS CORPORELS

Un axe représente une ligne de référence alors que le plan est une surface servant à la description du déroulement d'un mouvement (Figure 1.1). On distingue trois axes et trois plans de référence.

a) Axes :

1° Sagittal (antéropostérieur) (A)
2° Transversal (ou latéral horizontal) (B)
3° Vertical (longitudinal) (C)

Si on se rapporte à l'articulation de l'épaule, scapulohumérale (type sphéroïde) on retrouve la position des trois axes (Photo 1.7).

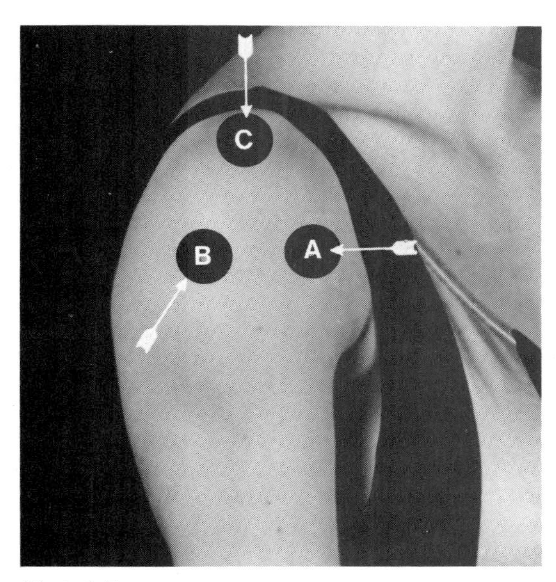

Photo 1.7

1° Axe sagittal (A) : ligne parallèle au sol traversant le corps de l'avant vers l'arrière ou du ventre au dos. Cet axe peut être contenu dans les plans sagittal et horizontal.

2° Axe transversal (B) : ligne parallèle au sol passant d'un côté à l'autre du corps (ex. : droite à gauche, selon l'axe des épaules). Cet axe peut être contenu dans les plans frontal et horizontal.

3° Axe vertical (C) : ligne perpendiculaire au sol passant de haut en bas ou de la tête aux pieds. Cet axe peut être contenu dans les plans sagittal et frontal.

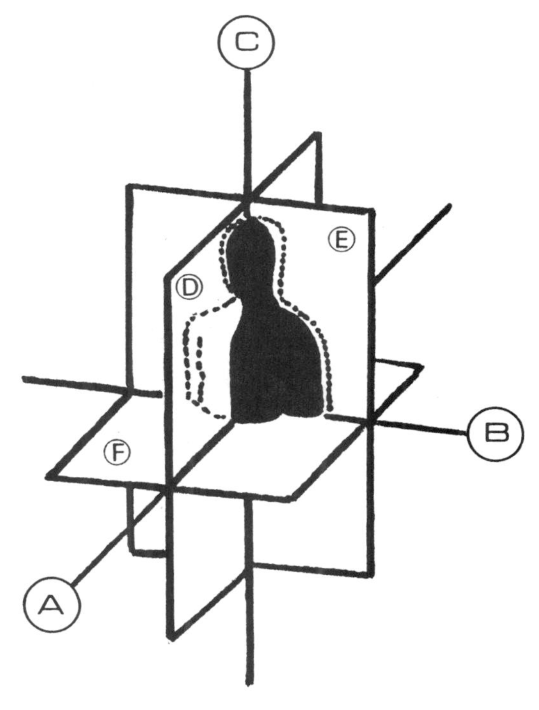

Axes :	*A. Sagittal*	*Plans :*	*D. Sagittal*
	B. Transversal		*E. Frontal*
	C. Vertical		*F. Horizontal*

Figure 1.1

N.B. : Chacun des axes peut être contenu dans deux plans différents, alors que le plan où s'effectue le mouvement est perpendiculaire à l'axe en question.

b) Plans :

1° Sagittal (antéropostérieur) (D)
2° Frontal (coronal ou latéral) (E)
3° Horizontal (transversal) (F)

1° Plan sagittal : il est vertical, perpendiculaire au sol et coupe le corps du front au dos ou de l'arrière vers l'avant. Il divise le corps en deux parties (gauche et droite). Ces deux parties ne sont pas nécessairement égales (coupes parasagittales). Ce plan peut contenir les axes vertical et sagittal alors que le mouvement qui engendre ce plan se déroule perpendiculairement à l'axe transversal.

2° Plan frontal : il est perpendiculaire au sol et traverse le corps de la droite vers la gauche ou vice-versa, le divisant en des parties antérieure et postérieure. Ces deux parties ne sont pas nécessairement égales. Ce plan peut contenir les axes transversal et vertical alors que le mouvement qui engendre ce plan se déroule perpendiculairement à l'axe sagittal.

3° Plan horizontal : il est parallèle au sol et coupe le corps en deux parties : supérieure et inférieure. Ces deux parties ne sont pas nécessairement égales. Ce plan peut contenir les axes transversal et sagittal alors que le mouvement qui engendre ce plan se déroule perpendiculairement à l'axe vertical.

N.B. : Tout mouvement du corps humain se déroule ou s'effectue autour d'un axe et détermine un plan, lequel sera toujours perpendiculaire à l'axe autour duquel ce mouvement s'effectue.

RÉGIONS CORPORELLES

Les régions corporelles sont très nombreuses. Une *région* représente une partie du corps définie par des limites plus ou moins arbitraires.

RÉGIONS DE LA TÊTE

Régions du corps en rapport avec les os de la tête (Figures 1.2 et 1.3). Elles comprennent 2 grandes régions : le crâne et la face.

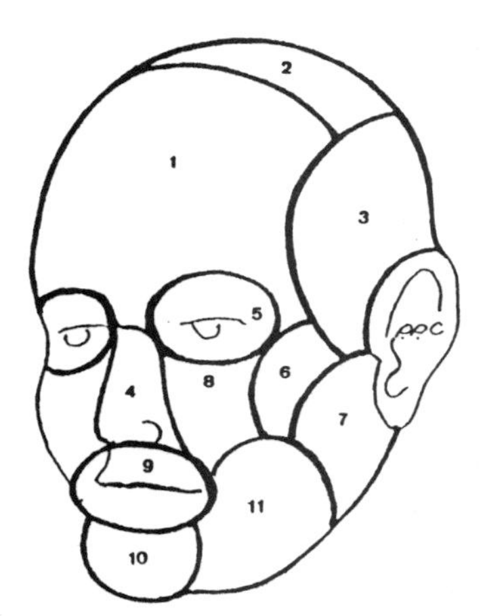

Figure 1.2 Régions de la tête (antérolatérale).

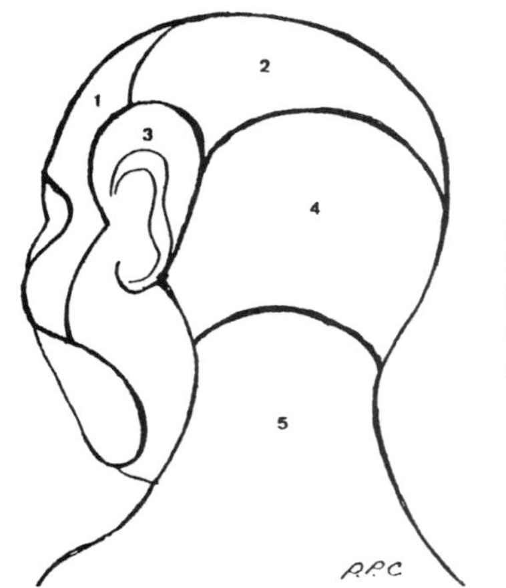

Figure 1.3 Régions de la tête (postérolatérale).

a) Régions du crâne

Ce sont les régions de la tête en rapport avec les os du crâne. Elles comprennent les régions :

1° Frontale : antérieure de la tête sur l'os frontal;

2° Pariétale : latérales de la tête, sur les os pariétaux;

3° Occipitale : postérieure de la tête, sur l'os occipital;

4° Temporale : latérale de la tête, sur la partie squameuse de l'os temporal et la face temporale de la grande aile du sphénoïde;

5° Infratemporale : latérale de la tête correspondant à la fosse infratemporale.

b) Régions de la face

Ce sont les régions de la tête en rapport avec les os de la face. Elles comprennent les régions :

1° Nasale : se rapportant aux squelettes osseux et cartilagineux du nez;

2° Orale : entourant la fente ovale de la bouche;

3° Mentonnière : correspondant à la saillie du menton;

4° Orbitaire : entourant la fente palpébrale;

5° Infraorbitaire : se situant au-dessous de la région orbitaire;

6° Buccale : recouvrant le muscle buccinateur placé à la partie latérale de la face;

7° Zygomatique : recouvrant l'os zygomatique situé au-dessus des joues;

8° Parotidomassétérique : se rapportant à la glande parotide et au muscle masséter.

RÉGIONS DU COU

Subdivisions topographiques du cou. Elles comprennent les régions antérieure, latérale et postérieure du cou (Figure 1.4).

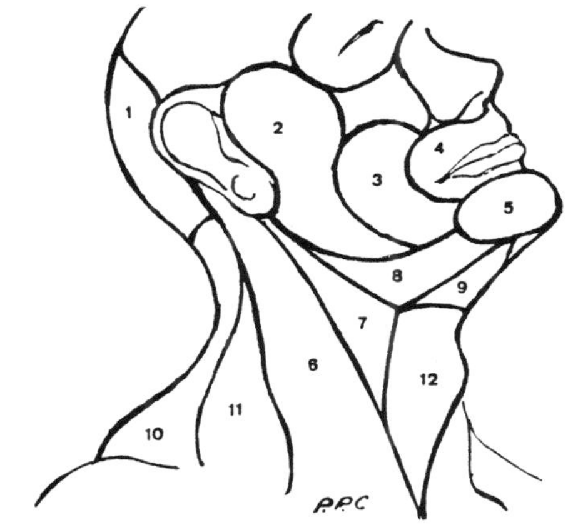

1. *Occipitale*
2. *Parotidomassétérique*
3. *Buccale*
4. *Orale*
5. *Mentonnière*
6. *Sternocléidomastoïdienne*
7. *Trigone carotidien*
8. *Trigone submandibulaire*
9. *Submentonnière*
10. *Postérieure du cou*
11. *Latérale du cou*
12. *Subhyoïdienne*

Figure 1.4 Régions du cou (antérolatérale).

a) Région antérieure du cou (région ventrale du cou)

Région impaire du cou limitée latéralement par le bord antérieur des muscles sternocléidomastoïdiens. Elle est subdivisée en régions :

1° Submentonnière : délimitée par les ventres antérieurs des muscles digastriques;

2° Subhyoïdienne : située au-dessous de l'os hyoïdien;

3° Trigone submandibulaire : sous-jacente au corps de la mandibule et au plancher de la cavité orale;

4° Trigone carotidien : contenant la bifurcation de l'artère carotide commune.

b) Région latérale du cou

Région paire et symétrique du cou limitée en avant par le bord antérieur du muscle sternocléidomastoïdien, en arrière par le bord antérieur du muscle trapèze et en bas par la clavicule. Elle présente les régions :

1° Sternocléidomastoïdienne : partie latérale du cou en rapport avec les faces du muscle sternocléidomastoïdien;

2° Grande fosse supraclaviculaire : partie inférieure de la région latérale du cou.

c) Région postérieure du cou (nuque)

Partie du cou située en arrière des vertèbres cervicales.

RÉGIONS DE LA POITRINE
(régions pectorales)

Subdivisions topographiques en rapport avec les parois antérolatérales du thorax (Figure 1.5). Elles comprennent les régions :

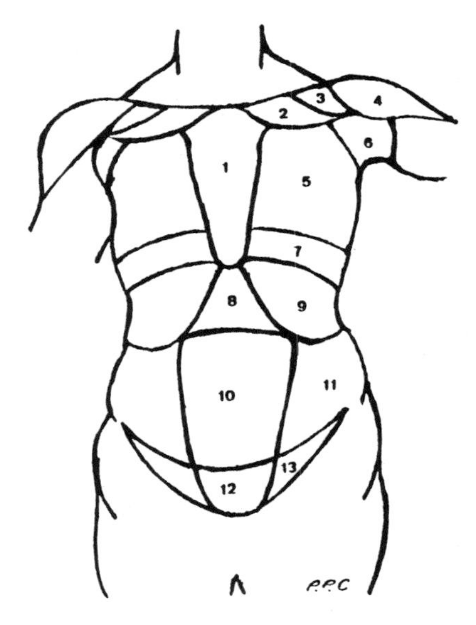

1. *Présternale*
2. *Infraclaviculaire*
3. *Trigone clavipectoral*
4. *Deltoïdienne*
5. *Mammaire*
6. *Axillaire*
7. *Inframammaire*
8. *Epigastrique*
9. *Hypochondriaque*
10. *Ombilicale*
11. *Latérale de l'abdomen*
12. *Pubienne*
13. *Inguinale*

Figure 1.5 Régions de la paroi antérieure du tronc.

a) Infraclaviculaire : située au-dessous d'une clavicule, paire et symétrique;

b) Mammaire (ou pectorale) : centrée sur la glande mammaire (sur le muscle grand pectoral), paire et symétrique;

c) Inframammaire (infrapectorale) : située au-dessous de la région mammaire (ou pectorale), paire et symétrique;

d) Présternale : Située en avant du sternum et du processus xiphoïde, impaire et médiane;

e) Axillaire : Comprend toutes les parties molles situées entre la paroi thoracique, l'humérus, l'articulation scapulohumérale et la scapula, paire et symétrique.

RÉGIONS DE L'ABDOMEN

Subdivisions topographiques de la paroi antérolatérale de l'abdomen (Figure 1.5). Elles comprennent les régions suivantes :

a) Épigastrique : antérolatérale de l'abdomen, impaire et médiane;

b) Ombilicale : entoure l'ombilic;

c) Pubienne : se situe au-dessus du pubis, impaire et médiane;

d) Hypochondriaque : se situe sous les cinq derniers cartilages costaux, paire et symétrique;

e) Latérale de l'abdomen : prolonge latéralement la région ombilicale, paire et symétrique;

f) Inguinale : inférolatérale antérieure, paire et symétrique.

RÉGIONS DU DOS

Régions postérieures du tronc (Figure 1.6). Elles comprennent les régions :

a) Vertébrale : recouvrant les parties dorsale et lombale de la colonne vertébrale, médiane;

b) Sacrale : recouvrant la face dorsale du sacrum, médiane;

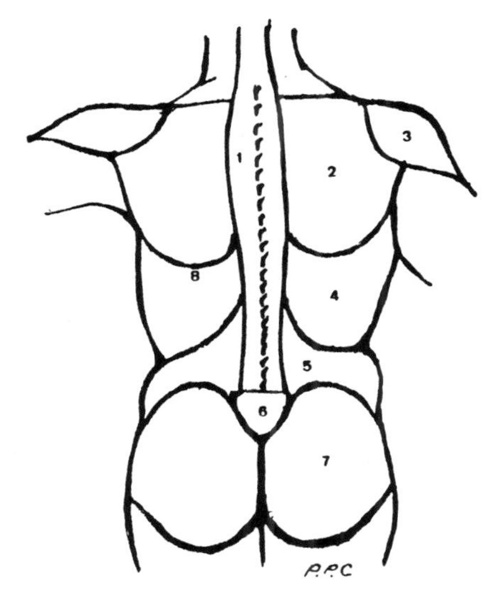

1. *Vertébrale*
2. *Scapulaire*
3. *Deltoïdienne*
4. *Infrascapulaire*
5. *Lombale*
6. *Sacrale*
7. *Glutéale*
8. *Angle inférieur de la scapula*

Figure 1.6 Régions du dos.

c) Scapulaire : recouvrant la face postérieure de la scapula, paire et symétrique;

d) Infrascapulaire : se situant entre les régions scapulaire et lombale, paire et symétrique;

e) Lombale : étant comprise entre la 12e côte et la crête iliaque, paire et symétrique.

RÉGIONS DU MEMBRE SUPÉRIEUR
(régions du membre thoracique)

Subdivisions topographiques du membre supérieur (Figures 1.7 et 1.8). Elles comprennent les neuf régions suivantes :

a) Deltoïdienne : formant le galbe de l'épaule et délimitée par les bords du muscle deltoïde;

b) Antérieure du bras : en avant de l'humérus et des septums intermusculaires brachiaux;

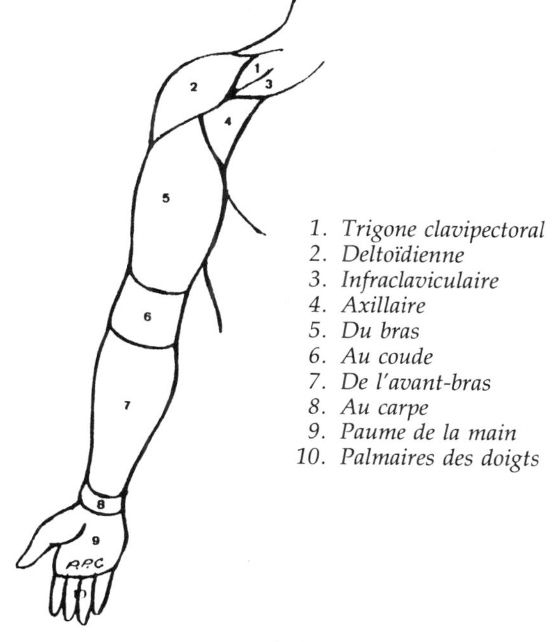

1. *Trigone clavipectoral*
2. *Deltoïdienne*
3. *Infraclaviculaire*
4. *Axillaire*
5. *Du bras*
6. *Au coude*
7. *De l'avant-bras*
8. *Au carpe*
9. *Paume de la main*
10. *Palmaires des doigts*

Figure 1.7 Régions antérieures, membre supérieur.

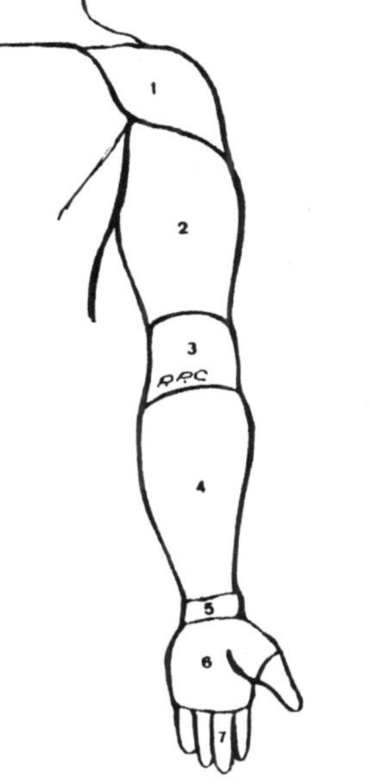

1. *Deltoïdienne*
2. *Du bras*
3. *Au coude*
4. *De l'avant-bras*
5. *Au carpe*
6. *Dos de la main*
7. *Dorsales des doigts*

Figure 1.8 Régions postérieures, membre supérieur.

c) Postérieure du bras : en arrière de l'humérus et des septums intermusculaires brachiaux;

d) Antérieure au coude : en avant de l'articulation du coude;

e) Postérieure au coude : en arrière de l'articulation du coude;

f) Antérieure de l'avant-bras : en avant du radius, de l'ulna et de la membrane interosseuse antébrachiale;

g) Postérieure de l'avant-bras : en arrière du radius, de l'ulna et de la membrane interosseuse antébrachiale;

h) Dorsale de la main : en arrière du squelette de la main;

i) Palmaire de la main : en avant des os et des articulations de la main, ainsi que les espaces intermétacarpiens.

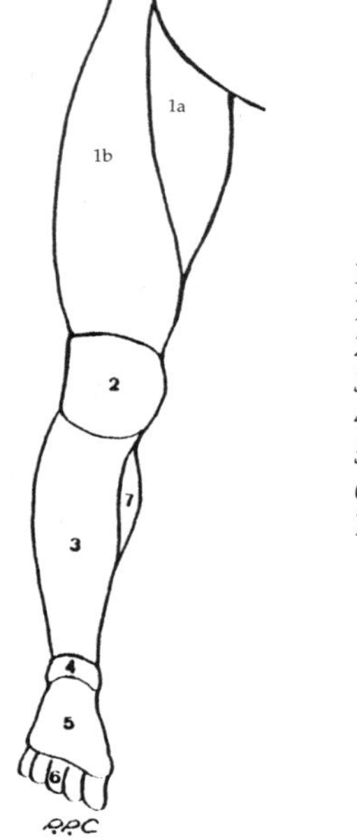

1a. Trigone fémoral
1b. De la cuisse
2. Au genou
3. De la jambe
4. Talocrurale antérieure
5. Dos du pied
6. Faces dorsales
7. Postérieure de la jambe

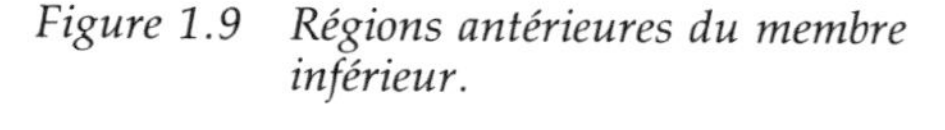

Figure 1.9 Régions antérieures du membre inférieur.

RÉGIONS DU MEMBRE INFÉRIEUR
(régions du membre pelvien)

Subdivisions topographiques du membre inférieur (Figures 1.9 et 1.10). Elles comprennent les parties molles des dix régions suivantes :

a) Glutéale : prolongeant les régions du dos, postérieure et supérieure du membre inférieur;

b) Antérieure de la cuisse : en avant du fémur, sa partie supéromédiale constitue le trigone fémoral;

c) Postérieure de la cuisse : en arrière du fémur;

d) Antérieure au genou : en avant de l'articulation du genou;

e) Postérieure au genou : en arrière de l'articulation du genou;

f) Antérieure de la jambe : en avant du tibia, de la fibula, de la membrane interosseuse et du septum intermusculaire postérieur;

g) Postérieure de la jambe : en arrière du tibia, de la fibula, de la membrane inter-

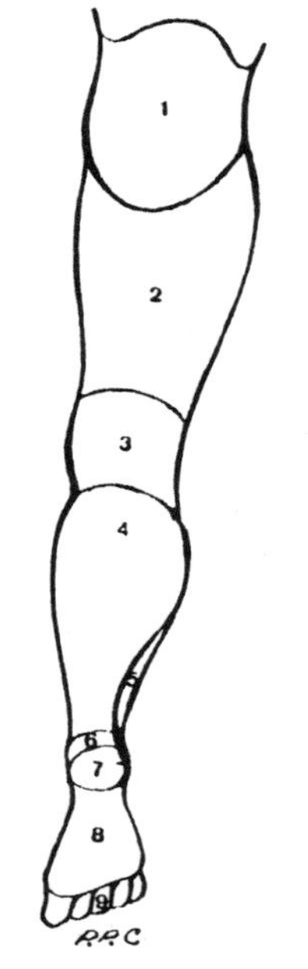

1. Glutéale
2. De la cuisse
3. Au genou
4. De la jambe
5. Antérieure de la jambe
6. Talocrurale
7. Calcanéenne
8. Plante du pied
9. Faces plantaires des pieds

Figure 1.10 Régions postérieures du membre inférieur.

osseuse et du septum intermusculaire postérieur;

h) Dorsale du pied : face dorsale du squelette du pied;

i) Plantaire du pied : au-dessous du squelette et des articulations du pied.

PERSONNAGES IMPORTANTS

Au cours des ans et des siècles, de nombreux travaux ont contribué au développement des bases scientifiques reliées à l'anatomie. À cause de ces grandes contributions, l'histoire reconnaît les auteurs de ces recherches à divers titres. En voici quelques-uns :

Menes (3400 av. J.-C.) : Égyptien. Il a écrit le premier manuel d'anatomie.

Hippocrate (460-357) : Médecin grec appelé le père de la médecine.

Aristote (384-322) : Il est le père de la cinésiologie.

Erasistrate (300 av. J.-C.) : On le considère comme le père de la physiologie.

Hérophile (325-280) : Médecin et anatomiste grec. L'un des premiers à disséquer le corps humain. On le considère comme le père de l'anatomie.

Galien (130-200) : Médecin grec. Sa doctrine régna sur la médecine jusqu'au XVIIe siècle. Celle-ci reposait sur l'existence de quatre humeurs (sang, bile, atrabile et pituite).

Vésale, Andreas (1514-1564) : Grand anatomiste flamand de la Renaissance, né à Bruxelles. Il est considéré comme le père de l'anatomie moderne (réformateur).

Borelli, Giovanni Alfonso (1608-1679) : Physiologiste italient. Il applique les mathématiques au mouvement musculaire et démontre que les animaux sont comme des machines.

Malpighi, Marcello (1628-1694) : Anatomiste et histologiste italien. On le considère comme le fondateur de l'histologie.

Morgagni, Giovanni Battista (1682-1771) : Anatomiste italien. Il est probablement le premier à avoir utilisé l'autopsie afin de vérifier avec plus de certitude les causes de la mort.

SACHEZ QUE…

1. L'anatomiste est le spécialiste de la science anatomique.
2. Le mot cadavre vient du latin « cadere » qui veut dire « tomber ».
3. Le mot vivisection vient du latin « vivus » qui veut dire « vivant » et « sectio » qui veut dire « action de couper ».
4. Les trois grandes caractéristiques d'un être vivant sont : a) le mouvement (principal), b) la nutrition et c) la reproduction.
5. Dans son ensemble, le corps humain peut être comparé à un système de surveillance aérienne, un poste de radar : informations perçues → récepteurs (nos sens) → tour de contrôle (cerveau) → émetteurs (muscles) → réactions et gestes désirés.
6. L'anatomie comparée est l'étude des formes, des structures, des transformations successives que subissent les êtres vivants ainsi que du développement et du perfectionnement des organes à travers les âges et les espèces.
7. Il faut toujours se rappeler que lorsque l'on décrit, en anatomie, les rapports des organes entre eux, on considère toujours le sujet en position anatomique (ou comme s'il l'était). Ainsi, votre tête se trouve toujours supérieure au tronc, que vous soyez debout, couché ou la tête en bas.
8. En zoologie, on décrit l'anatomie des vertébrés avec le tronc et la tête parallèles au sol alors qu'en anatomie humaine le tronc et la tête sont perpendiculaires au sol. Les termes antérieur, postérieur, supérieur et inférieur sont alors sources de confusion car chez un quadrupède,

antérieur signifie vers la tête (crânial) alors que chez l'être humain, antérieur signifie devant.

9. Le terme « clinique » vient du grec « kliné » = lit.
10. Le terme « sagittal » vient du latin « sagitta » = flèche. La signification de ce terme devient évidente si vous examinez un crâne foetal. La pointe de la fontanelle antérieure suggère la pointe de la flèche, la suture entre les os pariétaux représente le bois de la flèche et les sutures pariétooccipitales font penser à l'empennage.

II

Généralités sur les os

INTRODUCTION

Le *squelette* est l'ensemble des structures osseuses et cartilagineuses du corps. Ces structures sont solidifiées par des articulations et actionnées par des muscles squelettiques. Le squelette dérive du mésoderme, un des trois feuillets embryonnaires.

Le squelette des vertébrés se situe sous l'appareil tégumentaire, d'où son qualificatif d'*endosquelette*. Cette structure osseuse et cartilagineuse est vivante et élastique; elle se façonne continuellement et c'est pour cette raison qu'une fracture osseuse peut se réparer, se suturer. Outre qu'il sert de support à la masse musculaire et abrite plusieurs organes vitaux, le squelette humain, grâce à sa moelle osseuse, fabrique les cellules sanguines.

L'endosquelette se développe en même temps que le reste de l'organisme. Par contre pour les animaux dont la formation squelettique est externe, d'où le nom d'*exosquelette*, la croissance se fait différemment : dans le cas des arthropodes par exemple (crustacés, insectes, etc.), la croissance se fait par remplacement de la carapace lors de *mues* (à ne pas confondre avec la *mue* de l'homme qui correspond à un changement dans le timbre de voix survenant à la puberté).

OS DU SQUELETTE

DÉFINITION

L'*os* est un organe dur et résistant, constitué essentiellement de tissu osseux, défini dans sa forme et dans sa taille. Ce sont les éléments du squelette et ils constituent la partie statique de l'appareil locomoteur. Les os s'unissent entre eux pour former des articulations et sont retenus par des ligaments. Les muscles les activent. Le squelette humain comprend 206 os constants et de nombreux autres inconstants (pas chez tous les individus en même nombre). L'ensemble de ces os appartient soit au squelette axial, soit au squelette appendiculaire. Le squelette humain représente environ 18 % du poids du corps d'un individu.

Le *squelette axial* (tête, colonne vertébrale et thorax) est la structure portante principale du corps et il est orienté selon son axe longitudinal médian. Le squelette axial est beaucoup plus rigide que le *squelette appendiculaire* (ceinture scapulaire, membres supérieurs, ceinture pelvienne et membres

Les auteurs, dans ce chapitre, se sont inspirés de l'ouvrage *Anatomie et physiologie* de Spence et Mason publié aux Éditions du Renouveau Pédagogique.

DIVISIONS DU SQUELETTE

		Nombre d'os
a) Squelette axial		80
1° *Tête*	29	
2° *Colonne vertébrale*	26	
3° *Thorax* (côtes et sternum)	25	
b) Squelette appendiculaire		126
1° *Ceinture scapulaire*	4	
2° *Membres supérieurs*	60	
3° *Ceinture pelvienne*	2	
4° *Membres inférieurs*	60	
	TOTAL :	**206**

ÉNUMÉRATION DES OS

Le squelette humain est composé de 206 os constants (Figure 2.1).

		Nombre d'os
a) Tête		29
1° Os du crâne (8 os)		
– Pariétal	(2)	
– Temporal	(2)	
– Frontal	(1)	
– Occipital	(1)	
– Ethmoïde	(1)	
– Sphénoïde	(1)	
2° Os de la face (14 os)		
– Maxillaire	(2)	
– Zygomatique	(2)	
– Lacrymal	(2)	
– Nasal	(2)	
– Cornet nasal inférieur	(2)	
– Palatin	(2)	
– Mandibule	(1)	
– Vomer	(1)	
3° Osselets de l'ouïe (6 os)		
– Malleus	(2)	
– Incus	(2)	
– Stapes	(2)	
4° Os hyoïde (1 os)		
b) Colonne vertébrale		26
– Vertèbres cervicales	(7)	
– Vertèbres thoraciques	(12)	
– Vertèbres lombales	(5)	
– Sacrum	(1)	
– Coccyx	(1)	
c) Thorax		25
– Sternum	(1)	
– Côtes	(24)	
d) Ceinture scapulaire		4
– Clavicule	(2)	
– Scapula	(2)	
e) Membres supérieurs		60
– Humérus	(2)	
– Ulna	(2)	
– Radius	(2)	
– Carpes	(16)	
– Métacarpes	(10)	
– Phalanges	(28)	
f) Ceinture pelvienne		2
– Os coxal (iliaque)	(2)	
g) Membres inférieurs		60
– Fémur	(2)	
– Tibia	(2)	
– Fibula	(2)	
– Patella	(2)	
– Tarses	(14)	
– Métatarses	(10)	
– Phalanges	(28)	
	TOTAL :	**206**

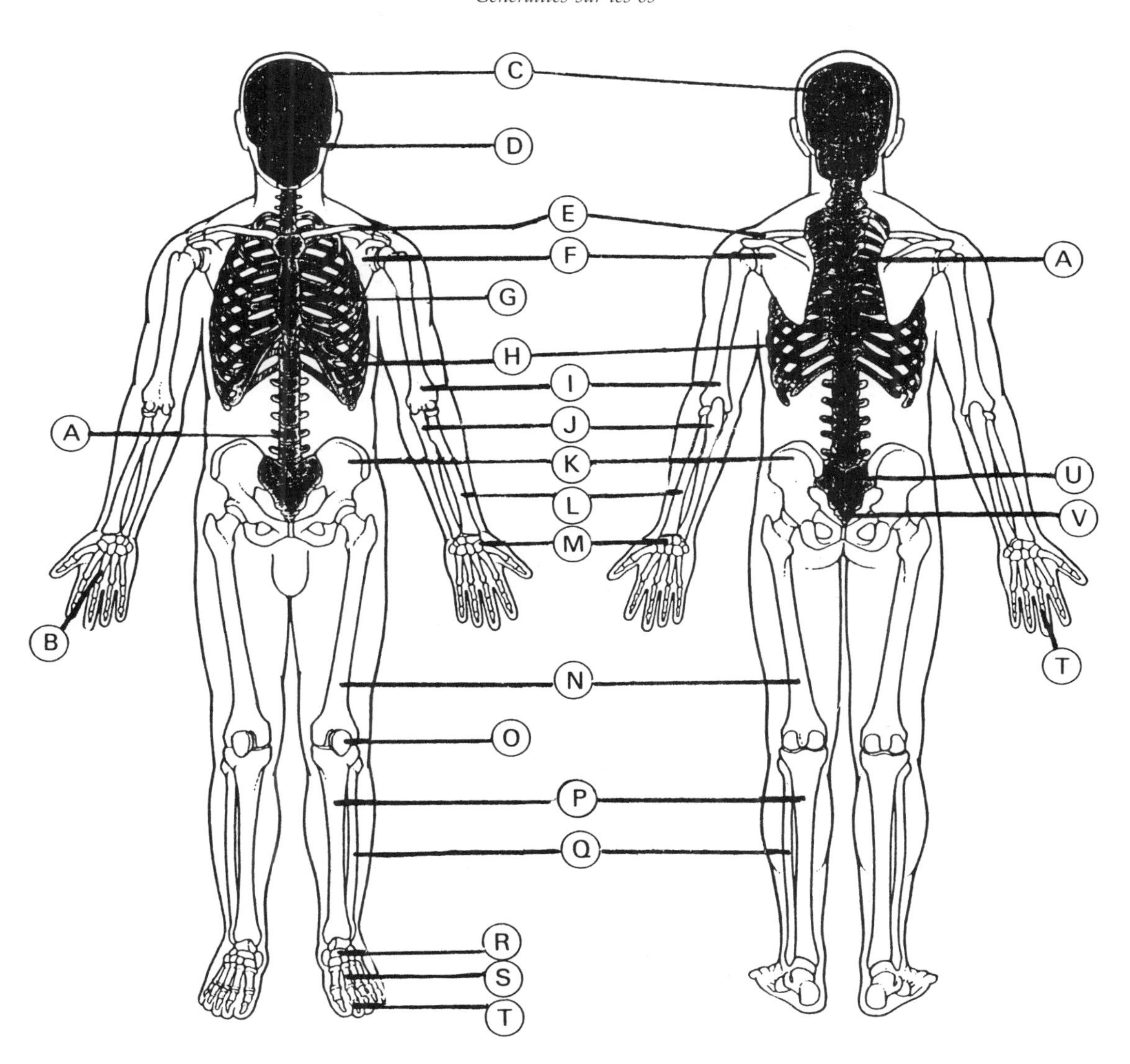

Figure 2.1 Les os constants du squelette humain.
A. Colonne vertébrale B. Métacarpes C. Crâne D. Face E. Clavicule F. Scapula G. Sternum H. Côtes I. Humérus J. Ulna K. Coxal L. Radius M. Carpes N. Fémur O. Patella P. Tibia Q. Fibula R. Tarses S. Métatarses T. Phalanges U. Sacrum V. Coccyx.

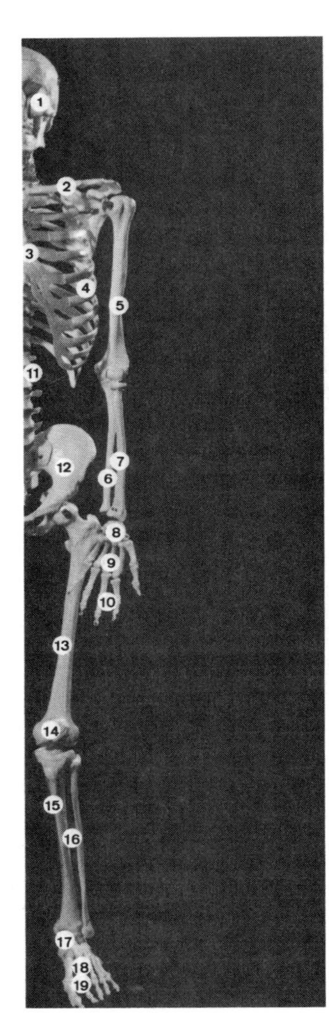

1. *De la face*
2. *Clavicule*
3. *Sternum*
4. *Côte (12)*
5. *Humérus*
6. *Ulna*
7. *Radius*
8. *Carpien (8)*
9. *Métacarpien (5)*
10. *Phalange (14)*
11. *Vertèbre (26)*
12. *Coxal*
13. *Fémur*
14. *Patella*
15. *Tibia*
16. *Fibula*
17. *Tarsien (7)*
18. *Métatarsien (5)*
19. *Phalange (14)*

Photo 2.1 Squelette antérieur (côté gauche).

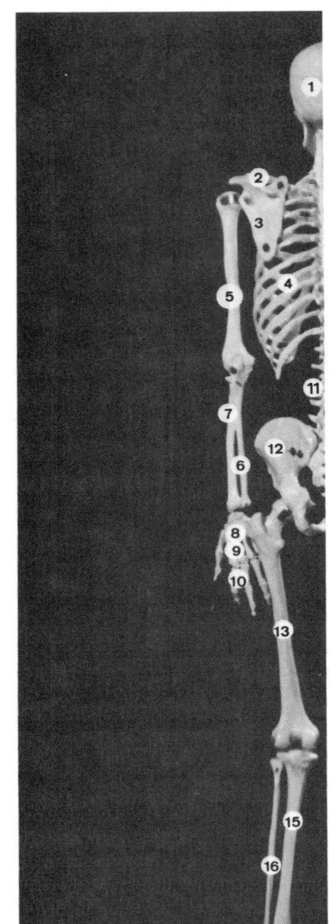

1. *Du crâne*
2. *Clavicule*
3. *Scapula*
4. *Côte (12)*
5. *Humérus*
6. *Ulna*
7. *Radius*
8. *Carpien (8)*
9. *Métacarpien (5)*
10. *Phalange (14)*
11. *Vertèbre (26)*
12. *Coxal*
13. *Fémur*
15. *Tibia*
16. *Fibula*
17. *Tarse (7)*

Photo 2.2 Squelette postérieur (côté gauche).

FONCTIONS DU SQUELETTE

Le squelette exerce plusieurs fonctions importantes :

a) Support

Le squelette constitue l'armature de l'organisme. Il fournit un soutien aux tissus mous et des points d'attaches à la majorité des muscles.

b) Motilité

Compte tenu de l'attachement de plusieurs muscles au squelette et de la rencontre de plusieurs os dans les articulations mobiles, le squelette détermine le type et l'amplitude des mouvements que l'organisme peut effectuer.

c) Protection

Plusieurs organes internes vitaux sont protégés par l'ossature de l'organisme. L'encéphale est logé dans la boîte crânienne; la moelle épinière est située dans un canal formé par les vertèbres; les organes du thorax sont protégés par la cage thoracique.

d) Réservoir de minéraux

Les os du squelette contiennent des sels minéraux (calcium, phosphore, etc.). Selon les besoins des différentes régions du corps, le système circulatoire mobilise et transporte ces minéraux. Ainsi, pendant la grossesse, si le régime de la mère est déficient en calcium, le calcium qui se trouve dans ses os sera utilisé pour le développement des os du bébé.

e) Hématopoïèse

L'hématopoïèse est la formation des cellules sanguines. La moelle osseuse rouge de certains os produit les globules rouges de l'organisme.

CLASSIFICATION DES OS

La conformation extérieure des os est variée et irrégulière. On retrouve beaucoup de classifications différentes dans la littérature. D'une façon générale, on peut en distinguer quatre types principaux : long, court, plat et irrégulier.

a) Os long

La longueur domine sur la largeur et l'épaisseur. Tout os long est composé d'une diaphyse, de deux épiphyses et de deux métaphyses. On les retrouve principalement au niveau des membres. Exemple : humérus, fémur, fibula. Ce sont les vraies barres de leviers de la locomotion.

b) Os court

Les trois dimensions (longueur, largeur, épaisseur) sont similaires ou réduites. On les retrouve principalement au niveau des poignets (carpes) et des chevilles (tarses) (exemple : calcanéus, pisiforme, trapézoïde).

c) Os plat

La longueur et la largeur sont plus importantes que l'épaisseur. Ils servent de parois ou de cavités pour protéger les organes (exemple : sternum, côtes, os du crâne).

d) Os irrégulier

Ce type d'os se retrouve dans la colonne vertébrale et les ceintures scapulaire et pelvienne; on en retrouve aussi à la base du crâne et dans la région faciale (exemple : l'ethmoïde). Leurs formes sont complexes et variées.

L'organisme humain contient aussi des os *surnuméraires* et *inconstants* :

e) Os suturaux (wormiens)

Ces petits os surnuméraires sont situés au niveau des sutures des os de la tête. Ils sont souvent localisés dans les fontanelles ou dans leur entourage. Les fontanelles sont des régions non-ossifiées du crâne à la naissance. Elles sont au nombre de six, deux impaires et deux paires situées entre les six os du crâne (Figure 2.2).

1° Fontanelle antérieure (bregmatique) : impaire et médiane, relie le frontal avec les pariétaux. Elle s'ossifie entre le 6e et le 18e mois post-natal.

2° Fontanelle postérieure (lambdatique) : impaire, située entre l'occipital et les deux pariétaux. Elle s'ossifie au cours du deuxième mois post-natal.

3° Fontanelle sphénoïdale (ptérique) : paire, relie le frontal au temporal et au pariétal. Elle s'ossifie au cours de la première année.

4° Fontanelle mastoïdienne (astérique) : paire, relie l'occipital au pariétal et le temporal. Elle s'ossifie entre le troisième et le sixième mois après la naissance.

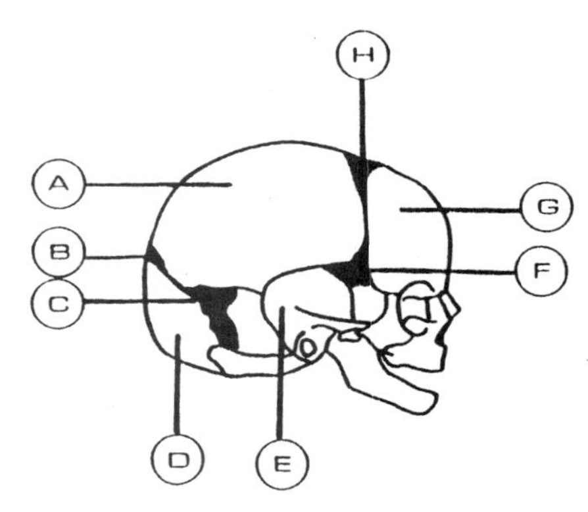

Figure 2.2 Fontanelles.
A. Os pariétal B. Fontanelle postérieure C. Fontanelle mastoïdienne D. Os occipital E. Os temporal F. Fontanelle sphénoïdale G. Os frontal H. Fontanelle antérieure.

f) Os sésamoïdes

Petits osselets ovoïdes et inconstants. Ils sont plus petits qu'un petit pois et se développent à l'intérieur de l'appareil ligamentaire ou tendineux. On les observe aux mains et aux pieds. Le seul os sésamoïde toujours présent et beaucoup plus volumineux que les autres, c'est la patella.

ANATOMIE MACROSCOPIQUE DE L'OS

PARTIE DE L'OS

Sur le plan macroscopique, on distingue trois parties importantes de l'os (Figure 2.3) :

a) Diaphyse : le corps d'un os long. Elle est limitée à ses deux extrémités par les épiphyses. Généralement cylindrique ou prismatique, elle est constituée par une couche périphérique épaisse d'une substance compacte qui cerne une cavité, la cavité médullaire.

b) Épiphyse : l'extrémité d'un os long. Elle est constituée de substance spongieuse, entourée par une mince couche de substance compacte, partiellement encroûtée de cartilage.

c) Métaphyse : la zone de transition entre la diaphyse et l'épiphyse. C'est à cet endroit que se retrouve le cartilage épiphysaire. À l'âge adulte, lorsque la croissance du squelette est terminée, l'os remplace le cartilage épiphysaire et cette région s'appelle ligne épiphysaire.

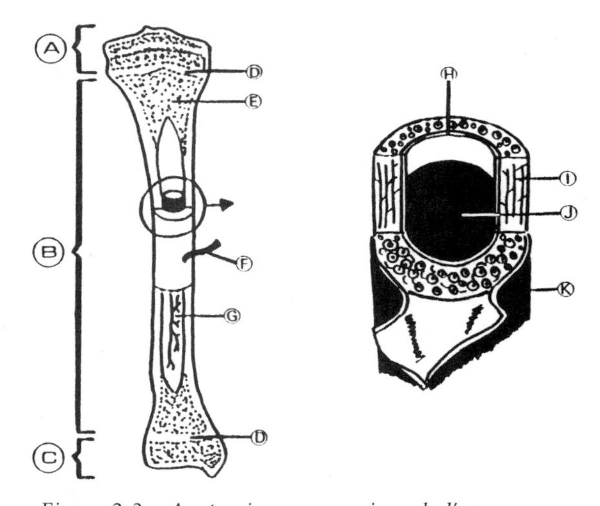

Figure 2.3 Anatomie macroscopique de l'os.
A. Épiphyse proximale B. Diaphyse C. Épiphyse distale D. Ligne épiphysaire E. Substance spongieuse F. Artère nourricière G. Cavité médullaire H. Endoste I. Substance compacte J. Moelle jaune K. Périoste.

COUCHES DE L'OS

Les différentes couches de l'os, de l'extérieur vers l'intérieur, sont :

a) Périoste : double couche de tissu conjonctif recouvrant l'os à l'exception des surfaces articulaires et des zones d'insertion tendineuse et ligamentaire. Des faisceaux de fibres collagènes (fibres de Sharpey) se détachent de sa couche interne et se perdent dans l'os sous-jacent. Richement vascularisé et innervé au niveau de la couche externe, il joue un rôle important dans la croissance de l'os et dans sa réparation après une fracture. Il est proportionnellement plus épais chez l'enfant que chez l'adulte.

b) La substance compacte (os haversien, os compact) : couche périphérique de la diaphyse des os longs, des os courts et des os plats. Elle est constituée principalement d'ostéons et de lamelles régulièrement orientées.

c) Endoste : membrane mince recouvrant la paroi de la cavité médullaire d'un os.

d) Cavité médullaire (canal médullaire) : cavité longitudinale de la diaphyse des os longs, remplie de moelle osseuse (rouge, jaune ou grise variant selon l'âge du sujet).

e) Substance spongieuse (os spongieux) : tissu osseux constitué de trabécules imbriquées, délimitant de petites cavités remplies de moelle osseuse rouge. Elle est située au niveau des épiphyses et dans la partie centrale des os courts. Elle constitue aussi le diploë des os plats. Le diploë est un tissu spongieux compris entre les tables externe et interne de ces os.

f) Cartilage épiphysaire (cartilage de conjugaison) : plaque cartilagineuse temporaire unissant l'épiphyse à la diaphyse. Sa rupture traumatique est à l'origine des décollements épiphysaires. Il contribue à la croissance en longueur de l'os.

TISSU SEMI-LIQUIDE

On trouve, à l'intérieur de l'os, un tissu semi-liquide, la moelle osseuse. On distingue la moelle rouge, la moelle jaune et la moelle grise.

a) Moelle rouge : c'est un tissu conjonctif. La moelle osseuse rouge se trouve dans tous les os foetaux, dans ceux de la première enfance et dans les os spongieux de l'adulte. Elle joue un rôle hématopoïétique et immunologique capital. C'est en effet le lieu de formation des hématies, des polynucléaires, des plaquettes, des précurseurs des macrophages et des éléments lymphoïdes.

b) Moelle jaune (adipeuse) : elle provient de la transformation de la moelle rouge une fois la croissance terminée. Formée presqu'exclusivement de grosses cellules adipeuses, sa principale fonction est donc celle d'une réserve de lipides. On la retrouve dans le canal médullaire.

c) Moelle grise (fibreuse) : chez les vieillards, le tissu hématopoïétique et le tissu adipeux peuvent se transformer secondairement en tissu conjonctif de type fibreux : c'est la moelle grise ou fibreuse.

ANATOMIE MICROSCOPIQUE DE L'OS

Au microscope, la substance compacte est composée de plusieurs éléments (Figure 2.4) :

a) Ostéon (système de HAVERS) : unité structurale de la substance compacte. Il est caractérisé par 4 à 20 lamelles osseuses cylindriques disposées concentriquement autour d'un canal central.

b) Lamelle osseuse : chacune des couches osseuses minces et arciformes constituant la substance compacte. On distingue : les lamelles circonférentielles externes, circonférentielles internes, interstitielles et les lamelles de l'ostéon.

c) Canal central de l'ostéon (canal de HAVERS) : canal longitudinal entouré par les lamelles de l'ostéon. Il contient les vaisseaux et les nerfs de la substance compacte.

d) Canal perforant de la substance compacte (canal de VOLKMAN) : chacun des

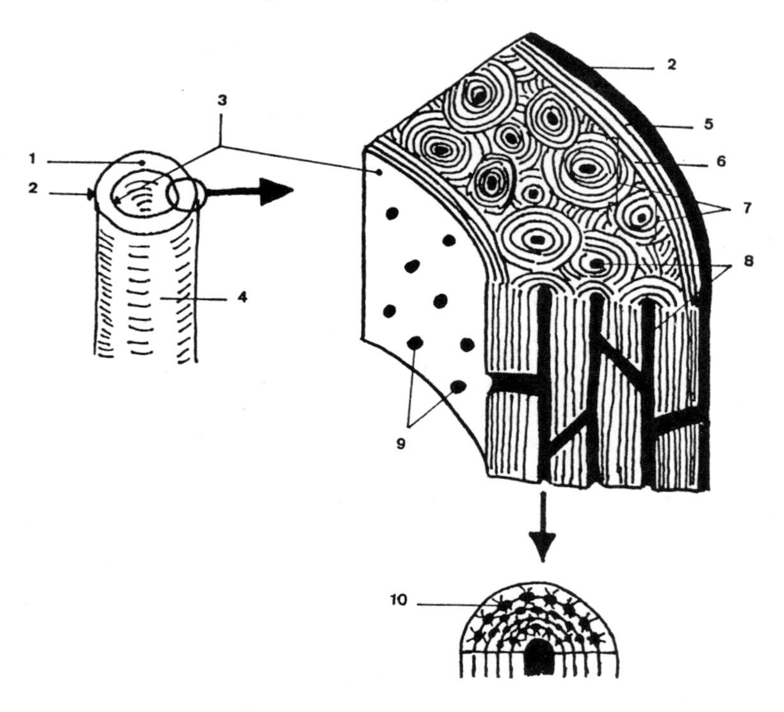

Figure 2.4 Structure de la substance compacte.

1. Substance compacte 2. Périoste 3. Endoste 4. Diaphyse 5. Lamelle circonférentielle externe 6. Lamelle circonférentielle interne 7. Ostéons 8. Canal central de l'ostéon 9. Canal perforant de la substance compacte 10. Lacunes osseuses et ostéocytes.

canaux transversaux ou obliques faisant communiquer les canaux centraux entre eux et avec la cavité médullaire.

e) Ostéocyte : cellule osseuse située dans une lacune osseuse.

f) Lacune osseuse : petite cavité de la substance compacte dans laquelle se loge un ostéocyte.

g) Canal nourricier : canal traversé par les vaisseaux nourriciers d'un os. Pour les os longs, il est situé au niveau de la diaphyse.

h) Trabécules : petites travées osseuses qui forment la substance spongieuse et qui s'orientent selon les lignes de charge appliquées sur l'os.

VASCULARISATION DE L'OS

Selon Olivier (1970), les os longs sont vascularisés grâce à l'artère nourricière, aux artères périostées et aux artères ostéoarticulaires :

a) La vascularisation du tiers médial de la substance compacte de l'os est assurée par l'artère nourricière, composée d'une branche ascendante et d'une branche descendante parcourant la moelle dans le canal médullaire.

b) Les artères périostées vascularisent les deux tiers latéraux de la substance compacte. De petit calibre, très nombreuses, elles s'introduisent dans la diaphyse par de petits pores nourriciers jusqu'au cœur des ostéons.

c) Les artères ostéoarticulaires vascularisent l'articulation et la totalité de la substance osseuse en s'immisçant dans les épiphyses par les attaches des ligaments et de la capsule articulaire.

Les artères osseuses pénètrent l'os accompagnées de veines et de petits nerfs. Le cartilage hyalin des épiphyses n'est pas vascularisé et se nourrit de la synovie; il entrave la vascularisation entre la zone diaphysaire et la zone épiphysaire.

L'appendice A illustre les principales artères et veines osseuses qui assurent la vascularisation.

TISSU CARTILAGINEUX

Les tissus osseux et cartilagineux, formés à partir de tissu d'origine conjonctive, sont composés de fibres, de cellules et d'une substance fondamentale à partir de laquelle ils évolueront jusqu'à se différencier.

La substance fondamentale (ou substance osseuse) s'imprègne de cartilagéine pour former le tissu cartilagineux. Il s'agit de l'ossification endochondrale que subissent les os longs, ceux de la base du crâne et ceux des corps vertébraux. Peu à peu, l'os remplace le cartilage.

ÉLÉMENTS CONSTITUTIFS

Une matrice solide, composée de substance fondamentale et de fibres, renferme les chondrocytes ou cellules cartilagineuses (chondro = cartilage) (Figure 2.5).

a) Chondrocytes : ces cellules bien rondes sont enfermées dans des chondroplastes (cavités cartilagineuses) qu'elles occupent pleinement. Leur noyau volumineux contient un ou deux nucléoles. Les organites habituels de ces cellules, des vacuoles lipidiques et des grains de glycogène sont contenus dans leur cytoplasme.

b) Matrice cartilagineuse : cette substance dure est homogène et translucide. Elle se compose de fibres collagènes et de fibres élastiques dont la concentration varie selon les types de tissus cartilagineux.

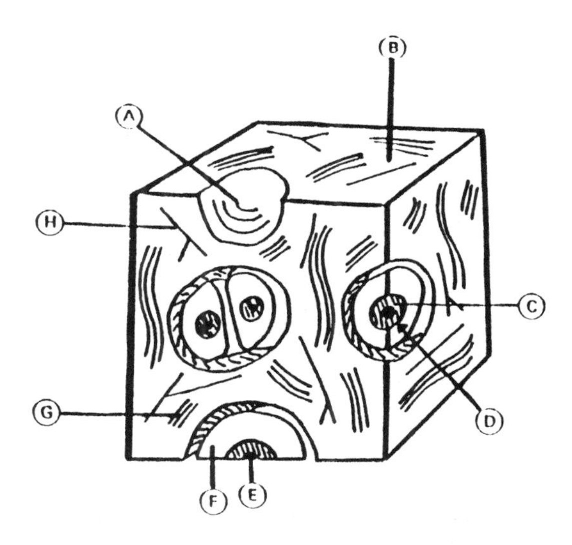

Figure 2.5 Structure du cartilage.
A. Chondroplaste B. Substance fondamentale C. Noyau D. Chondrocyte E. Nucléole F. Cytoplasme G. Fibres collagènes H. Fibres élastiques.

Le tissu cartilagineux est exempt d'innervation et de vascularisation. Le périchondre, un tissu conjonctif particulier formé d'une couche médiale riche en cellules et d'une couche latérale riche en fibres collagènes, l'entoure fréquemment.

VARIÉTÉS DE TISSUS CARTILAGINEUX

Selon Poirier (1977), on distingue trois variétés de tissu cartilagineux :

a) Cartilage hyalin : (hydos = vitreux). C'est le type le plus répandu. Il contient peu de fibres collagènes. On le rencontre chez l'adulte au niveau des surfaces articulaires, des cartilages costaux, de certaines parties des oreilles et du nez, du larynx et des bronches. Chez le fœtus, la plus grande partie du squelette contient ce type de cartilage qui sera progressivement remplacé par de l'os.

b) Cartilage fibreux : il contient des faisceaux de nombreuses fibres collagènes. On le rencontre au niveau des ménisques, des disques intervertébraux, de la symphyse pubienne et à l'insertion de certains tendons.

c) Cartilage élastique : opaque et jaunâtre, il possède de nombreuses fibres élastiques et peu de fibres collagènes. On le retrouve principalement dans les régions du larynx, de l'épiglotte et du pavillon de l'oreille.

TISSU OSSEUX

Le tissu osseux se compose de cellules osseuses et d'une matrice osseuse (Figure 2.6).

LES CELLULES DU TISSU OSSEUX

Toujours selon Poirier (1977), le tissu osseux contient trois types de cellules :

a) Ostéoblastes : cellules responsables de la formation du tissu osseux. Elles ont un corps cellulaire grossièrement cubique ou prismatique d'où naissent des expansions cytoplasmiques plus ou moins allongées.

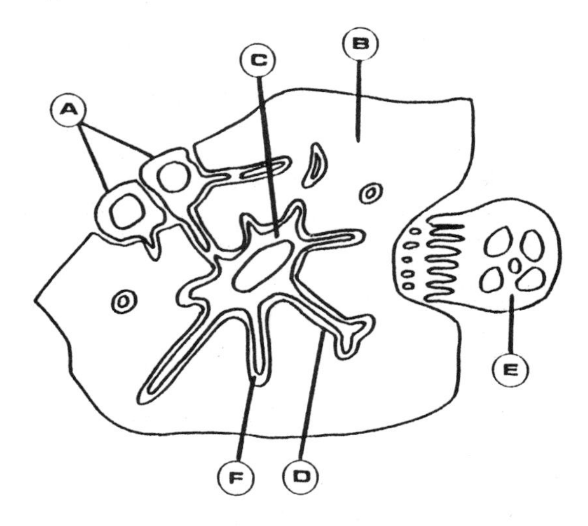

Figure 2.6 Constituants du tissu osseux.
A. Ostéoblastes B. Matrice osseuse C. Ostéocyte D. Canalicule E. Ostéoclaste F. Ostéoplaste.

Le noyau est arrondi et contient un nucléole volumineux. Le cytoplasme est riche en organites.

b) Ostéocytes : cellules principales du tissu osseux constitué. Les ostéocytes sont des ostéoblastes qui sont devenus complètement entourés par la matrice osseuse en train de se minéraliser. Son corps cellulaire est fusiforme et donne naissance à des nombreux prolongements fins, plus ou moins allongés. Le noyau est ovalaire et d'aspect habituel. Le cytoplasme contient des organites, mais en moins grande abondance que dans les ostéoblastes.

c) Ostéoclastes : cellules responsables de la résorption du tissu osseux. De forme arrondie, elles sont volumineuses et contiennent plusieurs noyaux et un cytoplasme.

LA MATRICE OSSEUSE

La matrice osseuse contient les cellules et est constituée de la substance fondamentale et des fibres (matrice organique), ainsi que des sels minéraux.

a) Matrice organique : elle est composée de fibres et de substance fondamentale. Il s'agit quasi exclusivement de fibres collagènes. Le collagène représente environ 95 % du poids de la matrice organique de l'os. La substance fondamentale est très peu abondante. Celle-ci contient des protéines, de l'eau et des électrolytes.

b) Sels minéraux : le tissu osseux d'un adulte renferme 1,100 g de calcium (soit 99 % du calcium total de l'organisme) et environ 600 g de phosphore (soit 85 % du phosphore total de l'organisme). Le phosphate de calcium amorphe représente environ 40 % des substances minérales osseuses chez l'adulte.

La matrice osseuse est traversée par un système de lacunes communiquant entre elles et contenant les cellules principales et leurs prolongements. Ce système de lacunes est formé d'ostéoplastes et de canalicules. Les canalicules sont de nombreux conduits minces originant des ostéoplastes et provoquant leurs communications les uns avec les autres. Les ostéoplastes sont des lacunes fusiformes renfermant chacune le corps cellulaire d'un ostéocyte.

CARACTÉRISTIQUES

L'osséine (substance résiduelle lorsque les sels calcaires sont dissous) forme la partie essentielle de la substance organique de l'os. Plus ou moins abondante selon les os, elle représente en moyenne, un tiers du poids de l'os. Privé de ses sels minéraux, l'os devient souple, flexible et se coupe aisément au rasoir. Pour isoler la matière minérale, il faut calciner l'os. La matière organique brûlée, on obtient un os très blanc et friable, un mélange de sels minéraux, qui représente , en moyenne, les deux tiers du poids de l'os.

OSSIFICATION

DÉVELOPPEMENT EMBRYONNAIRE

Au moment de la formation de tissu chez le jeune embryon, les cellules semblables se distribuent en trois couches cellulaires (feuillets) : l'ectoderme forme l'enveloppe externe du corps et le tissu nerveux; l'endoderme donne naissance au tube digestif et à ses annexes; le mésoderme, situé entre l'ectoderme et l'endoderme, forme le squelette et les muscles. Les tissus conjonctifs qui se transforment en tissu osseux proviennent des cellules du mésoderme (mésenchyme) embryonnaire.

Le développement du squelette résulte de la transformation du tissu conjonctif en tissu osseux. Mais le tissu osseux n'apparaît qu'à un certain stade du développement de l'individu. Chez l'embryon, les pièces squelettiques, modèles réduits des os définitifs, sont d'abord des membranes conjonctives fibreuses ou des pièces cartilagineuses.

Les pièces squelettiques commencent à apparaître vers la troisième ou la quatrième semaine du développement embryonnaire. La clavicule est généralement la première partie du squelette à s'ossifier.

TYPES D'OSSIFICATION

On distingue deux types d'ossification :

a) Ossification membraneuse : les os de membrane (os du crâne) et l'ossification membraneuse (endomembraneuse, endoconjonctive, périostique ou directe). Les tissus du mésoderme (mésenchyme) se transforment directement en tissu osseux.

b) Ossification cartilagineuse : les os de cartilage (os des membres) et l'ossification cartilagineuse (endochondrale ou indirecte). Les tissus du mésoderme (mésenchyme) se transforment en tissu cartilagineux qui formera, par la suite, du tissu osseux.

a) Ossification membraneuse

L'ossification membraneuse est typique des os plats de la voûte crânienne et de quelques os de la face. Elle débute dans une zone limitée (généralement au centre du futur os), lorsque certaines cellules mésenchymateuses indifférenciées (cellules ostéoprogénitrices) du tissu conjonctif se multiplient par mitose, puis se transforment en ostéoblastes. Cette zone est appelée centre primaire d'ossification. Il y a formation de substance fondamentale et de fibres collagènes (zone ostéoïde) par les ostéoblastes. Les ostéoblastes forment des corpuscules osseux par la calcification de la substance interstitielle entre les fibres de collagène. Ces corpuscules osseux se développent dans toutes les directions, s'unissant entre eux pour former un réseau de substance spongieuse. À la suite de ce processus, les ostéoblastes diminuent leur activité et atteignent leur maturité : on les appelle alors ostéocytes. Pendant que la substance se développe à l'intérieur, la membrane périostique se forme à la périphérie de l'os. Des ostéoblastes apparaissent dans ce périoste et construisent un anneau de substance compacte qui entoure complètement la substance spongieuse.

Cette ossification membraneuse a lieu le plus souvent pendant la vie intra-utérine. Cependant, certains os terminent leur ossification après la naissance. Il en est ainsi des os du crâne qui ne sont pas complètement ossifiés à la naissance et la portion non ossifiée, molle, forme les fontanelles du nouveau-né.

b) Ossification cartilagineuse

La majorité des os (courts et longs) se développent par l'ossification du cartilage hyalin, apparu au début de la croissance embryonnaire (Figure 2.7). Le développement cartilagineux de l'os débute par la transformation du périchondre, membrane entourant la diaphyse cartilagineuse, en un périoste producteur de tissu osseux. Ensuite, les ostéoblastes du périoste forment un anneau de tissu osseux compact qui recouvre le cartilage de la diaphyse. Pendant que le tissu osseux se développe à la périphérie de la diaphyse, les cellules cartilagineuses croissent, de même que leurs lacunes. Cette croissance réduit la matrice cartilagineuse à de minces cloisons et spicules. La matrice est alors envahie par des sels et elle se calcifie. Cette calcification, dans la diaphyse, constitue le centre primaire de l'ossification. Celui-ci apparaît au troisième mois de la vie foetale. Il y a ensuite pénétration de vaisseaux sanguins dans la matrice cartilagineuse calcifiée. Les ostéoblastes arrivent par ces vaisseaux et forment des spicules à même la substance spongieuse, comme dans l'ossification membraneuse. Au fur et à mesure que le centre primaire d'ossification croît dans la diaphyse, des ostéoclastes détruisent une partie de la substance spongieuse nouvellement construite pour former la cavité médullaire.

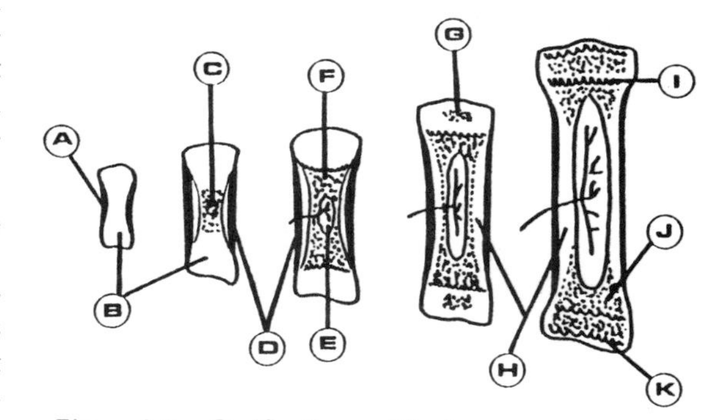

Figure 2.7 Ossification cartilagineuse.
A. Périchondre B. Cartilage C. Centre primaire d'ossification D. Périoste E. Cavité médullaire primaire F. Cartilage calcifié G. Centre secondaire d'ossification H. Substance compacte I. Cartilage épiphysaire J. Substance spongieuse K. Cartilage articulaire.

L'ossification n'étant pas terminée sur tous les os au moment de la naissance, il persiste chez le nouveau-né des zones de l'os (surtout au niveau des épiphyses) qui sont encore cartilagineuses. Peu de temps après la naissance, les cellules cartilagineuses des épiphyses croissent et des centres secondaires d'ossification apparaissent dans les deux épiphyses. Le processus d'ossification est alors le même que celui de la diaphyse, sauf qu'il n'y a pas de cavité médullaire.

L'ossification cartilagineuse diaphysaire se fait excentriquement, repoussant le reste de la portion cartilagineuse de la diaphyse vers les épiphyses. L'ossification cartilagineuse épiphysaire est aussi excentrique. En périphérie, cette ossification laisse persister 2 à 3 mm de cartilage hyalin qui va former, entre la diaphyse et l'épiphyse, le cartilage épiphysaire.

Le tableau 2.1 présente les points d'ossification de la ceinture scapulaire, des membres supérieurs et inférieurs.

CROISSANCE DE L'OS

Déjà chez le fœtus, entre le 30e et le 70e jour environ, on peut noter l'apparition de

TABLEAU 2.1
POINTS D'OSSIFICATION

OS	*DATE D'APPARITION*	*SUTURE DES POINTS PRIMAIRE ET SECONDAIRE*
Clavicule	30e jour I.U.*	22-25 ans
Scapula	40-60e jour I.U.	22-25 ans
Humérus	40-45e jour I.U.	20-22 ans (F)* 21-25 ans (H)*
Ulna	35-40e jour I.U.	18-22 ans
Radius	40e jour I.U.	17-20 ans (F) 20-25 ans (H)
Carpe	4-5e mois	12 ans
Métacarpe	3e mois I.U.	14-15 ans (F) 15-16 ans (H)
Phalanges (main)	2e mois	16-20 ans
Coxal	8e sem. I.U.	20-25 ans
Fémur	40-45e jour I.U.	18 ans (F) 19-20 ans (H)
Patella	2e ou 3e année	16-19 ans
Tibia	45-60e jour I.U.	19-20 ans
Fibula	60-70e jour I.U.	19-21 ans
Tarse	5-6e mois	16-18 ans (F) 18-20 ans (H)
Métatarse	4e mois	15-16 ans (F)
Phalanges (pied)	3-4e mois	16-19 ans (H) 15-22 ans (F)

* I.U. = intra-utérine F = femme H = homme

cellules cartilagineuses qui se transformeront peu à peu en os. À la naissance, la croissance des os est loin d'être terminée, même si la plus grande partie de la diaphyse et des épiphyses est ossifiée.

Simultanément au phénomène de l'ostéogénèse, l'os augmente de taille et sa croissance en longueur, assurée par le cartilage de conjugaison, ne prendra fin qu'entre 18 et 25 ans, alors que l'épiphyse et la diaphyse seront complètement soudées. Toutefois, la croissance de l'os en épaisseur se poursuivra la vie durant, à l'intérieur du périoste.

CROISSANCE DE L'OS EN LONGUEUR

Cette croissance en longueur se fait au niveau des cartilages épiphysaires (Figure 2.8). Il y a d'abord la production d'un nouveau cartilage (face épiphysaire), ce qui entraîne un allongement de l'os et une ossification de ce cartilage (face diaphysaire). Autrement dit, le cartilage ainsi formé se transforme en os. En pratique, ces deux phénomènes (formation d'un cartilage et ossification de celui-ci) sont simultanés. L'os conserve donc toute sa solidité pendant la croissance. Dès 1747, Stephen Hales montra que l'allongement de l'os se faisait par le jeu des cartilages épiphysaires.

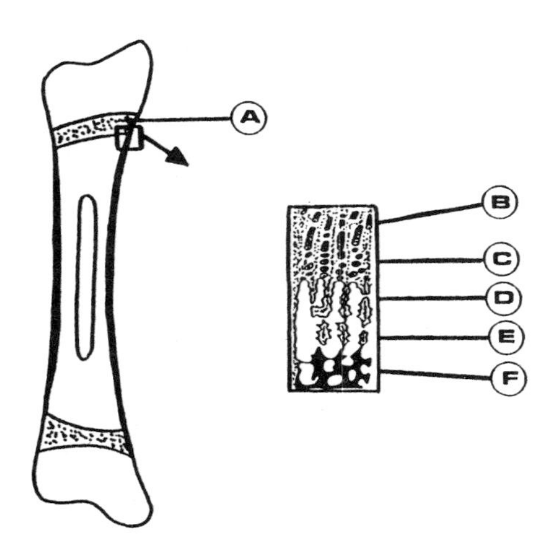

Figure 2.8 Croissance de l'os en longueur.
A. Cartilage épiphysaire B. Cartilage hyalin C. Cartilage sérié (nouveau) D. Destruction cartilagineuse E. Ossification F. Os nouveau.

CROISSANCE DE L'OS EN ÉPAISSEUR

Ici, c'est le périoste qui joue un rôle fondamental. La face profonde de celui-ci (celle appliquée contre l'os) produit de nouveaux tissus osseux et l'épaisseur de l'os augmente progressivement (Figure 2.9). Si ce processus était isolé, il y aurait, parallèlement à l'augmentation de l'épaisseur, une augmentation de poids très importante (ne pas oublier que l'os, c'est avant tout des sels calcaires) et le squelette de l'adulte finirait par peser des centaines de kilos. Pour éviter cela, un deuxième phénomène intervient dans la croissance en épaisseur de l'os. Simultanément, les éléments de la moelle osseuse détruisent une partie de la matière osseuse, ce qui entraîne un élargissement parallèle de la cavité médullaire et un allégement de l'os.

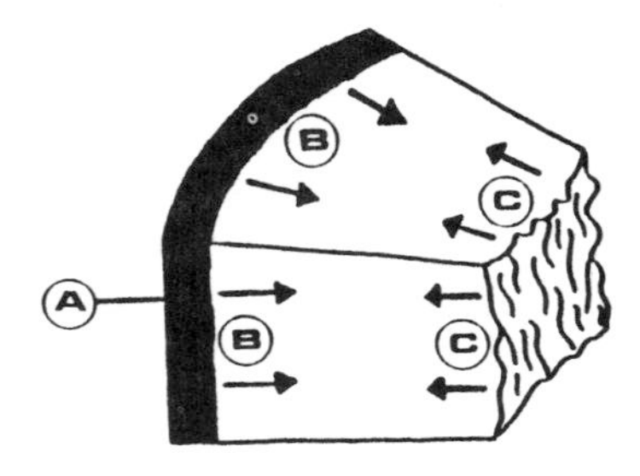

Figure 2.9 Croissance de l'os en épaisseur.
A. Périoste B. Construction osseuse C. Destruction ossseuse.

En métallurgie, on utilise des tubes métalliques creux et non pleins. Ils sont aussi solides et beaucoup plus légers. Il est possible que la charpente humaine ait servi de modèle.

La croissance de l'os en épaisseur fait donc intervenir un double phénomène : la construction osseuse à partir du périoste et la destruction par la moelle osseuse (c'est le rôle de cellules spéciales, appelées les ostéoclastes). Le rôle du périoste dans l'épaississement de l'os a été mis en évidence, d'abord en 1741, par les expériences de Duhamel et furent confirmées par celles de Flourens, en 1840.

REMODELAGE DE L'OS

Selon Pépin (1991), l'être humain présente deux types de remodelage des os : l'interne et l'externe.

a) Remodelage interne

Grâce à l'action conjuguée et équilibrée des ostéoblastes — qui contribuent à la formation du tissu osseux — et des ostéoclastes — qui permettent sa résorption —, la substance osseuse, qu'elle soit compacte ou spongieuse, se transforme sans cesse pour assurer un constant renouvellement du tissu osseux qui ainsi ne risque pas de vieillir ou de se nécroser. Bien sûr, durant la croissance, l'action des ostéoblastes sera plus importante que celle des ostéoclastes, pour permettre à l'os d'atteindre sa taille adulte. Les deux processus s'équilibrent ensuite à la fin de la période de croissance. Lorsque, à l'approche de la vieillesse, la résorption du tissu osseux dépasse sa formation, on assiste au phénomène de l'ostéoporose sénile, alors que l'os devient plus friable.

Ce remodelage continuel permet au tissu osseux ainsi éliminé de se métaboliser, c'est-à-dire de relâcher des sels minéraux capables d'assurer des taux sanguins normaux et de garantir un apport calcique et phosphorique adéquat aux autres tissus. De plus, grâce au remaniement de sa structure interne, l'os sera toujours en mesure de s'adapter à de nouvelles conditions mécaniques. Comme dans le cas des muscles, l'os sera renforcé par une grande activité ou affaibli et atrophié par un manque d'activité (ostéoporose d'inactivité). Par exemple, chaque fois que des astronautes doivent vivre plusieurs jours de suite en état d'apesanteur, on note des pertes importantes de la masse osseuse.

b) Remodelage externe

Si l'humérus d'un enfant et l'humérus d'un adulte présentent la même anatomie extérieure, cette constance dans la similitude est due à l'équilibre entre les processus interne et externe de remodelage. L'action externe des tissus osseux conduit au renouvellement de la forme et de la structure de l'os; mais alors que le remodelage interne de l'os se poursuit la vie durant, son pendant externe cessera en même temps que la croissance de l'individu.

FACTEURS INFLUENÇANT LE DÉVELOPPEMENT DES OS

Plusieurs facteurs peuvent agir sur la formation de l'os. Les plus importants sont la tension, les hormones, la nutrition et la circulation.

a) Tension

L'os est soumis à deux types importants de tension. Les forces compressionnelles, comme celles engendrées par le support de la masse du corps et les forces fonctionnelles, comme celles résultant de la traction exercée sur les os par la contraction des muscles. Il a été démontré qu'en l'absence d'une de ces deux forces, l'os ne se développe pas normalement. Les conditions d'apesanteur des voyages spatiaux, ou encore un membre paralysé ou immobilisé dans un plâtre pour un certain temps en sont deux exemples.

b) Hormones

Les hormones sécrétées par les glandes thyroïde et parathyroïde ont une influence particulièrement importante sur le développement osseux. Tout modelage de l'os exige l'interaction de ces deux hormones. Une déficience congénitale ou une absence de glande thyroïde aboutit au nanisme, accompagné de déficience mentale et connu sous le nom de crétinisme. Certaines affections dangereuses, dans lesquelles les os deviennent mous ou extrêmement fragiles, sont dues au mauvais fonctionnement des glandes parathyroïdes qui règlent les taux relatifs du calcium dans les os et dans le sang.

c) Nutrition

Pour permettre un développement osseux normal, il faut une alimentation équilibrée qui fournit à l'organisme diverses substances essentielles. Ainsi, la présence de vitamine D dans le régime alimentaire est particulièrement importante. La vitamine D3 (extraite de l'huile de foie de poissons) facilite l'absorption du calcium et du phosphate qui, de l'intestin vers le sang, servent à la formation des os. Une déficience en vitamine D3 entraîne donc un ramollissement de l'os. Chez les enfants, le ramollissement des os (rachitisme) engendre des courbures anormales, telles que celles des jambes arquées (ramollissement du fémur) et celle du thorax en carène (ramollissement du sternum).

d) Circulation

On ne connaît que très imparfaitement les actions élémentaires des troubles circulatoires sur le tissu osseux. Il semble toutefois que l'hyperhémie (affluence de sang dans le tissu) entraîne une déminéralisation, tandis que la stase (baisse de l'irrigation sanguine) cause une hyperformation osseuse.

TERMINOLOGIE

L'étude des os du squelette est plus facile si le lecteur connaît les termes les plus communs pour décrire les caractéristiques structurelles des os. Voici les principaux :

1. Angle : espace défini par deux bords. Exemple : angle supérieur de la scapula.
2. Apex : extrémité pointue d'une structure conique ou pyramidale. Exemple : apex de la patella.
3. Bord : limite entre deux faces ou surfaces d'une structure anatomique. Exemple : bord médial de la scapula.
4. Col : partie rétrécie d'une structure anatomique semblable au cou. Exemple : col du radius.
5. Condyle : extrémité ovalaire permettant l'articulation avec un autre os. Exemple : condyle latéral du fémur. La plupart des condyles sont articulaires (sauf ceux du tibia).
6. Crête : saillie linéaire d'une structure anatomique. Exemple : crête iliaque (os coxal).
7. Éminence : saillie régulièrement arrondie d'une surface anatomique. Exemple : éminence thénar (main, côté du pouce).
8. Épicondyle : petite projection osseuse non articulaire située sur ou au-dessus du condyle d'un os. Exemple : épicondyle médial de l'humérus.
9. Épine : saillie mince et pointue d'une structure anatomique. Exemple : épine iliaque supérieure.
10. Foramen : orifice au niveau d'une structure osseuse ou membraneuse. Exemple : foramen obturé (os coxal).
11. Fosse : (fossette = petite fosse) cavité faisant souvent fonction de surface articulaire. Exemple : fosse olécrânienne (humérus).
12. Incisure : encoche de la surface ou du bord d'une structure anatomique. Exemple : incisure scapulaire.
13. Lame : structure anatomique plate et mince. Exemple : lame vertébrale.
14. Ligne : petite crête osseuse. Exemple : ligne âpre (fémur).

15. Processus : excroissance volumineuse ou expansion nettement détachée d'un organe. Exemple : processus coracoïde (scapula).
16. Sillon : dépression linéaire à la surface d'une structure anatomique. Exemple : sillon intertuberculaire (humérus).
17. Tête : extrémité plus renflée d'une structure anatomique. Exemple : tête de l'humérus.
18. Tubercule : petit nodule arrondi à la surface d'un os. Exemple : tubercule de l'adducteur (fémur).
19. Tubérosité : saillie volumineuse, arrondie et plus grosse qu'un tubercule. Exemple : tubérosité ischiatique (os coxal).

SACHEZ QUE...

1. Le liquide synovial nourrit les cartilages articulaires par imbibition.
2. L'indice médullaire est le rapport qui existe entre le diamètre minimum du canal médullaire et le diamètre minimum de la diaphyse. Chez l'adulte, sa valeur varie entre 0,40 et 0,50. Cet indice présente un intérêt médicolégal car il permet de différencier les os humains des os des animaux.
3. La moelle jaune est constituée de 96 % de matières grasses.
4. Les protubérances sont des reliefs réguliers et peu importants, souvent symétriques. Exemple : protubérance occipitale externe (tête).
5. Le tissu osseux lamellaire est le type de tissu osseux que l'on trouve normalement chez l'adulte (il est toujours précédé par du tissu osseux non lamellaire qu'il remplace progressivement).
6. Certaines épiphyses ont 2 ou 3 centres d'ossification secondaire qui se fusionnent.
7. Les mécanismes qui coordonnent l'activité des cellules osseuses, pour que la forme des os reste inchangée au cours du développement, sont inconnus.
8. La moelle jaune garde la possibilité de se retransformer en moelle rouge. Ceci se produit en cas de leucémie ou chez les personnes qui vivent à très haute altitude.
9. L'examen de la moelle osseuse se fait par ponction du sternum ou de l'aile iliaque (os coxal).
10. Les cellules cancéreuses en circulation dans le sang trouvent dans la moelle rouge un bon milieu de culture. Des métastases se développent souvent au niveau des extrémités des os longs ou dans les vertèbres.

III

Généralités sur les articulations

CLASSIFICATION

Une articulation (jointure) est l'union de deux ou plusieurs pièces osseuses ou cartilagineuses. On distingue les articulations selon leur structure (fibreuses, cartilagineuses ou synoviales) et selon leur physiologie (mobiles, peu mobiles ou semi-mobiles et immobiles).

Une articulation est dite simple lorsqu'elle unit deux os entre eux (exemple : articulation coxofémorale). Elle est dite composée lorsqu'elle réunit plus de deux os (exemple : articulation huméroradio-ulnaire).

On utilise le terme « degré de liberté » pour décrire la possibilité de mobilisation d'une articulation dans un plan et autour d'un axe. Ainsi on distingue des articulations :

a) À un degré de liberté (monoaxiales) : déplacement dans un plan de l'espace ;

b) À deux degrés de liberté (biaxiales) : déplacement dans deux plans de l'espace ;

c) À trois degrés de liberté (triaxiales) : déplacement dans trois plans de l'espace.

ARTICULATIONS FIBREUSES

Les éléments osseux de ces articulations, dépourvus de cartilage, sont réunis par l'intermédiaire d'un tissu fibreux. Ce sont des articulations presque toujours immobiles. On les désigne aussi sous le vocable de SYNARTHROSE. On en distingue quatre types principaux :

a) La syndesmose
b) La suture
c) La gomphose
d) La schyndilèse.

a) Syndesmose : articulation fibreuse dont les surfaces osseuses sont reliées par un ligament interosseux. Exemple : syndesmose tibiofibulaire (articulation tibiofibulaire distale).

b) Suture (synfibrose) : variété d'articulation fibreuse (Figure 3.1). Elle unit les os de la voûte crânienne entre eux. Chez l'enfant, la suture est constituée par un tissu conjonctif fibreux qui est envahi progressivement par du tissu osseux. Chez l'adulte, les os sont unis essentiellement par le périoste. Exemple : suture sagittale (entre les deux os pariétaux).

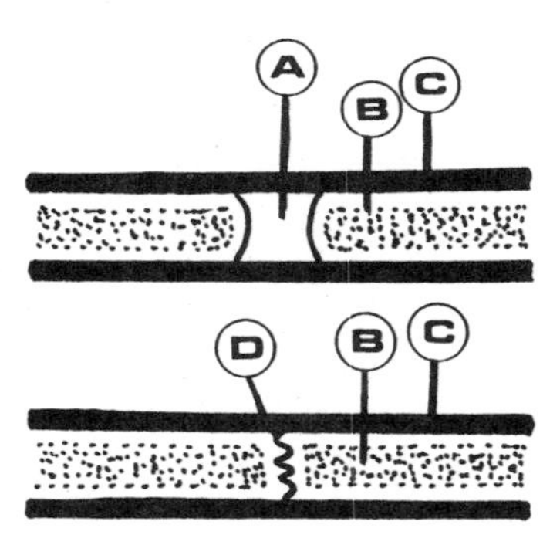

Figure 3.1 *Sutures chez l'enfant (en haut) et chez l'adulte (en bas).*
A. Tissu conjonctif dense B. Os C. Périoste D. Suture.

c) Gomphose (articulation alvéolodentaire) : articulation fibreuse entre une racine dentaire et son alvéole.
d) Schyndilèse (articulation à rainure) : articulation fibreuse dont les surfaces osseuses en présence ont la forme, l'une de crête et l'autre de rainure; la crête s'encastre dans la rainure. Exemple : schyndilèse vomérosphénoïdale au niveau de la tête.

Le tableau 3.1 illustre les principales articulations fibreuses de l'organisme.

TABLEAU 3.1
PRINCIPALES ARTICULATIONS FIBREUSES DE L'ORGANISME

ARTICULATION	*TYPE*
Tibiofibulaire distale	Fibreuse (syndesmose)
Suture	Fibreuse (suture, synfibrose)
Alvéolodentaire	Fibreuse (gomphose)
Vomérosphénoïdale	Fibreuse (schyndilèse)

ARTICULATIONS CARTILAGINEUSES

Les surfaces osseuses de ces articulations sont réunies entre elles par du cartilage. Ce sont des articulations peu mobiles. On les désigne aussi sous le nom d'AMPHIARTHROSE. On en distingue deux types selon la structure du cartilage :

a) Synchondrose
b) Symphyse.

a) Synchondrose : variété d'articulation cartilagineuse (Figure 3.2). Elle est constituée de pièces osseuses réunies entre elles par du cartilage hyalin. L'ossification secondaire de ce cartilage amène la fusion des deux os. Exemple : synchondrose manubriosternale.

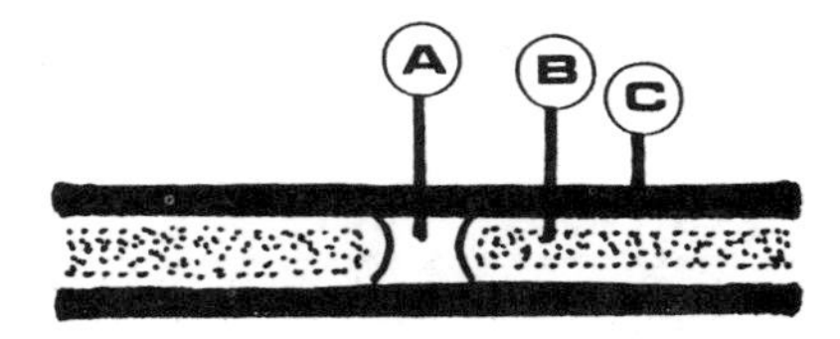

Figure 3.2 *Synchondrose.*
A. Cartilage hyalin B. Os C. Périoste.

b) Symphyse : variété d'articulation cartilagineuse (Figure 3.3). Elle est constituée de pièces osseuses recouvertes de cartilage hyalin et réunies par un fibrocartilage. Exemple : articulation intervertébrale (les corps).

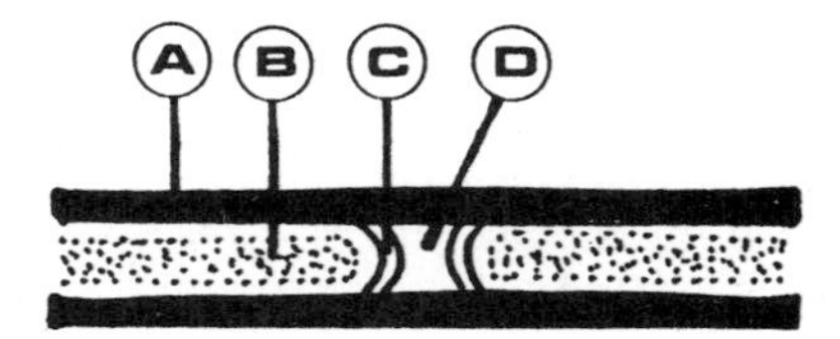

Figure 3.3 *Symphyse.*
A. Périoste B. Os C. Cartilage hyalin D. Fibrocartilage.

Le tableau 3.2 illustre les principales articulations cartilagineuses de l'organisme.

TABLEAU 3.2
PRINCIPALES ARTICULATIONS CARTILAGINEUSES DE L'ORGANISME

ARTICULATION	*TYPE*
Corps vertébraux	Cartilagineuse (symphyse)
Lombosacrale	Cartilagineuse (synchondrose)
Sacrococcygienne	Cartilagineuse (synchondrose)
Symphyse pubienne	Cartilagineuse (symphyse)
Synchondrose manubriosternale	Cartilagineuse (synchondrose)

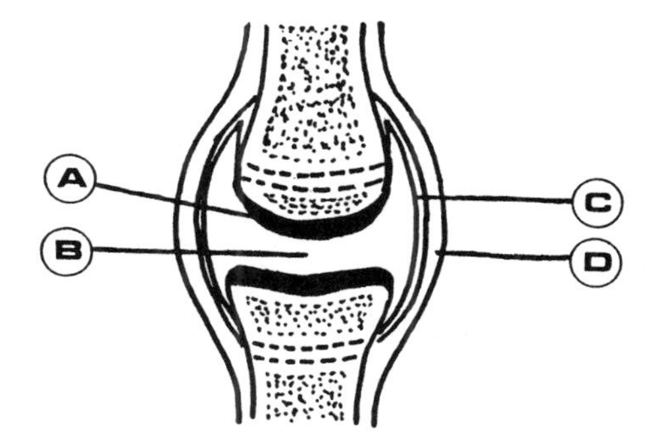

Figure 3.4 Articulation synoviale typique.
A. Cartilage articulaire B. Cavité articulaire C. Membrane synoviale D. Membrane fibreuse.

ARTICULATIONS SYNOVIALES

Ces articulations présentent une cavité remplie de liquide synovial. Elles sont caractérisées par l'existence constante de surfaces articulaires recouvertes de cartilage, d'une capsule articulaire et de ligaments. Ce sont des articulations mobiles connues sous le nom de DIARTHROSE. Selon la configuration des surfaces articulaires en présence, on distingue les six types d'articulations :

a) Sphéroïdes (énarthroses)
b) En selle (par emboîtement réciproque)
c) Ellipsoïdes (condyliennes)
d) Ginglymes (trochléennes)
e) Trochoïdes (à pivot)
f) Planes (arthrodies)

Dans toutes les articulations synoviales ou diarthroses on retrouve six éléments constants et parfois des éléments non-constants. Les éléments constants (Figure 3.4) sont ceux que l'on rencontre dans chacun de ces types d'articulations alors que les éléments non-constants se trouvent dans certaines articulations.

a) Éléments constants :

1° Surfaces articulaires : portions osseuses qui participent à la formation d'une articulation et qui sont très souvent encroûtées de cartilage. Les surfaces articulaires sont des saillies ou des cavités de formes variables.

2° Cartilage articulaire : mince couche de cartilage hyalin qui recouvre les surfaces articulaires lisses des os. Ce cartilage est non vascularisé et se nourrit de la synovie par imbibition.

3° Cavité articulaire : espace clos limité par les cartilages articulaires et la membrane synoviale. Elle est remplie de synovie et constitue un espace de glissement et de jeu articulaire.

4° Capsule articulaire : manchon membraneux enfermant une articulation. Elle est constituée de deux lames : l'une externe, la membrane fibreuse et l'autre interne, la membrane synoviale.
- Membrane fibreuse : couche périphérique de la capsule articulaire. C'est un manchon fibreux qui se prolonge avec le périoste. Cette membrane s'insère d'autant plus loin du pourtour du cartilage articulaire que l'articulation est mobile. Ses fibres ont une orientation

différente selon les articulations; elles sont ou longitudinales, ou circulaires, ou arciformes. Résistante et peu élastique, la membrane fibreuse assure la protection et le maintien de l'articulation. Son efficacité est renforcée par des ligaments. Richement innervée, elle représente l'une des origines de la sensibilité proprioceptive.

- Membrane synoviale : couche interne de la capsule articulaire sécrétant la synovie. Elle tapisse la face interne de la membrane fibreuse et les surfaces osseuses intraarticulaires non recouvertes de cartilage. Elle forme parfois des replis ou plis synoviaux. C'est une membrane conjonctive mince et transparente, formée de deux couches : une couche interne de tissu conjonctif lâche et une couche externe pourvue de fibres élastiques. Elle est abondamment vascularisée.

5° Synovie (liquide synovial) : liquide visqueux remplissant la cavité d'une articulation, d'une bourse ou d'une gaine tendineuse. C'est un liquide jaune pâle translucide. Sa viscosité est variable en fonction de la pression et de la vitesse du mouvement. Elle facilite le glissement des structures en présence et assure leur nutrition par imbibition.

6° Ligament : ensemble de fibres conjonctives serrées, résistantes, orientées dans le même sens et riches aussi en fibres de collagène. Il réunit un os à un autre os. Certains ligaments peuvent servir de support à certains organes (exemple : ligament suspenseur du cristallin). Leur structure et leur valeur fonctionnelle dépendent de leurs constituants histologiques. On distingue les ligaments :

- Fibreux ou blancs (quasi inextensibles). Ce sont la plupart des ligaments au niveau des articulations. Exemple : ligament coracoclaviculaire,
- Élastiques ou jaunes (extensibles). Exemple : ligament suspenseur du pénis.

b) Éléments non-constants :

Parmi ces éléments, l'on retrouve le disque articulaire, le labrum et le ménisque articulaire.

1° Disque articulaire : formation fibrocartilagineuse placée à l'intérieur d'une articulation synoviale. Le disque articulaire est généralement plein (Figure 3.5). Il s'interpose entre deux surfaces articulaires discordantes et permet une meilleure adaptabilité. Exemple : disque articulaire de l'articulation temporomandibulaire (mâchoire).

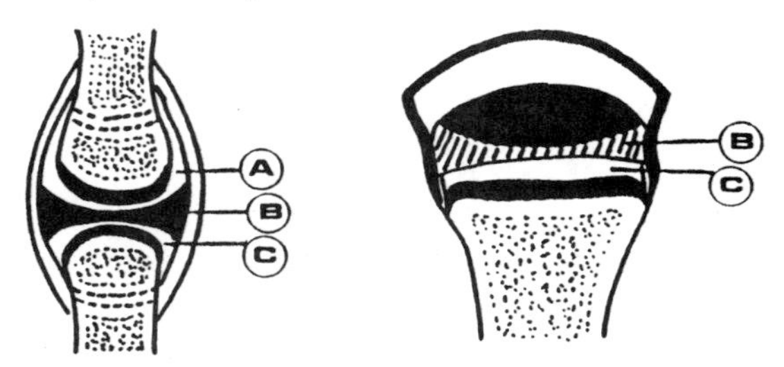

Figure 3.5 Coupe longitudinale (à gauche) et vue supérieure de la moitié d'un disque articulaire (à droite).
A. Première cavité articulaire B. Disque articulaire C. Deuxième cavité articulaire.

2° Labrum (bourrelet articulaire) : formation fibrocartilagineuse annulaire qui est adhérente au pourtour d'une surface articulaire. Elle augmente la surface et la profondeur (Figure 3.6) et présente une seule face lisse, libre et articulaire. Exemple : le labrum glénoïdal ou bourrelet glénoïdal (épaule).

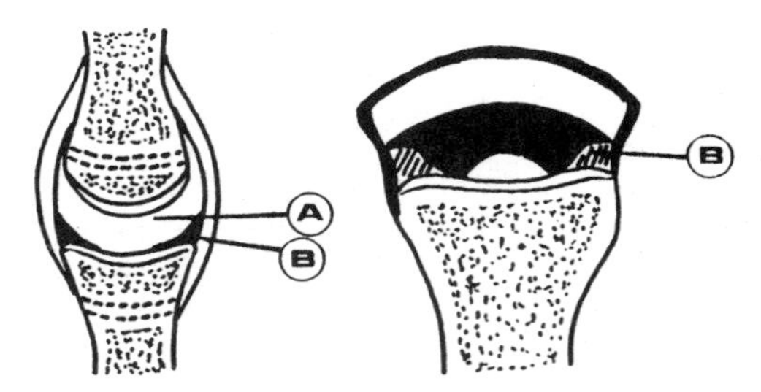

Figure 3.6 Coupe longitudinale (à gauche) et vue supérieure de la moitié du labrum (à droite).
A. Cavité articulaire B. Labrum.

3° Ménisque articulaire : formation fibro-cartilagineuse (Figure 3.7). Interposé entre des surfaces articulaires discordantes, il assure leur adaptabilité au cours des mouvements articulaires. En forme de croissant triangulaire, son bord périphérique adhère à la capsule articulaire. Ses extrémités antérieure et postérieure sont rattachées aux os par des cornes méniscales. Le bord interne du ménisque est toujours beaucoup plus mince que son bord externe. Le ménisque, contrairement au labrum, possède deux faces lisses, libres et articulaires. Exemple : ménisque latéral au genou.

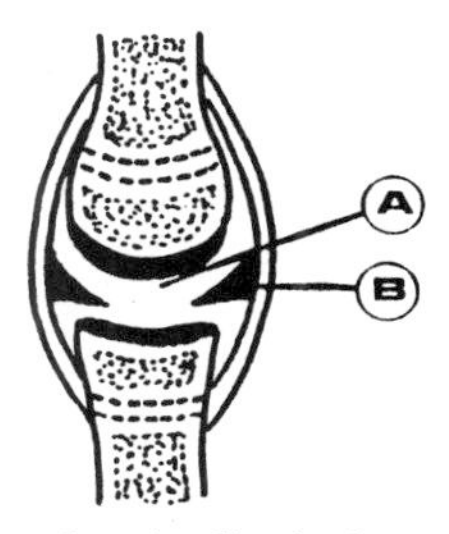

Figure 3.7 Coupe longitudinale d'un ménisque articulaire.

A. Cavité articulaire B. Ménisque.

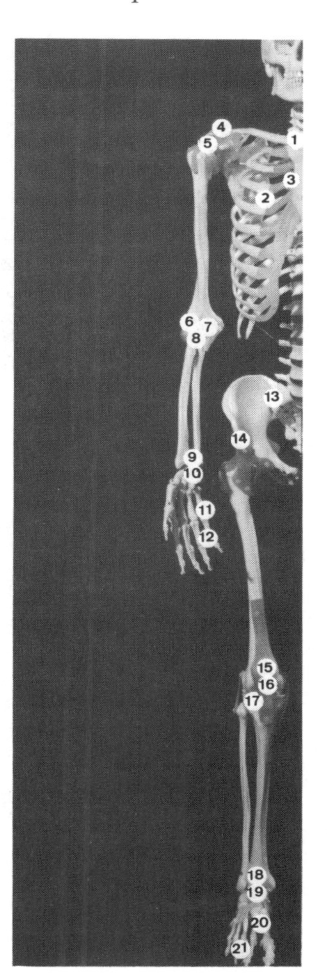

1. *Sternoclaviculaire*
2. *Costochondrale*
3. *Chondrosternale*
4. *Acromioclaviculaire*
5. *Scapulohumérale*
6. *Huméroradiale*
7. *Huméro-ulnaire*
8. *Radio-ulnaire proximale*
9. *Radio-ulnaire distale*
10. *Du poignet*
11. *Métacarpophalangienne*
12. *Interphalangienne*
13. *Sacrocoxale*
14. *Coxofémorale*
15. *Patellofémorale*
16. *Fémorotibiale*
17. *Tibiofibulaire proximale*
18. *Tibiofibulaire distale*
19. *De la cheville*
20. *Métatarsophalangienne*
21. *Interphalangienne*

Photo 3.1 Les principales articulations (antérieur) côté droit.

TYPES DE MOUVEMENTS

Les mouvements fondamentaux se résument à trois grandes catégories : flexion-extension, abduction-adduction, rotation.

L'articulation synoviale est très mobile et peut accomplir un ou plusieurs de ces mouvements : flexion-extension, abduction-adduction et rotation.

a) Flexion : action qui détermine le rapprochement de deux segments généralement sur leurs faces antérieures, diminuant l'angle qu'ils forment au niveau de l'articulation en cause (Figure 3.8).

b) Extension : action qui détermine l'éloignement de deux segments, augmentant l'angle qu'ils forment au niveau de l'articulation concernée (Figure 3.8).

Il est à noter que la flexion et l'extension sont deux mouvements opposés qui se déroulent autour d'un même axe et se produisent dans un même plan. Exemple : articulation coxofémorale. Pour ces mouvements en position anatomique :

Axe : transversal

Plan : sagittal.

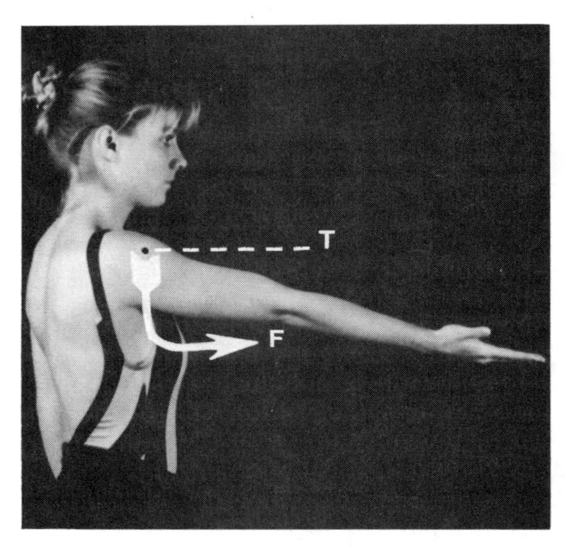

Photo 3.2 Flexion du bras.

T. axe transversal F. flexion du bras (plan sagittal).

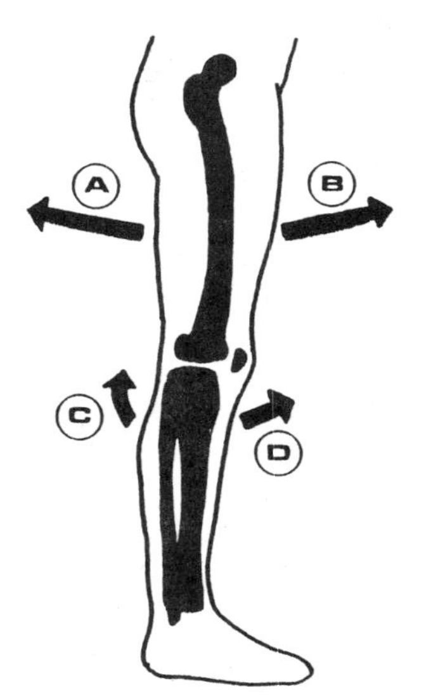

Figure 3.8 Mouvements fondamentaux de flexion et d'extension.

A. Extension au niveau de la hanche B. Flexion au niveau de la hanche C. Flexion au niveau du genou D. Extension au niveau du genou.

c) Abduction : action qui détermine l'éloignement d'une extrémité d'un segment du corps par rapport au plan sagittal médian (Figure 3.9).

d) Adduction : action qui détermine le rapprochement d'une extrémité d'un segment du corps au plan sagittal médian (Figure 3.9).

Il est à noter que ces deux mouvements abduction et adduction s'opposent et se déroulent autour d'un même axe et se produisent dans un même plan. Exemple : articulation coxofémorale. Pour ces deux mouvements, en position anatomique :

Axe : sagittal

Plan : frontal.

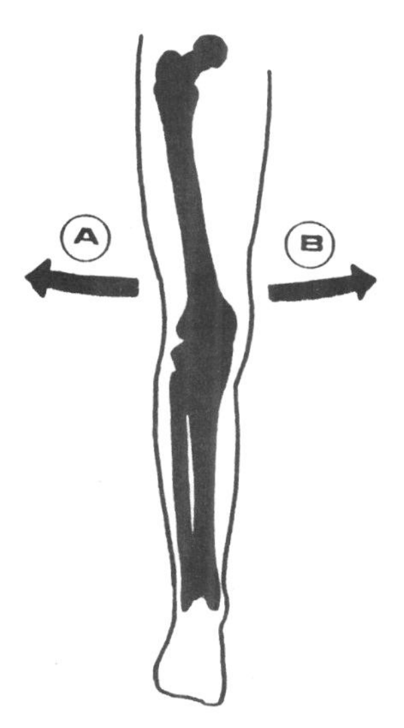

Figure 3.9 Mouvements fondamentaux d'abduction (A) et d'adduction (B) de la cuisse.

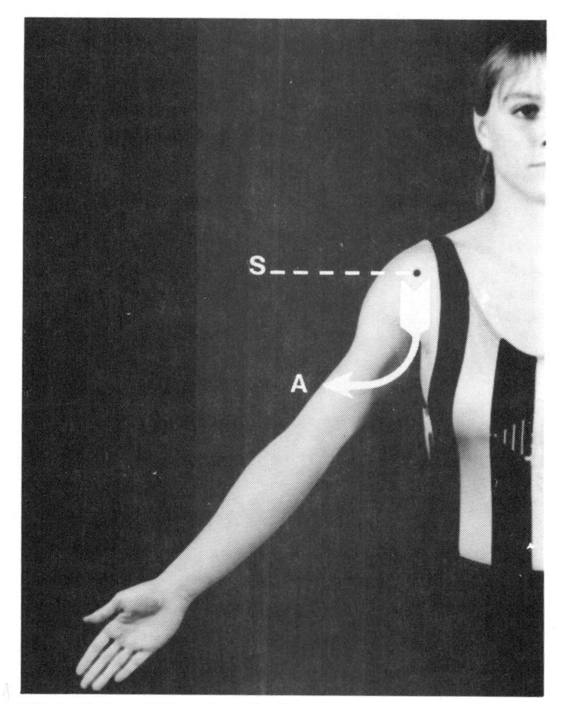

Photo 3.3 Abduction du bras.
S. axe sagittal A. abduction du bras (plan frontal).

e) Rotation : action qui détermine le mouvement giratoire d'un segment autour de son axe longitudinal. Ce mouvement de rotation se déroule autour d'un axe spécifique et se produit dans un plan parallèle au sol. Exemple : articulation scapulo-humérale. Pour ce mouvement, en position anatomique :

Axe : vertical

Plan : horizontal.

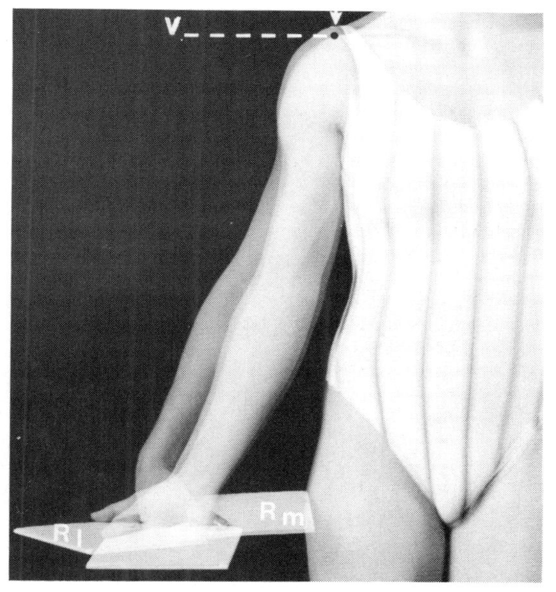

Photo 3.4 Rotation du bras.
V. axe vertical Rm. Rotation médiale Rl. Rotation latérale (plan horizontal).

TYPES D'ARTICULATIONS SYNOVIALES

On parle d'une articulation synoviale à chaque fois que nous rencontrons une articulation lubrifiée par la synovie, laquelle est sécrétée par la membrane synoviale qui tapisse la face interne de la capsule articulaire.

La forme des surfaces articulaires et la disposition des attaches de la capsule et des ligaments conditionnent les possibilités et l'amplitude du mouvement d'une articulation de ce type. Ainsi, nous retrouvons six types d'articulations synoviales :

a) Sphéroïde (énarthrose) : deux surfaces osseuses en forme de segment de sphère, l'un plein, l'autre creux (Figure 3.10). Ce sont des articulations multiaxiales possédant trois degrés de liberté. Exemple : articulation coxofémorale. Cette articulation permet tous les mouvements fondamentaux : flexion-extension, abduction-adduction, rotation.

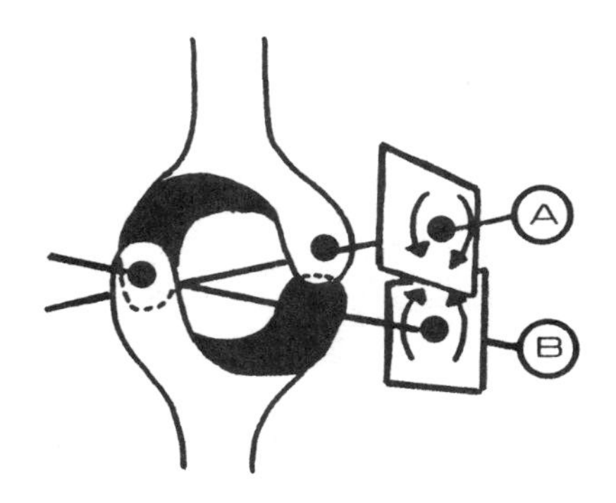

Figure 3.11 Articulation en selle.
A. Axe sagittal B. Axe transversal.

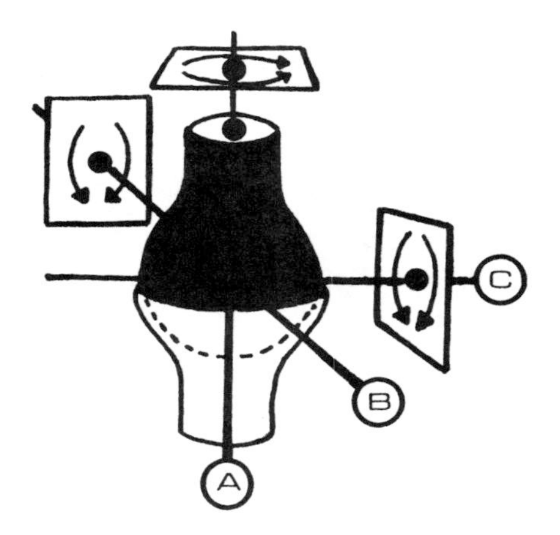

Figure 3.10 Articulation sphéroïde.
A. Axe vertical B. Axe sagittal C. Axe transversal.

b) En selle (par emboîtement réciproque) : surfaces articulaires, l'une convexe dans un sens et l'autre concave dans l'autre sens, telle la selle d'un cheval (Figure 3.11). Cette concavité doit correspondre parfaitement à la convexité de l'autre surface osseuse. Exemple : articulation sternoclaviculaire. C'est une articulation à deux degrés de liberté qui permet des mouvements de flexion-extension et d'abduction-adduction.

c) Ellipsoïde (condylienne) : deux surfaces articulaires ovalaires, l'une concave, l'autre convexe (Figure 3.12). Ce sont des articulations biaxiales, à deux degrés de liberté qui permettent des mouvements de flexion-extension, abduction-adduction. À certaines articulations, les mouvements d'abduction et d'adduction sont remplacés par des flexions latérales. Exemple : articulation radiocarpienne. Une articulation bicondylaire est une articulation dont l'une des surfaces osseuses possèdent deux condyles. Exemple : articulation fémorotibiale.

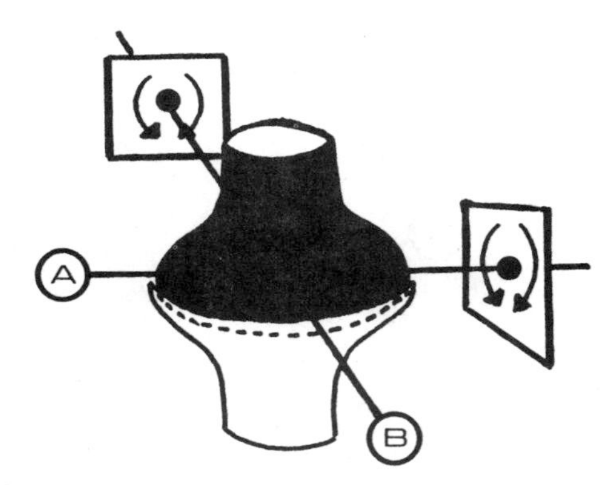

Figure 3.12 Articulation ellipsoïde.
A. Axe transversal B. Axe sagittal.

d) Ginglyme (trochléenne) : articulation fonctionnant comme une charnière autour d'un axe transversal (Figure 3.13). Elle met en présence deux surfaces articulaires en forme de poulie, l'une pleine, l'autre creuse. C'est une articulation à un degré de liberté qui permet seulement des mouvements de flexion et d'extension. Exemple : articulation huméro-ulnaire.

Figure 3.13 Articulation ginglyme.

e) Trochoïde (articulation à pivot) : deux surfaces articulaires, ostéofibreuses, l'une en forme de cylindre, l'autre en forme d'anneau (Figure 3.14). C'est une articulation à un degré de liberté permettant uniquement les mouvements de rotation autour d'un axe longitudinal. Exemple : articulation radio-ulnaire proximale.

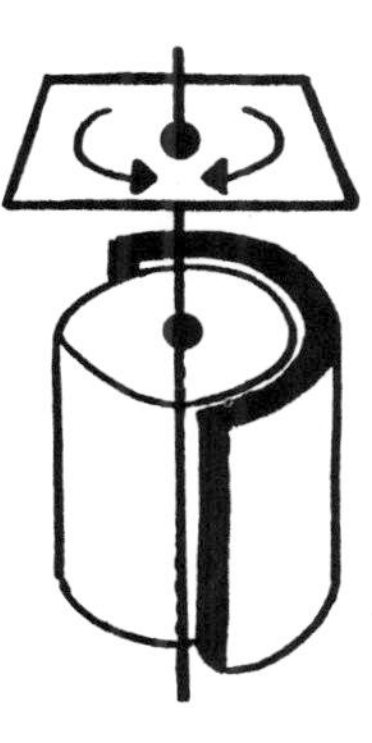

Figure 3.14 Articulation trochoïde.

f) Plane (arthrodie) : surfaces articulaires planes ou légèrement courbées. Cette articulation est le siège de glissements de faible amplitude dans toutes les directions et elle est non axiale (pas d'axe de mouvement privilégié). Exemple : articulation acromioclaviculaire (Figure 3.15).

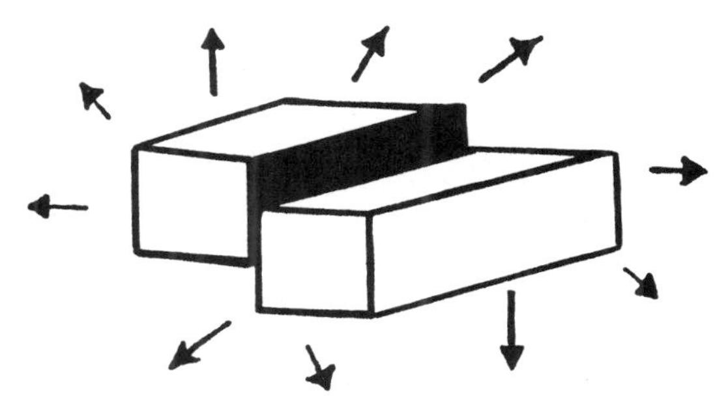

Figure 3.15 Articulation plane.

Le tableau 3.3 illustre les principales articulations synoviales de l'organisme.

TABLEAU 3.3

PRINCIPALES ARTICULATIONS SYNOVIALES DE L'ORGANISME

ARTICULATION	*TYPE*
Scapulohumérale	Sphéroïde
Métacarpophalangiennes	"
Coxofémorale	"
Métatarsophalangiennes	"
Incudostapédienne	"
Talocalcanéonaviculaire	"
Sternoclaviculaire	Selle
Carpométacarpienne du pouce	"
Sacro-iliaque chez l'homme	"
Calcanéocuboïdienne	"
Incudomalléaire	"
Huméroradiale	Ellipsoïde
Radiocarpienne	"
De l'os pisiforme	"
Atlanto-occipitale	"
Sacro-iliaque chez la femme	"

ARTICULATION	*TYPE*
Médiocarpienne	Bicondylaire
Fémorotibiale	"
Huméro-ulnaire	Ginglyme
Interphalangiennes de la main	"
Fémoropatellaire	"
Talocrurale	"
Interphalangiennes du pied	"
Radio-ulnaire	Trochoïde
Radio-ulnaire proximale	"
Atlantoaxoïdienne médiane	"
Des processus articulaires	"
Des processus lombales	"
Subtalienne	"
Acromioclaviculaire	Plane
Intercarpiennne	"
Carpométacarpiennes des 4 derniers métacarpiens	"
Atlantoaxoïdienne latérale	"
De la tête costale	"
Costotransversaire	"
Sternocostales	"
Interchondrales	"
Tibiofibulaire proximale	"
Intercunéennes	"
Cunéocuboïdienne	"
Cunéonaviculaire	"
Cuboïdonaviculaire	"
Tarsométatarsiennes	"
Intermétatarsiennes	"

MOUVEMENTS SPÉCIFIQUES À DIVERSES RÉGIONS

Nous avons vu dans les pages précédentes qu'il existe trois catégories de mouvements fondamentaux. Il nous faut cependant apporter des spécifications en relation avec certaines articulations particulières du corps humain. Vous retrouverez ci-dessous les termes spécifiques suivants :

a) Élévation et abaissement : L'abaissement est le mouvement vers le bas de la scapula ou de la mandibule (Figure 3.16). L'élévation est le mouvement vers le haut de la scapula ou de la mandibule (Figure 3.16).

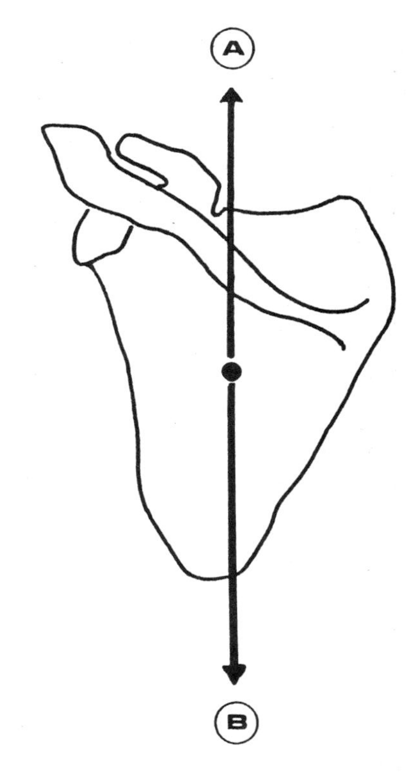

Figure 3.16 Mouvements d'élévation (A) et d'abaissement (B).

b) Circumduction : lors de la circumduction, l'os décrit un cône, dont la base détermine un cercle à son extrémité distale et le sommet représente la cavité articulaire. Elle représente la combinaison de flexion, extension, abduction et adduction (Figure 3.17). Exemple : circumduction de la tête.

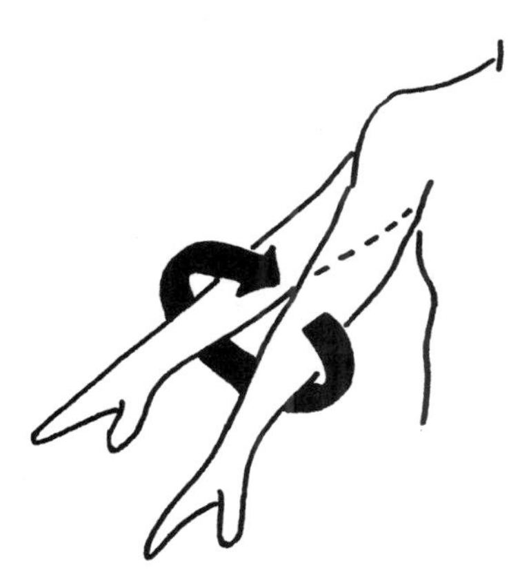

Figure 3.17 Mouvement de circumduction.

c) Diduction : la diduction est le mouvement de latéralité de la mandibule.

d) Dorsiflexion et flexion plantaire : la dorsiflexion est le mouvement du dessus du pied vers la jambe (Figure 3.18). Synonyme : flexion dorsale du pied ou flexion du pied. La flexion plantaire est le mouvement de la plante du pied vers le bas (Figure 3.18). Synonyme : extension du pied.

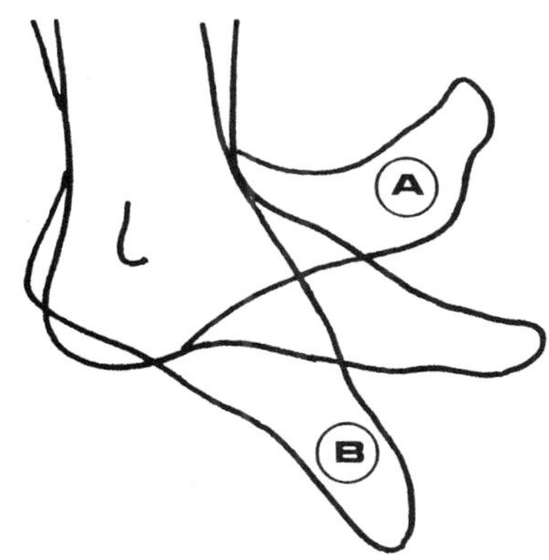

Figure 3.18 Mouvements de dorsiflexion (A) et de flexion plantaire (B).

e) Extension horizontale et flexion horizontale : l'extension horizontale est le mouvement par lequel un segment s'éloigne du plan sagittal médian dans un plan horizontal. Synonyme : extension-abduction horizontale. La flexion horizontale est le mouvement par lequel un segment se rapproche du plan sagittal médian dans un plan horizontal. Synonyme : flexion-adduction horizontale.

f) Éversion et inversion : l'éversion est la torsion latérale du pied (Figure 3.19). Elle est constituée de l'association d'une abduction et d'une rotation latérale (la plante du pied est tournée vers l'extérieur).

L'inversion est la torsion médiale du pied (Figure 3.19). Elle est constituée de l'association d'une adduction et d'une rotation médiale (plante du pied est tournée vers l'intérieur).

g) Hyperextension : l'hyperextension est le mouvement d'un segment au-delà de la position normale d'extension (référence position anatomique).

h) Nutation et contre-nutation : la nutation est le mouvement de la base du sacrum (partie supérieure vers l'avant, le coccyx vers l'arrière). La contre-nutation est le retour à la position normale.

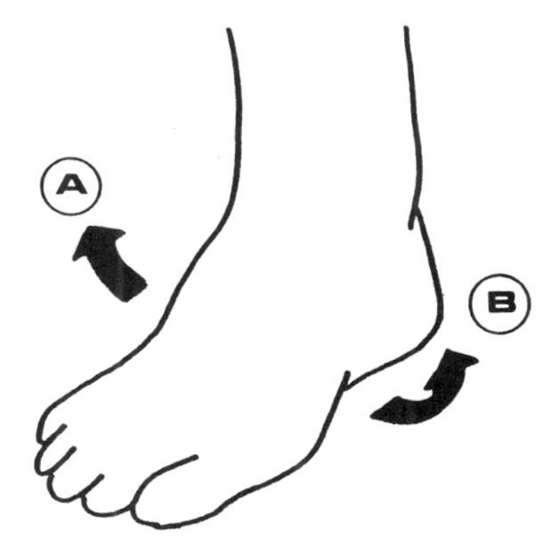

Figure 3.19 Mouvements d'éversion (A) et d'inversion (B).

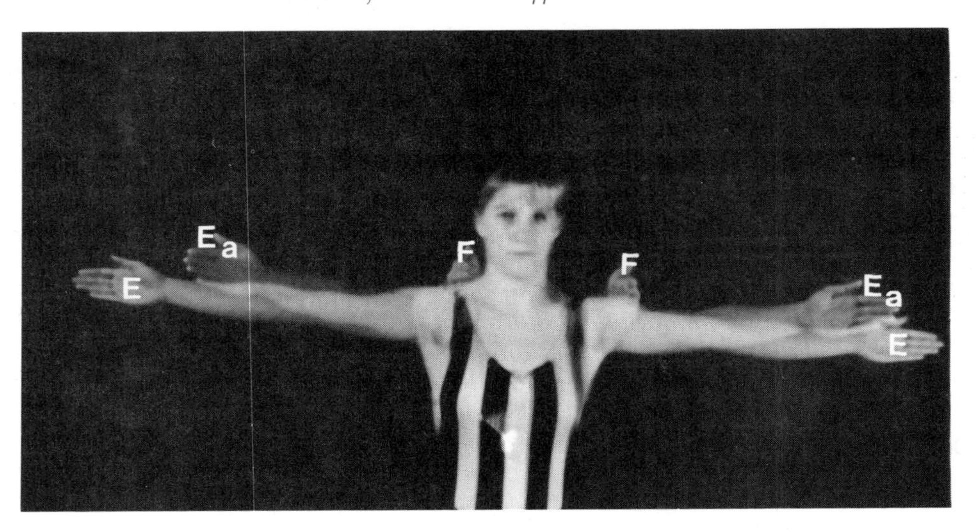

Photo 3.5 Mouvements des membres supérieurs (plan horizontal).

F. Flexion horizontale Ea. Extension horizonale partielle
E. Extension horizontale maximale.

i) Supination et pronation : la supination est le mouvement rotatoire de l'avant-bras qui amène la paume de la main dans le sens ventral (Figure 3.20). La pronation est le mouvement rotatoire de l'avant-bras qui amène la paume de la main dans le sens dorsal (Figure 3.20).

j) Protraction et rétraction : la protraction est la projection en avant d'une partie de l'organisme (Figure 3.21). Synonyme : antépulsion. Exemple : la projection de la mandibule. La rétraction est le mou-

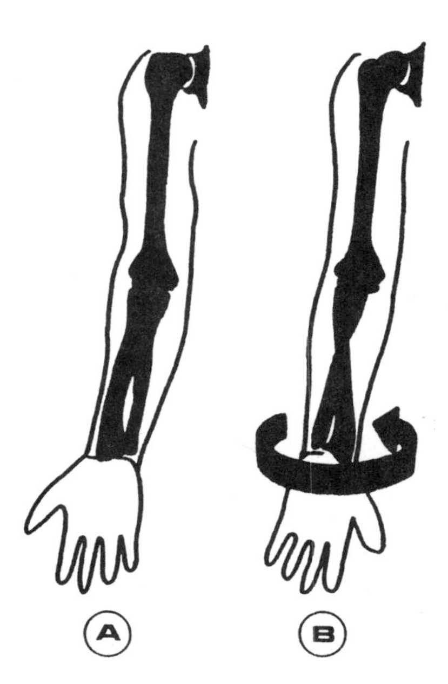

Figure 3.20 Mouvements de supination (A) et de pronation (B).

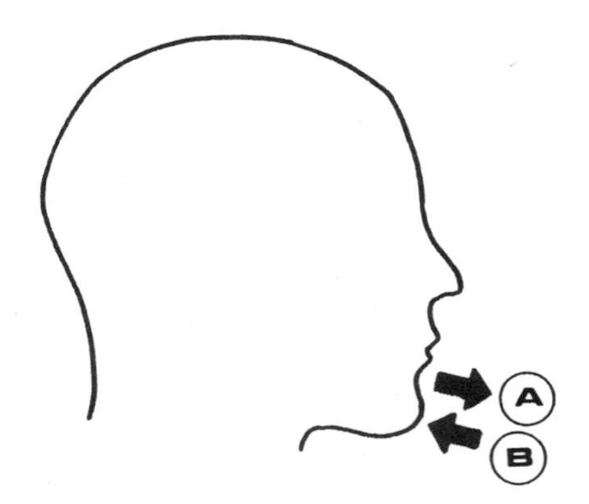

Figure 3.21 Mouvements de protraction (A) et de rétraction (B).

vement qui retourne une partie protractée à sa position normale (Figure 3.21). Synonyme : rétropulsion.

SACHEZ QUE...

1. Brodie (1786-1818) était un chirurgien anglais et ses travaux sur les articulations le rendirent célèbre.
2. Une syssarcose (espace de glissement) représente une articulation mobile unissant un os et un muscle ou deux muscles entre eux. Exemple : les syssarcoses scapulothoraciques.
3. Le rétinaculum est une formation fibreuse annulaire qui tient en place les longs tendons musculaires aux extrémités du corps. Exemple : rétinaculum des extenseurs de la cheville.
4. La synostose est la suture anormale, congénitale ou acquise, de deux os habituellement isolés.
5. L'arthrocentèse est la ponction ou l'aspiration d'une articulation.
6. Dans les conditions normales, le genou contient 1/8 de cuillerée à thé de synovie (0,5 cc).
7. Le vieillissement entraîne une modification progressive du cartilage à la surface des articulations.
8. L'arthrite est une inflammation de l'articulation qui cause une douleur et souvent la déformation et l'ankylose. Généralement, cette affection touche plusieurs articulations impliquant principalement la membrane synoviale.
9. L'arthrose est une maladie du cartilage articulaire, non inflammatoire et la plupart du temps monoarticulaire.
10. L'arthrodèse survient suite à une opération chirurgicale qui provoque l'ankylose des os au niveau de l'articulation atteinte.
11. La chondromalacie patellaire est une anomalie relative à la dégénérescence du cartilage articulaire de la patella en contact avec les condyles du fémur.
12. La viscosité du liquide synovial varie avec la pression qu'il subit. Ainsi, lorsque l'articulation est sous faible pression le liquide synovial est fluide comme de l'eau; il devient beaucoup plus visqueux lorsque l'articulation travaille en charge.
13. Il y a environ 250 ligaments dans le corps humain. La nomenclature peut se faire selon :
    - la fonction (3 %) : ex. ligament suspenseur du cristallin
    - la forme (20 %) : ex. ligament cruciforme
    - l'insertion (55 %) : ex. ligament acromiocoracoïdien
    - la topographie (20 %) : ex. ligament vertébral.

IV

Généralités sur les muscles

LES MUSCLES

DÉFINITION

Le muscle est un organe charnu caractérisé par la faculté de se contracter sous l'influence du système nerveux. C'est un organe dynamique dont la fonction est de tirer. En tirant, il fait mouvoir les parties du corps. Tous les muscles sont constitués de cellules allongées et nucléées, d'un cytoplasme et de myofibrilles disposées parallèlement au grand axe de la cellule.

Il existe plus de 600 muscles striés volontaires dans le corps humain. La plupart sont pairs et symétriques mais il en est d'impairs. Les muscles représentent 42 % du poids du corps chez l'homme et 36 % chez la femme. L'appendice B illustre les principaux muscles du corps humain.

DÉNOMINATION

Plusieurs critères sont utilisés pour identifier un muscle :

a) Forme géométrique (17 % des muscles) : le nom de certains muscles se réfère à son aspect extérieur. Exemple : muscle trapèze;
b) Fonction (26 % des muscles) : les noms de divers muscles se rapportent aux actions en intégrant des termes comme fléchisseur, extenseur, adducteur ou pronateur. Exemple : muscle long adducteur de la cuisse;
c) Topographie (34 % des muscles) : l'appellation de certains muscles aide à les localiser. Exemple : muscles intercostaux externes;
d) Insertions (23 % des muscles) : les points d'attaches servent à identifier le muscle. Exemple : muscle brachioradial;
e) Nombre de ventres (ceps) : le nom de certains muscles est en rapport avec leur division en deux, trois ou quatre parties. Exemple : muscle triceps brachial;
f) Rapports de dimension : les indications quant à leur dimension se retrouvent souvent dans les appellations. Exemple : muscles grand pectoral et petit pectoral.

TISSU MUSCULAIRE

Les cellules du tissu musculaire sont hautement spécialisées. Ce qui caractérise le tissu, c'est sa capacité de contractilité. Ce tissu est en effet capable de changer de forme sans changer de volume. On désigne la cellule constituant le tissu musculaire sous le nom de « myocyte » (fibre musculaire).

Sur les plans structural et physiologique, on distingue plusieurs variétés de cellules musculaires qui composent les muscles :

a) Lisses (involontaire);
b) Striés squelettiques (volontaire);
c) Striés cardiaques (involontaire).

DÉVELOPPEMENT EMBRYONNAIRE

À l'exception des muscles de la tête et des membres, les muscles squelettiques se développent à partir des somites, masses embryonnaires de cellules mésodermiques. Les muscles de la tête se développent à partir du mésoderme primitif de cette région. Les muscles des membres commencent à se développer, à partir de condensations du mésoderme, dans les bourgeons des membres embryonnaires. Il est à noter que tous les muscles squelettiques ont la même apparence microscopique, qu'ils se développent à partir du mésoderme primitif ou du mésoderme des somites.

Des cellules mésodermiques migrent vers le tube digestif et vers les autres organes en formation de l'embryon; elles les recouvrent d'une mince couche et donnent naissance aux muscles lisses. Le muscle cardiaque se forme de la même manière que les muscles lisses. Les cellules mésodermiques migrent vers le cœur, alors qu'il a encore la forme d'un tube, et l'entourent.

TISSU MUSCULAIRE LISSE

Les muscles lisses dérivent du tissu conjonctif embryonnaire ou mésenchyme. Vaisseaux sanguins ou viscères (utérus, estomac, vessie), petits muscles horripilateurs ou muscles des yeux, ils sont formés de tissu à contraction involontaire et lente, innervés par le système nerveux végétatif (sympathique, parasympathique) et peu alimentés en sang. Les fibres nerveuses qui les forment sont dépourvues de myéline. Ces cellules lisses et allongées sont activées par de nombreux phénomènes : influx nerveux, stimulation hormonale, modifications mécaniques locales qui surviennent à l'intérieur du muscle lui-même. Par exemple, l'étirement des cellules lisses de la paroi du tube digestif assure les mouvements essentiels à la base de la physiologie de la digestion.

Les cellules musculaires lisses sont fusiformes et très allongées (Figure 4.1). Leur longueur est variable, de l'ordre de 20 à 200 microns et leur épaisseur centrale renflée se situe aux alentours de 5 microns. Les principaux constituants de la cellule musculaire lisse sont :

a) Noyau : se situe au centre de la cellule, est allongé dans le sens de celle-ci et possède des extrémités arrondies. Il contient un ou deux nucléoles;
b) Sarcoplasme (cytoplasme) : se caractérise par la présence d'un matériel protéique contractile, les myofilaments qui forment les myofibrilles. Il contient aussi les *organites* habituels de la cellule, (appareil de Golgi, mitochondries, glycogène, etc...) groupés dans les deux *cônes sarcoplasmiques* lesquels sont dépourvus de myofilaments.
c) Myofibrilles : sont des filaments allongés contenus dans le sarcoplasme d'une cellule musculaire. Elles sont disposées selon le grand axe de la cellule et leur diamètre varie de 0,5 à 1 micron. Chaque myofibrille est elle-même constituée de myofilaments juxtaposés en faisceaux;
d) Sarcolemme (membrane plasmique) : entoure la cellule;
e) Lame basale : forme la limite externe de la cellule et se compose principalement de collagène.

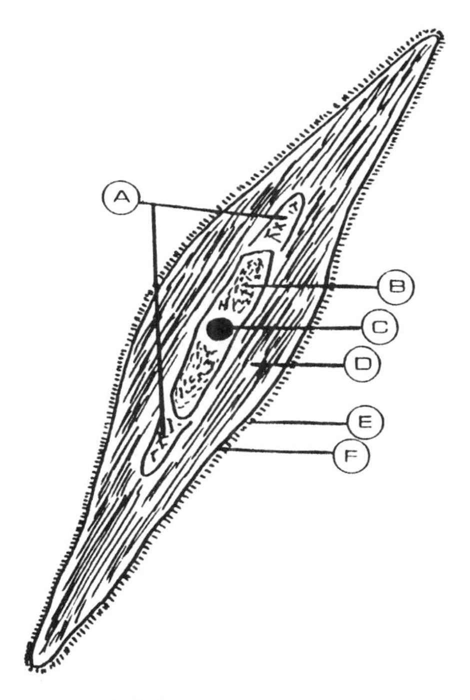

Figure 4.1 Cellule musculaire lisse.
A. Cônes sarcoplasmiques (contenant les organites) B. Noyau C. Nucléole D. Myofilaments E. Lame basale F. Membrane plasmique (sarcolemme).

TISSU MUSCULAIRE STRIÉ SQUELETTIQUE

En général, les muscles striés squelettiques en opposition avec le strié cardiaque se caractérisent par une contraction rapide et soumise à la volonté. Ils répondent plus rapidement à la stimulation que les muscles lisses, mais ils se fatiguent plus vite que les muscles lisses.

Les muscles qui actionnent le squelette humain se composent de fibres musculaires cylindriques (syncitium cellulaire à noyaux multiples) allongées, aux extrémités effilées, striées autant dans le sens de la longueur qu'en travers (Figure 4.2). Leur diamètre moyen se situe entre 10 et 100 microns, alors que leur longueur peut varier de quelques millimètres à plusieurs centimètres, comme c'est le cas du sartorius, qui mesure plus de 40 cm.

Selon Poirier (1977), la cellule striée comprend les éléments suivants :

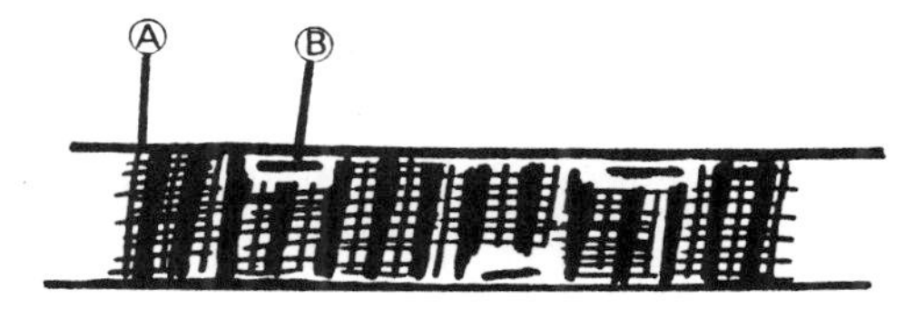

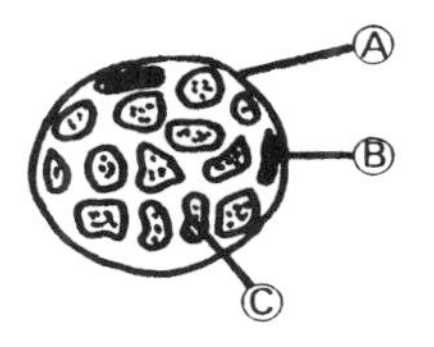

Figure 4.2 Coupes longitudinale (en haut) et transversale (en bas) de la cellule musculaire striée squelettique.
A. Sarcolemme B. Noyau C. Myofibrilles.

a) Noyaux multiples : ils sont de l'ordre de plusieurs centaines par cellule et allongés dans le sens de cette cellule. Ils contiennent un ou deux *nucléoles*. Contrairement au noyau unique et central de la cellule musculaire lisse, les noyaux sont ici périphériques et situés tout contre le sarcolemme;
b) Sarcoplasme : il est caractérisé par la présence d'un matériel protéique contractile formant les myofilaments. Ceux-ci sont groupés en myofibrilles;
c) Myofibrilles : elles se présentent comme des cylindres parallèles allongés dans le sens de la cellule, de même longueur que celle-ci, mais de diamètre beaucoup plus petit (environ 1 micron);

d) Sarcomères (cases musculaires) : ils sont une succession régulière de petits cylindres identiques qui divisent chacune des myofibrilles;

e) Myofilaments : ils sont une succession de bandes transversales alternées, d'indices de réfraction différents, qui caractérisent les myofibrilles. Les myofilaments épais sont présents dans le *disque A* seulement. Les myofilaments minces occupent le *disque I* et une partie du disque A;

f) Sarcolemme : il entoure la cellule et est revêtu sur sa face externe par une lame basale continue, au-delà de laquelle se trouvent les fibres collagènes de l'endomysium (enveloppe de la fibre musculaire).

TISSU MUSCULAIRE STRIÉ CARDIAQUE

C'est ce type de tissu musculaire que l'on retrouve dans le cœur. Le myocarde forme les parois des cavités cardiaques et est plus épais au niveau des ventricules (en bas) qu'au niveau des oreillettes (en haut). Il est innervé par de très nombreuses fibres sympathiques et parasympathiques. C'est aussi un muscle richement vascularisé qui compte cinq mille cinq cents sections de capillaires par millimètre carré contre deux mille pour le muscle squelettique. Le myocarde se compose de faisceaux entrelacés dont les fibres se ramifient et s'anastomosent (prises ensemble). La contraction des fibres cardiaques est une contraction rapide et de courte durée (environ 72 fois par minute).

Les cellules du myocarde sont allongées et ont une forme de cylindre bifurqué (Figure 4.3). Les constituants de cette cellule sont :

a) Noyau : unique, allongé, il est situé au centre de la cellule;

b) Myofilaments groupés en myofibrilles : matériel proétique contractile, ils sont présents dans le sarcoplasme;

c) Sarcolemme : revêtu, sur sa face externe, d'une *lame basale* continue, il entoure chaque cellule;

d) Traits scalariformes : dispositifs de jonction, ils assurent la cohésion des cellules de l'ensemble du cœur.

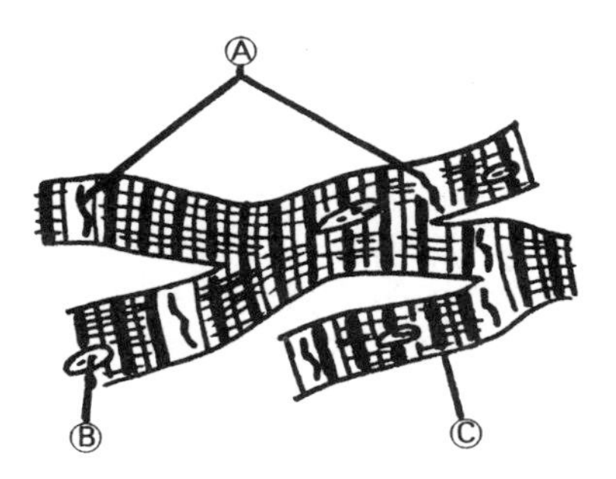

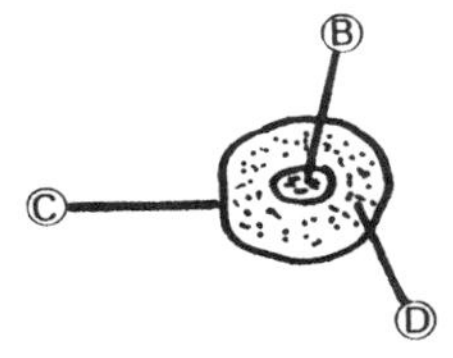

Figure 4.3 Coupes longitudinales (en haut) et transversale (en bas) de la cellule myocardique.
A. Traits scalariformes B. Noyau C. Sarcolemme D. Myofibrilles.

INNERVATION

D'un point de vue structural, le système nerveux peut être divisé en deux parties : le système nerveux central et le système nerveux périphérique.

SYSTÈME NERVEUX CENTRAL

Le système nerveux central (SNC) est formé de l'encéphale et de la moelle épinière. Il est le centre d'intégration et de régulation de l'ensemble du système nerveux. Il reçoit les messages sensoriels du système nerveux périphérique et élabore les réponses à ces messages.

SYSTÈME NERVEUX PÉRIPHÉRIQUE

Le système nerveux périphérique (SNP) est composé de nerfs et de ganglions. Les nerfs relient les parties les plus éloignées du corps avec leurs récepteurs du système nerveux central. Les ganglions (groupes de corps cellulaires faits de neurones) sont reliés aux nerfs. Du point de vue fonctionnel, le système nerveux périphérique se divise en une partie afférente (sensitive) et en une partie efférente (motrice).

La partie afférente est composée de neurones sensitifs somatiques qui transportent les influx nerveux au SNC à partir des récepteurs situés dans la peau, dans les aponévroses et autour des articulations. Elle comprend aussi les neurones sensitifs viscéraux qui transmettent les influx nerveux des viscères du corps au système nerveux central.

La partie efférente se subdivise en un système nerveux somatique (volontaire) et en un système nerveux autonome (involontaire). Le système nerveux volontaire est composé de neurones moteurs somatiques qui transportent les influx nerveux du SNC vers les muscles squelettiques pour qu'ils se contractent. Le système involontaire est composé de neurones moteurs viscéraux qui transmettent les influx nerveux aux muscles lisses des viscères, au muscle cardiaque et aux glandes. Du point de vue fonctionnel, le système nerveux autonome se subdivise en système sympathique et en système parasympathique.

Un certain nombre de neurones moteurs somatiques des nerfs crâniens (12 paires) contrôlent l'activité volontaire des muscles squelettiques du cou et de la tête (Tableau 4.1). L'innervation des muscles du dos, des parois latérales du corps, des membres supérieurs et inférieurs sont l'apanage du travail des nerfs spinaux (31 paires), appelés aussi rachidiens (Tableau 4.2).

Ces derniers sont issus de la moelle épinière. Ils se dirigent vers les muscles à innerver en passant par les trous intervertébraux. Ces nerfs, disposés tout le long du rachis portent le nom de la vertèbre située immé-

TABLEAU 4.1
NERFS CRÂNIENS

NUMÉRO	*NOM*	*DESTINATION*	*RÔLE*
I	Olfactifs	Nez	Sensoriel
II	Optique	Œil	Sensoriel
III	Oculomoteur	Muscles de l'orbite	Moteur
IV	Trochléaire	Muscles de l'orbite	Moteur
V	Trijumeau	Face Muscles masticateurs	Mixte
VI	Abducens	Muscles de l'œil	Moteur
VII	Facial	Muscles de la face et du cou	Moteur
VIII	Vestibulocochléaire	Oreille	Sensoriel
IX	Glossopharyngien	Langue, pharynx Muscles du pharynx	Mixte
X	Vague	Cou, thorax, abdomen Muscles du pharynx et du larynx	Mixte
XI	Accessoire	Muscles du cou, du pharynx et du larynx	Moteur
XII	Hypoglosse	Muscles de la langue	Moteur

TABLEAU 4.2
NERFS SPINAUX

NOM	*PAIRES*
Cervicaux	8
Thoraciques	12
Lombaux	5
Sacraux	5
Coccygien	1
TOTAL	31

diatement au-dessous. Ainsi le 4e nerf cervical passe par le trou intervertébral situé entre la 3e et 4e vertèbre cervicale. Aussitôt après sa sortie du trou intervertébral, chaque nerf rachidien se divise en deux branches ou rameaux : une branche postérieure et une branche antérieure. La branche postérieure se divise en arrière des vertèbres pour innerver la peau et les muscles du dos. La branche antérieure est plus longue et son trajet varie selon les régions du corps. Dans la région thoracique, la branche antérieure chemine dans l'espace intercostal où elle inerve la peau et les muscles des parois latérales du corps. Dans les régions cervicale, lombale et sacrale, les branches antérieures (rameaux ventraux) des nerfs spinaux s'unissent pour former des plexus (réseaux) qui donneront naissance aux nerfs de la peau et des muscles des membres inférieurs et supérieurs. Donc, à chacun des muscles correspond une innervation particulière qui provient d'un plexus. Le plexus, quant à lui, est issu d'un nerf rachidien. Les principaux plexus nerveux sont les plexus cervical, brachial, lombal et sacral (Tableau 4.3).

Les nerfs périphériques qui résultent des plexus, portent tous des noms spécifiques. Ainsi, *le nerf radial* qui provient du plexus brachial, innerve les muscles extenseurs du bras et de l'avant-bras. Ces noms seront identifiés au cours des descriptions musculaires.

L'appendice C illustre les nerfs crâniens et spinaux en plus des plexus cervical, brachial, lombal et sacral.

ENVELOPPES D'UN MUSCLE

Les fibres musculaires sont maintenues ensemble par de minces couches de tissu conjonctif dense, appelées fascias (aponévroses) (Figure 4.4).

TABLEAU 4.3
PLEXUS NERVEUX

NOM	*CONSTITUTION*	*INNERVATION*
Cervical	Quatre premiers rameaux ventraux des nerfs cervicaux	Muscles du cou et les téguments de la tête, du cou et du thorax
Brachial	Quatre derniers rameaux ventraux des nerfs cervicaux et le premier nerf thoracique	Peau et muscles des membres supérieurs
Lombal	Rameaux ventraux des nerfs lombaux	Partie inférieure de l'abdomen et les régions antérieur et médiane du membre inférieur
Sacral	Tronc lombosacral et les trois premières racines ventrales des nerfs sacraux	Musculature du pelvis et la majeure partie du membre inférieur

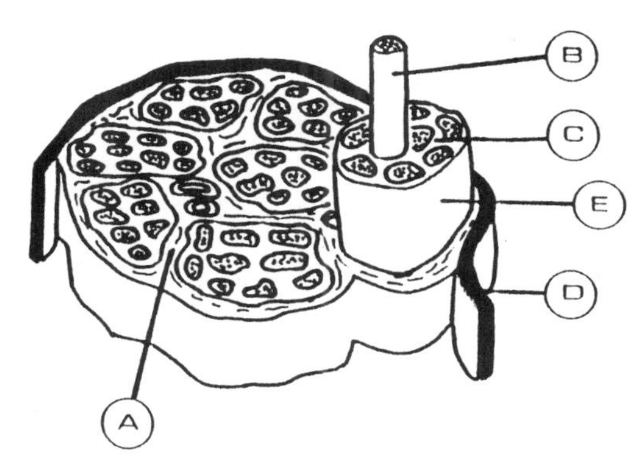

Figure 4.4 Coupe transversale d'un muscle.
A. Périmysium B. Fibre musculaire C. Endomysium D. Épimysium E. Faisceau.

L'*endomysium* est une fine membrane conjonctive enveloppant une *fibre musculaire*. Ses prolongements se transforment pour former les tendons. Le *périmysium* est une cloison conjonctive séparant les *faisceaux* (ensemble de fibres musculaires). L'*épimysium* est une couche fibreuse enveloppant tous les faisceaux musculaires d'un muscle squelettique.

Les nerfs moteurs entrent dans le muscle par la voie du périmysium, se ramifient et forment dans ce tissu conjonctif, autour des faisceaux, un réseau dont se détachent les terminaisons nerveuses à myéline, c'est-à-dire les cylindraxes des neurones moteurs. La zone de contact d'un axone avec une fibre musculaire, c'est-à-dire la synapse neuromusculaire, est appelée plaque motrice.

Les vaisseaux sanguins passent dans ces enveloppes de tissu conjonctif pour atteindre les fibres musculaires et des lits de capillaires se forment entre les cellules musculaires. Le tissu musculaire strié est donc richement vascularisé. Mais l'importance de la circulation dans le muscle varie beaucoup selon l'état de repos ou l'état d'activité du muscle, le diamètre des capillaires musculaires étant essentiellement changeant. On estime que la surface d'échange entre le sang et la totalité des muscles d'un adulte au repos est de 2400 mètres carrés. Elle serait au moins cinq fois plus grande pendant l'exercice musculaire.

POINTS D'ATTACHES

Il existe deux types de fixation sur les os pour les muscles squelettiques. Les fibres musculaires peuvent s'attacher directement à l'os, comme on le voit souvent à l'extrémité proximale du muscle. Le muscle grand adducteur de la cuisse illustre ce type de fixation. Un muscle peut aussi être relié à un os par l'intermédiaire d'un tendon, comme par exemple, le muscle biceps brachial.

TENDON

Le tendon est une extrémité blanchâtre et résistante des muscles squelettiques, formé par les prolongements de l'endomysium. Il est constitué d'un tissu fibreux caractérisé par de volumineux faisceaux parallèles de fibres collagènes entouré par le péritendon. Le péritenton représente la couche externe d'un tendon constitué d'un tissu conjonctif dense. Au niveau de la jonction des fibres musculaires et des fibres tendineuses (jonction myotendineuse), le tendon forme une cupule qui reçoit les fibres musculaires. Le tendon est peu vascularisé mais richement innervé (innervation sensitive). C'est un organe de transmission et de centralisation des forces musculaires, qui participe à la coordination et à la précision des mouvements.

Les tendons ayant la forme de membranes minces et larges sont appelés *aponévroses ou fascias*. Les aponévroses sont constituées de tissu conjonctif fibreux dense dont les fibres collagènes orientées parallèlement lui donnent beaucoup de résistance. Elles servent à attacher les muscles au squelette ou à les envelopper. Ainsi on distingue : les aponévroses d'attaches et les aponévroses d'enveloppes.

muscle oblique externe de l'abdomen). Les aponévroses d'enveloppes ou cloisons intermusculaires, entourent les muscles et les séparent les uns des autres.

GAINE

La gaine représente une structure qui permet le bon fonctionnement des tendons en facilitant leur glissement et en les maintenant en place. C'est une lame conjonctive ou fibreuse enveloppant un tendon. Elle forme un manchon, remplie de synovie, à l'intérieur duquel le tendon, qu'il entoure, glisse. La gaine évite ainsi une friction constante entre les tendons et l'os (exemple : gaine du tendon du muscle tibial antérieur). La gaine se retrouve principalement sur le parcours des longs tendons.

BOURSE

La bourse synoviale a la forme d'un sac. Ses parois conjonctives délimitent une cavité close remplie de liquide synovial. Elle facilite les mouvements de glissement des parties anatomiques auxquelles elle est annexée. On distingue ainsi des bourses :

a) Sous-cutanées (sous la peau);
b) Sous-musculaires (sous un muscle);
c) Sous-fasciales (sous un fascia);
d) Sous-tendineuses (sous un tendon).

Les bourses servent avant tout à sauvegarder les structures tout en facilitant le glissement d'une structure sur l'autre. Ces bourses peuvent se développer en tout temps, selon les besoins de protection des organes impliqués. Leur nombre est très variable et c'est au niveau de l'articulation du genou que l'on en retrouve le plus.

ORIGINE ET TERMINAISON

On représente le muscle squelettique par le schéma d'un organe charnu en son centre (ventre ou cep) et rattaché aux os par deux extrémités plus rigides, les tendons. Cette description ne s'applique toutefois pas à la totalité de nos muscles, puisque certains peuvent posséder deux, trois ou quatre corps ou ceps; ce sont les biceps, les triceps et les quadriceps. D'autres encore s'attachent sans l'intermédiaire d'un tendon.

On appelle distinctement *origine* et *terminaison* les deux extrémités par lesquelles un muscle squelettique se rattache à l'os.

L'origine musculaire — c'est-à-dire l'extrémité la plus stable du muscle —, plutôt large, prend naissance sur plusieurs points d'un os ou même sur plusieurs os; elle se situe près du tronc, sur le segment proximal (le plus lourd). La terminaison musculaire, plutôt étroite, prend fin à un endroit plus précis; elle est généralement distale; c'est la plus mobile, sur le segment le plus léger.

De nombreux muscles possèdent des attaches proximales (origine) très évasées permettant une meilleure prise sur l'os, alors que la terminaison musculaire, qui se situe sur un point précis, permet une plus grande concentration de la force.

Il est à noter que pour la plupart des muscles, dans certains mouvements, l'origine et la terminaison peuvent s'inverser. En effet, l'origine peut devenir la partie mobile et la terminaison, la partie peu mobile. Par exemple, le muscle grand pectoral a son origine sur le thorax et sa terminaison sur l'humérus. En position anatomique, il est évident que l'humérus est plus mobile que le thorax. Cependant, si l'individu fait des tractions à une barre, le thorax se déplace vers l'humérus de sorte qu'il sert de terminaison à ce muscle.

FORME DES MUSCLES SQUELETTIQUES

Leur forme permet de les classer en quatre grands groupes :

a) Muscles longs : ils sont situés essentiellement au niveau des membres et orientés selon leurs axes. En général, ils s'attachent sur deux os d'un même membre, le plus souvent deux segments voisins, mais peuvent parfois en sauter un. Pour ces muscles, la longueur prédomine sur les autres dimensions. Ils sont de deux types :

1° Simple : constitué d'une partie charnue appelée ventre et de deux extrémités plus étroites, les tendons.

2° Composé : plus complexe, on en retrouve plusieurs variétés :
- Muscle digastrique à ventres opposés : les deux ventres sont séparés par un tendon intermédiaire. Exemple : muscle digastrique du cou;
- Muscle digastrique à ventres juxtaposés : les deux ventres sont séparés à une de leurs extrémités et réunis à l'autre en un tendon commun d'insertion. Exemple : biceps brachial;
- Muscle polygastrique à ventres opposés : similaire à un chapelet. Exemple : muscle droit de l'abdomen;
- Muscle polygastrique à ventres juxtaposés : par exemple, les triceps et les quadriceps.

b) Muscles courts : ils sont épais, trapus et très près des articulations. Les trois dimensions sont réduites. Exemple : anconé, directement derrière l'articulation au coude.

c) Muscles larges : ils sont aplatis et on les trouve au niveau des parois du tronc. La longueur et la largeur prédominent sur l'épaisseur. Exemple : muscle transverse de l'abdomen.

d) Muscles annulaires : ils sont composés de fibres circulaires ou semi-circulaires. Ils sont situés partout où il y a des orifices. Exemple : muscle orbiculaire de la bouche.

L'insertion des fibres musculaires sur les tendons terminaux peut se faire de différentes manières (Figure 4.5). On distingue les muscles :

a) Fusiformes : variété de muscles oblongs et fuselés dont les faisceaux musculaires sont parallèles à l'axe longitudinal du muscle. Exemple : le biceps brachial.

b) Unipennés : variété de muscles dont les faisceaux musculaires s'implantent obliquement sur la face latérale d'un long tendon à la manière des barbes d'une plume. Exemple : muscle semimembraneux (cuisse).

c) Bipennés : Variété de muscles dont les faisceaux musculaires s'implantent obliquement sur les faces latérales d'un tendon. Exemple : muscle droit de la cuisse.

d) Multipennés : variété de muscles dont les faisceaux musculaires s'implantent obliquement sur les faces latérales de plusieurs tendons. Exemple : muscle deltoïde.

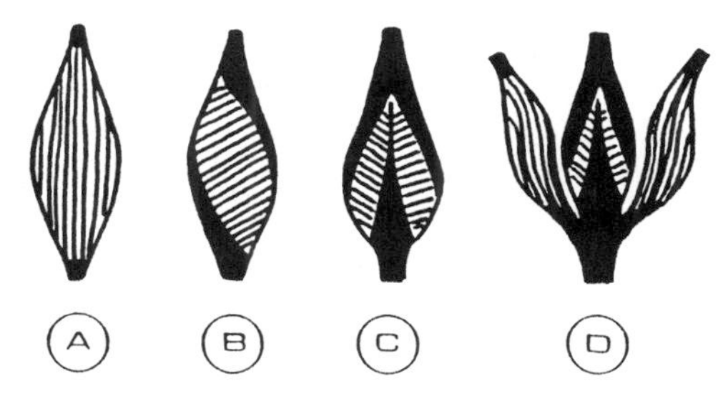

Figure 4.5 Types de muscles selon la disposition des fibres.
A. Fusiforme B. Unipenné C. Bipenné D. Multipenné.

Les muscles fusiformes produisent une grande variété de mouvements; toutefois, ces muscles sont peu puissants. Les muscles pennés produisent une moins grande variété de mouvements mais ils sont plus puissants.

ACTION DES MUSCLES

Il y a toujours plusieurs muscles qui participent à un mouvement. Un muscle se contracte rarement seul. Ainsi, on désigne le muscle :

a) Agoniste (moteur) : le premier responsable de la réalisation du mouvement désiré. Exemple : le triceps brachial, pour l'extension de l'avant-bras sur le bras.

b) Antagoniste : l'action de ce muscle s'oppose à celle du muscle agoniste. Exemple : le biceps brachial, dans l'extension de l'avant-bras sur le bras.

c) Synergiques : les muscles qui accompagnent ou aident un autre muscle dans son action, lors de l'exécution d'un mouvement donné. Exemple : le muscle deltoïde, puissant abducteur du bras et le muscle supraépineux, aussi abducteur du bras, surtout pour amorcer un mouvement.

d) Fixateur : le muscle immobilise une articulation ou un os en vue de permettre aux agonistes de travailler. Exemple : si des muscles n'immobilisaient pas le poignet, celui-ci fléchirait chaque fois qu'une personne ferme son poing, parce que les muscles fléchisseurs des doigts traversent le poignet.

e) Neutralisateur : le muscle annule les actions indésirées. Exemple : l'élévation des épaules est provoquée par les muscles trapèze et rhomboïde. Cependant, la rotation vers le haut de la scapula, entraînée par le muscle trapèze, est neutralisée par la rotation vers le bas de la scapula, causée par le muscle rhomboïde.

f) Modérateur : Le muscle freine un mouvement. Exemple : le biceps brachial est un muscle modérateur lorsqu'un individu doit exécuter une extension de l'avant-bras sur le bras, avec une charge dans la main.

En anatomie appliquée au mouvement, on utilise souvent les termes action synergique ou synergie musculaire. Le mot synergie signifie « qui travaille avec ». Dans le cadre de ce volume, le sens rattaché à synergie musculaire se rapporte au travail de plusieurs muscles, produisant le même effet au niveau d'une même articulation. Par exemple, considérons la flexion de l'avant-bras sur le bras. Ici, le biceps brachial et le brachial antérieur travaillent en synergie pour provoquer le mouvement désiré. Chacun de ces muscles est un fléchisseur de l'avant-bras sur le bras.

Photo 4.1 Musculature d'un haltérophile.

SACHEZ QUE...

1. Certains tendons sont très courts, tandis que d'autres peuvent atteindre plus de 30 cm de longueur.
2. Les muscles monoarticulaires sont des muscles qui croisent une seule articulation entre leurs points d'attaches.
3. Les muscles polyarticulaires sont des muscles qui croisent plus d'une articulation entre leurs extrémités.
4. L'amplitude musculaire est la distance couverte par le muscle à partir de son

allongement maximum jusqu'à son raccourcissement maximum. Normalement, un muscle peut se raccourcir jusqu'à la moitié de sa longueur au repos et s'allonger de 1,5 à 1,7 fois par rapport à celle-ci.

5. Sauf dans le cas des muscles sphinctériens, qui entourent les orifices corporels, et de quelques muscles peauciers ou cutanés (faciaux), s'attachant à la peau, les articulations se situent entre les origines et les terminaisons des muscles squelettiques.
6. Un muscle triangulaire est un muscle dont les faisceaux convergent d'une origine large vers un seul tendon étroit. Il a la forme d'un arrangement en forme de rayons. Exemple : le grand pectoral.
7. Les muscles peauciers ou cutanés sont situés essentiellement au niveau de la tête, de la face et du cou. Ils s'insèrent, par au moins une extrémité, à la face profonde du derme.
8. Les muscles profonds, de loin les plus nombreux, sont ceux situés sous les muscles superficiels. Ils permettent la mobilisation active du squelette.
9. Les muscles superficiels sont situés directement sous la peau sans s'y rattacher. Exemple : biceps brachial. Les muscles peauciers, eux, bien que superficiels, s'attachent au derme. Exemple : le platysma du cou.
10. On a retrouvé jusqu'à 15 bourses synoviales dans le voisinage de l'articulation du genou.
11. La pupille de l'œil se contracte assez lentement. Regardez-vous dans un miroir et cachez-vous les yeux avec la main; enlevez la main et vous pourrez voir la vitesse avec laquelle le muscle lisse de l'iris se contracte à la lumière.
12. Dans les mouvements normaux, les muscles antagonistes sont automatiquement décontractés par un réflexe physiologique appelé l'inhibition réciproque.
13. Le terme « fonction » est plus fréquemment utilisé pour les muscles et plus rarement pour les ligaments. Inversement, le terme « l'insertion » est plus courant pour les ligaments et plus rare pour les muscles.

V

La ceinture scapulaire

OS DE LA CEINTURE SCAPULAIRE

La ceinture scapulaire est constituée de deux clavicules et de deux scapulas. Le mot ceinture, qui signifie « faire le tour de », n'est pas tout à fait approprié puisque les deux os scapulas ne se rejoignent pas à l'arrière.

CLAVICULE

Os pair allongé et placé à la partie supérieure de la cage thoracique, il surplombe en avant le thorax et l'articulation de l'épaule. Tendue transversalement en arc-boutant entre le sternum et la scapula, la clavicule présente une double courbure en « s » italique et comprend un corps et deux extrémités (Figure 5.1). Le corps aplati présente : une face supérieure lisse et une face inférieure rugueuse. La face inférieure porte dans sa partie moyenne le sillon du muscle subclavier et dans sa partie latérale le tubercule conoïde et la ligne trapézoïde. Ce corps aplati présente un bord antérieur dont les deux tiers médiaux sont convexes, le tiers latéral concave et il loge le tubercule deltoïdien. Il présente aussi un bord postérieur dont les deux tiers médiaux sont concaves et le tiers latéral convexe. L'extrémité sternale est massive et triangulaire. L'extrémité acromiale est aplatie et oblique. L'ossification commence et se termine avec cet os.

Les différentes parties de la clavicule sont :

a) Surface articulaire sternale : située à l'extrémité médiale de la clavicule. Elle comporte deux segments : l'un vertical répondant au manubrium sternal, l'autre horizontal, articulaire avec le premier cartilage costal.
b) Surface articulaire acromiale : surface de l'extrémité latérale de la clavicule, elle s'articule avec l'acromion.
c) Tubercule deltoïdien : situé sur le bord antérieur de la clavicule au niveau de son tiers latéral. Le muscle deltoïde s'y insère.
d) Tubercule conoïde : situé sur la face inférieure latérale de la clavicule où s'insère le ligament conoïde, c'est une petite partie osseuse.
e) Sillon du muscle subclavier : situé sur la face inférieure moyenne de la clavicule où s'insère le muscle subclavier.
f) Ligne trapézoïde : sur la face inférieure latérale de la clavicule où s'insère le liga-

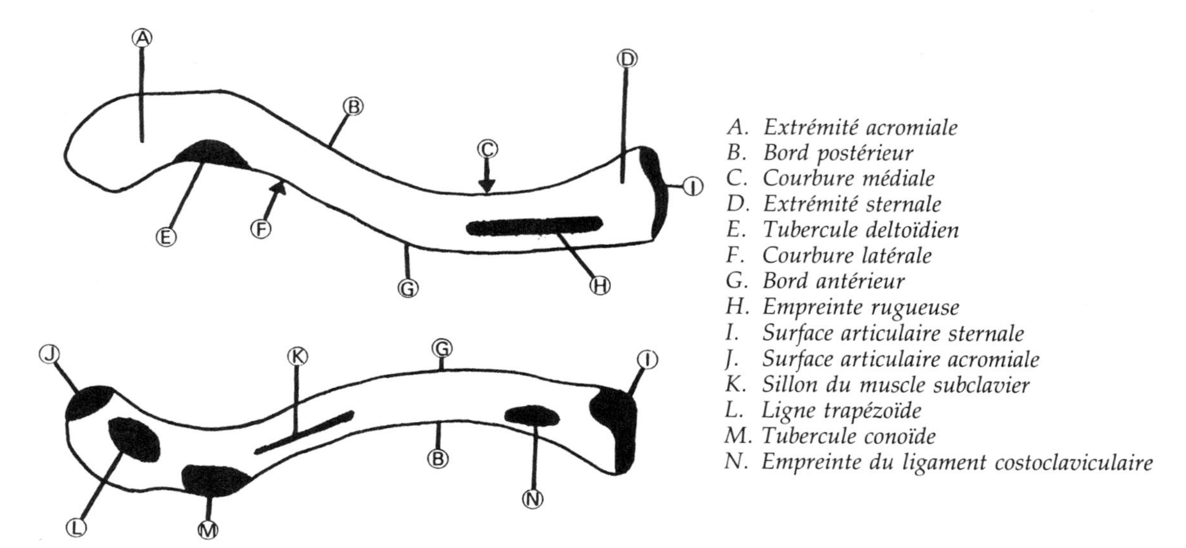

Figure 5.1 Faces supérieure (en haut) et inférieure (en bas) de la clavicule.

ment trapézoïde, elle offre une surface rugueuse.

g) Empreinte du ligament costoclaviculaire : située sur la face inférieure médiale de la clavicule où s'insère le ligament costoclaviculaire, c'est une saillie rugueuse.

SCAPULA

La scapula est un os pair de la ceinture scapulaire. Rien d'autre que des muscles la retiennent à la paroi thoracique postérieure. Cet os est formé d'un corps triangulaire portant l'épine scapulaire et le processus coracoïde (Figure 5.2). Il présente une face costale concave, la fosse subscapulaire; une face dorsale, divisée par l'épine en deux fosses, supra et infraépineuse. Cette épine se termine latéralement par l'acromion. Cet os présente aussi un bord supérieur contenant l'incisure scapulaire; un bord médial situé près des vertèbres; un bord latéral; un angle supérieur arrondi; un angle inférieur pointu; un angle latéral présentant la cavité glénoïdale et le processus coracoïde.

Les différentes parties de la scapula sont :

a) Acromion : extrémité latérale de l'épine. Il est aplati de haut en bas.

b) Processus coracoïde : en forme de doigt demi-fléchi. Son sommet se dirige en-dehors et en avant.

c) Cavité glénoïdale : surface articulaire recevant la tête de l'humérus. Elle est concave, ovale et beaucoup plus petite que la tête de l'humérus.

d) Épine scapulaire : lame osseuse triangulaire qui divise la face postérieure en fosses supra et infraépineuse.

e) Fosse infraépineuse : située sous l'épine.

f) Fosse supraépineuse : située au-dessus de l'épine scapulaire.

g) Fosse subscapulaire : surface concave de la face costale.

h) Incisure scapulaire : dépression du bord supérieur.

i) Col : partie rétrécie séparant la cavité glénoïdale des fosses.

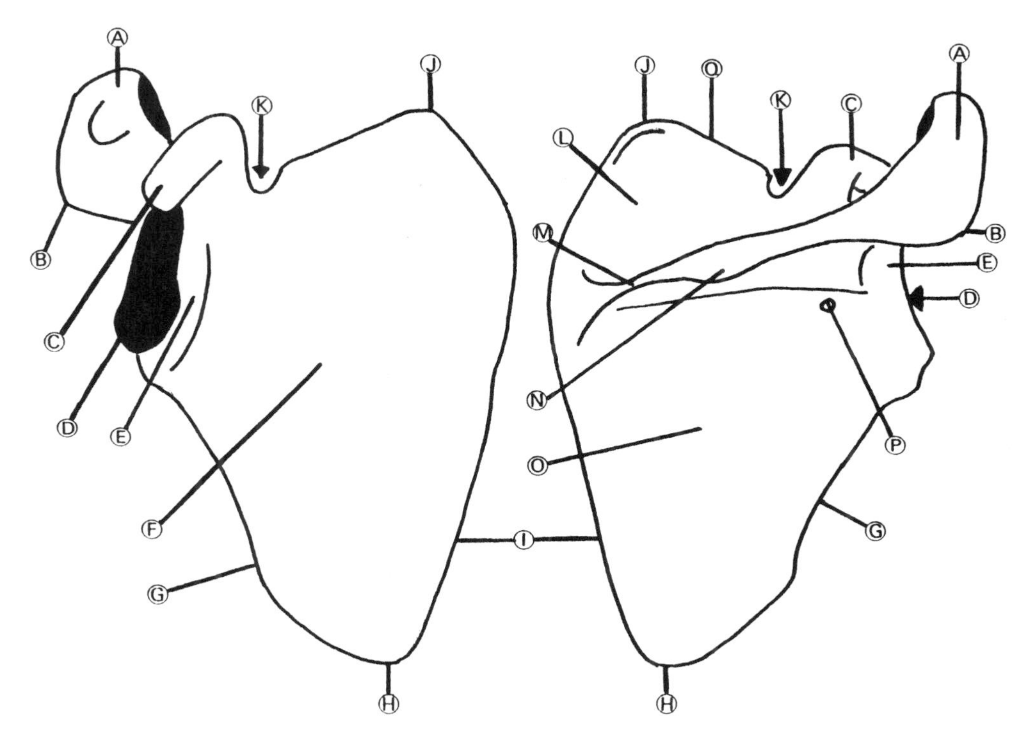

Figure 5.2 Faces antérieure (à gauche) et postérieure (à droite) de la scapula.
A. Acromion B. Angle latéral C. Processus coracoïde D. Cavité glénoïdale E. Col F. Fosse subscapulaire G. Bord latéral H. Angle inférieur I. Bord médial J. Angle supérieur K. Incisure scapulaire L. Fosse supraépineuse M. Épine scapulaire N. Tubérosité de l'épine O. Fosse infraépineuse P. Trou nourricier Q. Bord supérieur.

j) Angle supérieur : formé par la jonction des bords supérieur et médial. Il correspond au deuxième espace intercostal postérieur.

k) Angle latéral : situé à la jonction des bords supérieur et latéral. Il est formé par la cavité glénoïdale de la scapula.

l) Angle inférieur : formé par la jonction des bords latéral et médial. Il correspond au septième espace intercostal postérieur.

m) Tubérosité de l'épine scapulaire : saillie osseuse de l'épine qui sert d'attache au muscle trapèze.

n) Racine de l'épine : située sur le bord médial à la base de l'épine. C'est une surface évasée.

ARTICULATIONS DE LA CEINTURE SCAPULAIRE

Les articulations de la ceinture scapulaire présentent un ensemble d'articulations paires qui font que les os de la ceinture se solidarisent avec le thorax. Elles comprennent les articulations acromioclaviculaires et sternoclaviculaires.

ARTICULATION ACROMIOCLAVICULAIRE

L'articulation de la ceinture du membre supérieur unit le bord médial de l'acromion à l'extrémité latérale de la clavicule (Figure 5.3). C'est une articulation synoviale plane (arthrodie).

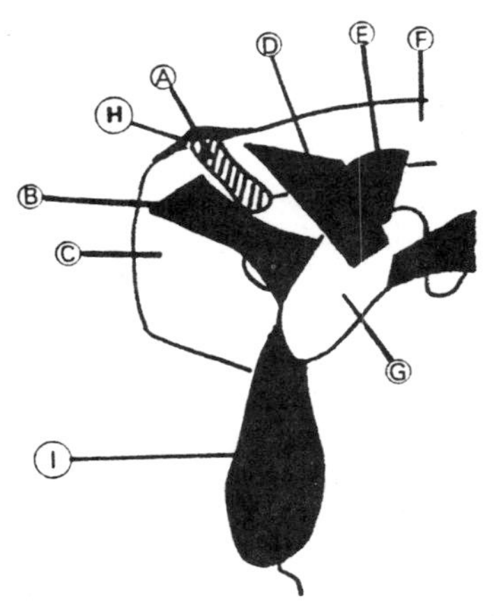

A. Articulation acromioclaviculaire
B. Ligament coracoacromial
C. Os acromion
D. Ligament trapézoïde
E. Ligament conoïde
F. Os clavicule
G. Processus coracoïde
H. Ligament acromioclaviculaire
I. Cavité glénoïdale

Figure 5.3 Articulation acromioclaviculaire.

a) Surfaces articulaires : la surface de l'acromion, la surface de la clavicule et un disque qui s'interpose entre les deux surfaces une fois sur trois.

b) Capsule articulaire : elle est résistante et s'insère sur le pourtour des surfaces en présence.

c) Ligaments : la face supérieure de la capsule est renforcée par un ligament très résistant, le ligament acromioclaviculaire. Les ligaments coracoclaviculaires, trapézoïde et conoïde qui s'insèrent à distance de l'articulation, participent à son maintien. Les ligaments trapézoïde et conoïde forment un angle droit l'un par rapport à l'autre.

d) Anatomie fonctionnelle : elle est le siège des mouvements de glissement de faible amplitude. L'orientation des surfaces articulaires en présence favorise les luxations vers le haut (séparation de l'épaule).

ARTICULATION STERNOCLAVICULAIRE

L'articulation de la ceinture du membre supérieur unit l'extrémité médiale de la clavicule au manubrium sternal et au premier cartilage costal (Figure 5.4). C'est une articulation synoviale en selle (emboîtement réciproque).

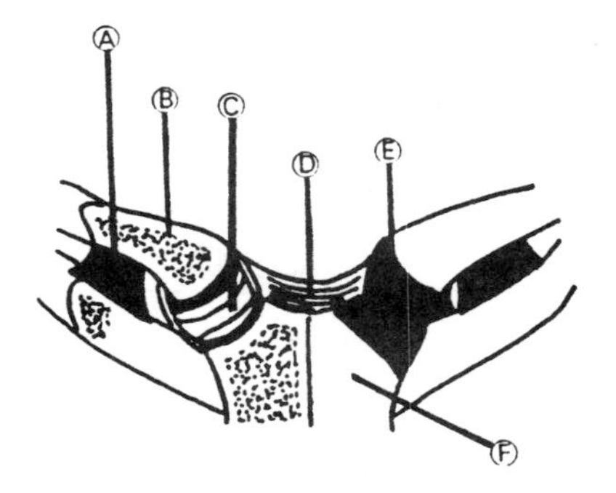

A. Ligament costoclaviculaire
B. Os clavicule
C. Articulation sternoclaviculaire
D. Ligament interclaviculaire
E. Ligament sternoclaviculaire antérieur
F. Manubrium sternal

Figure 5.4 Articulation sternoclaviculaire.

a) Surfaces articulaires : l'incisure claviculaire du manubrium sternal, le premier cartilage costal, la surface sternale. Un disque se loge entre ces surfaces.
b) Capsule articulaire : elle est mince.
c) Ligaments : au nombre de quatre, ils renforcent la capsule articulaire. Ce sont les ligaments sternoclaviculaires antérieur et postérieur, costoclaviculaire et interclaviculaire.
d) Anatomie fonctionnelle : elle est le siège de mouvements de faible amplitude dans les différents plans de l'espace (élévation, abaissement, projections avant et arrière).

MOUVEMENTS DE LA CEINTURE SCAPULAIRE

Les mouvements essentiels de la scapula (Figure 5.5) ou de l'unité scapulothoracique sont :

a) Élévation : mouvement de la scapula vers le haut sans rotation. L'amplitude de ce mouvement est de l'ordre de 10 à 12 cm. Toutes les parties de la scapula se déplacent sur une même distance et dans un même plan. Exemple : haussement des épaules.
b) Abaissement : mouvement de la scapula vers le bas, sans rotation, jusqu'à sa position normale.
c) Abduction : le mouvement de la scapula qui glisse latéralement et vers l'avant, le long de la surface costale. Exemple : les deux épaules qui sont amenées vers l'avant.
d) Adduction : mouvement de la scapula qui glisse médialement vers la colonne vertébrale. Exemple : les épaules qui sont rejetées en arrière avec les bras pendants le long du corps.
e) Rotation vers le haut (externe ou axillaire) : mouvement de la cavité glénoïdale qui tourne vers le haut et l'angle inférieur se porte vers l'extérieur. L'amplitude de la rotation est d'environ 45°.

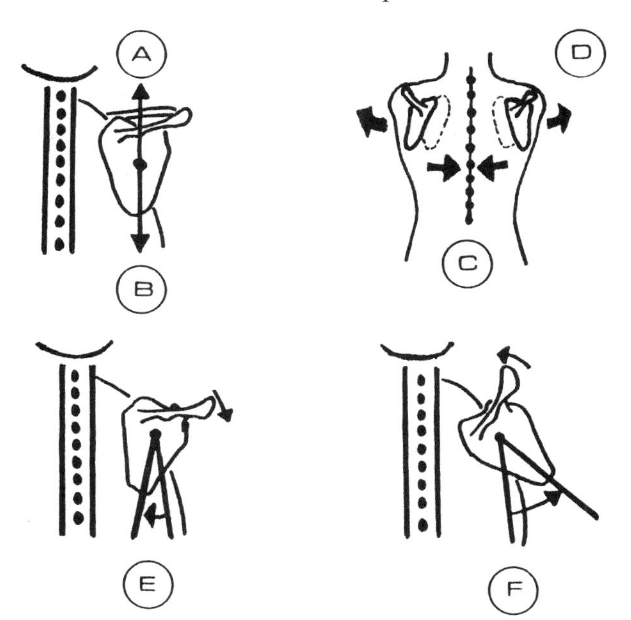

A. Élévation
B. Abaissement
C. Adduction
D. Abduction
E. Rotation spinale
F. Rotation axillaire

Figure 5.5 Mouvements de la scapula (vue postérieure).

f) Rotation vers le bas (interne ou spinale) : mouvement de la cavité glénoïdale qui tourne vers le bas et l'angle inférieur se porte vers l'intérieur. L'amplitude de la rotation est d'environ 20°.

g) Inclinaison vers l'avant : mouvement de l'angle inférieur qui s'éloigne des côtes.

h) Inclinaison vers l'arrière : mouvement de l'angle inférieur qui se rapproche des côtes jusqu'à sa position normale.

MUSCLES DE LA CEINTURE SCAPULAIRE

Les muscles de la ceinture scapulaire sont des muscles fixateurs qui immobilisent la ceinture scapulaire sur le tronc. De plus, ils ajustent ses déplacements en vue des mouvements des bras. Quatre muscles postérieurs fixent la scapula : le trapèze, l'élévateur de la scapula, le petit rhomboïde et le grand rhomboïde. Trois muscles antérieurs fixent la ceinture scapulaire au thorax : le subclavier, le petit pectoral et le dentelé antérieur.

SUBCLAVIER (subclavius)

Petit muscle fusiforme et vestigial, il est situé sous la clavicule (Figure 5.6). Il attache la clavicule à la côte. Il est impossible à palper.

a) Origine : court tendon à la jonction ostéocartilagineuse de la première côte;

b) Terminaison : face inférieure de la clavicule, à sa partie centrale;

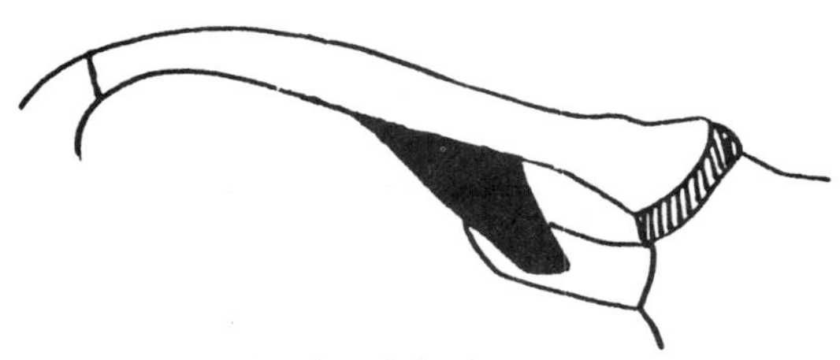

Figure 5.6 Muscle subclavier.

c) Action : aide à l'abaissement de la clavicule. Il protège et stabilise l'articulation sternoclaviculaire;

d) Innervation : nerf subclavier.

PETIT PECTORAL (pectoralis minor)

Petit muscle aplati et de forme triangulaire (Figure 5.7), il est situé à la partie supérieure de la poitrine sous le grand pectoral. Reliant la scapula à la cage thoracique, il est important dans le maintien de la posture. Il est difficilement palpable.

a) Origine : surface antérieure des troisième, quatrième et cinquième côtes, près des cartilages costaux;

b) Terminaison : processus coracoïde de la scapula;

c) Action : abducteur, rotateur vers le bas et abaisseur de la scapula. Il peut contribuer à l'inspiration quand la ceinture scapulaire est fixe, en élevant les côtes;

d) Innervation : nerf pectoral médial.

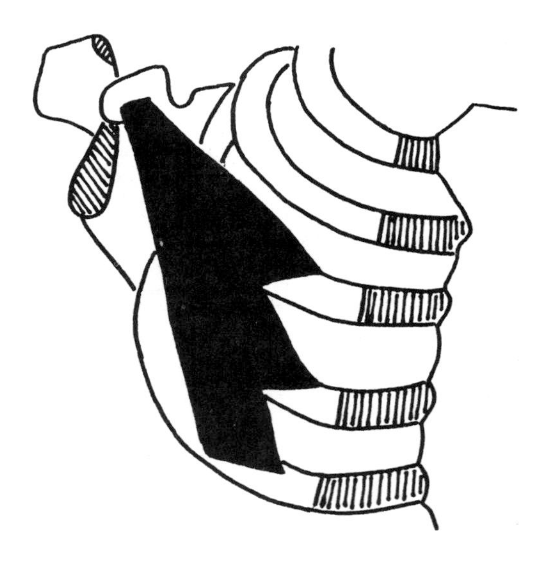

Figure 5.7 Muscle petit pectoral.

DENTELÉ ANTÉRIEUR (serratus anterior)

Anciennement, on le nommait le grand dentelé. Il est appelé ainsi à cause de ses attaches en dents de scie (Figure 5.8). Situé sous la peau, il est recouvert en arrière par la scapula et en avant par le grand pectoral. Il s'étend du bord latéral des côtes à la face antérieure de la scapula. On peut le palper à la partie antérolatérale de la cage thoracique. C'est un muscle important pour les gestes de poussée avec les bras et de préhension quand les bras doivent s'élever au-dessus de l'horizontale.

a) Origine : Surface extérieure des 8 ou 9 premières côtes.

b) Terminaison : bord médial de la scapula, de l'angle supérieur à l'angle inférieur;

c) Action : abducteur et rotateur vers le haut de la scapula. Il maintient la scapula sur la cage thoracique;

d) Innervation : nerf thoracique long.

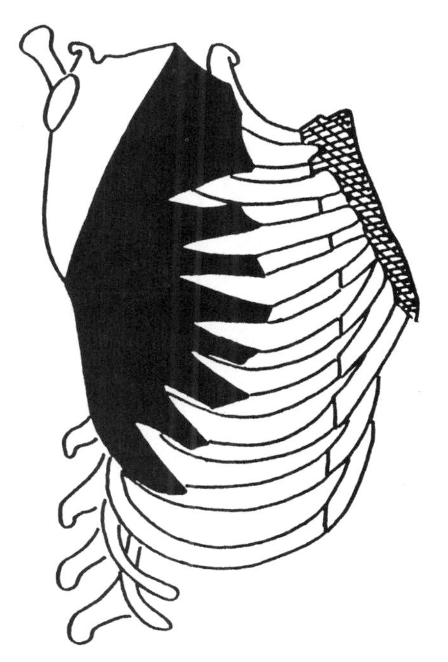

Figure 5.8 Muscle dentelé antérieur.

TRAPÈZE (trapezius)

Muscle superficiel situé à la partie supérieure du dos (Figure 5.9). Triangulaire, il se présente sous la forme d'un feuillet plat. Sa base s'étend du cou aux dernières vertèbres thoraciques et son sommet se trouve au niveau de l'articulation acromioclaviculaire. C'est le muscle du torticolis, facilement palpable.

a) Origine : protubérance occipitale externe, le ligament de la nuque et les processus épineux, de la septième cervicale à la douzième thoracique;

b) Terminaison : face postérieure du tiers latéral de la clavicule, le sommet de l'acromion et le bord supérieur de l'épine de la scapula;

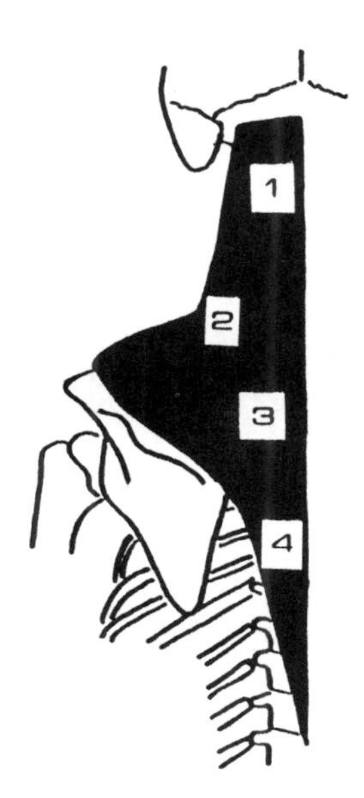

Figure 5.9 Muscle trapèze.

c) Action : selon la direction de ses faisceaux, on distingue les parties 1, 2, 3 et 4 : le trapèze 1 est élévateur, le trapèze 2 est élévateur, rotateur vers le haut et aide à l'adduction. Le trapèze 3 est adducteur alors que le 4 est abaisseur, rotateur vers le haut et aide à l'adduction. Si la scapula est immobile, le trapèze aide à l'extension de la tête;

d) Innervation : un rameau du nerf accessoire et le 3e nerf cervical.

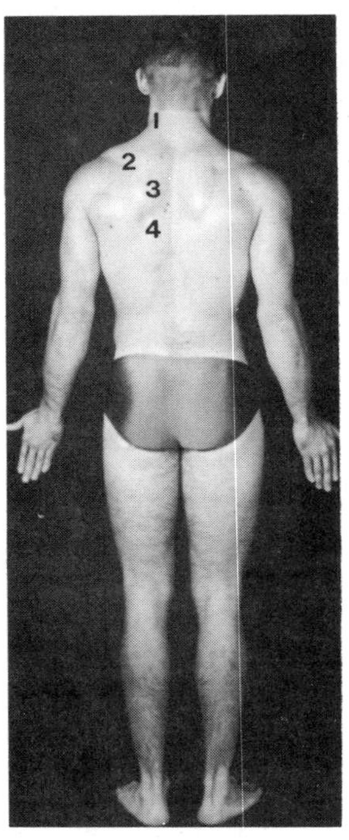

Photo 5.1 Vue postérieure des parties du trapèze chez un judoka au repos.

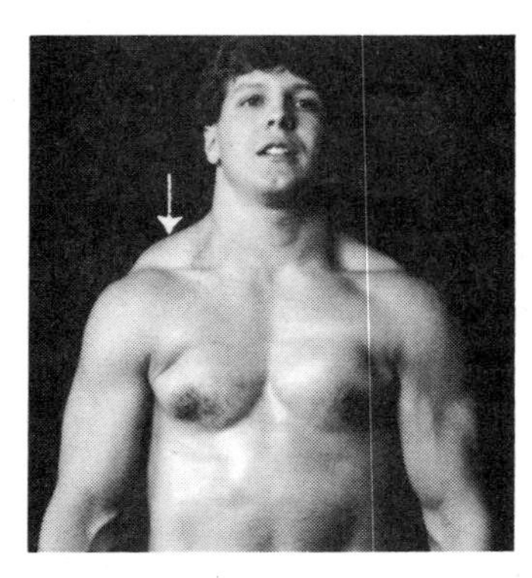

Photo 5.2 Vue antérieure du trapèze supérieur chez un haltérophile.

ÉLÉVATEUR DE LA SCAPULA
(levator scapulae)

Petit muscle de la région latérale du cou et du dos, sous la partie supérieure du trapèze (Figure 5.10), il s'étend de la colonne cervicale à l'angle supérieur de la scapula. Il est très difficilement palpable.

a) Origine : processus transverses des quatre ou cinq premières vertèbres cervicales;

b) Terminaison : bord médial entre la racine de l'épine et l'angle supérieur de la scapula;

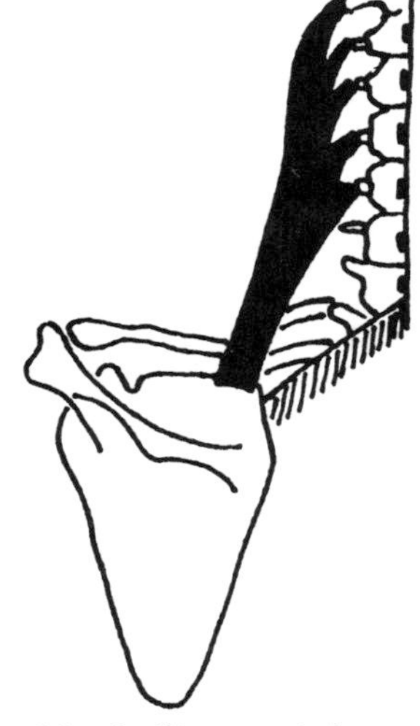

Figure 5.10 Muscle élévateur de la scapula.

c) Action : élévateur de la scapula;

d) Innervation : nerf scapulaire dorsal (cinquième nerf cervical).

RHOMBOÏDES (rhomboideus)

Il existe deux muscles rhomboïdes (petit et grand) qui seront considérés comme un seul. Il est placé principalement sous le trapèze III (Figure 5.11). Le terme rhomboïde est dû à la forme du muscle : un parallélogramme oblique. C'est le plus important fixateur de la scapula. Placé entre la colonne vertébrale et la scapula, il est difficilement palpable.

a) Origine : les processus épineux des deux dernières vertèbres cervicales et des quatre premières vertèbres dorsales;
b) Terminaison : bord médial de la scapula de la racine de l'épine jusqu'à l'angle inférieur;
c) Action : élévateur, adducteur et rotateur vers le bas de la scapula;
d) Innervation : nerf dorsal de la scapula.

Les figures 5.12 et 5.13 présentent l'ensemble des muscles de la ceinture scapulaire. Le tableau 5.1 énumère les mouvements et les muscles de la ceinture scapulaire.

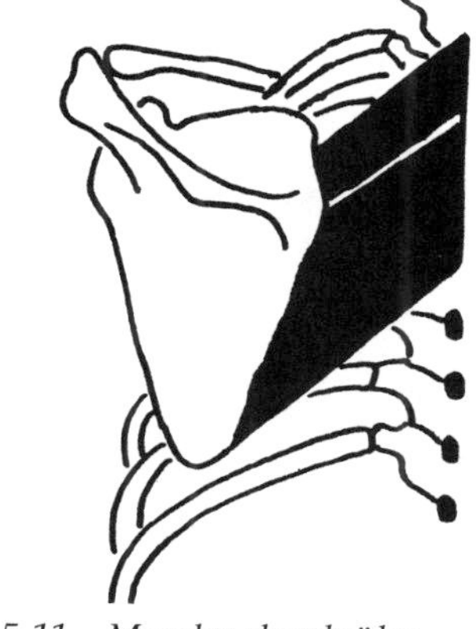

Figure 5.11 Muscles rhomboïdes.
Petit rhomboïde (en haut) et grand rhomboïde (en bas).

TABLEAU 5.1
MUSCLES ET MOUVEMENTS DE LA CEINTURE SCAPULAIRE

MUSCLES \ *MOUVEMENTS DE LA SCAPULA*	*ÉLÉVATION*	*ABAISSEMENT*	*ABDUCTION*	*ADDUCTION*	*ROTATION (HAUT)*	*ROTATION (BAS)*
Subclavier (subclavius)		A				
Petit pectoral (pectoralis minor)		P	P			P
Dentelé antérieur (serratus anterior)			P		P	
Trapèze 1 (trapezius I)	P					
Trapèze 2 (trapezius II)	P			A	P	
Trapèze 3 (trapezius III)				P		
Trapèze 4 (trapezius IV)		P		A	P	
Élévateur de la scapula (levator scapulae)	P					
Rhomboïdes (petit et grand) (rhomboideus minor, major)	P			P		P

P : muscle principal
A : muscle auxiliaire

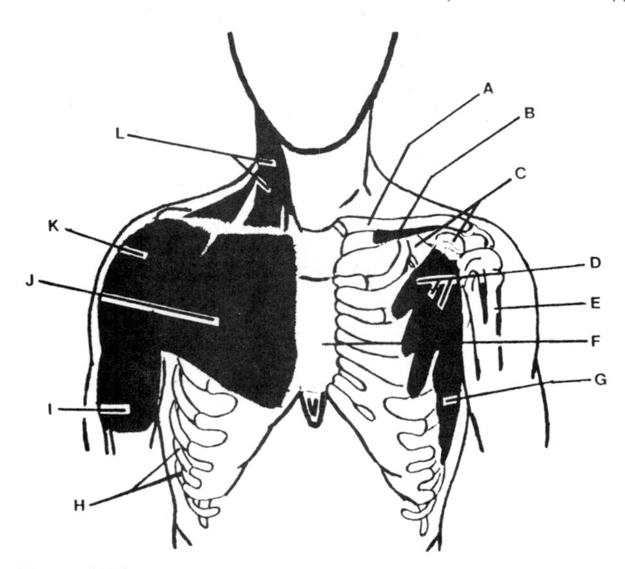

A. Os clavicule
B. Muscle subclavier
C. Os scapula
D. Muscle petit pectoral
E. Os humérus
F. Os sternum
G. Muscle dentelé antérieur
H. Os côtes
I. Muscle biceps brachial
J. Muscle grand pectoral
K. Muscle deltoïde
L. Muscle sternocléidomastoïdien

Figure 5.12
Vue antérieure des muscles de la ceinture scapulaire (muscles superficiels à gauche, muscles profonds à droite).

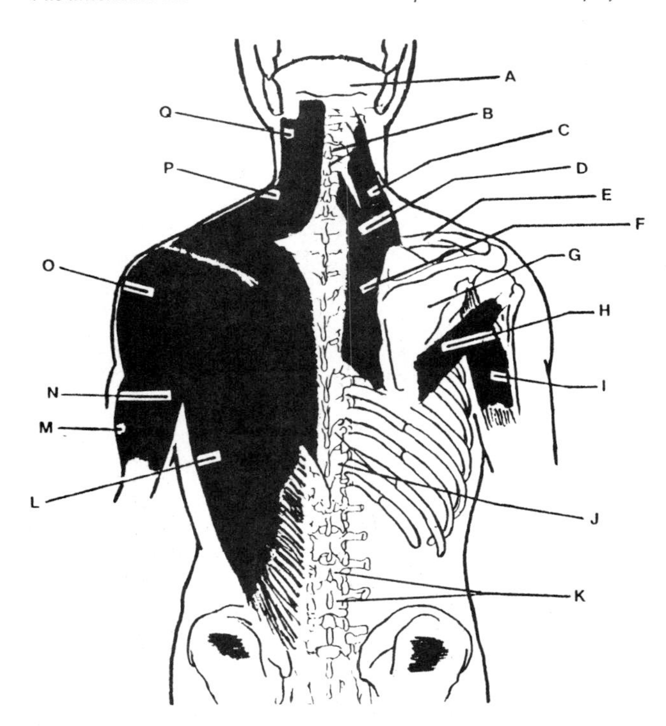

A. Os occipital
B. Os vertèbres cervicales
C. Muscle élévateur de la scapula
D. Muscle petit rhomboïde
E. Os clavicule
F. Muscle grand rhomboïde
G. Os scapula
H. Muscle grand rond
I. Muscle triceps brachial (long)
J. Os vertèbres dorsales
K. Os vertèbres lombales
L. Muscle grand dorsal
M. Muscle triceps brachial (latéral)
N. Muscle triceps brachial (médial)
O. Muscle deltoïde
P. Muscle trapèze
Q. Muscle sternocléidomastoïdien

Figure 5.13
Vue postérieure des muscles de la ceinture scapulaire (muscles superficiels à gauche, muscles profonds à droite).

Photo 5.3 Musculature du dos et des membres supérieurs.

Photo 5.4 Vue supérieure de la musculature des membres supérieurs.

SACHEZ QUE...

1. Grâce à la mobilité de la ceinture scapulaire, les possibilités de mouvements des bras se trouvent presque doublées, ce qui augmente considérablement la liberté d'action des mains.
2. Les muscles grand dorsal et trapèze recouvrent presque toute la surface du dos.
3. La clavicule est un os d'une longueur d'environ six pouces.
4. La ceinture scapulaire ne fournit pas un support solide car elle n'est attachée au squelette axial que par le sternum.
5. La paralysie de l'élévateur de la scapula se manifeste par la chute des épaules et la minceur du cou.
6. La paralysie du dentelé antérieur provoque la scapula ailée (scapulum alatum) qui est une projection en arrière du bord médial de la scapula.
7. La largeur des épaules est maximale lorsque les deux clavicules sont sur une même ligne droite, c'est-à-dire lorsque les épaules sont un peu portées en avant.
8. Les rhomboïdes sont des antagonistes du muscle dentelé antérieur.
9. Les muscles petit pectoral et dentelé antérieur sont très sollicités au cours de l'exécution des pompes (pushup).
10. L'acromion est le point le plus élevé de l'épaule.
11. Le muscle dentelé antérieur est souvent appelé le muscle de l'escrimeur.

VI

L'épaule

OS DE L'ÉPAULE

L'épaule est la partie supérieure du bras à l'endroit où il s'attache au thorax. Cette jonction, entre la tête de l'humérus (bras) et la cavité glénoïdale de la scapula, porte le nom d'articulation scapulohumérale. L'humérus est le seul os du bras.

HUMÉRUS

C'est un os long formant le squelette du bras. Il est articulé avec la scapula en haut et avec l'ulna et le radius en bas. Il présente une épiphyse proximale volumineuse, un corps arrondi dans sa moitié supérieure, légèrement aplati dans sa moitié inférieure et une épiphyse distale recourbée en avant (Figure 6.1).

Les différentes parties de l'humérus sont :

a) Tête : en forme d'un tiers de sphère, lisse, tournée vers l'intérieur et située sur l'épiphyse proximale. Elle s'articule avec la cavité glénoïdale de la scapula.

b) Col anatomique : sillon circulaire séparant la tête humérale des tubercules.

c) Col chirurgical : région légèrement rétrécie sous les tubercules où se font souvent des fractures.

d) Sillon intertuberculaire : vertical et profond, à l'extrémité supérieure de la face antérieure de l'humérus. En forme de rigole, il est situé entre le grand et le petit tubercule. Le chef long du biceps brachial passe par ce sillon pour atteindre la scapula.

e) Épicondyle latéral : saillie osseuse de l'épiphyse distale située au-dessus et en dehors du capitulum.

f) Épicondyle médial : processus saillant de l'épiphyse distale.

g) Trochlée : surface articulaire de l'extrémité distale en forme de poulie (3/4 de cercle) qui s'articule avec l'incisure trochléaire de l'ulna.

h) Capitulum : surface articulaire saillante et arrondie de l'extrémité distale et de la face antérieure située en dehors de la trochlée. Il s'articule avec la fossette radiale.

i) Grand tubercule : saillie osseuse volumineuse prolongeant en haut, la face latérale de la diaphyse humérale et située près du col anatomique.

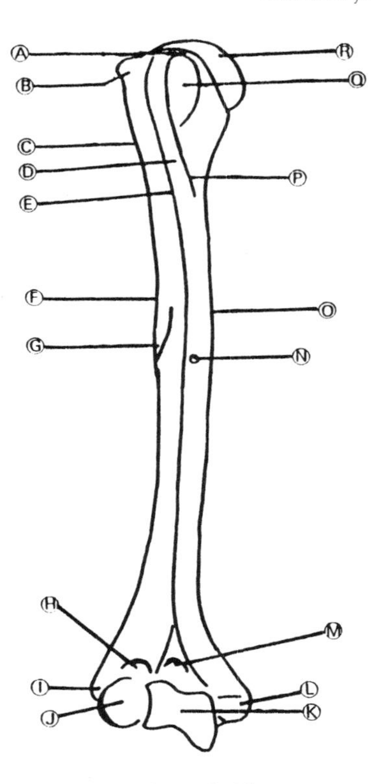

Figure 6.1 Face antérieure de l'humérus.
A. Col anatomique B. Grand tubercule C. Col chirurgical D. Sillon intertuberculaire E. Crête du grand tubercule F. Bord latéral G. Tubérosité deltoïdienne H. Fosse radiale I. Épicondyle latéral J. Capitulum K. Trochlée L. Épicondyle médial M. Fosse coronoïdienne N. Trou nourricier O. Bord médial P. Crête du petit tubercule Q. Petit tubercule R. Tête.

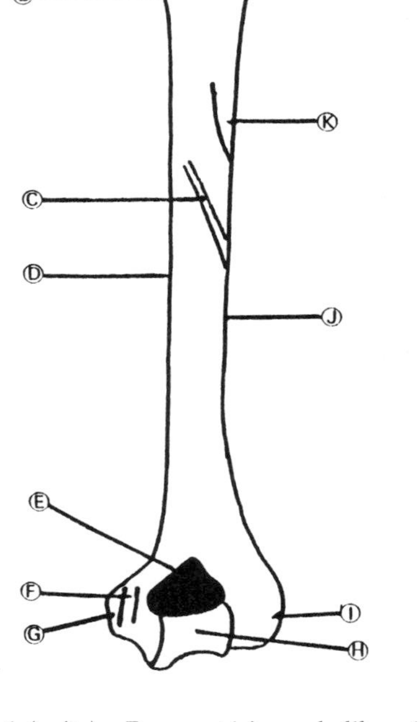

Figure 6.1 (suite) Face postérieure de l'humérus.
A. Tête B. Col chirurgical C. Sillon du nerf radial D. Bord médial E. Fosse olécrânienne F. Sillon du nerf ulnaire G. Épicondyle médial H. Trochlée I. Épicondyle latéral J. Bord latéral K. Tubérosité deltoïdienne L. Grand tubercule M. Col anatomique.

j) Petit tubercule : saillie de la face antérieure de l'épiphyse proximale et située près du col anatomique.

k) Fosse olécrânienne : fosse profonde de la face postérieure de l'épiphyse distale de l'humérus surmontant la trochlée. Elle reçoit l'olécrâne de l'ulna.

l) Fosse coronoïdienne : au-dessus de la trochlée, sur la face antérieure, elle reçoit le processus coronoïde de l'ulna.

m) Tubérosité deltoïdienne : crête rugueuse en forme de V où s'insère le muscle deltoïde. Elle se trouve au tiers supérieur et sur le côté latéral de la diaphyse.

n) Fosse radiale : petite dépression au-dessus du capitulum sur la face antérieure. Elle sert de butée à la tête radiale.

ARTICULATION DE L'ÉPAULE

L'articulation scapulohumérale est l'articulation de l'épaule unissant la scapula à l'humérus (Figure 6.2). C'est une articulation synoviale sphéroïde (énarthrose).

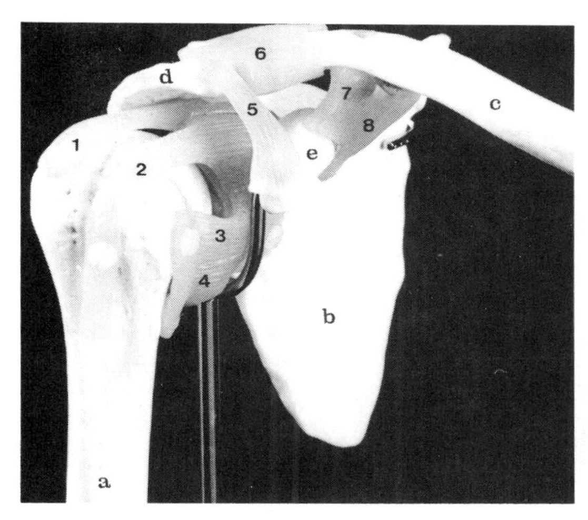

Photo 6.1 Articulation de l'épaule.

Os : a) Humérus b) Scapula c) Clavicule d) Acromion e) Processus coracoïde

Tendons et ligaments :
1) Tendon supraépineux
2) Tendon longue portion du biceps brachial
3) Ligament glénohuméral (moyen)
4) Ligament glénohuméral (inférieur)
5) Ligament coracoacromial
6) Capsule articulaire acromioclaviculaire
7) Ligament trapézoïde
8) Ligament conoïde

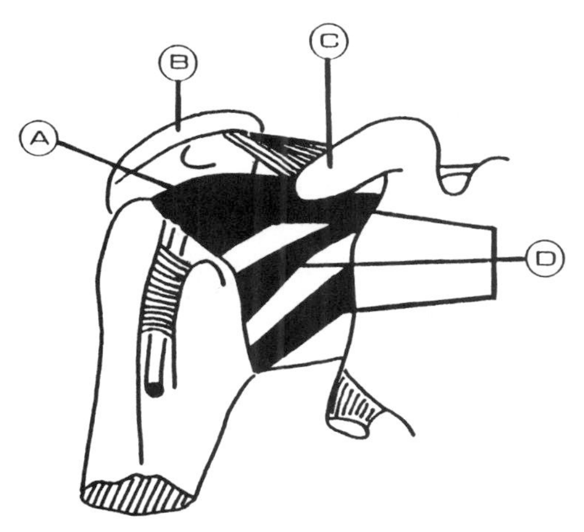

Figure 6.2 Face antérieure de l'articulation scapulohumérale.

A. Ligament coracohuméral B. Acromion C. Processus coracoïde D. Ligaments glénohuméraux (supérieur, moyen et inférieur).

a) Surfaces articulaires : la tête humérale, la cavité glénoïdale de la scapula (plus petite que la tête humérale) et le labrum glénoïdal entre les deux.

b) Capsule articulaire : elle est très mince et lâche, ce qui permet un écartement des surfaces articulaires de 2 à 3 cm.

c) Ligaments : certains renforcent les faces antérieure et supérieure de la capsule. Ce sont les ligaments glénohuméraux (trois) et le ligament coracohuméral (très résistant). D'autres sont plus éloignés : les ligaments coracoglénoïdien et l'huméral transverse. Ce ne sont pas les ligaments qui assurent la stabilité de cette articulation mais plutôt les muscles périphériques qui l'entourent et la font se mouvoir. La plupart des ligaments de cette articulation sont situés à la partie antérosupérieure de celle-ci.

d) Anatomie fonctionnelle : l'épaule est le siège de mouvements de flexion, d'extension, d'abduction, d'adduction et de rotation latérale et médiale. C'est une articulation à trois degrés de liberté, triaxiale.

MOUVEMENTS À L'ÉPAULE

Les mouvements au niveau du bras font intervenir un double mécanisme. Les mouvements propres à la ceinture scapulaire et les mouvements propres à l'articulation scapulohumérale.

LES MOUVEMENTS PROPRES À L'ARTICULATION SCAPULOHUMÉRALE

L'articulation scapulohumérale est triaxiale, ce qui permet à l'os du bras, l'humérus, d'exécuter n'importe quel mouvement : flexion, extension, abduction, adduction, rotation médiale et rotation latérale (Figure 6.3). L'amplitude des mouvements peut varier, suivant l'âge, le sexe et

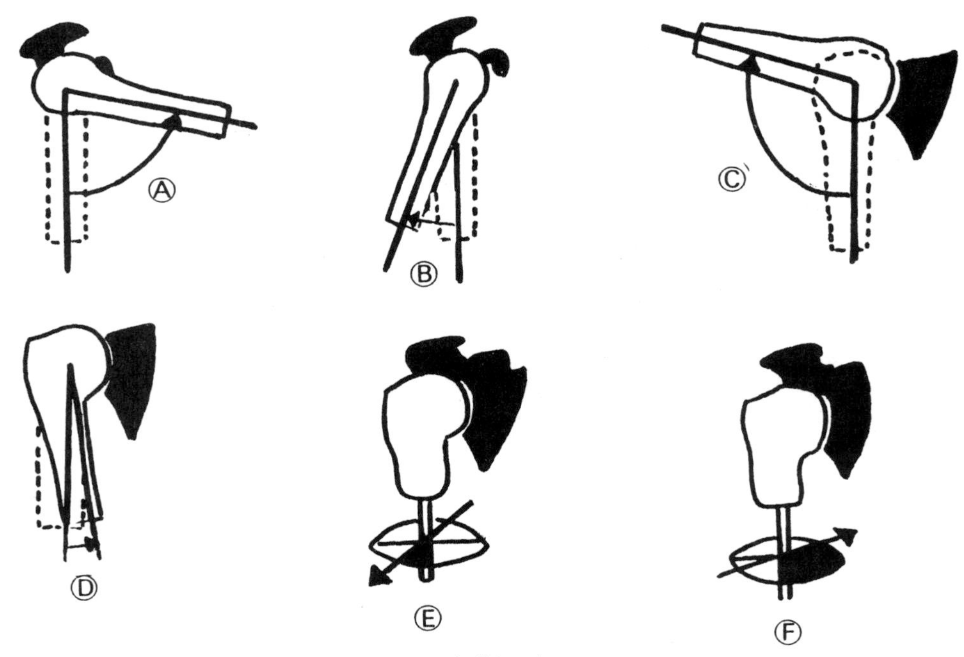

Figure 6.3 Mouvements propres de l'articulation de l'épaule.
Vue latérale de l'épaule en A et B. A. Flexion B. Extension. Vue antérieure de l'épaule en C, D, E et F. C. Abduction D. Adduction E. Rotation externe F. Rotation interne.

la race. Sans l'intervention de la ceinture scapulaire, on retrouve des mouvements :

a) Autour de l'axe transversal : la flexion ou l'antépulsion qui porte le bras en avant, à environ 80°; l'extension ou la rétropulsion qui porte le bras vers l'arrière, à environ 25°.

b) Autour de l'axe sagittal : l'abduction, qui permet au bras de s'éloigner de la ligne médiane à 110° et l'adduction qui le rapproche de la ligne centrale à 10°. L'adduction plus prononcée n'est possible que combinée à une flexion ou à une extension, à cause du thorax qui bloque ce mouvement.

c) Autour de l'axe vertical : la rotation interne qui fait tourner le bras vers l'intérieur à 100° et la rotation externe qui le fait tourner vers l'extérieur à 35°. L'amplitude des rotations est réduite en abduction maximale.

On désigne par extension horizontale le mouvement qui, à partir des deux bras à 90°, les projette vers l'arrière pour former une croix. Le mouvement inverse se nomme flexion horizontale. Le déplacement des bras doit se faire dans un plan horizontal et parallèlement au sol.

LES MOUVEMENTS DU BRAS

Lorsqu'on considère l'intervention de la ceinture scapulaire, on obtient les amplitudes suivantes :

Flexion :	160°
Abduction :	160°
Rotation interne :	100°
Extension :	40°
Adduction :	30°
Rotation externe :	50°

TABLEAU 6.1
RELATIONS FONDAMENTALES ENTRE LES MOUVEMENTS DE LA CEINTURE SCAPULAIRE ET LES MOUVEMENTS DU BRAS

Ceinture scapulaire / *Bras*	*Adduction*	*Abduction*	*Rotation vers le haut (externe)*	*Rotation vers le bas (interne)*	*Élévation*
Flexion		x	x		
Extension	x			x	
Hyperextension					x
Abduction			x		
Adduction				x	
Rotation médiale		x			
Rotation latérale	x				
Flexion horizontale		x			
Extension horizontale	x				

Le tableau 6.1 illustre les relations fondamentales entre les mouvements de la ceinture scapulaire et les mouvements du bras.

MUSCLES DE L'ÉPAULE

L'articulation scapulohumérale est traversée par neuf muscles qui s'insèrent sur l'humérus. Sept de ces muscles originent de la scapula. Ce sont les muscles : deltoïde, supraépineux, infraépineux, grand rond, petit rond, coracobrachial et le subscapulaire. À cause de tous ces muscles, on doit réaliser l'importance des muscles fixateurs de la scapula. Les deux autres, le grand pectoral et le grand dorsal originent du squelette axial et n'ont pas d'attache sur la scapula.

DELTOÏDE (deltoideus)

C'est un muscle triangulaire, épais et multipenné formant la rondeur de l'épaule (Figure 6.4). Puissant, il joue également un rôle important dans la stabilité de l'articulation scapulohumérale.

a) Origine : face antérieure du tiers latéral de la clavicule, le bord externe de l'acromion et la lèvre inférieure de l'épine de la scapula.
b) Terminaison : tubérosité deltoïdienne (''V'' deltoïdien) de l'humérus.
c) Action : selon la direction de ses faisceaux, on distingue trois parties au deltoïde : antérieure, latérale et postérieure. Le deltoïde antérieur est fléchisseur, fléchisseur horizontal et participe à l'abduction et à la rotation interne du bras.

N.B. La coiffe des rotateurs comprend les muscles supraépineux, infraépineux, petit rond et le subscapulaire.

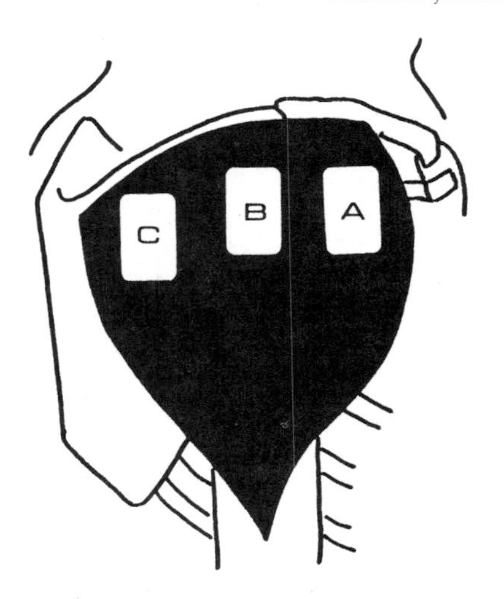

Figure 6.4 Face externe des deltoïdes antérieur (A) latéral (B) et postérieur (C).

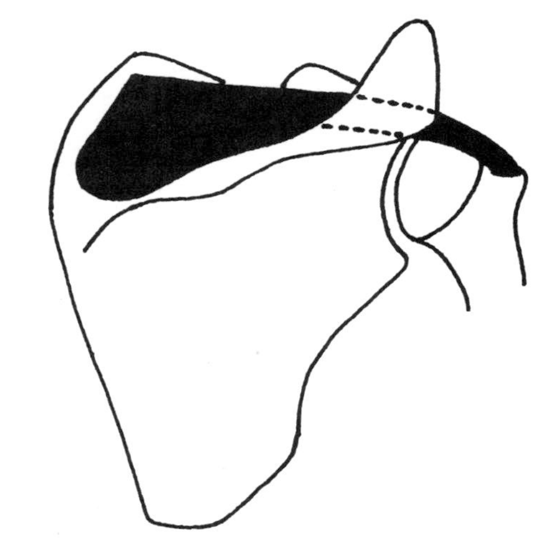

Figure 6.5 Face postérieure du muscle supraépineux.

Le deltoïde latéral est un puissant abducteur (surtout entre 90° et 180°) et est aussi un extenseur horizontal. Le deltoïde postérieur aide à l'extension, à l'extension horizontale et à la rotation latérale du bras.

d) Innervation : nerf axillaire.

SUPRAÉPINEUX (supraspinatus)

C'est un muscle épais et triangulaire (Figure 6.5). Il occupe la fosse supraépineuse de la scapula et est recouvert par le trapèze II.

a) Origine : fosse supraépineuse, aux deux tiers médiaux.
b) Terminaison : sommet (au-dessus) du grand tubercule de l'humérus.
c) Action : abducteur du bras. Il travaille en synergie avec le muscle deltoïde. C'est le muscle qui initie les mouvements d'abduction du bras, principalement entre 0° et 30°.
d) Innervation : nerf suprascapulaire.

INFRAÉPINEUX (infraspinatus)

C'est un muscle large, triangulaire et multipenné de l'épaule (Figure 6.6).

a) Origine : fosse infraépineuse de la scapula.
b) Terminaison : grand tubercule, à sa partie postérieure.

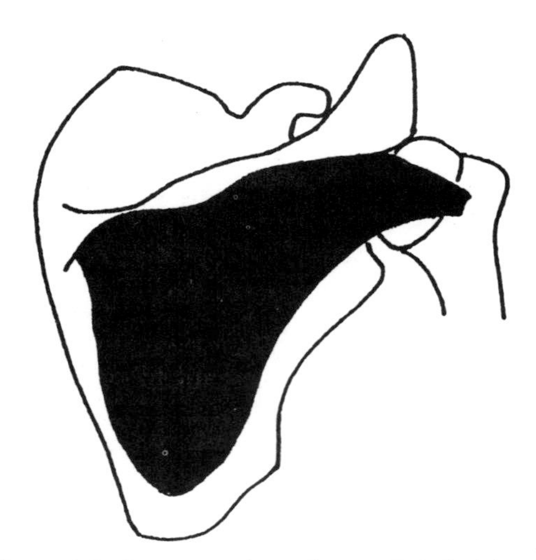

Figure 6.6 Face postérieure du muscle infraépineux.

c) Action : rotateur latéral et extenseur horizontal.
d) Innervation : nerf suprascapulaire.

GRAND ROND (teres major)

C'est un muscle épais et quadrangulaire de l'épaule (Figure 6.7).

a) Origine : angle inférieur de la scapula.
b) Terminaison : lèvre médiale du sillon intertuberculaire.
c) Action : extenseur, adducteur, rotateur médial du bras et aide à l'extension horizontale. Ses fonctions se rapprochent de celles du grand dorsal.
d) Innervation : nerf subscapulaire inférieur.

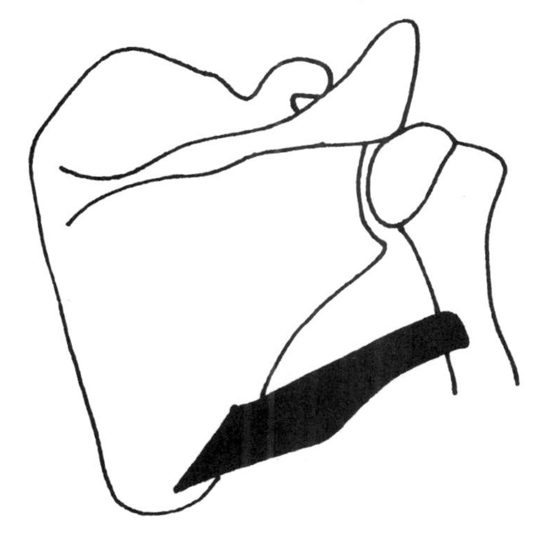

Figure 6.7 Face postérieure du muscle grand rond.

PETIT ROND (teres minor)

C'est un muscle aplati et allongé de l'épaule (Figure 6.8).

a) Origine : le tiers moyen de la face postérieure du bord latéral de la scapula.
b) Terminaison : surface inféropostérieure du grand tubercule.
c) Action : il est rotateur externe et extenseur horizontal.

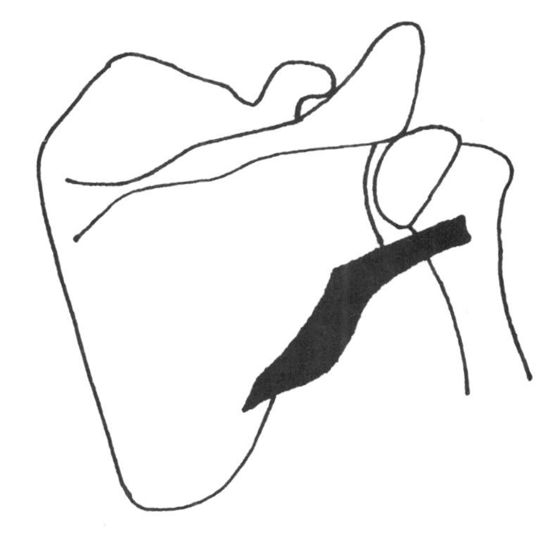

Figure 6.8 Face postérieure du muscle petit rond.

d) Innervation : nerf axillaire.

CORACOBRACHIAL (coracobrachialis)

C'est un petit muscle de la face antéro-interne du bras (Figure 6.9). Il est situé sous le deltoïde et le grand pectoral. Ce muscle stabilise l'articulation de l'épaule.

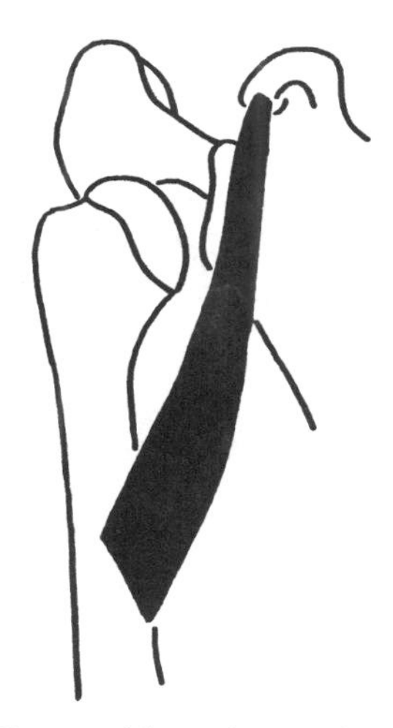

Figure 6.9 Face antérieure du muscle coracobrachial.

a) Origine : processus coracoïde de la scapula.
b) Terminaison : face interne du tiers supérieur de l'humérus à peu près au même niveau que l'attache du deltoïde sur la tubérosité deltoïdienne.
c) Action : muscle important pour la flexion horizontale et aide à la flexion du bras.
d) Innervation : nerf musculocutané.

SUBSCAPULAIRE (subscapularis)

Muscle triangulaire et multipenné de la fosse subscapulaire (Figure 6.10). Il joue un rôle important dans la prévention de la luxation de l'épaule.

a) Origine : la plus grande partie de la fosse subscapulaire de la scapula.
b) Terminaison : petit tubercule de l'humérus (en passant entre le bras et le thorax).
c) Action : rotateur interne.
d) Innervation : nerf subscapulaire.

GRAND PECTORAL (pectoralis major)

C'est un muscle épais, triangulaire et multipenné. Il participe à la formation de la partie antérieure du creux de l'aisselle (Figure 6.11) et il couvre le muscle petit pectoral.

a) Origine : face antérieure de la moitié médiale de la clavicule, le sternum et les cartilages costaux des six premières côtes.
b) Terminaison : lèvre latérale du sillon intertuberculaire au-dessous du grand tubercule par un tendon large de 7 à 8 cm.
c) Action : selon la direction de ses faisceaux, on distingue deux parties : claviculaire et sternocostale. La partie claviculaire sert à la flexion du bras et à sa flexion horizontale. Il aide aussi à la rotation médiale. La partie sternocostale amène à l'extension, à l'adduction du bras et à la flexion horizontale. Elle aide aussi à la rotation médiale.
d) Innervation : nerf pectoral latéral et accessoirement le nerf pectoral médial.

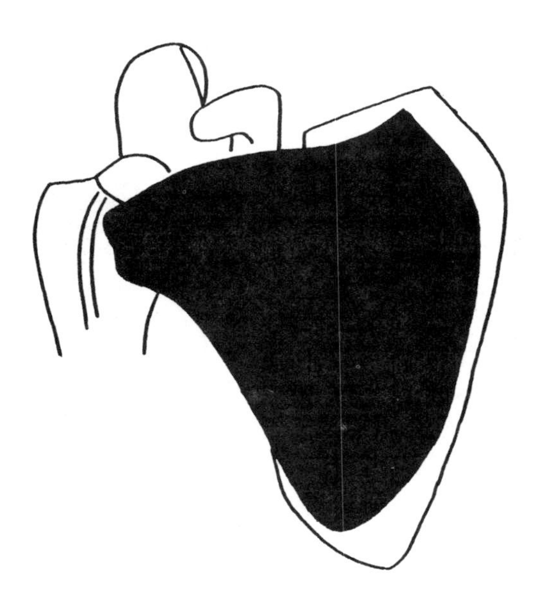

Figure 6.10 Face antérieure du muscle subscapulaire.

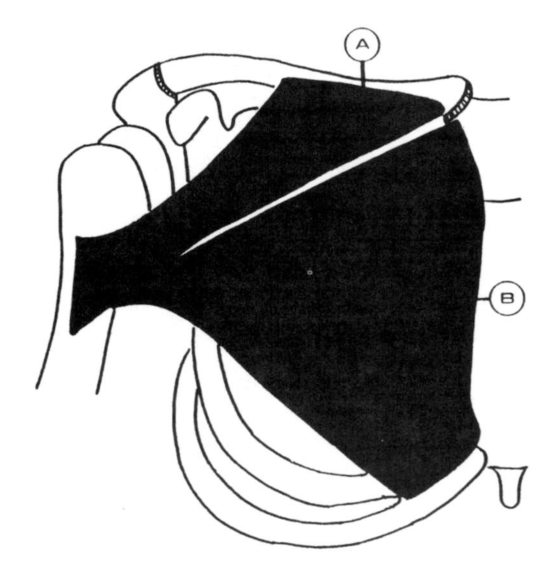

Figure 6.11 Parties du muscle grand pectoral.
A. Claviculaire B. Sternocostale.

GRAND DORSAL (latissimus dorsi)

C'est un muscle superficiel qui recouvre, avec le trapèze, une grande partie de la surface du dos (Figure 6.12). Il figure parmi les plus grands muscles plats du corps humain. Avec le grand rond, il forme la partie postérieure du creux de l'aisselle. C'est le muscle du grimper, du lancer et du frapper. Muscle important pour le nageur, l'alpiniste et le canoteur.

a) Origine : par une lame tendineuse sur les processus épineux des six dernières vertèbres dorsales, sur toutes les vertèbres lombales, sur l'arrière du sacrum et sur le tiers postérieur de la lèvre externe de la crête coxale.

b) Terminaison : fond du sillon intertuberculaire de la face antérieure de l'humérus.

Figure 6.12 Face postérieure du muscle du grand dorsal.

c) Action : extenseur et adducteur du bras. Il aide à la rotation interne et à l'extension horizontale.

d) Innervation : nerf thoracodorsal.

Photo 6.2 Grand pectoral (P).

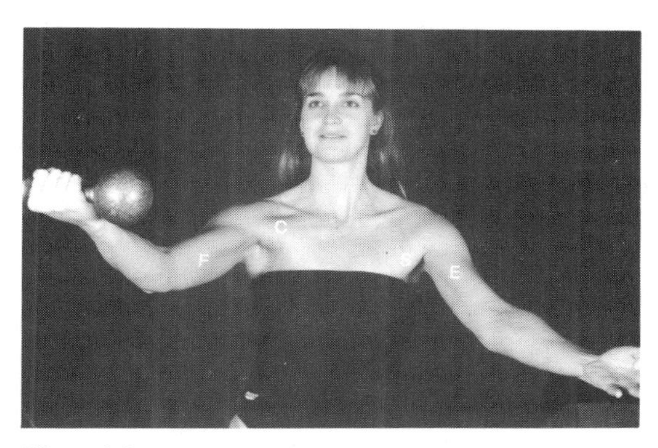

Photo 6.3
Bras droit en flexion (F) : chef claviculaire (C)
Bras gauche en extension (E) : chef sternal (S)

Le tableau 6.2 offre un résumé des mouvements et des muscles de l'articulation de l'épaule. Les figures 6.13 et 6.14 illustrent l'ensemble des muscles agissant sur l'épaule.

TABLEAU 6.2
MUSCLES ET MOUVEMENTS DE L'ÉPAULE

MUSCLES / *MOUVEMENTS*	*FLEXION*	*EXTENSION*	*ABDUCTION*	*ADDUCTION*	*ROTATION MÉDIALE*	*ROTATION LATÉRALE*	*FLEXION HORIZONTALE*	*EXTENSION HORIZONTALE*
Deltoïde antérieur (deltoideus anterior)	P		A		A		P	
Deltoïde latéral (deltoideus medialis)			P					P
Deltoïde postérieur (deltoideus posterior)		A				A		P
Supraépineux (supra spinatus)			P					
Grand pectoral (partie claviculaire) (pectoralis major)	P				A		P	
Grand pectoral (partie sternocostale) (pectoralis major)		P		P	A		P	
Coracobrachial (coracobrachialis)	A						P	
Subscapulaire (subscapularis)					P			
Grand dorsal (latissimus dorsi)		P		P	A			A
Grand rond (teres major)		P		P	P			A
Infraépineux (infraspinatus)						P		P
Petit rond (teres minor)						P		P

P : muscle principal A : muscle auxiliaire

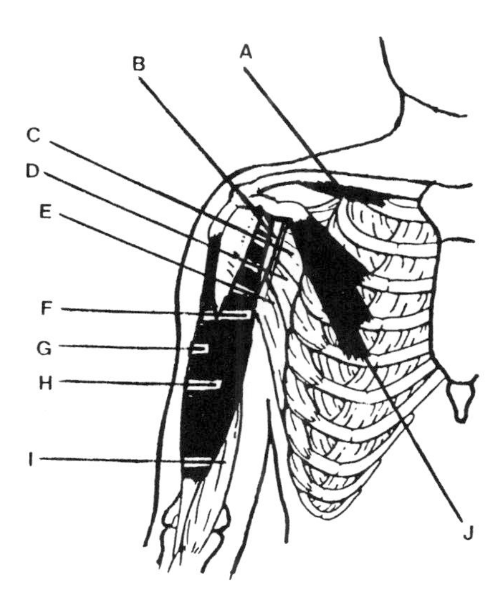

Figure 6.13 Muscles antérieurs profonds de l'épaule.
A. Subclavier B. Coracobrachial C. Subscapulaire D. Grand Rond E. Grand dorsal F. Chef court du biceps brachial G. Chef long du biceps brachial H. Biceps brachial I. Brachial J. Petit pectoral.

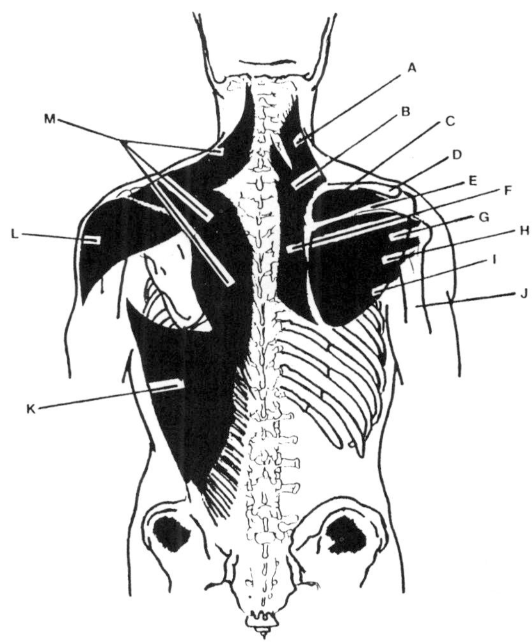

Figure 6.14 Muscles postérieurs superficiels (à gauche) et profonds (à droite) de l'épaule.
A. Élévateur de la scapula B. Petit rhomboïde C. Supraépineux D. Os clavicule E. Épine scapulaire F. Grand rhomboïde G. Infraépineux H. Petit rond I. Grand rond J. Os humérus K. Grand dorsal L. Deltoïde M. Trapèze.

SACHEZ QUE...

1. Le sillon du nerf radial se trouve sur la face postérieure de la diaphyse humérale. Oblique, situé en bas et latéralement, il livre passage en plus du nerf radial, à l'artère et aux veines profondes du bras.
2. Le sillon du nerf ulnaire est placé sur la face postérieure de l'épicondyle médial dans lequel passe ce nerf.
3. La crête du petit tubercule est un prolongement inférieur du petit tubercule, sur lequel le muscle subscapulaire s'insère.
4. La crête du grand tubercule est une saillie rugueuse qui limite, en dehors, le sillon intertuberculaire. Le tendon du grand pectoral s'y insère.
5. Le labrum glénoïdal est un fibrocartilage triangulaire, inséré sur le pourtour de la cavité glénoïdale.
6. La lésion du nerf axillaire, paralysant le muscle deltoïde, empêche une abduction plus grande que 30°.
7. L'articulation scapulohumérale est l'articulation la plus mobile (souple) de toute la machine humaine.
8. En flexion ou en abduction, on peut porter le bras à 160°. Les 10° ou 20° manquants sont dévolus à l'inclinaison du tronc.
9. Le triangle d'auscultation est laissé libre par les muscles trapèze et grand dorsal. L'auscultation pulmonaire se fait à cet endroit.
10. L'humérus est l'un des rares os à posséder à la fois un col chirurgical et un col anatomique.
11. Les deux chefs du muscle grand pectoral se contractent ensemble lorsque vous placez vos mains sur vos hanches et que vous les serrez.

VII

Le coude et l'avant-bras

OS DE L'AVANT-BRAS

L'articulation du membre supérieur intermédiaire, entre le bras et l'avant-bras, forme le coude. Lorsqu'il y a extension au coude, on obtient un angle obtus, ouvert en dehors de 165° à 170°, nommé « valgus ulnaire » physiologique.

L'avant-bras est un segment intermédiaire du membre supérieur, compris entre les articulations du coude et du poignet. Il est composé de deux os : le radius et l'ulna.

RADIUS

Le radius est l'os latéral de l'avant-bras (Figure 7.1). Il est plus large en bas qu'en haut. Cet os long s'articule en haut avec l'humérus, en bas avec le carpe et médialement avec l'ulna, en haut et en bas. Il présente : une épiphyse proximale constituée d'une tête articulaire, d'un col et d'une tubérosité; un corps triangulaire avec trois faces (antérieure, postérieure et latérale); une épiphyse distale volumineuse avec une face médiale présentant l'incisure ulnaire, une face inférieure présentant la surface articulaire carpienne, une face latérale se prolongeant par le processus styloïde et une face postérieure présentant le tubercule dorsal.

Les différentes parties du radius sont :

a) Fossette radiale : face supérieure excavée de la tête radiale. Elle s'articule avec le capitulum de l'humérus.

b) Tête du radius : portion articulaire de l'extrémité proximale.

c) Col : portion rétrécie et cylindrique de l'extrémité proximale intermédiaire à la tête et au corps radial.

d) Tubérosité : saillie osseuse ovoïde située à la jonction du corps et du col. Le tendon du biceps brachial s'y insère.

e) Surface articulaire carpienne : face articulaire inférieure de l'extrémité distale. Elle s'articule avec le scaphoïde et le lunatum (deux os de la première rangée du carpe).

f) Processus styloïde : saillie osseuse pyramidale prolongeant, en bas, la face latérale de l'extrémité distale. Cette saillie osseuse est ronde et pointue.

g) Tubercule dorsal : saillie de la face postérieure de l'épiphyse distale.

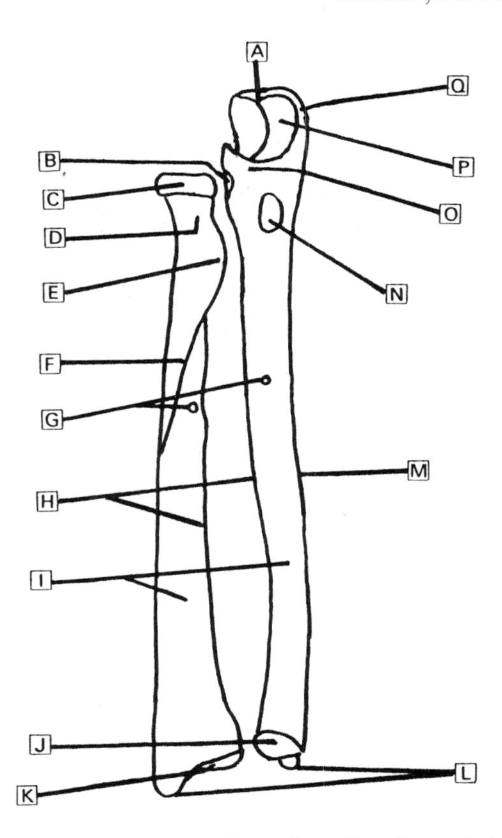

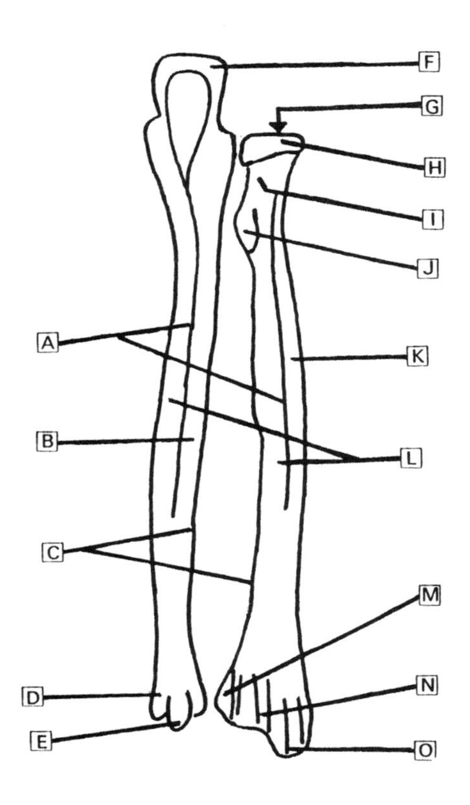

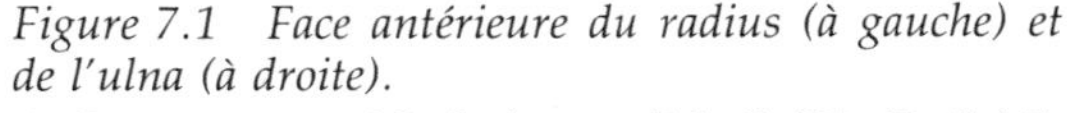
Figure 7.1 Face antérieure du radius (à gauche) et de l'ulna (à droite).

A. Processus anconé B. Incisure radiale C. Tête D. Col E. Tubérosité F. Bord antérieur G. Trous nourriciers H. Bords interosseux I. Faces antérieures J. Circonférence articulaire de l'ulna K. Surface articulaire carpienne L. Processus styloïdes M. Bord antérieur N. Tubérosité ulnaire O. Processus coronoïde P. Incisure trochléaire Q. Olécrâne.

Figure 7.1 (suite) Face postérieure du radius (à droite) et de l'ulna (à gauche).

A. Bords postérieurs B. Face médiale C. Bords interosseux D. Tête E. Processus styloïde F. Olécrâne G. Fossette H. Tête I. Col J. Tubérosité K. Face latérale L. Faces postérieures M. Incisure ulnaire N. Tubercule dorsal O. Processus styloïde.

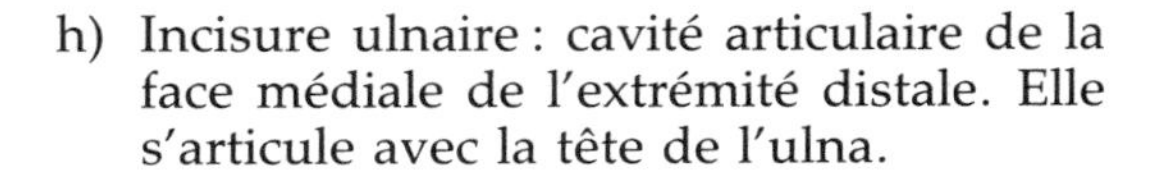
h) Incisure ulnaire : cavité articulaire de la face médiale de l'extrémité distale. Elle s'articule avec la tête de l'ulna.

ULNA

L'ulna est l'os médial de l'avant-bras (Figure 7.1). Cet os long s'articule avec l'humérus en haut, le carpe en bas et le radius latéralement. Il présente : une épiphyse proximale volumineuse, constituée de deux processus (l'anconé et le coronoïde) qui circonscrivent une grande excavation articulaire, l'incisure trochléaire; un corps triangulaire, arrondi dans sa partie inférieure, qui possède trois faces (antérieure, médiale et postérieure) et trois bords (antérieur, postérieur et interosseux); une épiphyse distale (tête de l'ulna) qui est formée de la circonférence articulaire de l'ulna et d'un processus styloïde.

Les différentes parties de l'ulna sont :

a) Incisure trochléaire : grande échancrure articulaire concave en avant, située au niveau de l'épiphyse proximale. Elle s'articule avec la trochlée humérale.

b) Incisure radiale : facette articulaire concave de la face latérale du processus coronoïde. Elle s'articule avec la circonférence articulaire de la tête radiale.

c) Circonférence articulaire : surface articulaire convexe de la face latérale de la tête. Elle répond à l'incisure ulnaire du radius.

d) Processus styloïde : saillie osseuse de l'extrémité distale.

e) Processus anconé : prolongement supéroantérieur de l'olécrâne qui surplombe l'incisure trochléaire.

f) Processus coronoïde : saillie osseuse pyramidale dont la base se fixe sur la face antérieure de l'extrémité supérieure.

g) Tubérosité : saillie osseuse irrégulière située au-dessous du processus coronoïde et sur la face antérieure de l'ulna. Le tendon du muscle brachial s'y insère.

h) Tête : extrémité distale. Elle présente une saillie osseuse, le processus styloïde et une surface articulaire.

i) Olécrâne : saillie osseuse sise à la partie supéropostérieure de l'ulna. C'est le volumineux processus que l'on touche à l'arrière de l'articulation du coude.

ARTICULATION AU COUDE

L'articulation au coude est une articulation synoviale unissant l'extrémité distale de l'humérus et les extrémités proximales de l'ulna et du radius. Complexe, elle est composée de trois articulations : l'articulation huméro-ulnaire, l'articulation huméroradiale et l'articulation radio-ulnaire proximale.

ARTICULATION HUMÉRO-ULNAIRE

C'est une ginglyme (trochléenne) mettant en présence la trochlée humérale et l'incisure trochléaire de l'ulna (Figure 7.2).

a) Surfaces articulaires : la trochlée humérale, la fosse olécrânienne, la fosse coronoïdienne et l'incisure trochléaire.

b) Capsule articulaire : une membrane fibreuse et une membrane synoviale.

c) Ligaments : le ligament collatéral ulnaire est formée de quatre faisceaux (antérieur,

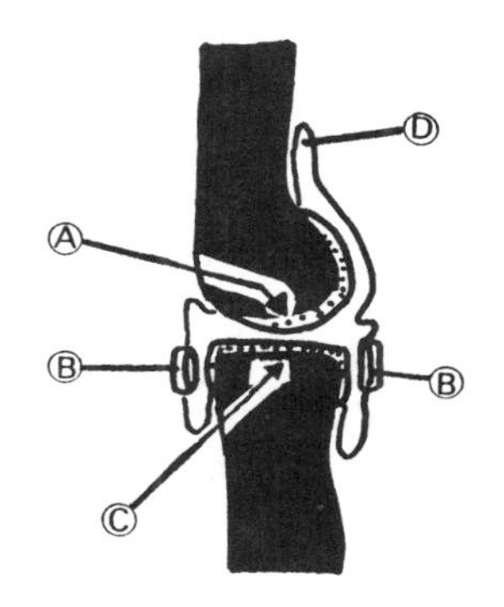

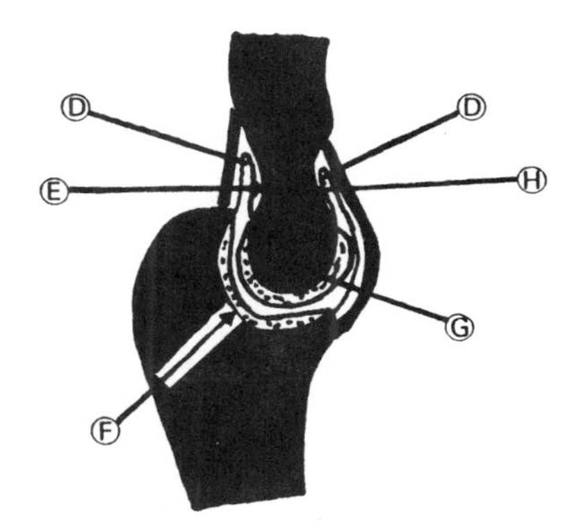

Figure 7.2 Articulations huméroradiale (en haut) et articulation huméro-ulnaire (en bas).

A. Capitulum B. Ligament annulaire du radius C. Fossette radiale D. Cul-de-sac synovial E. Fosse olécrânienne F. Incisure trochléaire de l'ulna G. Trochlée humérale H. Fosse coronoïdienne.

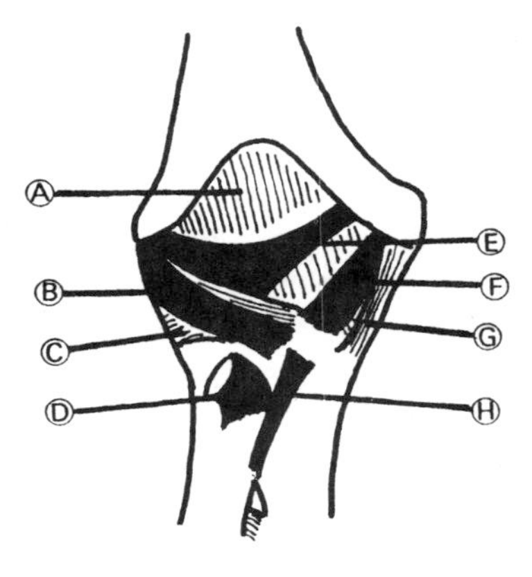

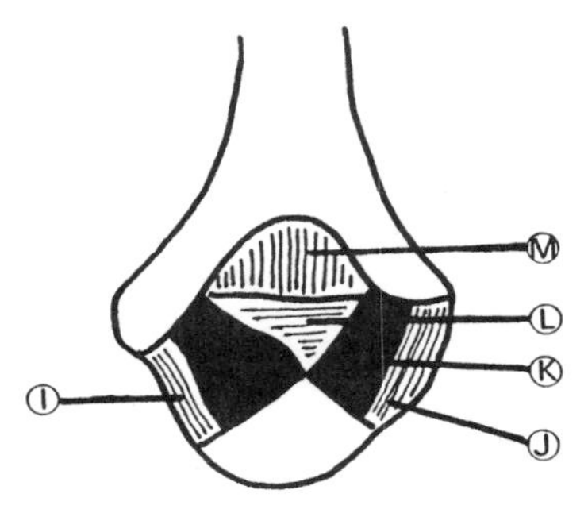

Figure 7.2 (suite) Articulation du coude.

A. Capsule articulaire B. Ligament collatéral radial (faisceau antérieur) C. Ligament annulaire du radius D. Tendon du muscle biceps E. Ligament antérieur F. Ligament collatéral ulnaire (faisceau antérieur) G. Ligament collatéral ulnaire (faisceau moyen) H. Corde oblique I. Ligament collatéral ulnaire (faisceau postérieur) J. Ligament collatéral radial (faisceau postérieur) K. Ligament postérieur (faisceau oblique) L. Ligament postérieur (faisceau transversal) M. Capsule articulaire.

moyen (très résistant), postérieur et arciforme). Le ligament collatéral radial, ligament de la face latérale de cette articulation, est constitué de trois faisceaux (antérieur, moyen et postérieur). Les ligaments postérieur et antérieur renforcent la capsule articulaire.

d) Anatomie fonctionnelle : des mouvements de flexion et d'extension s'exécutent au niveau de cette articulation.

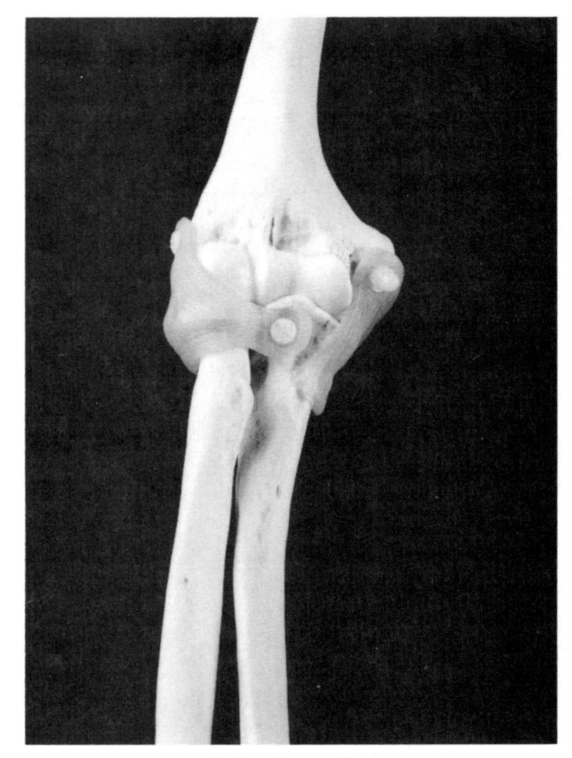

Photo 7.1 Articulation du coude.

ARTICULATION HUMÉRORADIALE

C'est une ellipsoïde (condylienne) mettant en présence le capitulum de l'humérus et la fossette radiale (Figure 7.2).

a) Surfaces articulaires : le capitulum de l'humérus et la fossette radiale.
b) Capsule articulaire : une membrane fibreuse et une membrane synoviale.
c) Ligaments : les ligaments provenant de l'humérus ne se fixent pas directement sur le radius mais plutôt sur le ligament annulaire qui encercle la tête et la circonférence radiale.
d) Anatomie fonctionnelle : cette articulation permet des mouvements de flexion, d'extension, de pronation et de supination.

ARTICULATION RADIO-ULNAIRE PROXIMALE

C'est une trochoïde (articulation à pivot) mettant en présence la circonférence articulaire de la tête radiale et l'incisure radiale de l'ulna (Figure 7.3).

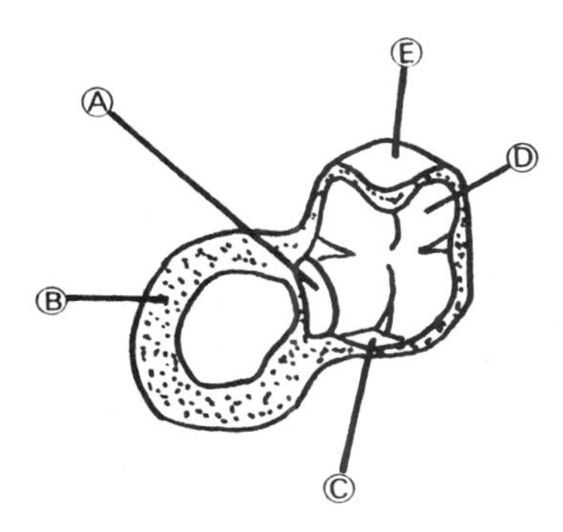

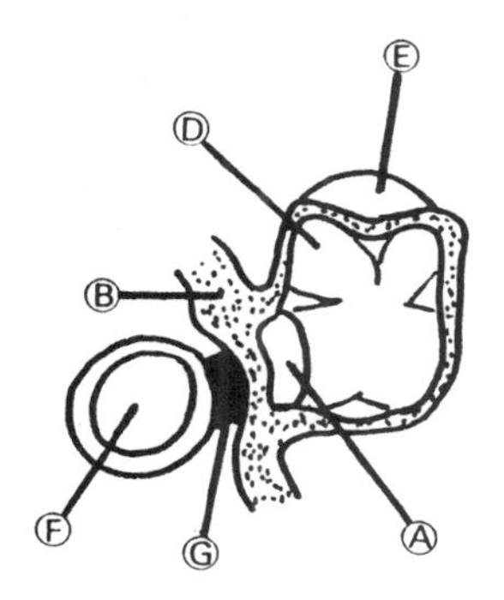

Figure 7.3 Face supérieure de l'articulation radio-ulnaire proximale.

A. Incisure radiale B. Ligament annulaire C. Processus coronoïde D. Incisure trochléaire E. Olécrâne F. Fossette radiale G. Ligament carré.

a) Surfaces articulaires : la circonférence articulaire de la tête radiale, l'incisure radiale de l'ulna et le ligament annulaire.

b) Capsule articulaire : une membrane fibreuse et une membrane synoviale.

c) Ligaments : elle possède deux ligaments : les ligaments annulaire et carré.

Le ligament annulaire est tendu entre les bords antérieur et postérieur de l'incisure radiale et encercle la tête du radius. Sa face médiale est recouverte de cartilage. Le ligament carré est tendu du col du radius au bord inférieur de l'incisure radiale. Il est placé horizontalement entre les deux surfaces. Ce ligament est un renforcissement de la capsule à sa partie inférieure.

d) Anatomie fonctionnelle : cette articulation permet des mouvements de pronation et de supination.

ARTICULATIONS DE L'AVANT-BRAS

On distingue deux articulations importantes à l'avant-bras : l'articulation radio-ulnaire proximale et l'articulation radio-ulnaire distale.

ARTICULATION RADIO-ULNAIRE PROXIMALE

Cette articulation a été étudiée avec le coude.

ARTICULATION RADIO-ULNAIRE DISTALE

C'est une articulation trochoïde (articulation à pivot) unissant les épiphyses distales du radius et de l'ulna (Figure 7.4).

a) Surfaces articulaires : la circonférence articulaire de la tête de l'ulna, l'incisure ulnaire du radius et un disque articulaire.

b) Capsule articulaire : une membrane fibreuse et une membrane synoviale. La membrane synoviale est souple et ample. Elle forme au-dessus de la tête ulnaire un cul-de-sac. La cavité synoviale communique souvent (40 % des cas) avec celle de l'articulation radiocarpienne.

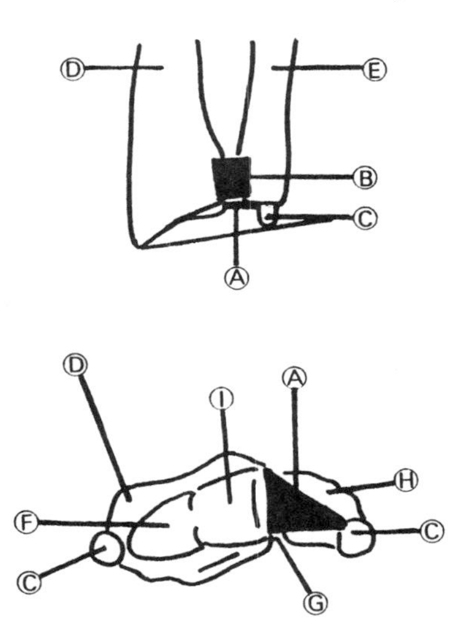

Figure 7.4 Faces antérieure (en haut) et inférieure (en bas) de l'articulation radio-ulnaire distale.

A. Disque articulaire B. Capsule C. Processus styloïdes D. Radius E. Ulna F. Surface articulaire radiale du scaphoïde G. Incisure ulnaire H. Tête de l'ulna I. Surface articulaire radiale du lunatum.

c) Ligaments : ils sont au nombre de trois : les ligaments radio-ulnaire antérieur et postérieur et le disque articulaire. Le disque articulaire est triangulaire. Son sommet s'insère sur la face latérale du processus styloïde et sa base, dans l'incisure ulnaire. Disposé horizontalement, il est encroûté de cartilage et sépare les articulations radio-ulnaire distale et radiocarpienne.

d) Anatomie fonctionnelle : cette articulation permet des mouvements de pronation et de supination.

MOUVEMENTS AU COUDE ET DE L'AVANT-BRAS

MOUVEMENTS AU COUDE

Les mouvements de flexion et d'extension, seuls possibles à ce niveau, se font à la fois dans l'articulation huméro-ulnaire et dans l'articulation huméroradiale. C'est l'articulation huméro-ulnaire qui joue ici le rôle essentiel car c'est d'elle que dépendent la direction et l'amplitude des mouvements. L'amplitude totale du mouvement de flexion-extension est habituellement de l'ordre de 140°. On peut toutefois observer des cas où, à cause de l'hyperextension au coude, le mouvement dépasse 150° chez les enfants. C'est aussi très fréquent chez les femmes car chez elles l'olécrâne pénètre plus profondément dans la fosse olécrânienne.

MOUVEMENTS DE L'AVANT-BRAS

La pronation et la supination composent l'ensemble des mouvements de rotation de l'avant-bras autour de son axe longitudinal (Figure 7.5). Considérons d'abord la position zéro fonctionnelle (position moyenne, main en demi-pronation) qui est celle où le coude est collé au tronc, l'avant-bras fléchi à 90°, le poignet en extension, le pouce dirigé vers le haut et la paume de la main regardant en dedans. De cette position, la supination est le mouvement de rotation axiale de l'avant-bras qui amène le pouce en dehors, la paume de la main regardant vers le haut. Tandis que la pronation est le mouvement de rotation axiale de l'avant-bras qui amène le pouce en dedans, la paume de la main regardant en bas.

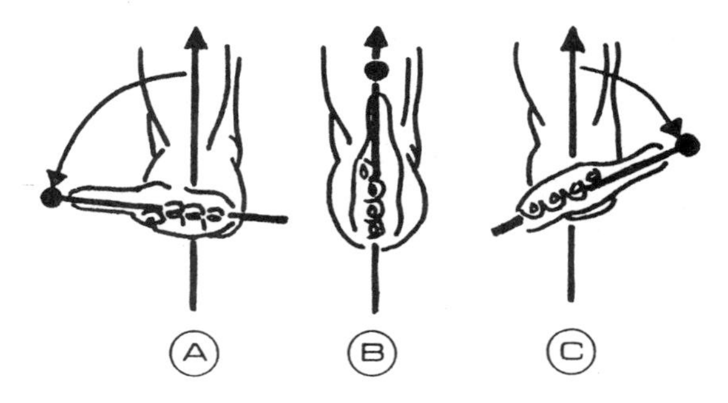

Figure 7.5 Mouvements de l'avant-bras.

A. Supination B. Position zéro C. Pronation.

L'amplitude de la pronation-supination est variable suivant les individus et est fonction de l'âge, de la race et du sexe. Ainsi, elle est en général plus importante chez la femme que chez l'homme. On peut considérer comme normales des amplitudes de 80° à 90° pour la supination et de 50° à 80° pour la pronation. L'amplitude globale moyenne est de 150° en considérant uniquement les mouvements au niveau de l'avant-bras.

L'amplitude de la pronation-supination peut être considérablement augmentée avec des mouvements associés à l'épaule. S'il y a extension au coude, le bras pendant le long du corps, les mouvements de rotation de l'humérus et de la scapula, s'associant à ceux de l'avant-bras, permettent une pronation-supination d'une amplitude globale de 270° environ. Si la flexion au coude est de 90°, les mouvements d'abduction et d'adduction du bras peuvent permettre de suppléer à une insuffisance de pronation et de supination. Pour manger, on utilise tout le déroulement de la pronation-supination.

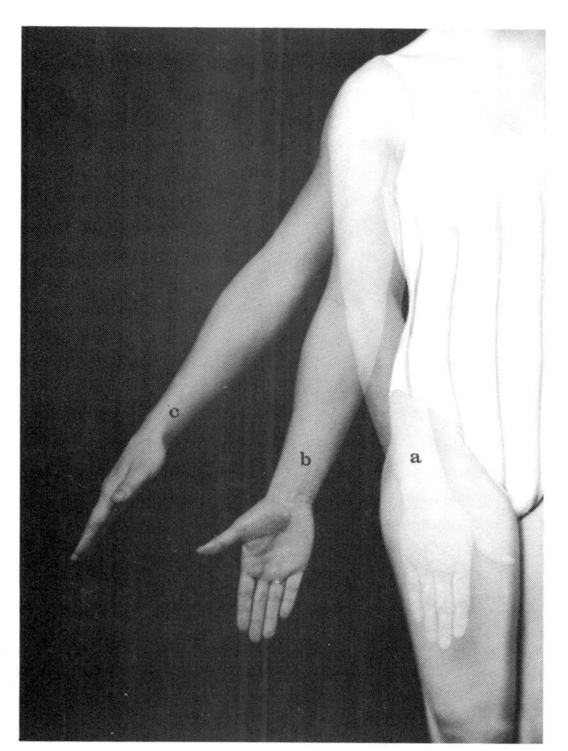

Photo 7.2 Différentes positions de l'avant-bras.
A. Pronation B. Supination C. Position moyenne.

La force des muscles est fonction de la position de l'avant-bras. Ainsi, on a calculé la force isométrique (tensiomètre) de l'avant-bras fléchi à 90° dans trois positions différentes (Rash et Burke, 1978) :

Position	*Moyenne*	*Écart type*
Supination	19,59 kg (43,2 livres)	3,8 kg (8,4 livres)
Position moyenne	21,68 kg (47,8 livres)	4,03 kg (8,9 livres)
Pronation	12,47 kg (27,5 livres)	1,9 kg (4,4 livres)

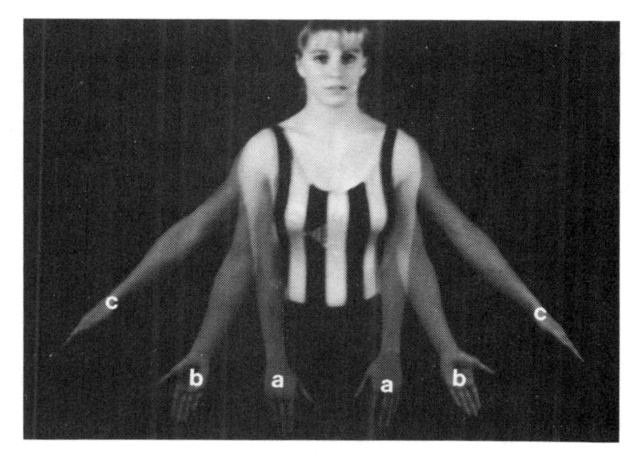

Photo 7.3 Différentes positions des avant-bras.
A. Pronation B. Supination C. Position moyenne.

MUSCLES DU COUDE ET DE L'AVANT-BRAS

Les trois muscles antérieurs du bras, le biceps brachial, le brachial et le brachioradial permettent la flexion de l'avant-bras. Deux muscles, le triceps brachial et l'anconé, agissent pour étendre l'avant-bras. Les muscles de la pronation-supination sont le rond pronateur, le carré pronateur, le supinateur et le biceps brachial. Les muscles les plus puissants qui agissent sur cette articulation se trouvent sur le bras. Cependant, plusieurs autres muscles, dont les corps sont situés sur l'avant-bras, les aident. Il est à noter que le développement et la puissance des muscles fléchisseurs l'emportent notablement sur ceux des extenseurs (1,5 fois plus puissants).

BICEPS BRACHIAL (biceps brachialis)

C'est un muscle fusiforme et épais (Figure 7.6) de la région antérieure du bras tendu de la scapula au radius. Il est constitué de deux chefs : long et court. C'est un muscle biarticulaire.

a) Origine : le chef long se détache du haut de la cavité glénoïdale de la scapula par un tendon. Le tendon pénètre dans l'articulation de l'épaule, contourne la tête humérale et descend dans le sillon intertuberculaire, entouré d'une gaine synoviale. Le chef court naît par un court tendon, du sommet du processus coracoïde de la scapula.
b) Terminaison : moitié postérieure de la tubérosité du radius.
c) Action : fléchisseur de l'avant-bras sur le bras, il aide aussi à la supination, si l'avant-bras (donc la main) est en pronation.
d) Innervation : deux rameaux du nerf musculocutané.

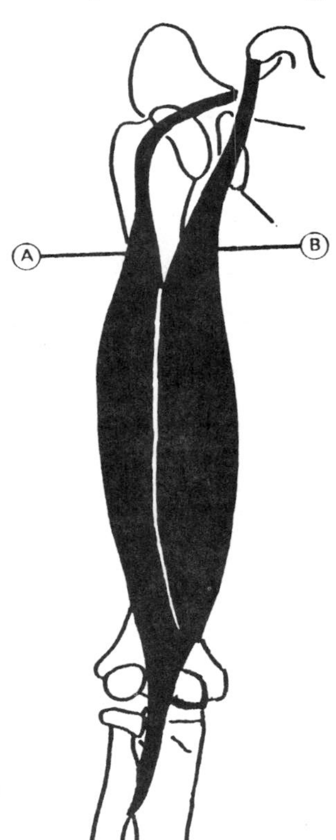

Figure 7.6 Les chefs du muscle biceps brachial. A. Long B. Court.

BRACHIAL (brachialis)

C'est un muscle large et épais, caché derrière le biceps brachial (Figure 7.7). Il est placé à la région antérieure et inférieure du bras reliant l'humérus à l'ulna.

Figure 7.7 Muscle brachial.

a) Origine : face antérieure de toute la moitié inférieure de la diaphyse de l'humérus.
b) Terminaison : partie médiale de la tubérosité ulnaire.
c) Action : fléchisseur de l'avant-bras sur le bras. Sa terminaison sur l'ulna et la terminaison du muscle biceps brachial sur le radius assurent une meilleure répartition des charges sur l'avant-bras. Dû au fait qu'il n'est pas influencé par la position de l'avant-bras, il en résulte que ce muscle est le fléchisseur le plus fiable de l'avant-bras sur le bras.
d) Innervation : nerf musculocutané.

BRACHIORADIAL (brachioradialis)

C'est un muscle allongé qui donne le contour rondelé au bord latéral de l'avant-bras, entre le coude et le poignet (Figure 7.8). Reliant l'humérus au radius, c'est un muscle de puissance.

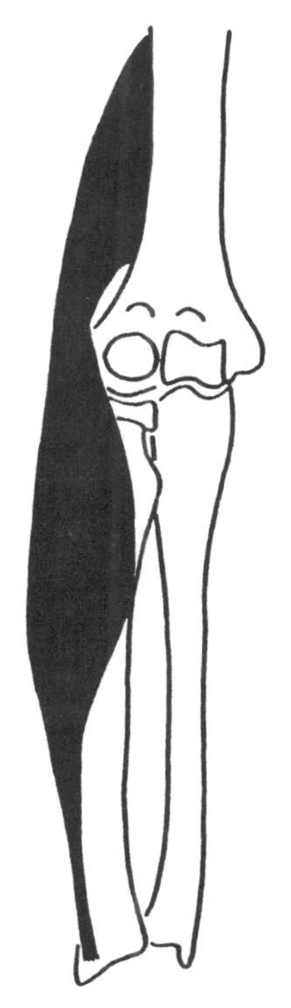

Figure 7.8 Face antérieure du muscle brachioradial.

a) Origine : bord latéral de l'humérus, sur son tiers inférieur.
b) Terminaison : face latérale de la base du processus styloïde du radius.
c) Action : fléchisseur de l'avant-bras. De plus, il cherche à minimiser les actions de pronation et de supination de l'avant-bras pour favoriser la position moyenne ou fonctionnelle.
d) Innervation : nerf radial.

ROND PRONATEUR (pronator teres)

C'est un muscle aplati qui croise la face antérieure de la moitié supérieure de l'avant-bras (Figure 7.9). Il possède deux chefs : huméral et ulnaire.

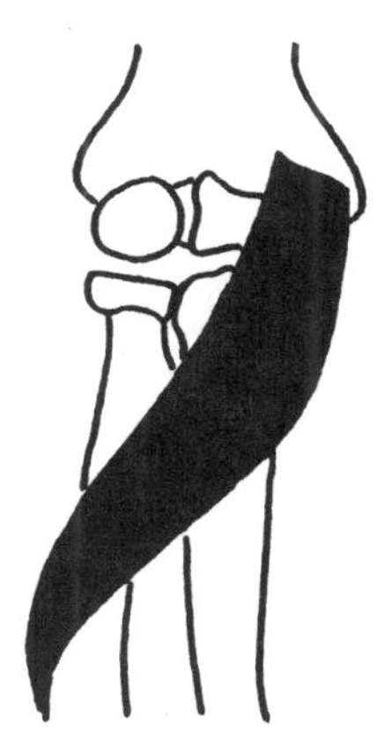

Figure 7.9 Face antérieure du muscle rond pronateur.

a) Origine : chef huméral naît par un tendon de l'épicondyle médial. Le chef ulnaire, plus grêle, parfois inconstant, s'insère sur le processus coronoïde de l'ulna.
b) Terminaison : milieu de la face externe du corps du radius (là où la courbe de cet os est à son maximum).

c) Action : pronateur. Il participe aussi à la flexion de l'avant-bras sur le bras.
d) Innervation : des rameaux du nerf médian.

CARRÉ PRONATEUR (pronator quadratus)

C'est un muscle quadrilatère constitué de fibres transversales (Figure 7.10). C'est un muscle profond de la région antérieure de l'avant-bras reliant le radius à l'ulna au niveau du poignet.

a) Origine : le quart inférieur de la face antérieure de l'ulna.
b) Terminaison : le quart inférieur de la face antérieure du radius.
c) Action : il est pronateur.
d) Innervation : nerf interosseux antérieur, branche du nerf médian.

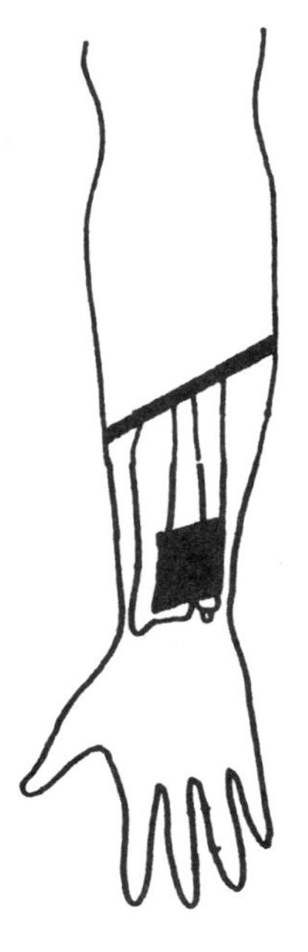

Figure 7.10 Face antérieure du muscle carré pronateur.

SUPINATEUR (supinator)

C'est un muscle court, épais et incurvé (Figure 7.11). Muscle profond de la région latérale de l'avant-bras, il s'enroule autour du radius. Il est situé sous le brachioradial.

a) Origine : partie inférieure de l'épicondyle latéral de l'humérus, du ligament collatéral radial et de l'ulna.
b) Terminaison : côté antérieur du radius, sur le tiers supérieur.
c) Action : supinateur de l'avant-bras.
d) Innervation : nerf radial.

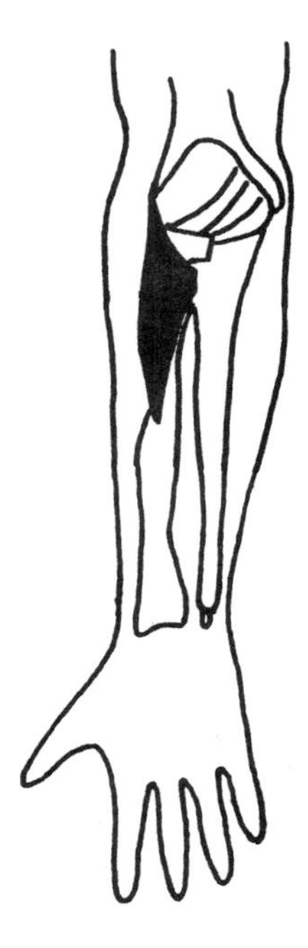

Figure 7.11 Face antérieure du muscle supinateur.

TRICEPS BRACHIAL (triceps brachialis)

C'est un muscle volumineux et complexe (Figure 7.12) de la région postérieure du bras tendu de la scapula et de l'humérus à l'ulna.

Il est constitué de trois chefs : le long, le latéral et le médial.

a) Origine : le chef long s'attache en-dessous de la cavité et du labrum glénoïdal de la scapula. Le chef latéral naît de la partie latérale de la face postérieure de l'humérus, du col chirurgical jusqu'à l'extrémité latérale du sillon du nerf radial.
Le chef médial origine la face postérieure du corps de l'humérus, en-dessous du sillon du nerf radial jusqu'à l'épicondyle latéral.

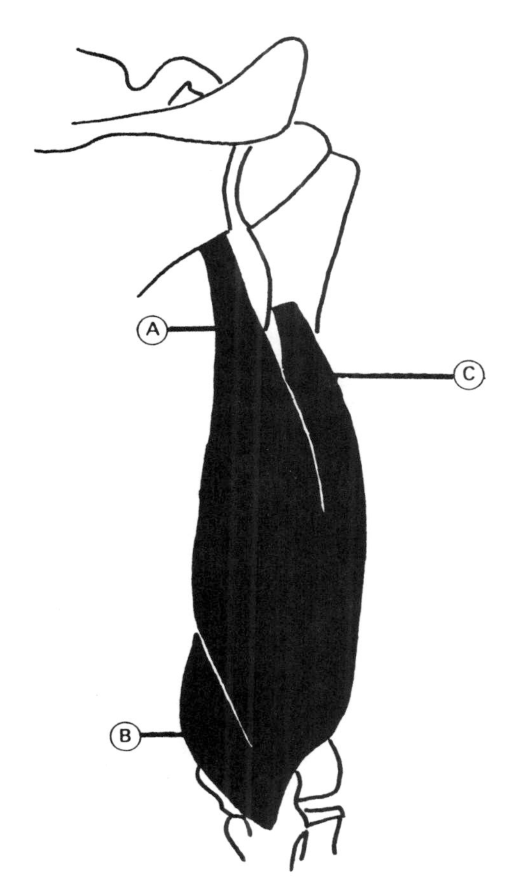

Figure 7.12 Face postérieure des chefs du muscle triceps brachial.
A. Long B. Médial C. Latéral.

b) Terminaison : olécrâne.
c) Action : il est extenseur de l'avant-bras sur le bras.
d) Innervation : nerf radial.

ANCONÉ (anconeus)

C'est un muscle triangulaire de la face postérieure du coude (Figure 7.13).

a) Origine : face postérieure de l'épicondyle latéral de l'humérus.
b) Terminaison : face latérale et postérieure de l'olécrâne et sur le quart supérieur du bord postérieur de l'ulna.

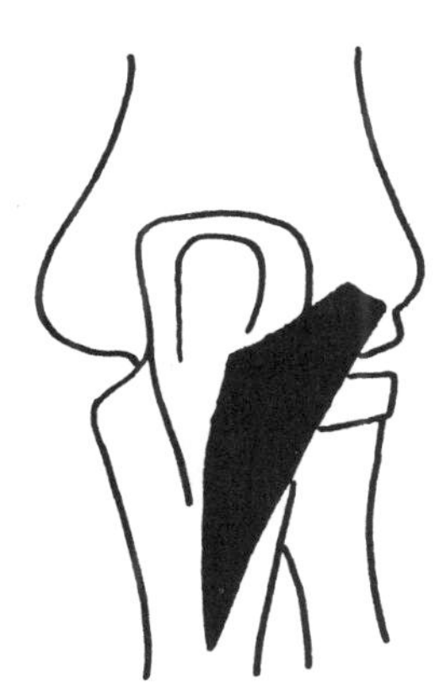

Figure 7.13 Face postérieure du muscle anconé.

c) Action : aide à l'extension de l'avant-bras sur le bras et à la pronation de l'avant-bras, lorsque l'humérus est fixe.
d) Innervation : un rameau du nerf radial.

Le tableau 7.1 nous résume les mouvements et les muscles des articulations du coude et de l'avant-bras. Les figures 7.14, 7.15 et 7.16 illustrent l'ensemble des muscles agissant au coude et à l'avant-bras.

TABLEAU 7.1
MUSCLES ET MOUVEMENTS AU COUDE ET DE L'AVANT-BRAS

MUSCLES \ *MOUVEMENTS*	*FLEXION*	*EXTENSION*	*PRONATION*	*SUPINATION*
Biceps brachial (biceps brachialis)	P			A
Brachial (brachialis)	P			
Brachioradial (brachioradialis)	P			
Rond pronateur (pronator teres)	A		A	
Carré pronateur (pronator quadratus)			P	
Triceps brachial (triceps brachialis)		P		
Anconé (anconeus)		A		
Supinateur (supinator)				P

P : muscle principal   A : muscle auxiliaire

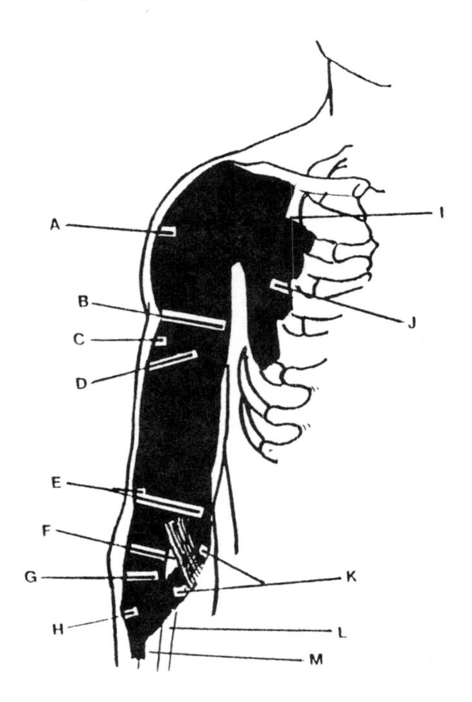

Figure 7.14 Muscles superficiels du bras antérieur.
A. Deltoïde B. Coracobrachial C. Biceps brachial (chef long) D. Biceps brachial (chef court) E. Brachial F. Tendon du biceps brachial G. Supinateur H. Brachioradial I. Scapula J. Petit pectoral K. Rond pronateur L. Ulna M. Radius.

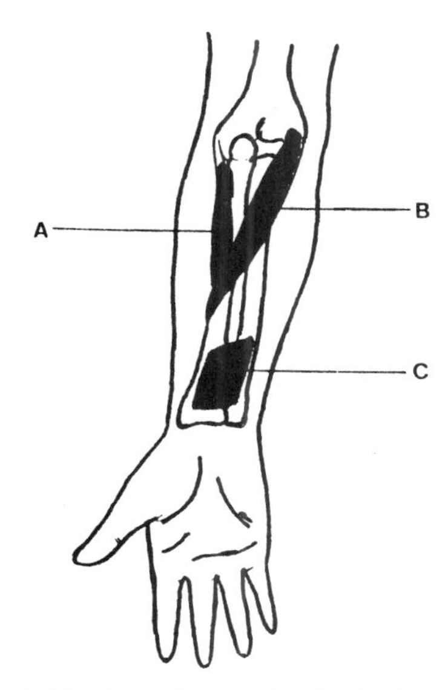

Figure 7.15 Muscles profonds de l'avant-bras antérieur.
A. Supinateur B. Rond pronateur C. Carré pronateur.

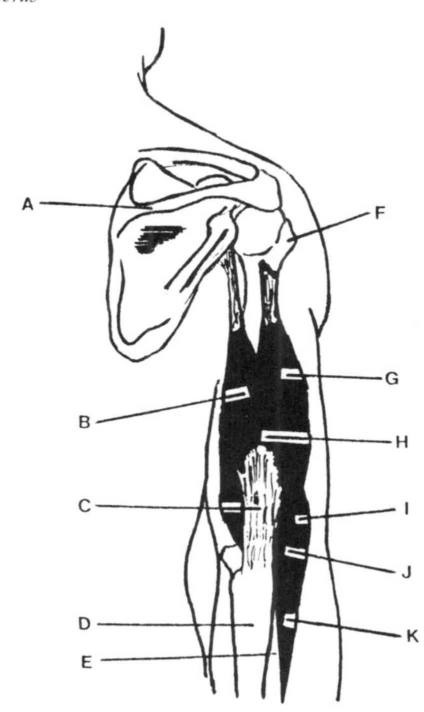

Figure 7.16 Muscles superficiels du bras postérieur.
A. Os scapula B. Triceps brachial (chef long) C. Tendon du triceps brachial D. Os ulna E. Os radius F. Os humérus G. Triceps brachial (chef latéral) H. Triceps brachial (chef médial) I. Brachioradial J. Long extenseur radial du carpe K. Court extenseur radial du carpe.

SACHEZ QUE...

1. Pour ouvrir une serrure avec une clef, on doit amener la main en supination. Le jeu de l'épaule ne peut pas suppléer à la main ou aider à l'exécution du mouvement.
2. Pour visser avec précision on utilise seulement les mouvements de l'avant-bras. Pour visser en force on aide le mouvement de supination en bloquant l'avant-bras en position zéro, en écartant le coude, puis en ramenant le bras en adduction.
3. Lorsque les paumes sont dirigées vers le haut (supination), les fléchisseurs de l'articulation au coude peuvent soulever environ 65 % plus de poids qu'avec les paumes tournées vers le bas (pronation).
4. La corde oblique est une bandelette fibreuse oblique unissant les deux os de l'avant-bras. Elle a déjà porté le nom de corde oblique de Weitbrecht.
5. La membrane interosseuse antébrachiale est une membrane fibreuse qui comble l'espace interosseux séparant l'ulna et le radius et qui se fixe sur leurs bords interosseux.
6. Si le radius était rectiligne, le mouvement de pronation serait très vite freiné. Le radius croisant l'ulna par en avant, le contact des deux os serait presque immédiat et la pronation se limiterait d'autant plus vite que l'espace interosseux est matelassé par des muscles assez épais.
7. Le freinage de la supination est aidé par le ligament carré (frein faible) et par le disque articulaire (ligament triangulaire) de l'articulation radio-ulnaire distale (frein fort).

8. La réduction de longueur d'un des deux os de l'avant-bras (après fracture) peut limiter ou bloquer la pronation-supination.

9. Le « valgus ulnaire » est une légère exagération de l'abduction normale de l'avant-bras. Elle se rencontre davantage chez la femme.

VIII

Le poignet et la main

OS DU POIGNET ET DE LA MAIN

Les os du poignet et de la main sont au nombre de vingt-sept. Le poignet est une articulation qui réunit l'avant-bras à la main. Le squelette du poignet, le carpe, est formé de huit os. La main est formée du métacarpe (cinq os) et des phalanges (quatorze os).

CARPE

Le carpe est l'ensemble des os du poignet qui unissent le squelette de l'avant-bras au métacarpe (Figure 8.1). Ses os sont groupés en une rangée proximale de quatre os (scaphoïde, lunatum, triquetrum et pisiforme) et une rangée distale de quatre os (trapèze, trapézoïde, capitatum et hamatum). Il forme une gouttière antérieure dans laquelle glissent les tendons des muscles fléchisseurs des doigts.

a) Os de la première rangée du carpe en partant du pouce vers le petit doigt :
   1° Scaphoïde : os latéral (du côté du pouce) de la rangée proximale du carpe. Cet os allongé présente sur sa face antérieure le tubercule du scaphoïde.

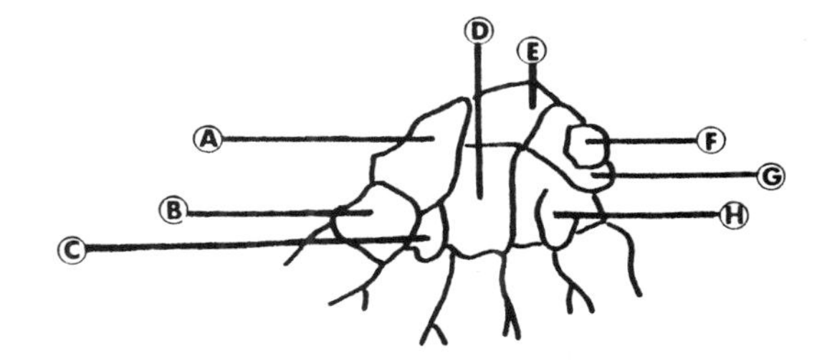

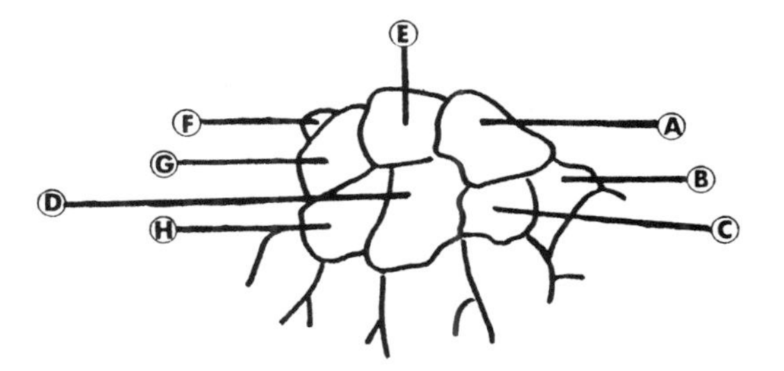

Figure 8.1 Faces palmaire (en haut) et dorsale (en bas) du carpe.

A. Scaphoïde B. Trapèze C. Trapézoïde D. Capitatum E. Lunatum F. Pisiforme G. Triquetrum H. Hamatum.

   2° Lunatum (os lunaire) : os de la rangée proximale du carpe situé entre le scaphoïde et le triquetrum. Il a la forme d'un croissant dont la concavité inférieure coiffe la tête du capitatum.

3° Triquetrum (os pyramidal) : os médial de la rangée proximale du carpe. En forme de pyramide à sommet inféromédial, il présente sur sa face antérieure une surface articulaire avec l'os pisiforme et sur sa face postérieure une crête transversale.

4° Pisiforme : plus petit des os du carpe. Il est situé en avant du triquetrum, avec lequel il s'articule.

b) Os de la deuxième rangée du carpe en partant du pouce vers le petit doigt :

1° Trapèze (grand multiangulaire) : latéral de la rangée distale du carpe. Sa face antérieure présente une crête saillante. Il s'articule en haut avec le scaphoïde, en bas avec le métacarpien I (côté du pouce), en dedans avec le trapézoïde et le métacarpien II.

2° Trapézoïde (petit multiangulaire) : de la rangée distale du carpe, s'articulant avec le trapèze en-dehors, le scaphoïde en haut, le métacarpien II en bas et le capitatum en dedans.

3° Capitatum (grand os) : le plus volumineux du carpe. Central et allongé verticalement, il présente une tête qui s'articule avec le scaphoïde et le lunatum, un col, un corps qui répond au trapézoïde en dehors, à l'hamatum en dedans et aux 2e, 3e et 4e métacarpiens.

4° Hamatum (os crochu, os unciforme) : médial de la rangée distale du carpe. C'est une pyramide quadrangulaire qui présente sur sa face antérieure une saillie volumineuse en forme de crochet, le hamulus du hamatum (crochet du hamatum).

MÉTACARPE

Le métacarpe est l'ensemble des os de la paume de la main réunissant le poignet aux premières phalanges (Figure 8.2). Il est formé de cinq os métacarpiens. Les métacarpiens sont numérotés de I à V dans le sens latéro-médial (du pouce vers le petit doigt). Ce sont des os allongés, constitués d'un corps prismatique triangulaire et de deux extrémités articulaires, une proximale (la base) et une distale sphéroïde (la tête).

a) Métacarpien I : le plus latéral et le plus court des métacarpiens. Sa base présente une surface articulaire en forme de selle.

b) Métacarpien II : le plus long des métacarpiens. Sa base large et bituberculaire s'articule avec le trapèze, le trapézoïde, le capitatum et le métacarpien III.

c) Métacarpien III : le métacarpien médian. Sa base présente une saillie qui la prolonge en haut et latéralement, le processus styloïde. Cette base s'articule avec le capitatum et les métacarpiens adjacents.

d) Métacarpien IV : le plus grêle de tous les métacarpiens. Sa base s'articule avec le capitatum, le hamatum et les métacarpiens adjacents.

e) Métacarpien V : le plus médial des métacarpiens. Sa base s'articule avec l'hamatum et le métacarpien IV.

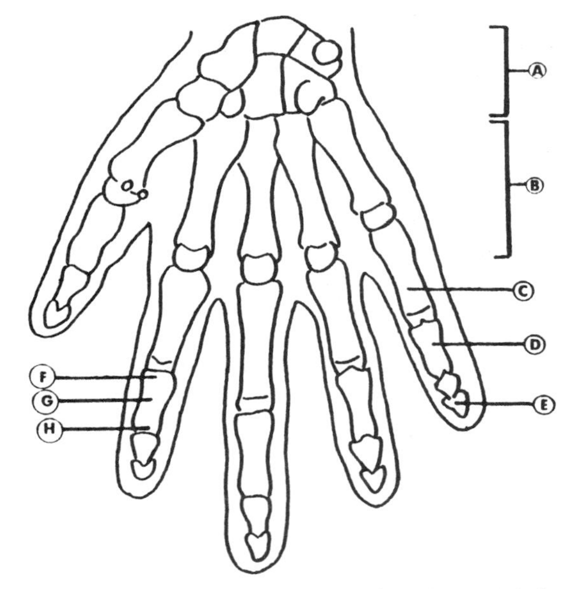

Figure 8.2 Face palmaire des os du poignet et de la main.

A. Carpe B. Métacarpe C. Phalange proximale D. Phalange moyenne E. Phalange distale F. Base G. Corps H. Tête.

PHALANGES

La phalange est chacune des pièces osseuses articulées formant le squelette des doigts (Figure 8.2). Elles sont au nombre de trois par doigt, à l'exception du pouce qui en compte deux. Ce sont des os allongés qui présentent un corps, une extrémité proximale excavée ou base et une extrémité distale convexe ou tête.

a) Phalange proximale : chacune des phalanges les plus rapprochées du métacarpe.
b) Phalange intermédiaire (moyenne) : phalange intermédiaire à la phalange proximale et à la phalange distale (étant donné les divergences d'opinions, nous assumons que cette phalange n'existe pas au niveau du pouce).
c) Phalange distale : dernière phalange des doigts et du pouce (c'est celle qui est protégée par l'ongle).

Les doigts de la main sont des appendices libres et indépendants formant l'extrémité distale d'une main (Figure 8.2). Au nombre de cinq, ils sont numérotés dans le sens latéromédial. Chaque doigt présente quatre faces : dorsale, palmaire, latérale (radiale) et médiale (ulnaire).

a) Pouce (doigt I, pollux) : premier doigt de la main. Sa mobilité et son indépendance par rapport aux autres doigts permettent à la main une préhension efficace.
b) Index (doigt II) : deuxième doigt, situé entre le pouce et le médius.
c) Médius (doigt III) : troisième doigt, situé entre l'index et l'annulaire. Il est très peu mobile latéralement et sert d'axe de référence pour les mouvements de latéralité.
d) Annulaire (doigt IV) : quatrième doigt, situé entre le médius et le petit doigt.
e) Petit doigt (doigt V) : cinquième doigt, situé dans le prolongement du bord médial de la main.

ARTICULATIONS AU POIGNET ET DE LA MAIN

Ces articulations unissent les os du carpe et de la main. Elles comprennent les articulations suivantes :

a) Au niveau du poignet :
   1° Radiocarpienne;
   2° Intercarpiennes;
   3° Médiocarpienne.
b) Au niveau de la main :
   1° Carpométacarpiennes;
   2° Intermétacarpiennes;
   3° Métacarpophalangiennes;
   4° Interphalangiennes de la main.

ARTICULATION RADIOCARPIENNE

L'articulation radiocarpienne est une articulation réunissant les os de l'avant-bras à ceux du carpe (Figure 8.3). Synoviale, elle est du type ellipsoïde (condylienne).

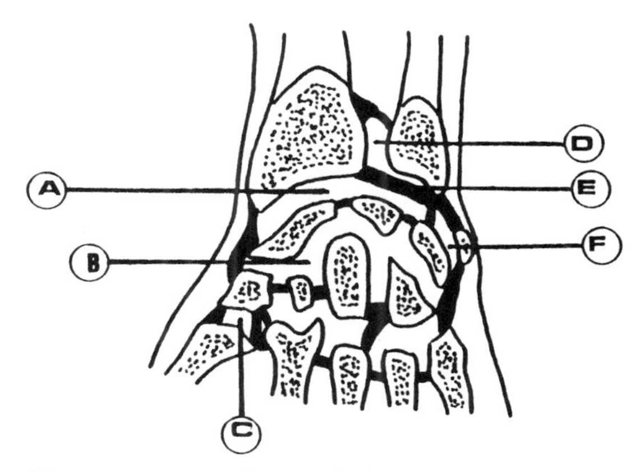

Figure 8.3 Articulations de la main (coupe longitudinale).

A. Articulation radiocarpienne B. Articulation médiocarpienne C. Articulation carpométacarpienne du pouce D. Articulation radio-ulnaire distale E. Disque articulaire F. Articulation de l'os pisiforme.

a) Surfaces articulaires : la surface articulaire carpienne du radius, le disque articulaire de l'articulation radio-ulnaire distale et les surfaces articulaires radiales du scaphoïde, du lunatum et du triquetrum.

b) Capsule articulaire : la membrane fibreuse est plus épaisse en avant et s'insère sur le pourtour des surfaces articulaires sur les bords du disque articulaire. La cavité synoviale communique souvent (40 %) avec celle de l'articulation radio-ulnaire distale et très souvent (60 %) avec celle de l'articulation de l'os pisiforme.

c) Ligaments : ils sont au nombre de cinq : le ligament radiocarpien palmaire (résistant), le ligament ulnocarpien palmaire, le ligament radiocarpien dorsal, le ligament collatéral ulnaire du carpe et le ligament collatéral radial du carpe (Figure 8.4).

d) Anatomie fonctionnelle : l'articulation est solidaire dans sa fonction avec celle de l'articulation médiocarpienne. Il y a des mouvements de flexion, d'extension, d'abduction et d'adduction.

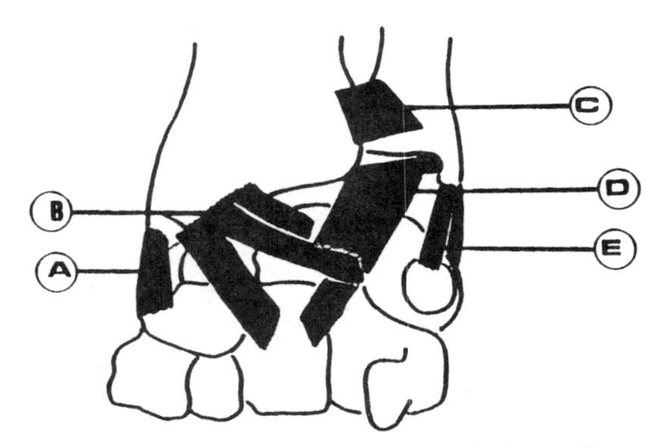

Figure 8.4 Face palmaire de l'articulation radiocarpienne.

A. Ligament collatéral radial du carpe B. Ligament radiocarpien palmaire C. Ligament radio-ulnaire antérieur D. Ligament ulnocarpien palmaire E. Ligament collatéral ulnaire du carpe.

ARTICULATIONS INTERCARPIENNES

Les articulations intercarpiennes sont des articulations unissant les os adjacents du carpe (Figure 8.3). Synoviales planes (arthrodies), les cavités communiquent entre elles et avec celles des articulations carpométacarpiennes. Elles sont solidarisées par les ligaments intercarpiens dorsaux, palmaires et interosseux.

Il est à noter que l'articulation du poignet, unissant le pisiforme au triquetrum, est une articulation ellipsoïde (condylienne). La cavité synoviale communique dans plus de la moitié des cas avec celle de l'articulation radiocarpienne.

ARTICULATION MÉDIOCARPIENNE

L'articulation médiocarpienne est une articulation unissant les rangées proximale et distale des os du carpe (Figure 8.3). Synoviale, elle est du type bicondylaire.

a) Surfaces articulaires : elles sont encroûtées d'un cartilage épais de un mm environ. La rangée proximale présente deux surfaces. Une surface concave qui est constituée par les faces inférieures du triquetrum et du lunatum et par les faces médiale et inférieure du scaphoïde. Une surface convexe qui est constituée par la face inférieure du scaphoïde. La rangée distale offre une surface inversement conformée. Un condyle est formé par le capitatum et le hamatum et une cavité est formée par le trapèze et le trapézoïde.

b) Capsule articulaire : la membrane fibreuse est mince et se fixe sur le rebord des surfaces cartilagineuses. La cavité synoviale présente de nombreux culs-de-sac et communique avec les cavités synoviales des articulations des os de chaque rangée et avec l'articulation carpométacarpienne.

c) Ligaments : ils comprennent les ligaments intercarpiens dorsaux, en particulier le ligament médiocarpien dorsal (longue bandelette fibreuse), le ligament radié du carpe sur la face antérieure et les ligaments médiocarpiens latéral et médial.

d) Anatomie fonctionnelle : les mouvements sont solidaires avec ceux de l'articulation radiocarpienne. Ils comprennent la flexion, l'extension, l'abduction et l'adduction.

ARTICULATIONS CARPOMÉTACARPIENNES

Ce sont des articulations de la main qui unissent la rangée distale du carpe à la base des métacarpiens (Figure 8.3). Elles comprennent deux articulations distinctes :

a) *Articulation carpométacarpienne du pouce* : articulation de la main unissant la base du métacarpien I au trapèze. C'est une articulation en selle (emboîtement réciproque). Les membranes synoviale et fibreuse sont très lâches. Les ligaments sont au nombre de trois : latéral, palmaire et dorsal. Les mouvements sont la flexion, l'extension, l'abduction et l'adduction.

b) *Articulation carpométacarpienne des quatre derniers métacarpiens* : série d'articulations planes (arthrodies) d'orientations différentes. La capsule articulaire est mince. Les ligaments sont les ligaments carpométacarpiens dorsaux, palmaires et interosseux.

ARTICULATIONS INTERMÉTACARPIENNES

Ce sont des articulations de la main qui unissent entre eux les métacarpiens II à V à leur base. Ce sont trois articulations planes dont les cavités synoviales sont des prolongements de celle de l'articulation carpométacarpienne. Les membranes fibreuses des capsules sont renforcées par des ligaments métacarpiens interosseux, palmaires et dorsaux. Elles sont le siège des mouvements de glissement.

ARTICULATIONS MÉTACARPOPHALANGIENNES

Ce sont des articulations unissant les métacarpiens aux phalanges proximales (Figure 8.5). Synoviales, elles sont du type sphéroïde (enarthrose).

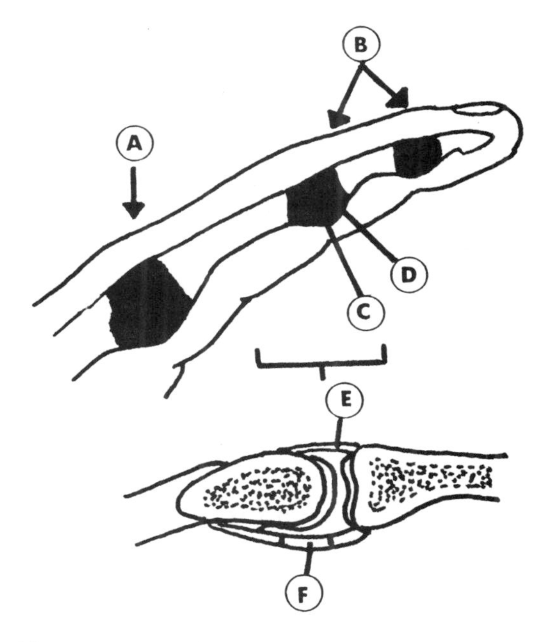

Figure 8.5 Face latérale (en haut) et coupe longitudinale (en bas) des articulations de la main.
A. Articulation métacarpophalangienne B. Articulations interphalangiennes C. Ligament palmaire D. Ligament collatéral E. Capsule articulaire F. Fibrocartilage palmaire.

a) Surfaces articulaires : la tête convexe des métacarpiens, la cavité glénoïdale de la base des phalanges et un fibrocartilage qui prolonge le bord palmaire de la cavité glénoïdale.

b) Capsule articulaire : elle est mince et lâche.

c) Ligaments : les ligaments collatéraux, les ligaments palmaires et le ligament métacarpien transverse profond.

d) Anatomie fonctionnelle : les mouvements de flexion, d'extension, d'abduction, d'adduction et des mouvements passifs de rotation.

ARTICULATIONS INTERPHALANGIENNES

Ce sont des articulations unissant les phalanges de la main entre elles (Figure 8.5). Ginglymes (trochléennes), elles mettent en présence la base et la tête de deux phalanges successives. Elles présentent un fibrocartilage palmaire. Les capsules articulaires, lâches, sont renforcées par des ligaments collatéraux et palmaires. Les mouvements sont la flexion et l'extension.

MOUVEMENTS DU POIGNET ET DE LA MAIN

POIGNET

La main peut exécuter, par rapport à l'avant-bras, les mouvements suivants :

a) Flexion d'environ 80° : radiocarpienne (50°) et médiocarpienne (30°).

b) Extension d'environ 70° : médiocarpienne (50°) et radiocarpienne (20°).

c) Adduction d'environ 45° : inclinaison latérale de la main du côté de l'ulna.

d) Abduction d'environ 20° : inclinaison latérale de la main du côté du radius.

e) Circumduction.

ARTICULATION MÉTACARPOPHALANGIENNE

Nous verrons quelle est, selon Castaing (1979), l'amplitude des mouvements des articulations métacarpophalangiennes :

a) Flexion : son amplitude moyenne est de 90° (Figure 8.6). Cette amplitude s'accroît de 10° de l'index à l'auriculaire. Il importe de réaliser que le bord latéral de la main demeure plus ouvert que son bord médial. La flexion, active ou passive, démontre la même amplitude.

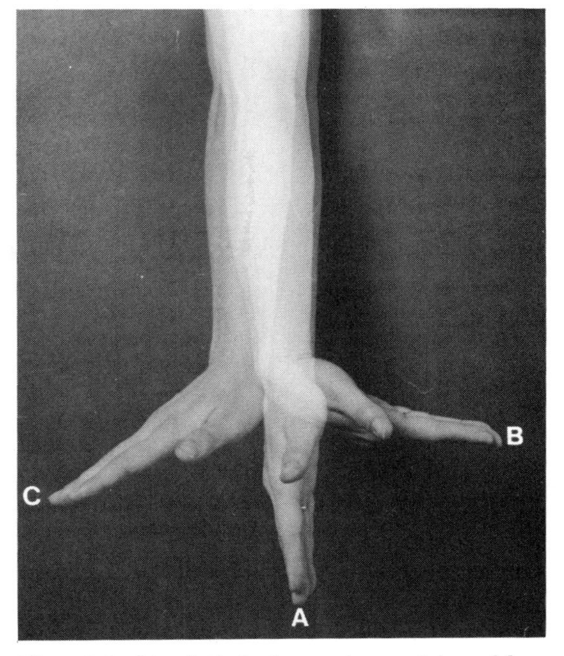

Photo 8.1 Vue latérale du membre supérieur. Mouvements de la main.

A. Position anatomique B. Flexion de la main C. Extension de la main.

b) Extension : son amplitude varie grandement, selon qu'elle est active (30°) ou passive (70°) (Figure 8.6).

c) Abduction et adduction : l'abduction est le mouvement qui éloigne les doigts du doigt central (III ou majeur); l'adduction les rapproche ou croise le doigt de référence (Figure 8.6). Ces mouvements ne sont pas isolés, ils sont toujours combinés à des mouvements de rotation médiale ou latérale. L'abduction s'associe à la pronation ou à la rotation médiale, alors que l'adduction est liée à la supination ou à la rotation latérale. L'amplitude extrême d'abduction-adduction est de 40° pour l'index et de 30° pour le petit doigt.

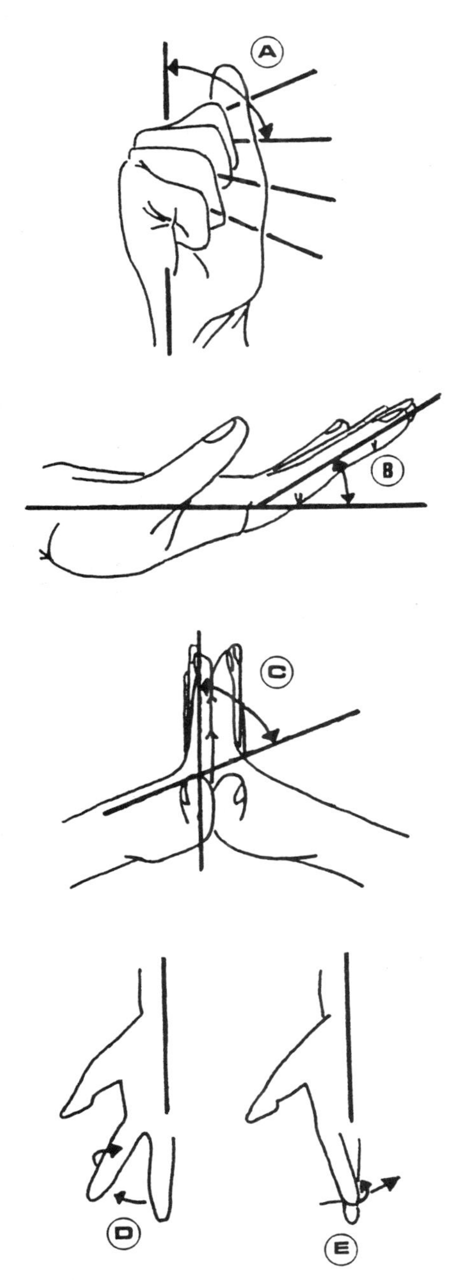

Figure 8.6 Mouvements de l'articulation métacarpophalangienne.

A. Flexion B. Extension active C. Extension passive D. Abduction E. Adduction.

ARTICULATION INTERPHALANGIENNE

L'amplitude des mouvements au niveau de l'articulation interphalangienne proximale est de (Figure 8.7) :

— 100° pour les flexions active et passive

— 0° pour les extensions active et passive.

Au niveau de l'articulation interphalangienne distale (Figure 8.7), elle est de :

— 70° pour les flexions active et passive

— 5° pour l'extension active

— 20° à 40° pour l'extension passive.

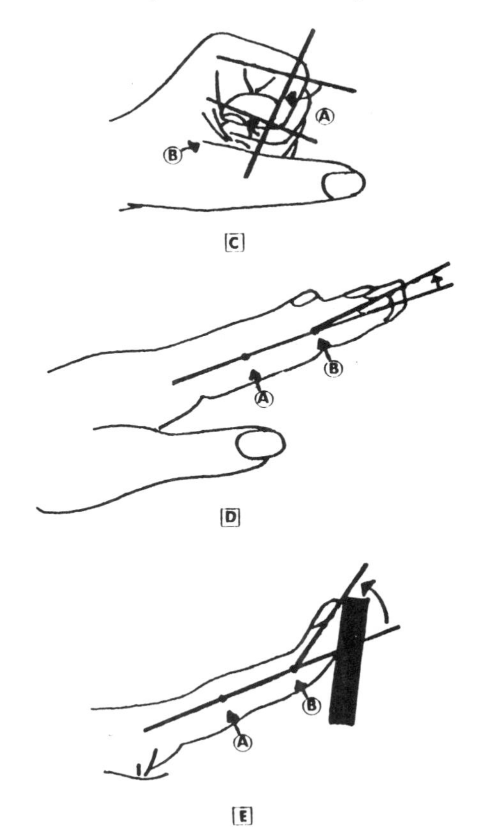

Figure 8.7 Mouvements des articulations interphalangiennes.

A. Proximale B. Distale C. Flexions active et passive D. Extension active E. Extension passive.

POUCE

Les mouvements de flexion-extension se feront dans un plan à peu près parallèle à la paume et porteront le pouce respectivement vers le côté ulnaire et vers le côté radial de la main (Figure 8.8). Les mouvements d'adduction-abduction se feront dans un plan à peu près perpendiculaire à celui de la paume et porteront le pouce vers l'index dans l'adduction et vers l'avant dans l'abduction (Figure 8.8). Le mouvement le plus important du pouce est le mouvement d'opposition. Il a pour effet de porter la pulpe du pouce vis-à-vis de celle des quatre derniers doigts.

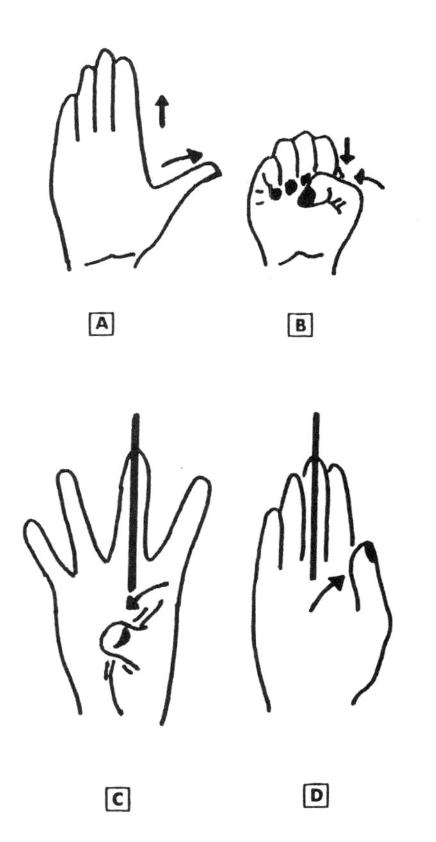

Figure 8.8 Mouvements de l'articulation carpométacarpienne du pouce.
A. Extension B. Flexion C. Abduction D. Adduction.

MUSCLES AGISSANT AU NIVEAU DU POIGNET

Six muscles principaux agissent sur le poignet.

FLÉCHISSEUR RADIAL DU CARPE
(flexor carpi radialis)

C'est un muscle fusiforme et allongé (Figure 8.9), du plan superficiel de la face antérieure de l'avant-bras.

a) Origine : face antérieure de l'épicondyle médial de l'humérus.
b) Terminaison : face palmaire de la base du métacarpien II.
c) Action : fléchisseur et abducteur de la main au niveau du poignet.

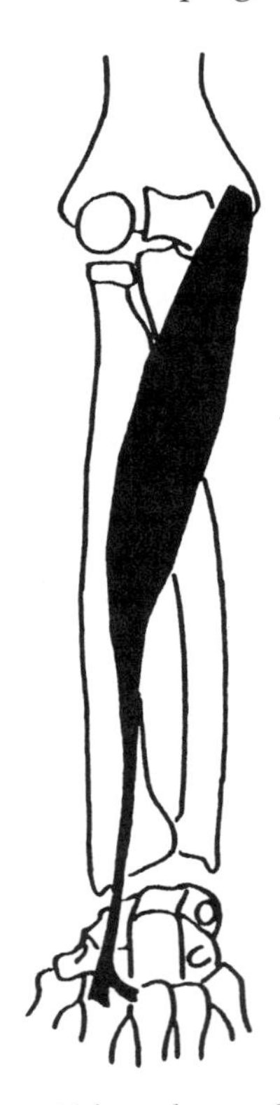

Figure 8.9 Face antérieure du muscle fléchisseur radial du carpe.

d) Innervation : des rameaux du nerf médian.

FLÉCHISSEUR ULNAIRE DU CARPE (flexor carpi ulnaris)

C'est un muscle de la région médiale de l'avant-bras (Figure 8.10). C'est un muscle allongé.

a) Origine : deux chefs. Le chef huméral naît du sommet de l'épicondyle médial de l'humérus. Le chef ulnaire naît sur l'olécrâne et sur les deux tiers supérieurs du bord postérieur de l'ulna. Son tendon passe médialement au tendon du long palmaire.

b) Terminaison : os pisiforme et ses ligaments.

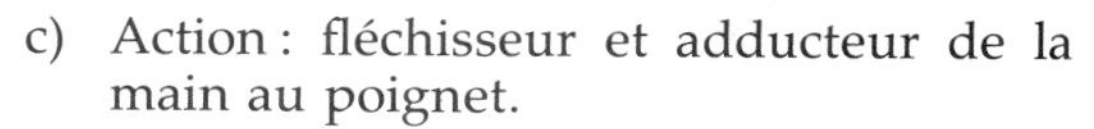

c) Action : fléchisseur et adducteur de la main au poignet.

d) Innervation : nerf ulnaire.

LONG PALMAIRE (palmaris longus)

C'est un muscle fusiforme et grêle (Figure 8.11). Muscle inconstant (13 % des cas) du plan superficiel de la région antérieure de l'avant-bras, son tendon passe en plein centre du poignet.

a) Origine : face antérieure de l'épicondyle médial de l'humérus.

b) Terminaison : aponévrose palmaire.

c) Action : aide à fléchir la main. De plus, il tend l'aponévrose palmaire.

d) Innervation : un rameau du nerf médian.

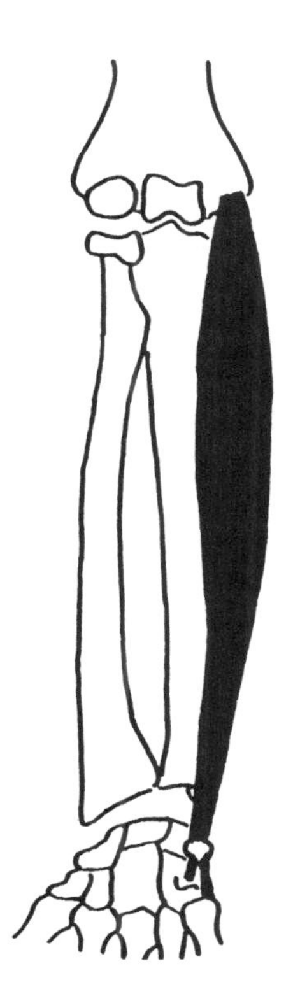

Figure 8.10 Face antérieure du muscle fléchisseur ulnaire du carpe.

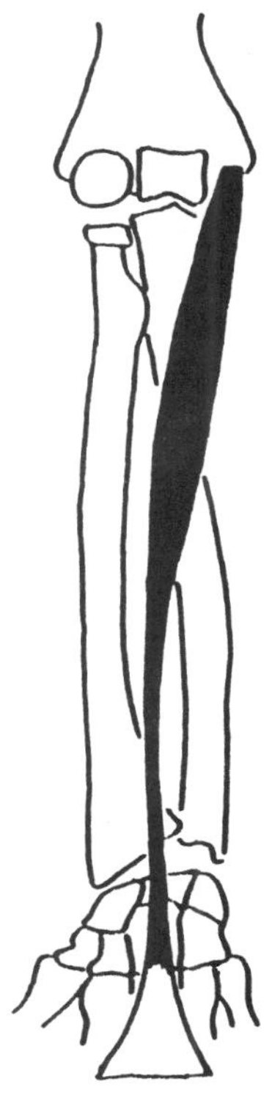

Figure 8.11 Face antérieure du muscle long palmaire.

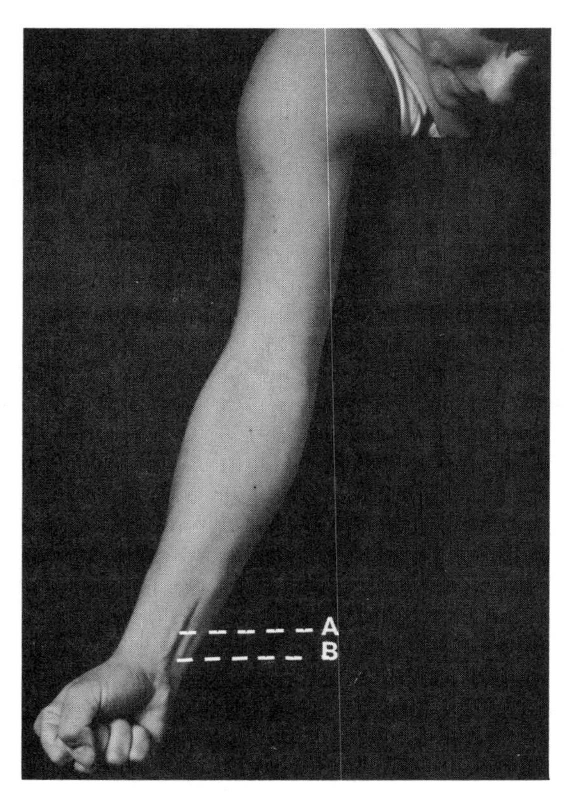

Photo 8.2 Tendons du poignet.
A. Tendon du long palmaire B. Tendon du fléchisseur ulnaire du carpe.

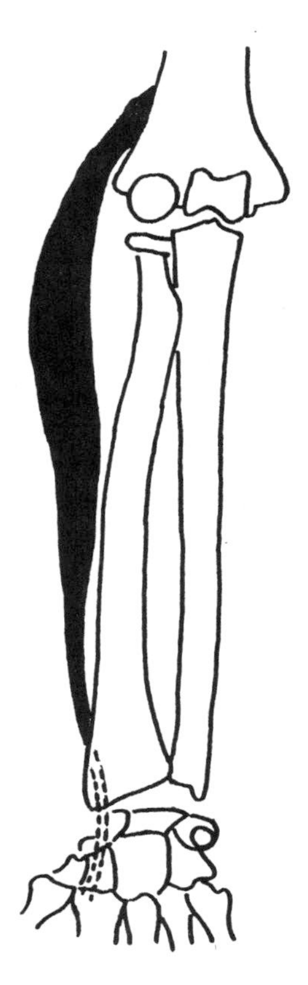

Figure 8.12 Face antérieure du muscle long extenseur radial du carpe.

LONG EXTENSEUR RADIAL DU CARPE
(extensor carpi radialis longus)

C'est un muscle allongé (Figure 8.12) de la région latérale de l'avant-bras.

a) Origine : bord latéral de l'humérus sur l'épicondyle latéral.
b) Terminaison : face dorsale de la base du métacarpien II.
c) Action : extenseur et abducteur de la main.
d) Innervation : nerf radial.

COURT EXTENSEUR RADIAL DU CARPE
(extensor carpi radialis brevis)

C'est un muscle allongé (Figure 8.13) de la région latérale de l'avant-bras.

a) Origine : face antérieure de l'épicondyle latéral de l'humérus.
b) Terminaison : face dorsale de la base du métacarpien III.
c) Action : extenseur et abducteur de la main.
d) Innervation : nerf radial.

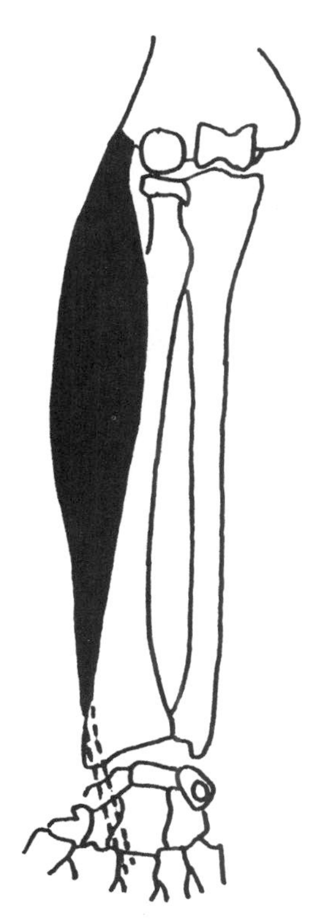

Figure 8.13 Face antérieure du muscle court extenseur radial du carpe.

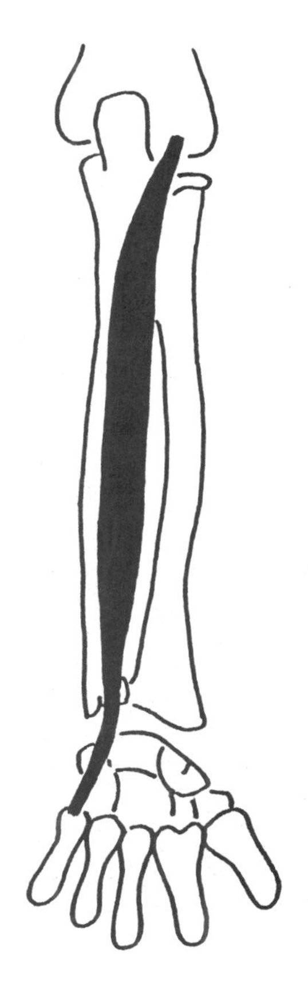

Figure 8.14 Face postérieure du muscle extenseur ulnaire du carpe.

EXTENSEUR ULNAIRE DU CARPE
(extensor carpi ulnaris)

C'est un muscle allongé (Figure 8.14), superficiel de la région postérieure de l'avant-bras.

a) Origine : face postéro-inférieure de l'épicondyle latéral de l'humérus.
b) Terminaison : face dorsale de la base du métacarpien V.
c) Action : extenseur et adducteur de la main.
d) Innervation : branche profonde du nerf radial.

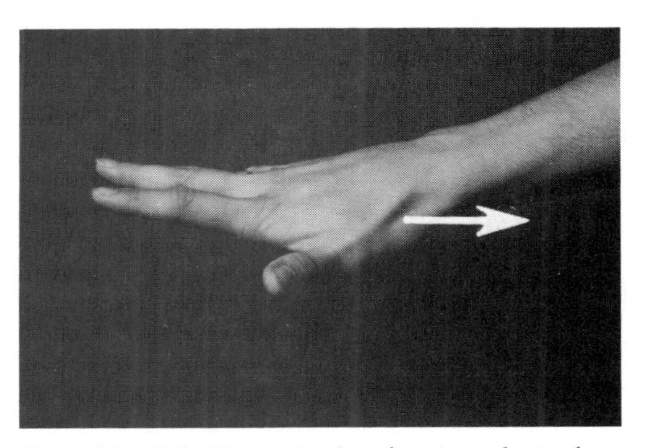

Photo 8.3 Tabatière anatomique formée par les tendons du long et du court extenseur du pouce.

TABLEAU 8.1
MUSCLES ET MOUVEMENTS AU POIGNET

MUSCLES / *MOUVEMENTS DE LA MAIN*	*FLEXION*	*EXTENSION*	*ABDUCTION*	*ADDUCTION*
Fléchisseur radial du carpe (flexor carpi radialis)	P		P	
Fléchisseur ulnaire du carpe (flexor carpi ulnaris)	P			P
Long palmaire (palmaris longus)	A			
Long extenseur radial du carpe (extensor carpi radialis longus)		P	P	
Court extenseur radial du carpe (extensor carpi radialis brevis)		P	P	
Extenseur ulnaire du carpe (extensor carpi ulnaris)		P		P

P : muscle principal A : muscle auxiliaire

Le tableau 8.1 fournit un résumé des mouvements et des muscles agissant au niveau du poignet.

MUSCLES AGISSANT SUR LES DOIGTS

Les principaux muscles extrinsèques (muscles situés dans l'avant-bras) agissant sur les doigts sont au nombre de cinq. Ils ont de longs tendons qui atteignent les phalanges, permettant ainsi le mouvement des doigts.

FLÉCHISSEUR PROFOND DES DOIGTS
(flexor digitorum profundus)

C'est un muscle épais, large (Figure 8.15) et profond de la région antérieure de l'avant-bras.

a) Origine : les deux tiers supérieurs des faces antérieure et médiale de l'ulna.

b) Terminaison : par quatre tendons sur la face palmaire de la base de la phalange distale des doigts II à V.

c) Action : fléchisseur des phalanges distale et moyenne. Il aide aussi à la flexion de la phalange proximale.

d) Innervation : nerf médian et ulnaire.

Figure 8.15 Face antérieure du muscle fléchisseur profond des doigts.

FLÉCHISSEUR SUPERFICIEL DES DOIGTS
(flexor digitorum superficialis)

C'est un muscle aplati, large (Figure 8.16) et superficiel de la région antérieure de l'avant-bras.

a) Origine : le chef huméro-ulnaire naît de l'épicondyle médial de l'humérus et du processus coronoïde de l'ulna. Le chef radial naît de la moitié supérieure du bord antérieur du radius.

b) Terminaison : par quatre tendons sur la face palmaire de la phalange moyenne des doigts (sauf le pouce).

c) Action : fléchisseur des phalanges proximale et moyenne.

d) Innervation : nerf médian.

Figure 8.16 Face antérieure du muscle fléchisseur superficiel des doigts.

EXTENSEUR COMMUN DES DOIGTS
(extensor digitorum communis)

C'est un muscle aplati, volumineux et superficiel de la région postérieure de l'avant-bras (Figure 8.17).

a) Origine : faces postérieure et inférieure de l'épicondyle latéral de l'humérus.

b) Terminaison : par quatre tendons sur la base de la face dorsale de la phalange distale des quatre doigts (sauf le pouce).
c) Action : extenseur de toutes les phalanges.
d) Innervation : le rameau profond du nerf radial.

Figure 8.17 Face postérieure du muscle extenseur commun des doigts.

EXTENSEUR DE L'INDEX
(extensor indicis)

C'est un muscle grêle, fusiforme et profond de la région postérieure de l'avant-bras (Figure 8.18).

a) Origine : le tiers inférieur de la face postérieure de l'ulna.
b) Terminaison : fusion avec le tendon de l'extenseur commun des doigts destiné à l'index, au niveau de l'articulation métacarpophalangienne de l'index.
c) Action : extenseur de l'index. Il aide à l'adduction de sa phalange proximale.
d) Innervation : branche profonde du nerf radial.

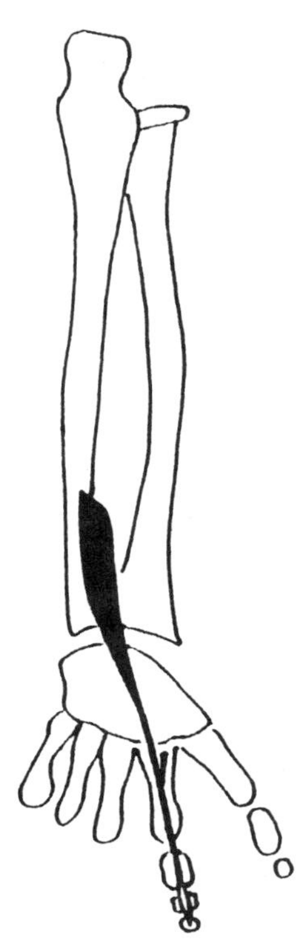

Figure 8.18 Face postérieure du muscle extenseur de l'index.

EXTENSEUR DU PETIT DOIGT
(extensor digiti minimi)

C'est un muscle grêle, fusiforme (Figure 8.19) et superficiel de la région postérieure de l'avant-bras.

a) Origine : épicondyle latéral de l'humérus.

b) Terminaison : dans le voisinage du métacarpien, il s'unit au tendon de l'extenseur commun destiné au doigt V.
c) Action : extenseur du petit doigt.
d) Innervation : branche profonde du nerf radial.

Figure 8.19 Face postérieure du muscle extenseur du petit doigt.

Le tableau 8.2 fournit un résumé des mouvements et des muscles agissant sur les doigts.

MUSCLES INTRINSÈQUES

Les deux attaches de ces petits muscles, l'*origine* et la *terminaison*, se situent sur la main elle-même. Les muscles intrinsèques augmentent la précision et raffinent les mouvements des doigts. On les classe en trois groupes distincts :

a) Muscles intermédiaires (médiopalmaires) : agissent sur toutes les phalanges, sauf sur celles du pouce.
b) Éminence hypothénar : agissent sur le petit doigt sur le côté médian de la main.
c) Éminence thénar : agissent sur le pouce et sont situés à la base du pouce et sur le côté latéral de la main.

Il n'y a aucun muscle intrinsèque sur la face dorsale de la main.

MUSCLES INTERMÉDIAIRES

On compte douze muscles intermédiaires qui forment trois groupes importants : les lombricaux (quatre), les interosseux dorsaux (quatre) et les interosseux palmaires (quatre) (Tableau 8.3).

a) Muscles lombricaux : au nombre de quatre, sont de petits muscles de la main, annexés aux tendons du muscle fléchisseur profond des doigts (Figure 8.20). Ils sont fléchisseurs de la phalange proximale et extenseurs des phalanges moyenne et distale.

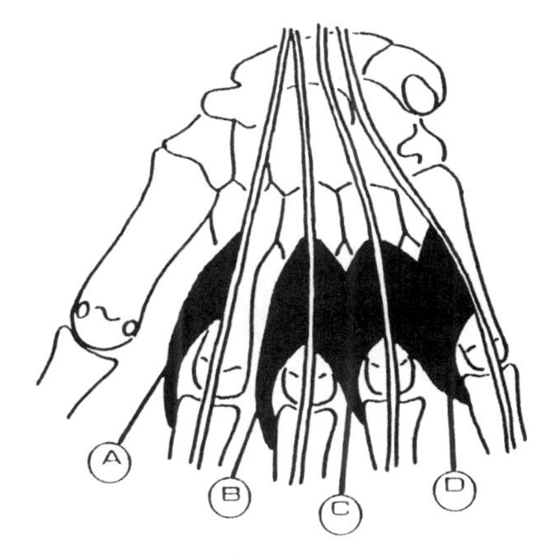

Figure 8.20 Face antérieure des muscles lombricaux. A. Premier B. Deuxième C. Troisième D. Quatrième lombrical.

TABLEAU 8.2
MUSCLES ET MOUVEMENTS DES DOIGTS

	Articulations métacarpophalangiennes				*Articulations interphalangiennes*			
					Proximale		*Distale*	
MUSCLES \ MOUVEMENTS DES DOIGTS	FLEXION	EXTENSION	ABDUCTION	ADDUCTION	FLEXION	EXTENSION	FLEXION	EXTENSION
Fléchisseur profond des doigts (flexor digitorum profondus)	A				P		P	
Fléchisseur superficiel des doigts (flexor digitorum superficialis)	P				P			
Extenseur commun des doigts (extensor digitorum communis)		P				P		P
Extenseur de l'index (extensor indicis)		P		A		P		P
Extenseur du petit doigt (extensor digiti minimi)		P				P		P

P : muscle principal A : muscle auxiliaire

TABLEAU 8.3
MUSCLES INTERMÉDIAIRES À LA MAIN

MUSCLE	*ORIGINE*	*TERMINAISON*	*ACTION*	*INNERVATION*
Lombricaux de la main (4)	Tendons du muscle fléchisseur profond des doigts	Tendon de l'extenseur commun des doigts	Fléchisseurs de la phalange proximale et extenseur des phalanges moyenne et distale	Nerf médian Nerf ulnaire
Interosseux dorsaux de la main (4)	Faces latérales des métacarpiens	Sur la base des phalanges proximales 2, 3 et 4	Abducteurs des doigts	Nerf ulnaire
Interosseux palmaires (4)	Faces médiales des métacarpiens	Sur le côté de la base de la phalange proximale et sur le tendon de l'extenseur commun des doigts	Adducteurs des doigts	Nerf ulnaire

b) Muscles interosseux dorsaux (de la main) : au nombre de quatre, ils sont de petits muscles bipennés situés dans les espaces intermétacarpiens (Figure 8.21). Abducteurs de la phalange proximale (ils écartent), ils participent à sa flexion ainsi qu'à l'extension des phalanges moyenne et distale.

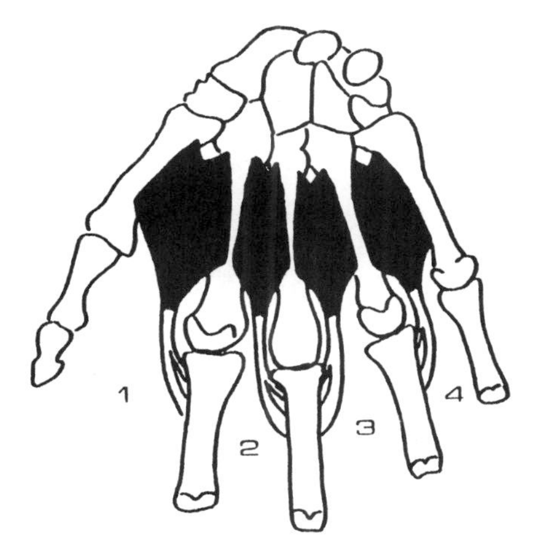

Figure 8.21 Face antérieure des muscles interosseux dorsaux de la main.

c) Muscles interosseux palmaires : au nombre de quatre, ils sont de petits muscles unipennés de la main occupant des espaces intermétacarpiens (Figure 8.22). Adducteurs de la phalange proximale (ils rapprochent), ils participent à sa flexion, ainsi qu'à l'extension des phalanges moyenne et distale.

ÉMINENCE HYPOTHÉNAR

C'est la masse musculaire placée du côté du petit doigt, à la partie proximale de la paume de la main.

L'éminence hypothénar est composée de trois muscles agissant sur le petit doigt : l'abducteur (abductor digiti minimi), le court fléchisseur (flexor digiti minimi) et l'opposant (opponens digiti minimi) (Tableau 8.4).

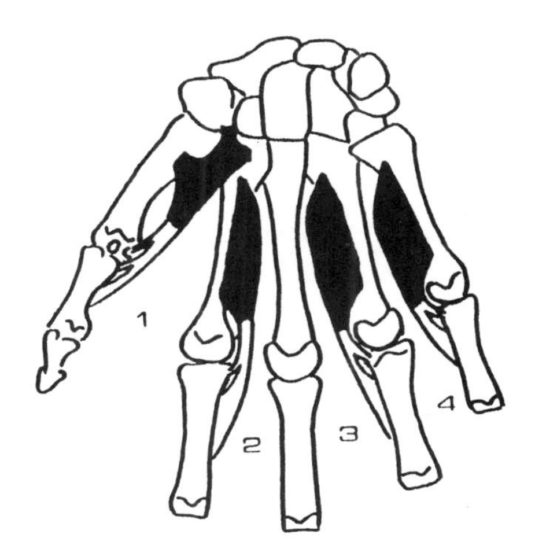

Figure 8.22 Face antérieure des muscles interosseux palmaires.

a) Abducteur: muscle superficiel et fusiforme (Figure 8.23). Il est abducteur du doigt V et aide à la flexion de la phalange proximale.

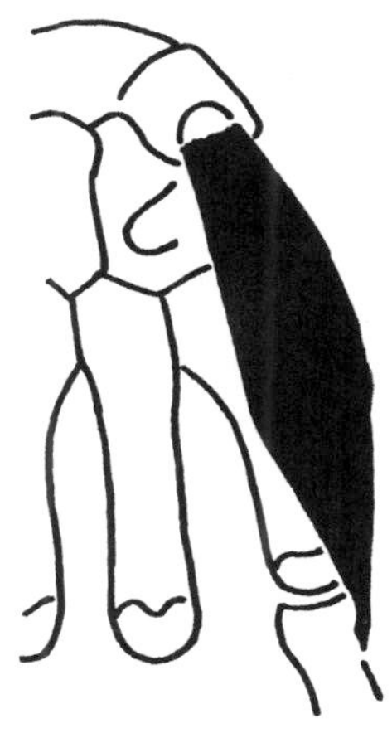

Figure 8.23 Face palmaire du muscle abducteur du petit doigt.

TABLEAU 8.4
ÉMINENCE HYPOTHÉNAR

MUSCLE	*ORIGINE*	*TERMINAISON*	*ACTION*	*INNERVATION*
Abducteur du petit doigt	Pisiforme et rétinaculum des fléchisseurs	Partie médiale de la base de la phalange proximale du petit doigt	Abducteur du petit doigt	Nerf ulnaire
Court fléchisseur du petit doigt	Hamulus de l'os hamatum et rétinaculum des fléchisseurs	Tendon commun avec l'abducteur du petit doigt	Fléchisseur du petit doigt	Nerf ulnaire
Opposant du petit doigt	Hamulus de l'os hamatum et rétinaculum des fléchisseurs	Bord médial du métacarpien V	Opposition du petit doigt	Nerf ulnaire

b) Court fléchisseur : muscle superficiel et fusiforme (Figure 8.24). Il est fléchisseur de la phalange proximale.

Figure 8.24 Face palmaire du muscle court fléchisseur du petit doigt.

c) Opposant : muscle triangulaire et profond (Figure 8.25). Il est fléchisseur de la phalange proximale, provoquant une traction du petit doigt en avant de la paume, pour rencontrer le pouce (opposition).

Figure 8.25 Face palmaire du muscle opposant du petit doigt.

ÉMINENCE THÉNAR

C'est la masse musculaire située du côté du pouce à la partie proximale de la paume de la main.

L'éminence thénar est composée de quatre muscles intrinsèques qui agissent au niveau du pouce. Ce sont le court fléchisseur (flexor pollicis brevis), l'opposant (opponens pollicis), le court abducteur (abductor pollicis brevis) et l'adducteur (adductor pollicis) (Tableau 8.5).

a) Muscles intrinsèques :
   1° Court fléchisseur : est un muscle tendu des os de la rangée distale, du carpe à la phalange proximale du pouce (Figure 8.26). Il est fléchisseur de la phalange proximale.

   2° Opposant : muscle tendu, de l'os trapèze au métacarpien I (Figure 8.27). Son action en est une d'opposition.

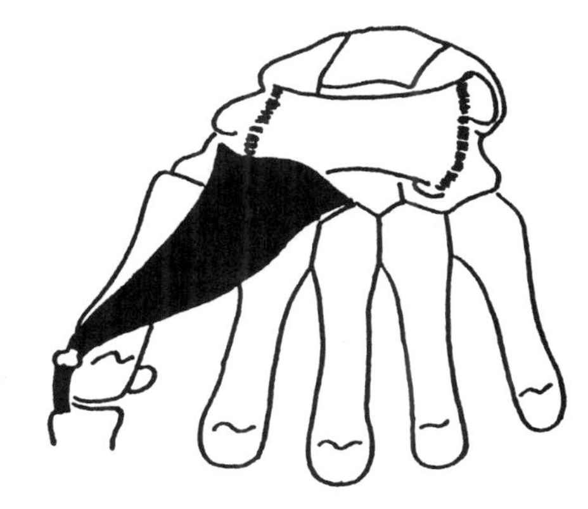

Figure 8.26 Face palmaire du court fléchisseur du pouce.

TABLEAU 8.5
LES MUSCLES AGISSANT SUR LE POUCE

***Muscles intrinsèques* (Éminence thénar)**

MUSCLE	*ORIGINE*	*TERMINAISON*	*ACTION*	*INNERVATION*
Court fléchisseur du pouce	Tubercule du trapèze, rétinaculum des fléchisseurs, trapézoïde et capitatum	Partie latérale de la base de la phalange proximale du pouce	Fléchisseur de la phalange proximale du pouce	Nerf médian
Opposant du pouce	Tubercule de l'os trapèze et le rétinaculum des fléchisseurs	Bord latéral du métacarpien I	Opposition	Nerf médian
Court abducteur du pouce	Tubercule du scaphoïde et le rétinaculum des fléchisseurs	Bord latéral de la base de la phalange proximale du pouce	Abducteur du pouce	Nerf médian
Adducteur du pouce	Canal carpien, os capitatum, os hamatum, face palmaire du métacarpien III et la face antérieure de la base du métacarpien II	Partie médiale de la base de la phalange proximale du pouce	Adducteur du pouce	Nerf ulnaire

TABLEAU 8.5 (suite)

LES MUSCLES AGISSANT SUR LE POUCE

Muscles extrinsèques

MUSCLE	*ORIGINE*	*TERMINAISON*	*ACTION*	*INNERVATION*
Long extenseur du pouce	Face postérieure de l'ulna et membrane interosseuse antébrachiale	Face dorsale de la base de la phalange distale du pouce	Extenseur du pouce	Nerf radial
Court extenseur du pouce	Faces postérieures de l'ulna et du radius et membrane interosseuse antébrachiale	Face dorsale de la base de la phalange proximale du pouce	Extenseur de la phalange proximale du pouce	Nerf radial
Long abducteur du pouce	Faces postérieures de l'ulna et du radius et membrane interosseuse antébrachiale	Base du métacarpien I	Abducteur du pouce	Nerf radial
Long fléchisseur du pouce	Face antérieure du radius, la membrane interosseuse et le bord latéral du processus coronoïde	Phalange distale du pouce	Fléchisseur de la phalange distale	Nerf médian

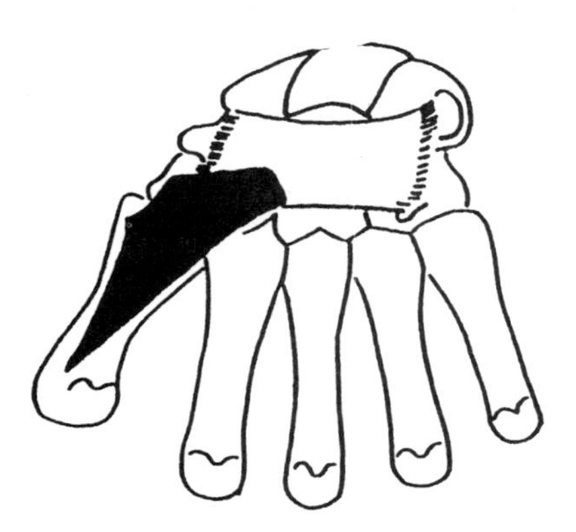

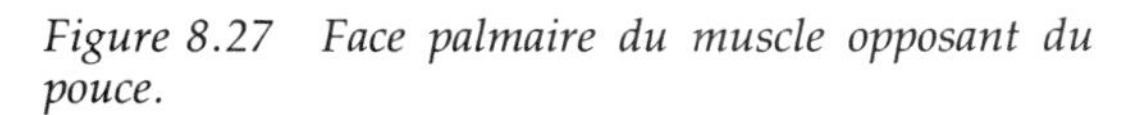

Figure 8.27 Face palmaire du muscle opposant du pouce.

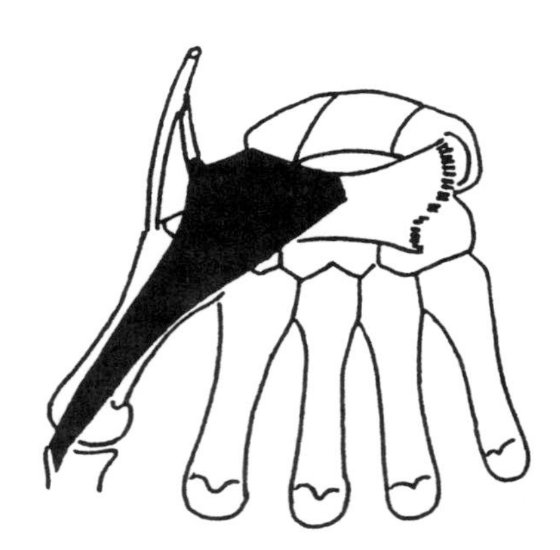

Figure 8.28 Face palmaire du muscle court abducteur du pouce.

3° Court abducteur : muscle superficiel placé entre l'os scaphoïde et la phalange proximale du pouce (Figure 8.28). Il est abducteur du premier métacarpien.

4° Adducteur : muscle profond de l'éminence thénar (Figure 8.29). Il est adducteur.

Figure 8.29 *Face palmaire du muscle adducteur du pouce.*

Figure 8.30 *Face postérieure du muscle long extenseur du pouce.*

De plus, quatre muscles extrinsèques à la main (logés dans l'avant-bras) agissent eux aussi sur le pouce. Ce sont : le long extenseur du pouce (extensor pollicis longus), le court extenseur du pouce (extensor pollicis brevis), le long abducteur du pouce (abductor pollicis longus) et le long fléchisseur du pouce (flexor pollicis longus) (Tableau 8.5).

b) Muscles extrinsèques :

1° Long extenseur : muscle profond de la région postérieure de l'avant-bras tendu de l'ulna à la phalange distale du pouce (Figure 8.30). Il est extenseur de la phalange distale.

2° Court extenseur : muscle profond de la région postérieure de l'avant-bras tendu du radius et de l'ulna jusqu'à la phalange proximale du pouce (Figure 8.31). Il est extenseur de la phalange proximale.

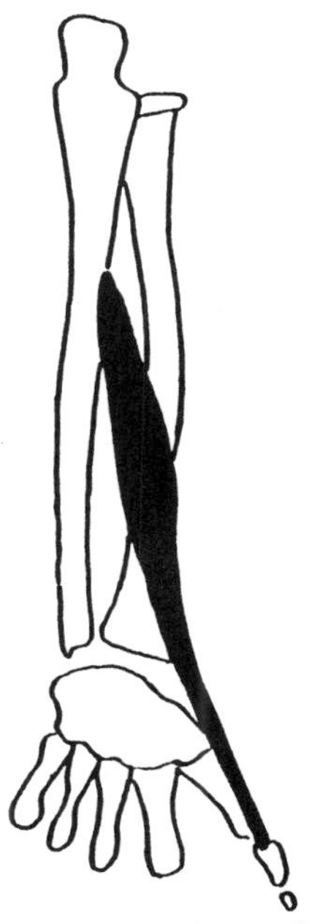

Figure 8.31 *Face postérieure du muscle court extenseur du pouce.*

3° Le long abducteur du pouce est un muscle profond de la région postérieure de l'avant-bras tendu du radius et de l'ulna à la base du métacarpien I (Figure 8.32). Il est abducteur du métacarpien I.

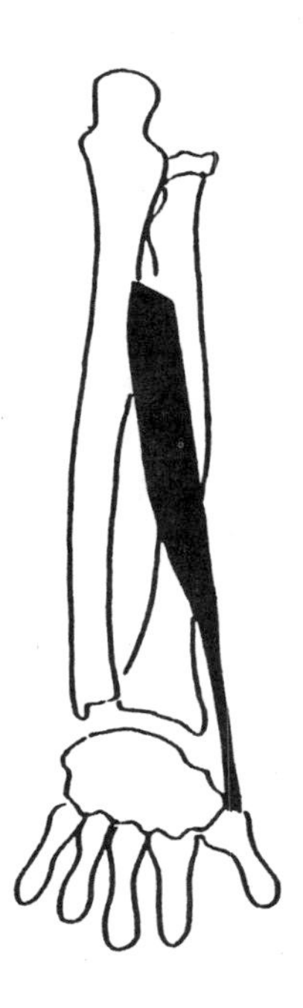

Figure 8.32 Face postérieure du muscle long abducteur du pouce.

4° Long fléchisseur : muscle profond de la région antérieure de l'avant-bras tendu du radius et de l'ulna jusqu'à la phalange distale (Figure 8.33). Il est fléchisseur de la phalange distale.

Les Figures 8.34 à 8.39 illustrent l'ensemble des muscles agissant sur la main au niveau du poignet.

Le Tableau 8.6 résume l'innervation principale du membre supérieur.

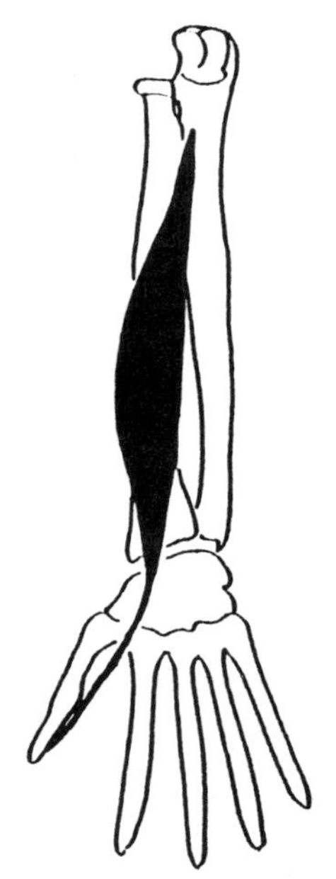

Figure 8.33 Face antérieure du muscle long fléchisseur du pouce.

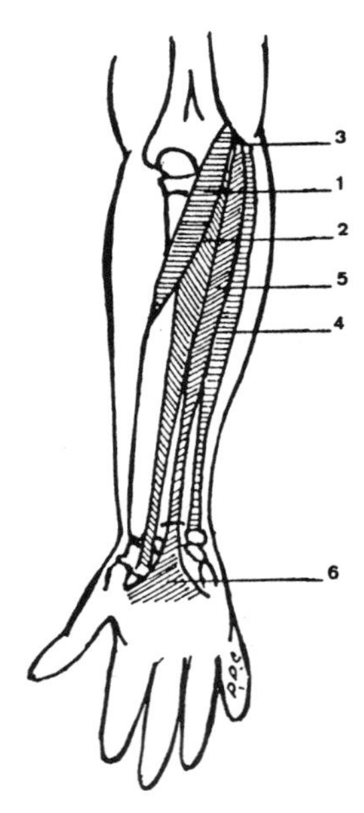

Figure 8.34 Muscles antérieurs superficiels de l'avant-bras.

1. Rond pronateur 2. Fléchisseur radial du carpe 3. Épicondyle médial 4. Fléchisseur ulnaire du carpe 5. Long palmaire.

TABLEAU 8.6
INNERVATION PRINCIPALE DU MEMBRE SUPÉRIEUR

NERF			*MUSCLE*
Nerf axillaire (C5, C6)			Deltoïde Petit rond
Nerf musculocutané (C5, C6, C7)			Coracobrachial Brachial Biceps brachial
Nerf médian (C5, C6, C7, C8, T1)			Rond pronateur Fléchisseur radial du carpe Fléchisseur superficiel des doigts Long palmaire Court abducteur du pouce Court fléchisseur du pouce Opposant du pouce Lombricaux de la main (1 et 2)
	Nerf interosseux postérieur		Long fléchisseur du pouce Fléchisseur profond des doigts Carré pronateur
Nerf ulnaire (C8, T1)			Fléchisseur ulnaire du carpe Fléchisseur profond des doigts
	Rameau superficiel		Court palmaire
	Rameau profond		Interosseux palmaires Interosseux dorsaux de la main Abducteur du petit doigt Adducteur du pouce Lombricaux de la main (3 et 4) Court fléchisseur du petit doigt Opposant du petit doigt
Nerf radial (C5, C6, C7, T1)			Triceps brachial Anconé Brachioradial Long extenseur radial du carpe Extenseur ulnaire du carpe
	Nerf interosseux postérieur	*Plan superficiel*	Court extenseur radial du carpe Supinateur Extenseur commun des doigts Extenseur du petit doigt
		Plan profond	Long abducteur du pouce Court extenseur du pouce Long extenseur du pouce Extenseur de l'index

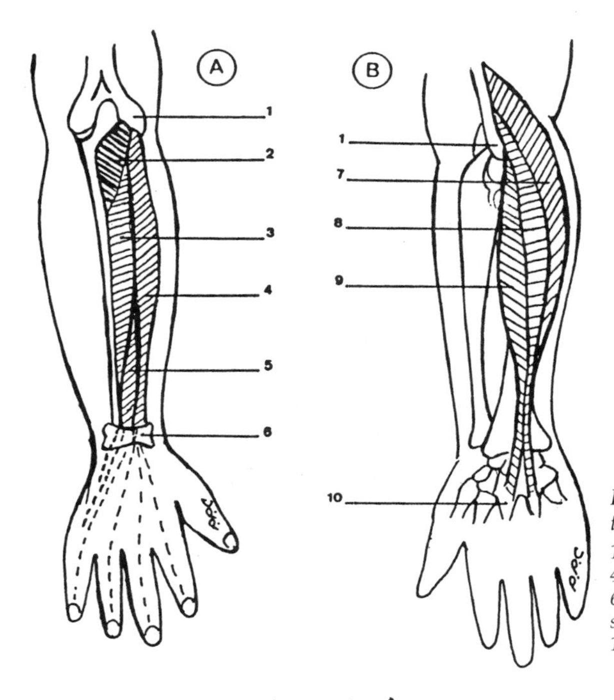

Figure 8.35 *Muscles superficiels de la région postérieure (A) et de la région latérale (B) de l'avant-bras.*

1. Épicondyle latéral 2. Anconé 3. Extenseur ulnaire du carpe 4. Extenseur commun des doigts 5. Extenseur du petit doigt 6. Rétinaculum des extenseurs 7. Brachioradial 8. Long extenseur radial du carpe 9. Court extenseur radial du carpe 10. Base du métacarpien III.

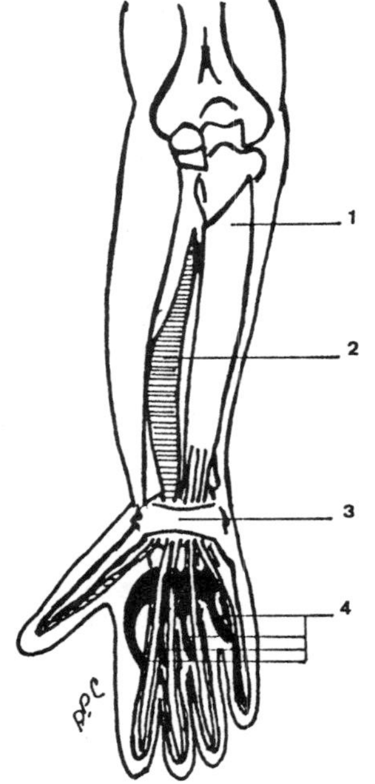

Figure 8.36 *Muscles antérieurs profonds de l'avant-bras.*

1. Fléchisseur profond des doigts 2. Long fléchisseur du pouce 3. Rétinaculum des fléchisseurs des doigts 4. Lombricaux.

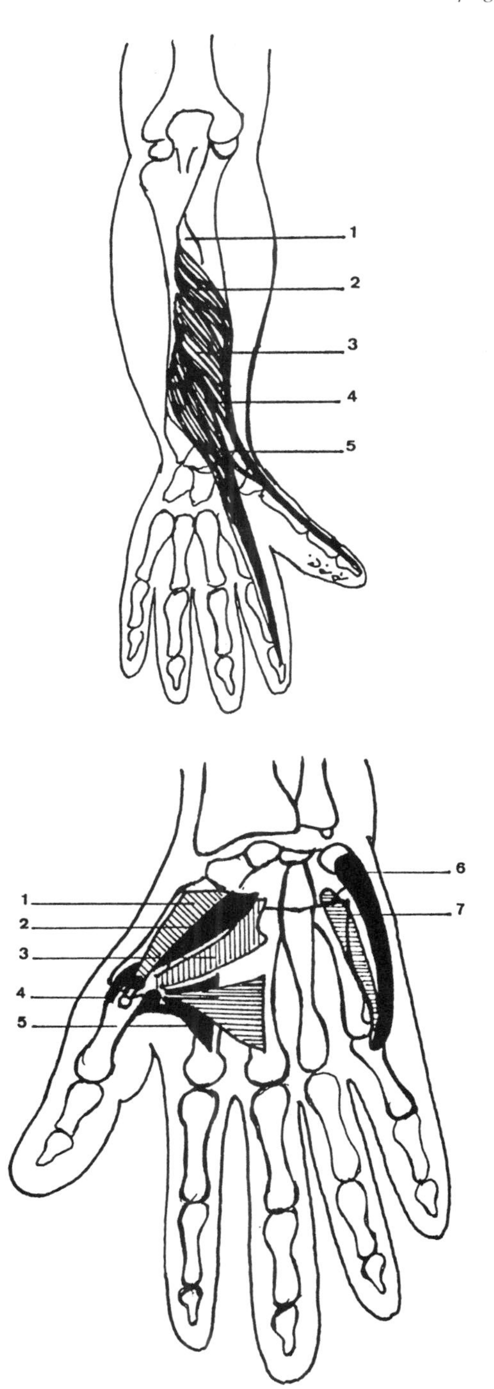

Figure 8.37 Muscles profonds de la région postérieure de l'avant-bras.

1. Membrane interosseuse 2. Long abducteur du pouce 3. Court extenseur du pouce 4. Long extenseur du pouce 5. Extenseur de l'index.

Figure 8.38 Muscles de l'éminence thénar et de l'éminence hypothénar.

1. Court fléchisseur du pouce (chef superficiel) 2. Court fléchisseur du pouce (chef profond) 3. Adducteur du pouce (chef oblique) 4. Adducteur du pouce (chef transverse) 5. Long fléchisseur du pouce 6. Abducteur du petit doigt 7. Court fléchisseur du petit doigt.

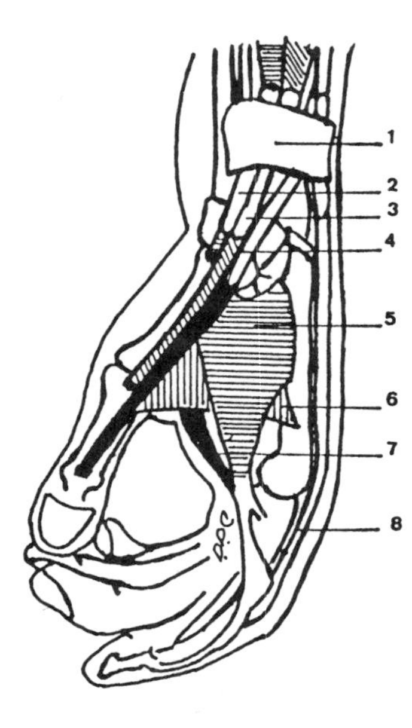

Figure 8.39 Vue dorsolatérale de la main.

1. Rétinaculum 2. Long abducteur du pouce 3. Court extenseur du pouce 4. Long extenseur du pouce 5. Interosseux dorsal 1 6. Adducteur du pouce 7. Interosseux palmaire 1 8. Extenseur des doigts.

SACHEZ QUE...

1. Le rétinaculum des fléchisseurs est une lame fibreuse de la face antérieure du poignet qui sert principalement à maintenir en place les longs tendons.
2. Le rétinaculum des extenseurs est une lame fibreuse située à la face postérieure du poignet et remplit un rôle similaire au précédent.
3. Si les rétinaculums étaient absents, les tendons feraient saillie lors des mouvements de flexion ou d'extension au niveau du poignet.
4. L'aponévrose palmaire est une formation fibreuse de la paume de la main située entre les éminences thénar et hypothénar, c'est elle qui donne l'aspect lisse, à l'intérieur de la main.
5. L'aponévrose dorsale du doigt est une formation fibreuse surcroisant un tendon extenseur des doigts.
6. La main apparaît vers le 40e jour du développement foetal.
7. L'amplitude des mouvements des articulations des doigts est artificiellement « normalisée ». En effet, les variations individuelles des amplitudes des mouvements des doigts sont très grandes et varient selon la race, l'âge, le sexe et le métier. Les doigts d'une jeune pianiste sont plus souples que ceux d'un cultivateur ou d'un mineur du même âge.
8. Il est à remarquer que seuls les êtres humains ont la possibilité d'accomplir des mouvements d'opposition au niveau des doigts et du pouce.
9. La position des articulations interphalangiennes ne correspond pas aux plis cutanés de flexion.
10. Habituellement, aucun os carpien n'a commencé à s'ossifier au moment de la naissance. Cependant, l'hamatum et le capitatum peuvent parfois avoir débuté leur ossification avant la naissance, en particulier chez le nouveau-né féminin. Le pisiforme est le dernier à s'ossifier (vers l'âge de douze ans).

IX

La colonne vertébrale

OS DE LA COLONNE VERTÉBRALE

La colonne vertébrale ou rachis, est un axe osseux et résistant, constituée par la superposition des vertèbres. Sinueuse, elle est logée dans la partie médiane et dorsale du tronc. Creusée d'un canal longitudinal, le canal vertébral, elle contient notamment la moelle spinale (épinière). Elle forme, avec le crâne, le squelette axial dorsal. Chez l'adulte, on distingue deux colonnes. D'abord, une colonne mobile et flexible, qui s'élargit du haut vers le bas. Elle est formée de vraies vertèbres (vertèbres indépendantes), qui sont au nombre de 24 (7 cervicales, 12 dorsales et 5 lombales). L'autre colonne, fixe et rigide, est constituée de fausses vertèbres (vertèbres soudées), les sacrales (5) et les coccygiennes (4 à 6). Ces vertèbres forment le sacrum et le coccyx. La colonne vertébrale adulte compte donc 26 os distincts (Figure 9.1). La colonne vertébrale embryonnaire, quant à elle, comprend 33 ou 34 vertèbres, toutes flexibles, puisque les sacrales et les coccygiennes ne sont pas encore soudées.

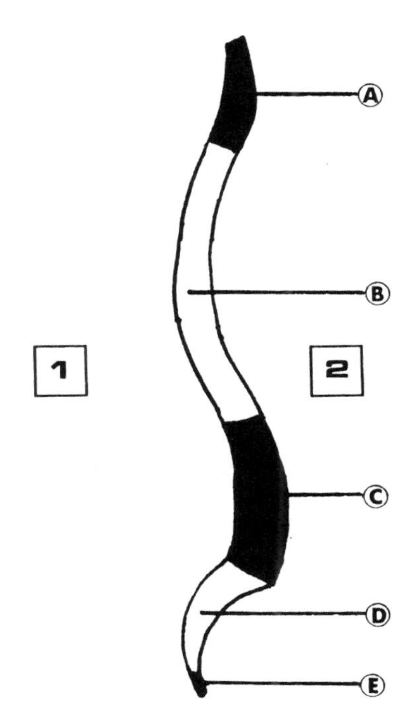

Figure 9.1 Face latérale de la colonne vertébrale.
A. Vertèbres cervicales B. Vertèbres thoraciques C. Vertèbres lombales D. Vertèbres sacrales E. Vertèbres coccygiennes. 1. Postérieur 2. Antérieur.

VERTÈBRE

La vertèbre est un os qui présente des rayons (Figure 9.2). Elle comprend une partie ventrale volumineuse, le corps, et une partie dorsale, l'arc vertébral. Ces deux parties circonscrivent le foramen vertébral. L'arc postérieur est composé de plusieurs segments : deux pédicules, deux lames et sept processus (un épineux, deux transverses et quatre articulaires). Les différentes parties de la vertèbre typique sont :

a) Corps (spondyle) : partie ventrale volumineuse et résistante de la vertèbre. C'est un segment de cylindre échancré à sa partie dorsale. Ses faces supérieure et inférieure présentent une légère excavation centrale, cernée par le bourrelet marginal. Les corps vertébraux sont séparés l'un de l'autre par des disques intervertébraux.

b) Foramen vertébral : orifice limité par le corps et l'arc vertébral. Arrondi ou triangulaire, il est délimité par la face dorsale du corps vertébral, les faces internes des pédicules et les faces antérieures des lames. La superposition des trous vertébraux constitue le canal vertébral.

c) Pédicule : portion de l'arc vertébral fixée au corps vertébral. Il est situé entre ce corps et l'union d'un processus transverse et d'un processus articulaire. Ses bords, supérieur et inférieur, échancrés, délimitent le foramen intervertébral. Chaque vertèbre possède deux pédicules.

d) Foramen intervertébral : orifice des parties latérales de la colonne vertébrale mobile. Il est limité par la superposition des incisures vertébrales supérieure et inférieure.

e) Disque intervertébral : fibrocartilage s'interposant entre les surfaces articulaires de deux corps vertébraux superposés (Photo 9.8). Au nombre de 23, chacun présente la forme d'une lentille biconvexe. Son épaisseur, qui conditionne l'amplitude des mouvements, varie selon les régions : au niveau cervical, il mesure de 5 à 6 mm; au niveau du rachis thoracique, de 3 à 4 mm et au niveau du rachis lombal, de 10 à 12 mm. Le disque est constitué de deux parties, d'origine embryologique et de structures différentes, l'une périphérique, l'anneau fibreux, l'autre centrale, le nucléus pulposus.

f) Lame : portion aplatie de l'arc vertébral se prolongeant par le processus épineux. Elle est comprise entre la base du pro-

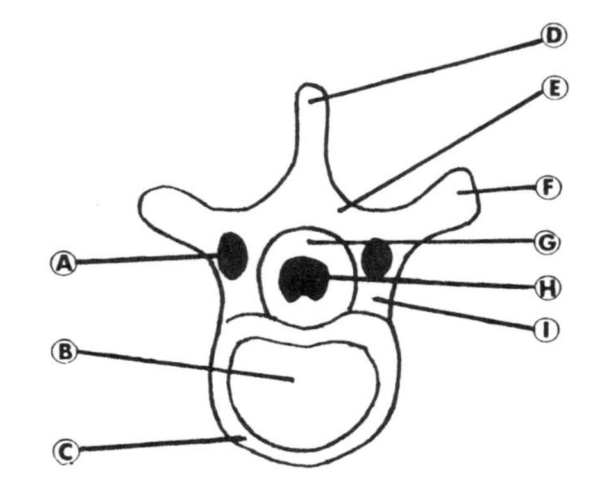

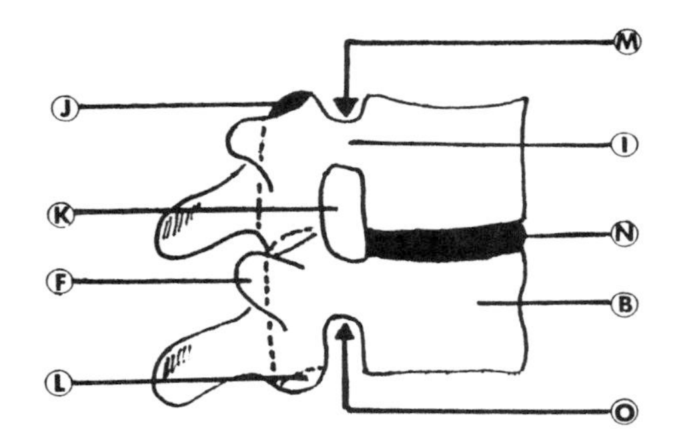

Figure 9.2 Face supérieure (en haut) et latérale (en bas) d'une vertèbre typique.

A. Processus articulaire B. Corps vertébral C. Bourrelet marginal D. Processus épineux E. Lame vertébrale F. Processus transverse G. Foramen vertébral H. Moelle spinale I. Pédicule vertébral J. Processus articulaire supérieur K. Foramen intervertébral L. Processus articulaire inférieur M. Incisure vertébrale supérieure N. Disque intervertébral O. Incisure vertébrale inférieure.

cessus épineux d'une part et les processus transverses et articulaires d'autre part. Chaque vertèbre possède deux lames.

g) Processus épineux : lamelle osseuse médiane de l'arc postérieur de la vertèbre. Il prolonge en arrière, l'union des lames vertébrales. (C'est la partie que l'on touche au centre du dos, du bas de la tête au coccyx.)

h) Processus transverse : processus latéral à l'axe vertébral. Il se détache à la jonction d'un pédicule et d'une lame. On en compte deux par vertèbre, le droit et le gauche.

i) Arc vertébral : forme la partie dorsale de la vertèbre; constitué de deux pédicules et de deux lames desquels se détachent sept processus (quatre articulaires, deux transverses et un épineux). Il limite latéralement et postérieurement le foramen vertébral.

j) Processus articulaire (zygapophyse) : colonnette osseuse implantée verticalement sur l'arc vertébral, la jonction des pédicules et des lames. Au nombre de quatre pour chaque vertèbre (deux supérieurs et deux inférieurs), ils permettent l'articulation des vertèbres entre elles.

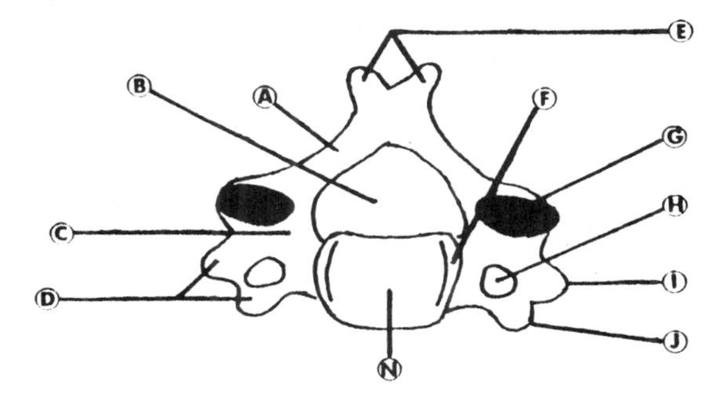

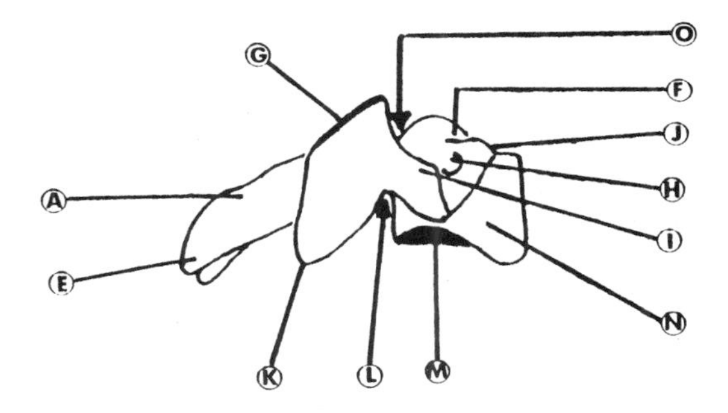

Figure 9.3 Faces supérieure (en haut) et latérale (en bas) d'une vertèbre cervicale typique.

A. Lame B. Foramen C. Pédicule D. Processus transverses E. Processus épineux F. Uncus G. Processus articulaire supérieure H. Foramen transversal I. Tubercule postérieur J. Tubercule antérieur K. Processus articulaire inférieur L. Incisure vertébrale inférieure M. Biseau articulaire N. Corps vertébral O. Incisure vertébrale supérieure.

CARACTÉRISTIQUES DES VERTÈBRES

Chacune des régions du rachis, c'est-à-dire les régions cervicale, dorsale, lombale, sacrale et coccygienne, comprennent des vertèbres montrant des caractères particuliers qui les différencient de la vertèbre typique. Examinons-les une à une :

a) Vertèbres cervicales (rachis cervical) : au nombre de sept, elles représentent les plus petites des vraies vertèbres (Figure 9.3). Les particularités essentielles de la vertèbre cervicale type sont :
   1° Un corps vertébral rectangulaire et petit, avec une face supérieure limitée latéralement par deux éminences, les uncus du corps.
   2° Des pédicules courts, plats et obliques, implantés à la partie postérolatérale du corps.
   3° Des processus transverses courts et bituberculés (tubercules antérieur et postérieur). Ils présentent un orifice circulaire, le foramen transversal (seul élément propre aux sept cervicales), qui livre passage au nerf et aux vaisseaux vertébraux.
   4° Des lames minces.
   5° Un processus épineux horizontal, court et bifide (deux pointes).
   6° Un foramen vertébral, grand et triangulaire, à base antérieure.

7° Des processus articulaires supérieurs (regardent en haut et en arrière) et inférieurs (regardent en bas et en avant).

Parmi les vertèbres cervicales, il y en a trois qui méritent une attention particulière. Ce sont la première cervicale (atlas), la deuxième cervicale (axis) et la septième cervicale (vertèbre proéminente).

- Atlas : première vertèbre cervicale. L'appellation métaphorique de cette vertèbre est due au fait qu'elle supporte la tête, comme Atlas la terre. Elle est caractérisée par deux masses latérales réunies par deux arcs osseux, antérieur et postérieur (Figure 9.4).

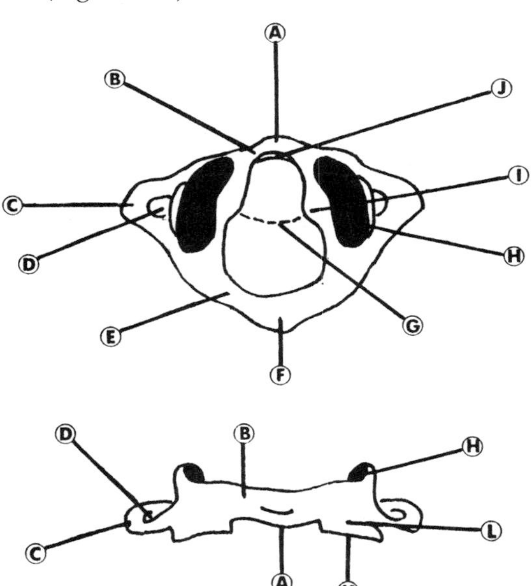

Figure 9.4 Faces supérieure (en haut) et antérieure (en bas) de l'atlas.

A. Tubercule antérieur B. Arc antérieur C. Processus transverse D. Foramen transversal E. Arc postérieur F. Tubercule postérieur G. Ligament transverse H. Fovea articulaire supérieure I. Tubercule J. Fovea dentis K. Fovea articulaire inférieure L. Masse latérale de l'atlas.

La face supérieure de la masse latérale présente la fovea articulaire supérieure qui s'articule avec le condyle occipital. La face inférieure de la masse latérale présente la fovea articulaire inférieure répondant à celle des processus articulaires supérieurs de l'axis. La face médiale de la masse latérale présente un tubercule sur lequel s'insère le ligament transverse de l'atlas. La face latérale présente le processus transverse composé du foramen transversal.

L'arc antérieur présente sur la ligne médiane antérieure le tubercule antérieur qui donne insertion au ligament longitudinal ventral et aux muscles longs du cou. En arrière, la fovea dentis s'articule avec la surface articulaire antérieure de l'axis. L'arc postérieur présente sur sa face postérieure un tubercule postérieur.

- Axis : deuxième vertèbre cervicale. Elle est caractérisée par une saillie cylindroïde à direction crâniale, la dent de l'axis, qui est un processus odontoïde (Figure 9.5). Cette dent présente une surface articulaire antérieure qui répond à celle de l'arc antérieur de l'atlas et une postérieure qui s'articule avec le ligament transverse de l'atlas. De chaque côté de la dent, on observe les deux facettes articulaires des processus articulaires supérieurs. L'axis a deux pédicules très épais et deux lames très épaisses présentant sur leur face inférieure les deux processus articulaires inférieurs. La dent de l'axis possède un processus épineux massif, saillant et bifurqué. Les processus transverses sont petits et unituberculés. Le foramen vertébral est de direction oblique.

- Vertèbre proéminente : septième vertèbre cervicale. Elle est caractérisée par un processus épineux long, épais, unituberculé et très oblique en bas et en arrière. Son tubercule est facilement palpable. C'est la première masse osseuse que l'on touche à la base du cou, au centre du dos, lorsque l'on penche la tête en avant. Les processus transverses de cette vertèbre sont larges et longs, à sommets arrondis.

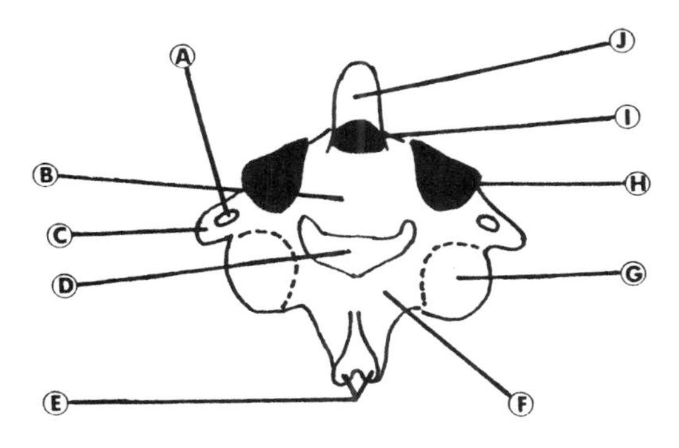

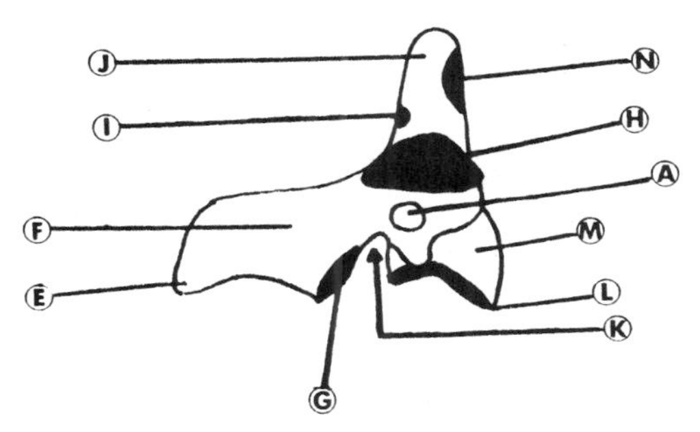

Figure 9.5 Faces postérosupérieure (en haut) et latérale (en bas) de l'axis.

A. Foramen transversaire B. Face postérieure du corps C. Processus transverse D. Foramen E. Processus épineux F. Lame G. Processus articulaire inférieur H. Processus articulaire supérieur I. Surface articulaire postérieure J. Dent K. Incisure inférieure L. Bec M. Corps N. Surface articulaire antérieure de la dent.

b) Vertèbres thoraciques (rachis thoracique) : au nombre de douze, ces vertèbres forment le segment thoracique de la colonne vertébrale (Figure 9.6). Les principales caractéristiques de la vertèbre thoracique type sont :

1° Un corps cylindrique, dont les faces supérieure et inférieure sont légèrement excavées. La partie postérieure de son pourtour comporte les fosses costales supérieure et inférieure.

2° Des pédicules arrondis et horizontaux. Ils présentent sur leur bord supérieur une incisure peu marquée et sur leur bord inférieur une incisure très marquée.

3° Des lames minces, obliques en bas et en-dedans.

4° Un foramen quasi circulaire.

5° Des processus transverses dont l'extrémité libre présente sur sa face antérieure la fosse costale transversale.

6° Des processus articulaires supérieurs et inférieurs qui s'implantent à la jonction des pédicules et des lames.

7° Un processus épineux long et oblique, vers le bas.

8° Une ou deux fosses costales sur chaque côté d'une vertèbre dorsale (caractéristique propre à toutes le vertèbres dorsales).

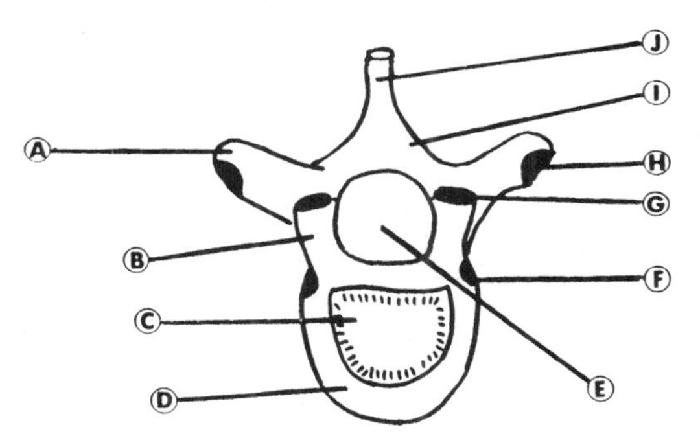

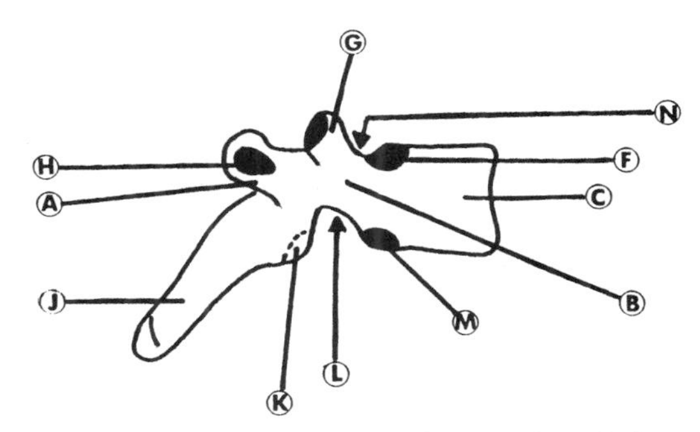

Figure 9.6 Faces supérieure (en haut) et latérale (en bas) de la vertèbre dorsale typique.

A. Processus transverse B. Pédicule C. Corps D. Bourrelet marginal E. Foramen F. Fosse costale supérieure G. Processus articulaire supérieur H. Fosse costale transversaire I. Lame J. Processus épineux K. Processus articulaire inférieur L. Incisure inférieure M. Fosse costale inférieure N. Incisure supérieure.

Les vertèbres thoraciques particulières sont la première (T1) et les trois dernières (T10, T11 et T12). La première ressemble à une vertèbre cervicale. La fosse costale supérieure est la seule qui réponde à la première côte. Les trois dernières sont similaires à une vertèbre lombale. Elles ne possèdent qu'une fosse costale. Les processus transverses de T11 et T12 n'ont pas de fosse costale transversaire.

c) Vertèbres lombales (lombaires) : au nombre de cinq, elles forment le segment lombal de la colonne vertébrale (Figure 9.7). Les principales caractéristiques de la vertèbre lombale type sont :

1° Un corps vertébral très volumineux.

2° Des pédicules très épais.

3° Des lames épaisses et hautes.

4° Un processus épineux trapu et horizontal, renflé à son extrémité libre.

5° Un foramen vertébral en forme de triangle.

6° Des processus transverses (costiformes) grêles qui présentent près de leur origine le processus accessoire.

7° Des processus articulaires épais, regardant surtout au-dedans pour les supérieurs et en dehors pour les inférieurs. Le bord postérieur d'un processus articulaire supérieur présente le processus mamillaire.

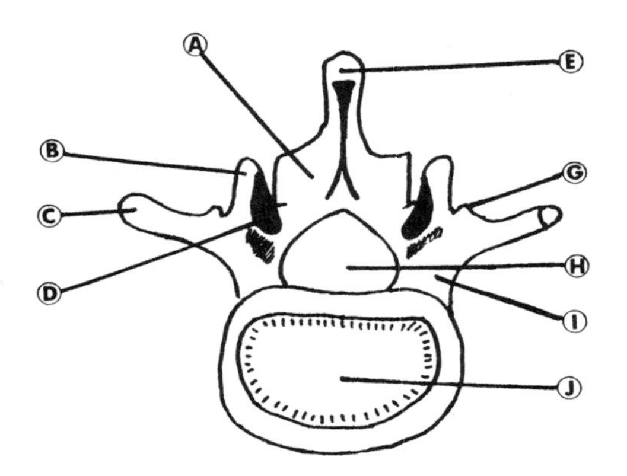

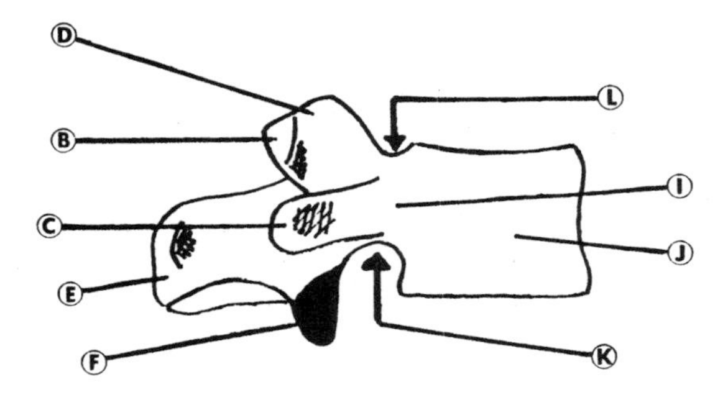

Figure 9.7 Faces supérieure (en haut) et latérale (en bas) de la vertèbre lombale typique.

A. Lame B. Processus mamillaire C. Processus costiforme ou transverse D. Processus articulaire supérieur E. Processus épineux. F. Processus articulaire inférieur G. Processus accessoire H. Foramen vertébral I. Pédicule J. Corps K. Incisure vertébrale inférieure L. Incisure vertébrale supérieure.

d) Vertèbres sacrales (sacrées) : elles sont au nombre de cinq, ces vertèbres fausses, soudées ensemble, constituent le sacrum (Figure 9.8). *Sacrum* est un mot latin qui veut dire « os sacré ». Celui-ci était offert aux dieux dans les sacrifices d'animaux. Os impair situé à la partie caudale de la colonne vertébrale, il forme, avec le coccyx sous-jacent, la colonne vertébrale fixe. De forme pyramidale à sommet inférieur, sa face dorsale est convexe et sa face pelvienne est concave. Sa base s'articule avec L5 et ses deux faces latérales s'articulent avec les os coxaux. Les principales parties du sacrum sont :

1° Les processus articulaires supérieurs placés à l'arrière et de chaque côté de la base. Leur facette articulaire est dirigée vers l'arrière.

2° Les ailes forment les parties supérieures et latérales de l'os et sont réunis au centre par la base.

3° Les foramens, respectivement placés sur la face antérieure et postérieure, sont au nombre de quatre de chaque côté. Ils traversent le sacrum d'une face à l'autre. Ils sont disposés verticalement vis-à-vis des processus articulaires supérieurs.

4° La base est circulaire et le promontoire, c'est le bord supérieur de la première vertèbre sacrale.

5° La surface auriculaire de chaque aile est en relation avec la surface auriculaire de l'os coxal.

d) Vertèbres coccygiennes : au nombre de quatre à six, les vertèbres coccygiennes sont les vertèbres caudales de la colonne vertébrale (Figure 9.8). Elles sont le plus souvent soudées entre elles pour constituer le coccyx. Ce sont des vertèbres atrophiées, correspondant, chez l'homme, au reliquat du squelette de la queue des mammifères. Triangulaire à sommet inférieur, sa base supérieure se prolonge latéralement par les processus transverses.

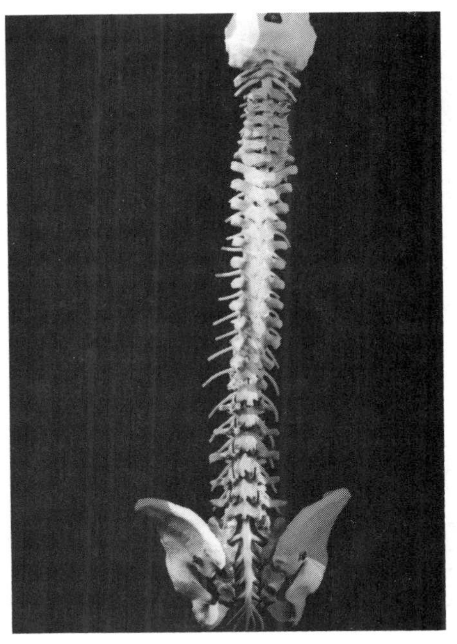

Photo 9.2
Vue postérieure de la colonne vertébrale et du bassin.

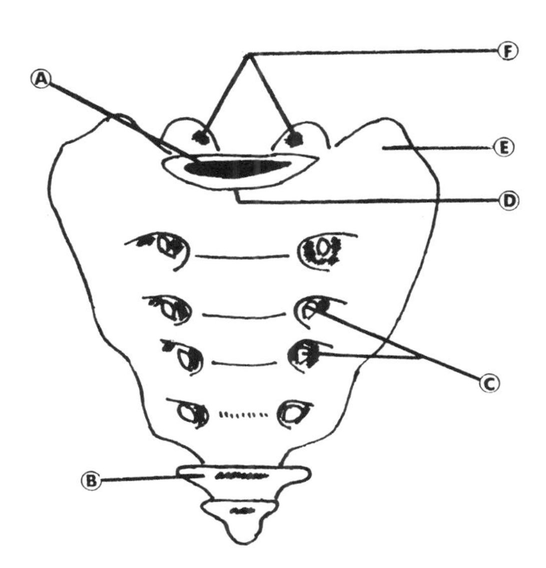

Figure 9.8 Face ventrale du sacrum et du coccyx.
A. Base du sacrum B. Processus transverse du coccyx C. Foramens sacraux ventraux D. Promontoire E. Aile du sacrum F. Processus articulaires supérieurs.

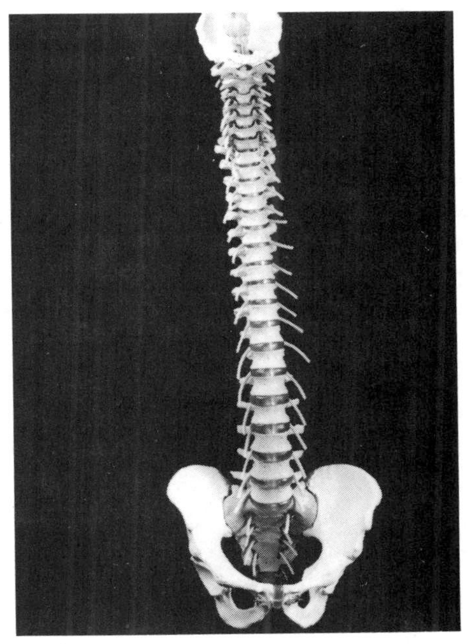

Photo 9.3
Vue antérieure de la colonne vertébrale et du bassin.

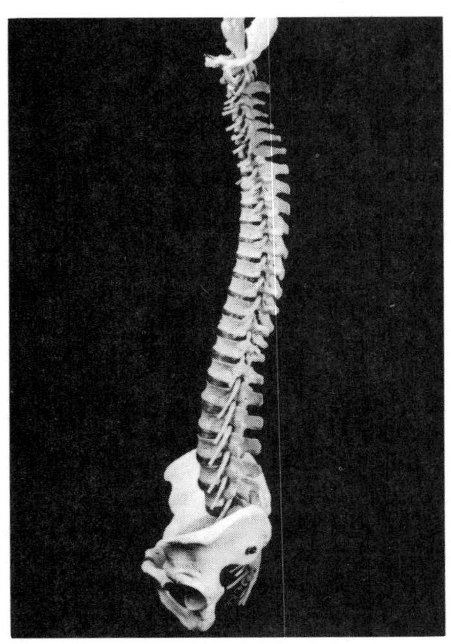

Photo 9.4
Vue latérale de la colonne vertébrale et du bassin.
A. Cambrure cervicale B. Cambrure dorsale C. Cambrure lombale D. Cambrure sacrale (fixe).

ARTICULATIONS DE LA COLONNE VERTÉBRALE

ARTICULATIONS DE LA COLONNE VERTÉBRALE ET DU CRÂNE

Ces articulations, qui unissent la tête et la colonne vertébrale, sont complexes. Elles mettent en présence l'occipital, l'atlas et l'axis et comprennent plusieurs articulations synoviales : deux atlantooccipitales, une atlantoaxoïdienne médiane et deux atlantoaxoïdiennes latérales. Toutes ces articulations, très mobiles et résistantes, sont interdépendantes pendant les mouvements.

a) Articulation atlantooccipitale : articulation paire, unissant l'atlas et l'os occipital (Figure 9.9). C'est une articulation synoviale de type double condylaire (ellipsoïde).
   1° Surfaces articulaires : deux condyles de l'occipital et deux foveas articulaires supérieures de l'atlas.
   2° Capsule articulaire : membrane fibreuse épaisse en arrière et latéralement, mais très mince sur sa face médiale.
   3° Ligaments : membrane atlantooccipitale antérieure, membrane atlantooccipitale postérieure et ligament atlantooccipital latéral.
   4° Anatomie fonctionnelle : flexion, extension et inclinaison latérale de la tête (absente selon certains auteurs).

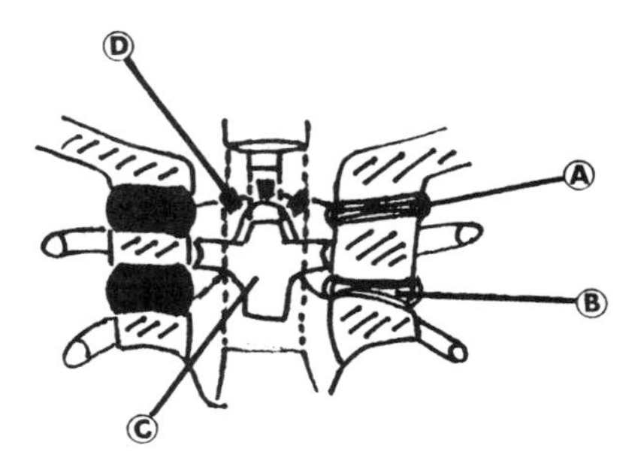

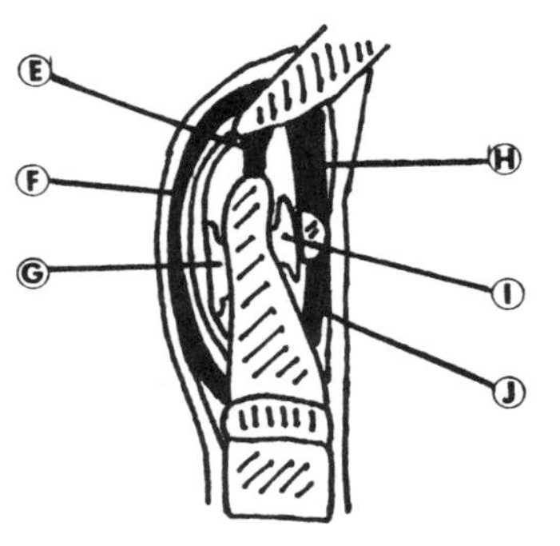

Figure 9.9 Articulations de la colonne vertébrale et du crâne.
A. Articulation atlantooccipitale (coupe frontale et face postérieure). B. Articulation atlantoaxoïdienne latérale (coupe frontale et face postérieure) C. Ligament cruciforme D. Ligament alaire E. Ligament de l'apex de la dent F.Membrane tectoria G. Articulation atlantoaxoïdienne médiane postérieure (coupe sagittale) H. Membrane atlantooccipitale antérieure I. Articulation atlantoaxoïdienne médiane antérieure (coupe sagittale). J. Ligament atlantoaxoïdien antérieur.

b) Articulation atlantoaxoïdienne médiane : l'une des articulations unissant l'atlas à l'axis (Figure 9.9). Articulation trochoïde, elle comprend deux articulations distinctes : l'une, antérieure, l'articulation atlantoaxoïdienne médiane antérieure, l'autre postérieure, l'articulation atlantoaxoïdienne médiane postérieure.
   1° Surfaces articulaires : surfaces antérieure et postérieure de la dent de l'axis, la fovea dentis de l'atlas et la surface cartilagineuse de la face antérieure du ligament transverse de l'atlas.
   2° Capsule articulaire : lâche, elle délimite deux cavités synoviales.
   3° Ligaments : ligament de l'apex de la dent, les ligaments alaires, le ligament cruciforme (formé de faisceaux longitudinaux et du ligament transverse) et la membrane tectoria.
   4° Anatomie fonctionnelle : rotation.

c) Articulation atlantoaxoïdienne latérale : articulation paire qui unit l'atlas à l'axis (Figure 9.9), elle est plane (arthrodie).
   1° Surfaces articulaires : fovea articulaire inférieure de l'atlas et le processus articulaire supérieur de l'axis.
   2° Capsule articulaire : résistante.
   3° Ligaments : ligaments atlantoaxoïdien antérieur et atlantoaxoïdien postérieur.
   4° Anatomie fonctionnelle : glissements.

ARTICULATIONS DE LA COLONNE VERTÉBRALE

Ces articulations unissent les vertèbres entre elles (Figure 9.10), par leur corps et leurs processus articulaires.

a) Articulations des corps vertébraux : articulations cartilagineuses (symphyses) (Figure 9.10).
   1° Surfaces articulaires : corps vertébraux.
   2° Ligaments : ligament longitudinal antérieur et postérieur. Ces deux ligaments s'attachent aux corps vertébraux et aux disques intervertébraux.

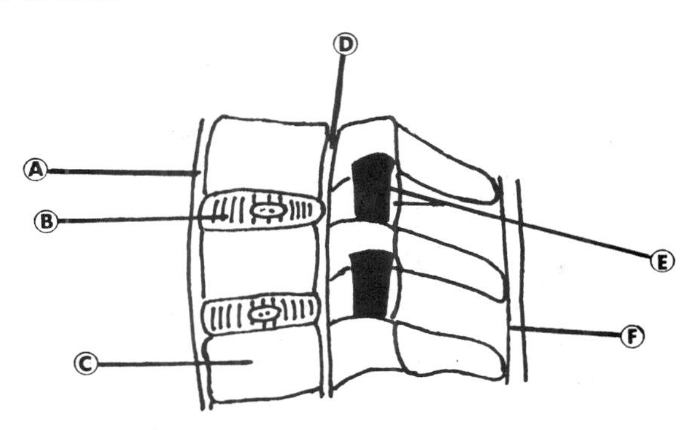

Figure 9.10 Articulations intervertébrales.
A. Ligament longitudinal antérieur B. Disque intervertébral C. Corps vertébral D. Ligament longitudinal postérieur E. Ligament jaune F. Ligament supraépineux.

   3° Anatomie fonctionnelle : peu de mobilité (roulements).

b) Articulations des processus articulaires : articulations aussi appelées zygapophysaires, elles unissent les processus articulaires des vertèbres (Figure 9.10). Articulations synoviales, de type plane (arthrodies) pour les vertèbres cervicales et dorsales alors que l'on retrouve des trochoïdes pour les vertèbres lombales.
   1° Surfaces articulaires : processus articulaires supérieur et inférieur.
   2° Capsule articulaire : lâche dans la région cervicale.
   3° Ligaments : ligaments jaunes.
   4° Anatomie fonctionnelle : glissements et faible rotation au niveau lombaire.

ARTICULATION LOMBOSACRALE (lombosacrée)

Charnière entre la colonne vertébrale mobile et la colonne vertébrale fixe, elle met en présence la 5e vertèbre lombale et la base du sacrum (Figure 9.11). Elle est constituée d'une articulation cartilagineuse et de deux articulations synoviales.

a) Articulation cartilagineuse : l'articulation est définie par les corps vertébraux L5 et S1 qui sont séparés par un disque lombosacral. Cette articulation est renforcée

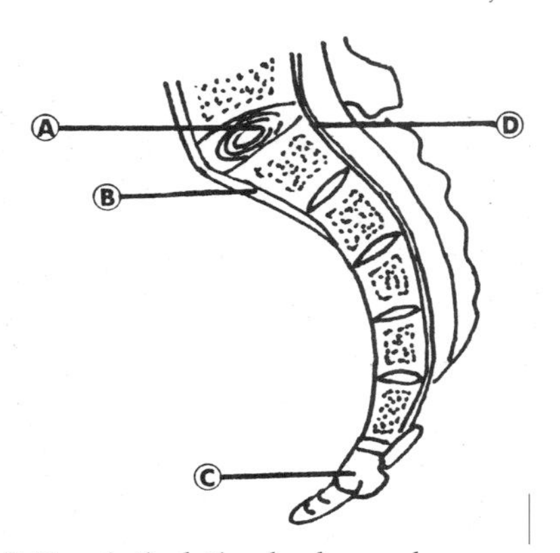

Figure 9.11 Articulation lombosacrale.
A. Disque lombosacral B. Ligament longitudinal antérieur C. Coccyx D. Ligament longitudinal postérieur.

en avant et en arrière par les ligaments longitudinal antérieur et longitudinal postérieur.

b) Articulations synoviales : articulations qui unissent les processus articulaires entre eux. Ce sont des trochoïdes possédant une capsule résistante renforcée par la puissance de ligaments voisins (ligament jaune, ligament interépineux et ligament intertransversaire).

ARTICULATION SACROCOCCYGIENNE

C'est une articulation impaire unissant le sacrum au coccyx. C'est une articulation cartilagineuse mettant en présence S5 et CO1 unis par un fibrocartilage, correspondent à un disque intervertébral. La suture des deux os s'observe dans 30 % des cas. Elle est renforcée par la présence de ligaments sacrococcygiens.

MOUVEMENTS DE LA COLONNE VERTÉBRALE

MOUVEMENTS INTERVERTÉBRAUX

Les divers mouvements de la colonne vertébrale s'accomplissent, entre deux vertèbres voisines, suivant un axe sagittal — flexion et extension —, frontal — flexion latérale droite et gauche — ou horizontal — rotation droite et gauche. Par exemple, dans quelque sens que l'on penche le corps, les disques intervertébraux seront aplatis du côté de l'inclinaison, alors que leur hauteur s'accentuera inversement du côté opposé.

COURBURES RACHIDIENNES

À la naissance, le rachis du bébé présente une très légère convexité postérieure (cyphose) qui s'étend de la tête au coccyx (Figure 9.12). Cette courbure sera par la suite

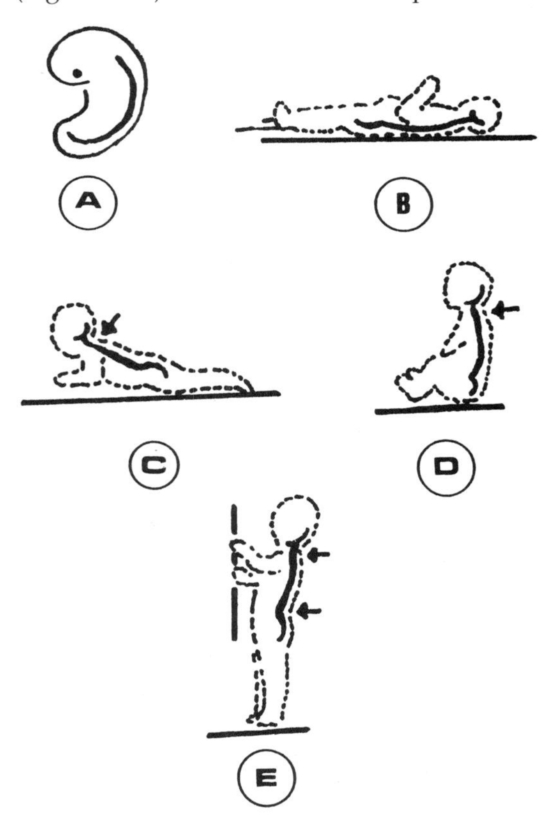

Figure 9.12 Courbures rachidiennes chez le foetus, le nouveau-né et le jeune nourrisson.
A. Foetus B. Position couchée C. Position ventrale D. Position assise E. Position debout.

influencée par la présence des organes vitaux et de la cage thoracique, les courbures acquises de la colonne vertébrale se dessinant au rythme de la croissance du corps humain.

Par exemple, lorsque l'enfant, couché en position ventrale, relève la tête, il se forme une lordose (convexité antérieure) cervicale qui s'accentuera avec la position assise. De même, quand l'enfant commencera à se tenir debout pour marcher, apparaîtra la lordose lombale, caractéristique de l'homme et de sa station bipède.

Chez l'adulte, le rachis présente quatre courbures alternantes dans le plan sagittal (Figure 9.13), soit lordose, cyphose, lordose et cyphose, de la tête jusqu'au coccyx. On parle de lordose cervicale au niveau du cou; de cyphose dorsale au niveau du thorax; de lordose lombale au niveau des lombes. Ces trois premières courbures sont mobiles, contrairement à une seule courbure fixe (immobile), soit la cyphose sacrale (dans la région sacrée).

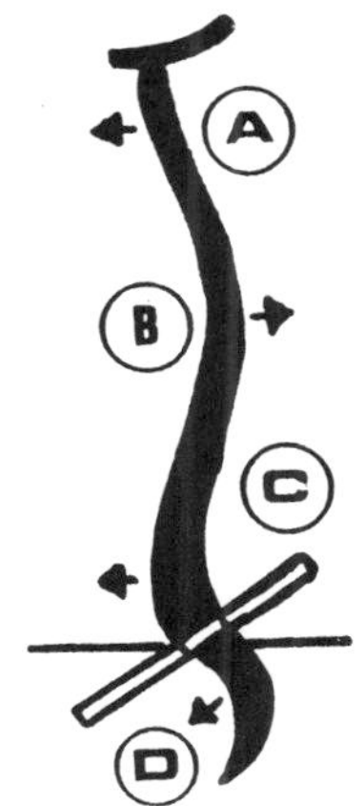

Figure 9.13 Courbures rachidiennes chez l'adulte dans un plan sagittal.
A. Lordose cervicale B. Cyphose dorsale C. Lordose lombale D. Cyphose sacrale.

Si l'on examine la colonne rachidienne de face ou de dos, dans son plan frontal, on réalise qu'elle est presque parfaitement rectiligne (Photo 9.2). Cependant, grâce à la radiologie, on peut déceler une courbure convexe droite dans la colonne thoracique, due à la position du cœur. On parle généralement d'une *scoliose*, lorsqu'il y a une courbure anormale de la colonne vers la droite ou la gauche.

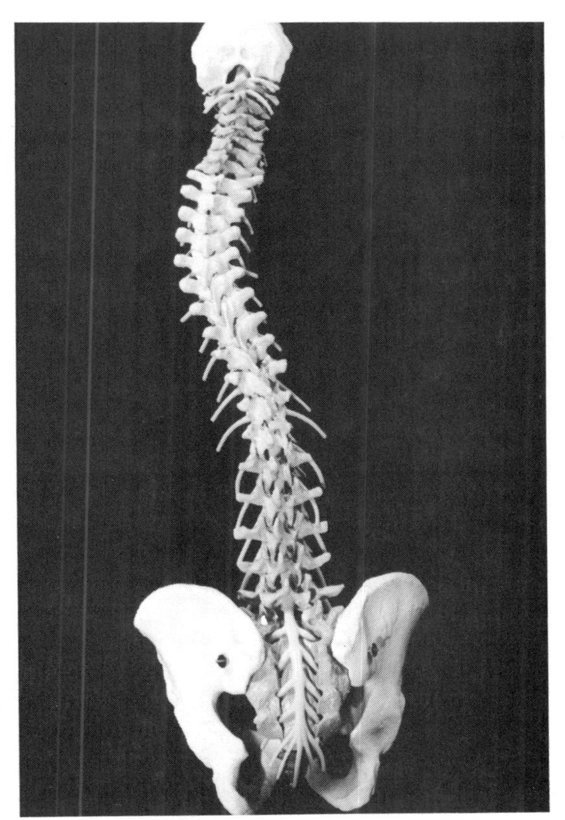

Photo 9.5 Vue postérieure de la colonne vertébrale. Courbure anormale, scoliose.

Les courbures rachidiennes varient suivant les individus et les attitudes. Il est ainsi des variations sexuelles. De même, la cyphose dorsale et la lordose lombale sont plus accentuées chez la femme que chez l'homme et ceci dès l'enfance. Des variations s'observent aussi, dépendamment de l'activité sportive, du développement respiratoire, du métier, etc. d'un individu. Les courbures rachidiennes se commandent mutuellement et si l'une d'elles est exagérée, les autres s'accentuent par compensation afin de rétablir l'équilibre.

LES MOBILITÉS RACHIDIENNES

Les auteurs Castaing et Santini nous expliquent que la souplesse rachidienne est très variable selon l'âge, le sexe, la race, les sujets et selon qu'il s'agisse de mouvements passifs ou actifs.

a) Souplesse cervicale : très souple, la mesure de mouvements de la colonne cervicale est assez facile. Pour l'ensemble de cette partie de la colonne vertébrale, la flexion est de 70° et l'extension est de 80° (Figure 9.14). Entre l'occipital et l'atlas (C1) seuls des mouvements de flexion-extension sont possibles : et leur amplitude globale est d'environ 15°. Entre l'atlas (C1) et l'axis (C2) des mouvements de flexion-extension sont possibles et leur amplitude globale est d'environ 15°.

Pour l'ensemble de la colonne cervicale, les mouvements d'inclinaison latérale pure sont symétriques et ont une amplitude moyenne de 15° à 20°. Entre l'occipital et l'atlas et entre l'atlas et l'axis, aucun mouvement d'inclinaison latérale n'est possible.

Les mouvements de rotation pure sont symétriques et ont une amplitude moyenne de 50°. Il n'y a pas de rotation entre l'occipital et l'atlas, l'amplitude de la rotation (droite et gauche) entre l'atlas et l'axis est de 50° et les mouvements d'inclinaisons et de rotations sont très souvent associés.

b) Souplesse thoracique : segment rigide, les amplitudes moyennes des mouvements de la colonne thoracique sont de : 30° en flexion, 40° en extension, 30° en inclinaison latérale (droite et gauche) et 30° en rotation (droite et gauche) (Figure 9.15).

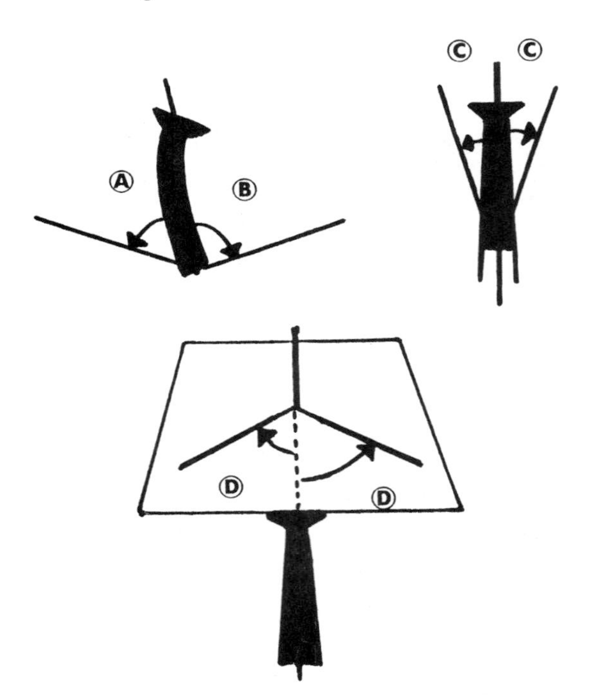

Figure 9.14 Souplesse cervicale.

A. Flexion (face latérale) B. Extension (face latérale) C. Inclinaison latérale (face antérieure) D. Rotation (face antérieure).

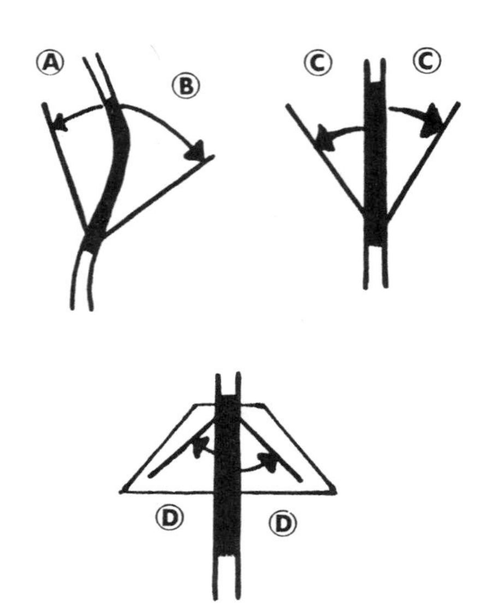

Figure 9.15 Souplesse dorsale.

A. Flexion (face latérale) B. Extension (face latérale) C. Inclinaison latérale (face postérieure) D. Rotation (face postérieure).

c) Souplesse lombale : assez souple, la flexion et l'extension sont de 45° chacune pour l'ensemble de la colonne lombale, (Figure 9.16). Les étages les plus mobiles sont L4/L5 et L5/S1 et la charnière lombosacrée est beaucoup plus mobile dans le sens de l'extension que dans le sens de la flexion. Les inclinaisons latérales sont moins amples et symétriques, et elles ont, de chaque côté, une amplitude moyenne de 20°. Au niveau de L5/S1, les inclinaisons latérales sont presque nulles. Les rotations sont très réduites et symétriques, et elles ont, dans chaque sens, une amplitude moyenne de 10 à 15°.

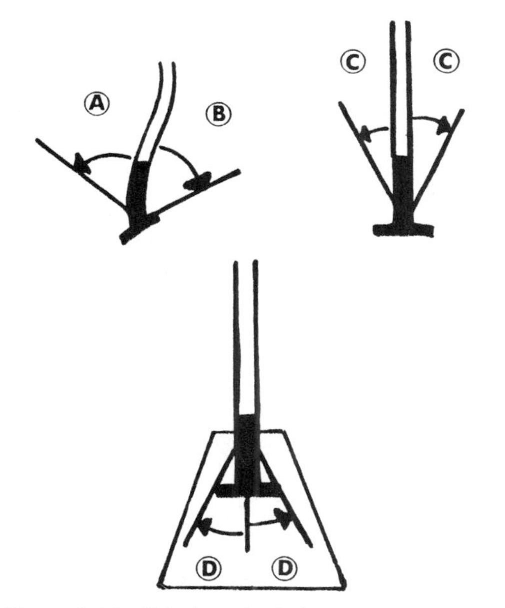

Figure 9.16 Souplesse lombale.
A. Flexion (face latérale) B. Extension (face latérale) C. Inclinaison latérale (face postérieure) D. Rotation (face postérieure).

Les entraînements sportifs peuvent augmenter considérablement l'amplitude des mobilités rachidiennes. En vieillissant, on devient moins souple.

Au niveau de chaque segment articulaire on peut définir un coefficient de mobilité. En effet, le rapport hauteur du disque/hauteur

Photo 9.6 Flexion latérale du tronc.
A. Position anatomique B. Flexion latérale gauche C. Flexion latérale droite.

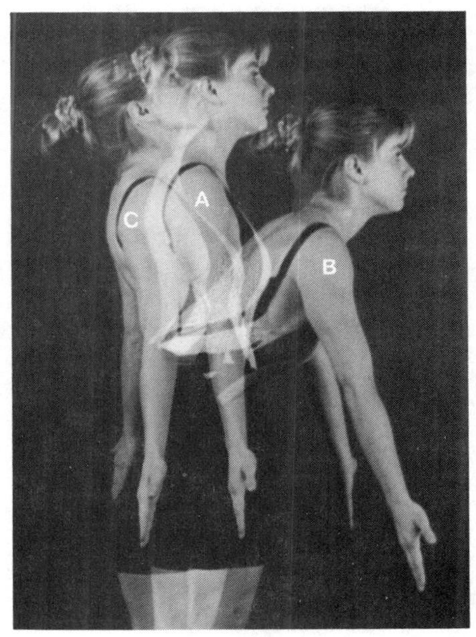

Photo 9.7 Vue latérale du tronc.
A. Position anatomique B. Flexion C. Extension.

du corps vertébral est très significatif et on constate que les mobilités segmentaires sont fonction de ces rapports. Au niveau des colonnes très mobiles, le rapport est de un sur trois (segments cervicaux et lombales). Au niveau de la colonne thoracique, relativement rigide, le rapport est de un sur six. Chez le nouveau-né, pour tous les segments, le rapport est de un sur un.

LES PRESSIONS SUPPORTÉES PAR LE RACHIS

La colonne rachidienne supporte tout le poids du corps, grâce à l'action conjuguée de ses structures osseuses, soit 80 % pour le corps vertébral — que l'on appelle logiquement colonne de travail —, et 20 % pour les processus articulaires. Les diverses courbures alternantes mobiles du rachis augmentent pour leur part sa résistance (cf. *Sachez que* n° 7, p. 162, pour la formule mathématique de la résistance théorique), alors que la position oblique des corps vertébraux sert à atténuer la pression qui s'y exerce. La forme et la disposition des spondyles (dont la partie extérieure est beaucoup plus résistante) et des disques intervertébraux confèrent au corps humain assez de force et de résistance pour soutenir de grandes charges.

VIEILLISSEMENT DU RACHIS

En vieillissant, on devient moins souple. En prenant comme exemple le rachis cervical, on peut admettre que l'amplitude en flexion-extension est de 150° à 15 ans, 110° à 45 ans (perte de 30 %) et 80° à 70 ans (perte de 50 %). Le vieillissement du rachis est extrêmement précoce : de tous les systèmes ostéoarticulaires de notre corps, c'est celui qui dégénère le plus rapidement. Dès l'âge de 18 à 20 ans, des signes histologiques de dégénérescence apparaissent. Les premiers signes de vieillissement se manifestent au niveau des disques. Au-delà de 50 ans et surtout chez la femme après la ménopause, les vertèbres deviennent ostéoporotiques.

MUSCLES DE LA COLONNE VERTÉBRALE

Les muscles agissant sur la colonne vertébrale sont symétriques. Ils peuvent se contracter individuellement. La plupart des muscles agissant sur la colonne vertébrale sont situés sur sa surface postérieure. On distingue des muscles fléchisseurs, extenseurs et ceux qui inclinent la colonne latéralement.

a) Parmi les fléchisseurs, on retrouve :
   1° Les muscles de l'abdomen :
   - Droit de l'abdomen;
   - Oblique externe de l'abdomen;
   - Oblique interne de l'abdomen.

   2° Le sternocléidomastoïdien.
   3° Les trois scalènes (antérieur, moyen et postérieur).
   4° Les muscles prévertébraux (antérieurs et profonds) (Tableau 9.1) :
   - Long du cou;
   - Long de la tête;
   - Droit antérieur de la tête;
   - Droit latéral de la tête.

   5° Le psoas.

b) Parmi les extenseurs, on retrouve :
   1° Les muscles profonds de la région dorsale et médiane (voir Tableau 9.2) :
   - Intertransversaires;
   - Interépineux;
   - Rotateurs du rachis;
   - Multifides.

   2° Les muscles semiépineux de la région dorsale et médiane (voir Tableau 9.3) :
   - Semiépineux de la tête;
   - Semiépineux du cou;
   - Semiépineux du thorax.

   3° Les muscles érecteurs du rachis (voir Tableau 9.4) :
   - Iliocostal du cou;
   - Iliocostal du thorax;
   - Iliocostal des lombes;
   - Longissimus de la tête;
   - Longissimus du cou;
   - Longissimus du thorax;
   - Épineux de la tête;

TABLEAU 9.1

MUSCLES PRÉVERTÉBRAUX

MUSCLE	*ORIGINE*	*TERMINAISON*	*ACTION*	*INNERVATION*
Long du cou	Corps des vertèbres cervicales et des trois premières vertèbres thoraciques	Atlas	Contraction bilatérale : fléchit la tête. Contraction unilatérale : rotation de la tête du même côté	Rameaux du plexus cervical
Long de la tête	Sommet des tubercules antérieurs des processus transverses C3 à C6	Os occipital	voir Long du cou	Nerfs cervicaux 2 à 4
Droit antérieur de la tête	Racine antérieure du processus transverse de l'atlas	Os occipital	voir Long du cou	Nerfs cervicaux 1 à 3
Droit latéral de la tête	Racine antérieure du processus transverse de l'atlas	Os occipital	Inclinaison de la tête	Nerf suboccipital

- Épineux du cou;
- Épineux du thorax;
- Splénius de la tête;
- Splénius du cou.

Pour *l'inclinaison latérale,* on a le muscle carré des lombes.

FLÉCHISSEUR LATÉRAL

CARRÉ DES LOMBES
(quadratus lumborum)

Le seul fléchisseur latéral, c'est un muscle court et pair de la paroi abdominale postérieure (Figure 9.17). Il est rectangulaire et épais.

a) Origine : lèvre interne de la crête coxale.
b) Terminaison : face antérieure de la 12e côte et les processus costiformes des 4 premières vertèbres lombales.

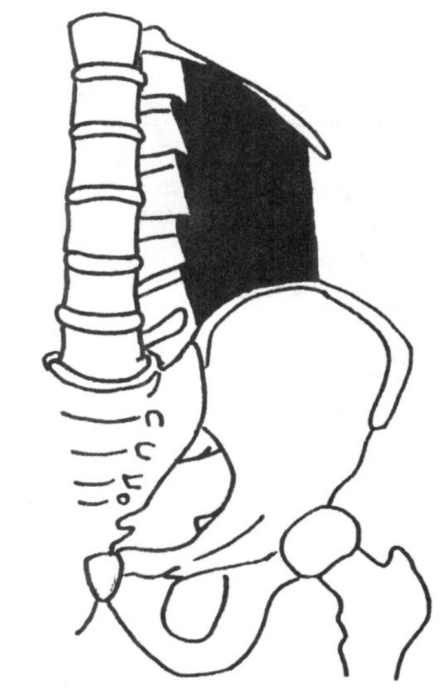

Figure 9.17 Face antérieure du muscle carré des lombes.

TABLEAU 9.2

MUSCLES PROFONDS DE LA RÉGION DORSALE

MUSCLE	*ORIGINE*	*TERMINAISON*	*ACTION*	*INNERVATION*
Intertransversaires	Processus transverses de toutes les vertèbres	Processus transverses de la vertèbre au-dessus de la vertèbre servant d'origine	Fléchisseurs latéraux	Rameaux antérieures et dorsaux des nerfs C, T et L
Interépineux	Surface inférieure de tous les processus épineux	Surface supérieure du processus épineux au-dessous de la vertèbre servant d'origine	Extenseurs du rachis	Rameaux dorsaux des nerfs C et T
Rotateurs du rachis	Processus transverses	Racine du processus épineux de la vertèbre immédiatement au-dessus	Contraction bilatérale : étend le rachis. Contraction unilatérale : rotation vers le côté opposé	Rameaux dorsaux des nerfs C, T et L
Multifides	Processus transverses ou crêtes sacrales	Face latérale du processus épineux de la 4e ou 5e vertèbre placée au-dessus	Voir Rotateurs du rachis	Rameaux dorsaux des nerfs C, T et L

TABLEAU 9.3

MUSCLES SEMIÉPINEUX

MUSCLE	*ORIGINE*	*TERMINAISON*	*ACTION*	*INNERVATION*
Semiépineux de la tête	Os occipital	Processus transverses de 4C à 6T et processus épineux de 6C à 2T	Contraction bilatérale : étend la tête. Contraction unilatérale : inclinaison latérale	Rameaux dorsaux des nerfs cervicaux
Semiépineux du cou	Processus épineux de C1 à C6	Processus transverses de T1 à T6	Contraction bilatérale : étend la tête. Contraction unilatérale : rotation de la tête du côté opposé.	Rameaux dorseaux des nerfs cervicaux et thoraciques.
Semiépineux du thorax	Processus épineux de T2 à T7	Processus transverses de T2 à T7	Voir Semiépineux du cou	Voir Semiépineux du cou

TABLEAU 9.4

MUSCLES ÉRECTEURS DU RACHIS

MUSCLE	*ORIGINE*	*TERMINAISON*	*ACTION*	*INNERVATION*
Iliocostal du cou	Côtes 1 à 6	Processus transverses de C3 à C6	Contraction bilatérale : étend le rachis. Contraction unilatérale : incline latéralement et tord le rachis	Rameaux dorsaux des nerfs C, T et L
Iliocostal du thorax	Côtes 7 à 12	Côtes 1 à 6	Idem	Idem
Iliocostal des lombes	Crête iliaque Crêtes sacrales	Côtes 5 à 12	Idem	Idem
Longissimus de la tête	Processus transverses de C4 à C7	Processus mastoïde	Idem	Idem
Longissimus du cou	Processus transverses de T1 à T6	Processus transverses de C2 à C6	Idem	Idem
Longissimus du thorax	Crête iliaque, sacrum et processus épineux lombaires	Processus transverses T et L	Idem	Idem
Épineux de la tête	Processus épineux de C6 à C7 et T1 à T4	Lignes nuchales supérieure et inférieure	Idem	Idem
Épineux du cou	Processus épineux de C6 à C7 et T1 à T2	Processus épineux de C2 à C4	Idem	Idem
Épineux du thorax	Processus épineux de T11 et T12	Processus épineux de T3 à T9	Idem	Idem
Splénius de la tête	Ligament nuchal et processus épineux de C4 à T3	Ligne nuchale supérieure et processus mastoïde	Contraction bilatérale : étend la tête. Contraction unilatérale : rotation de la tête du même côté	Rameaux dorsaux des nerfs C1 à C4
Splénius du cou	Processus épineux de T3 à T6	Processus transverses de C1 à C3	Idem	Branches dorsales des nerfs C1 à C5

c) Action : flexion latérale du tronc lorsqu'il est contracté d'un seul côté.

d) Innervation : rameaux du plexus lombal et du 12e nerf intercostal.

FLÉCHISSEURS

Parmi les muscles fléchisseurs, nous étudierons plus en détail les trois muscles de l'abdomen, le sternocléidomastoïdien et les trois muscles scalènes.

DROIT DE L'ABDOMEN
(rectus abdominis)

C'est un muscle pair de l'abdomen s'étendant de chaque côté de la ligne médiane (linea alba), du thorax au pubis (Figure 9.18). Il est épais et allongé.

a) Origine : naissance à partir des 5e, 6e et 7e cartilages costaux et du processus xiphoïde sternal.

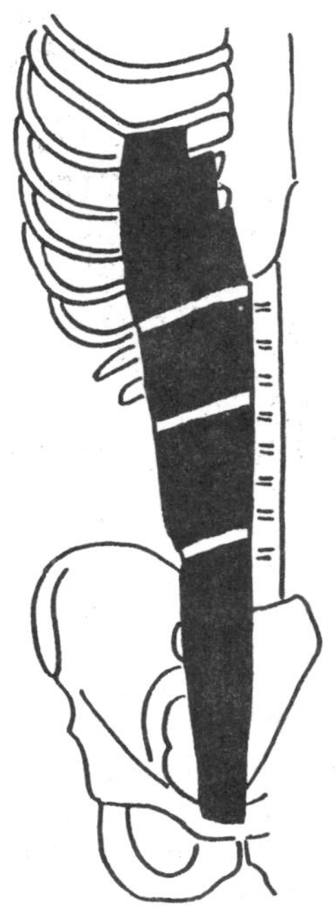

Figure 9.18 Face antérieure du muscle droit de l'abdomen.

b) Terminaison : bord supérieur du pubis, entre le tubercule pubien et la symphyse.

c) Action : contracté des deux côtés, il est fléchisseur de la colonne. Il aide à la flexion latérale lorsqu'il est contracté unilatéralement.

d) Innervation : cinq derniers nerfs intercostaux et les premiers nerfs lombaux.

OBLIQUE EXTERNE DE L'ABDOMEN
(obliquus externus abdominis)

Muscle plat et large de la paroi antérolatérale de l'abdomen (Figure 9.19), il est le muscle le plus à l'extérieur de la cavité abdominale. Symétrique, ses fibres forment un « V ».

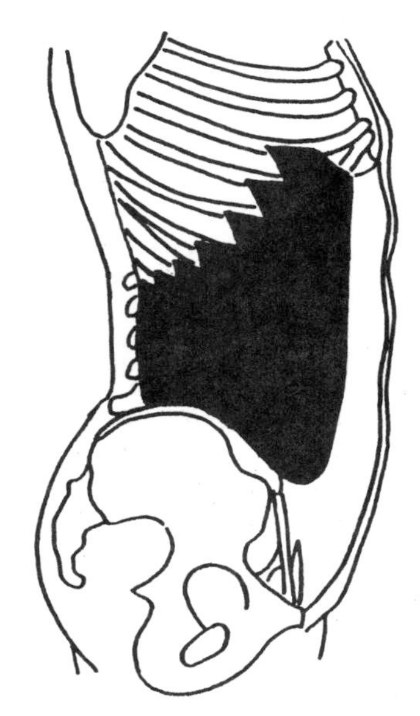

Figure 9.19 Face latérale du muscle oblique externe de l'abdomen.

a) Terminaison : face externe et le bord inférieur des sept ou huit dernières côtes.

b) Origine : ligne blanche (linea alba), le ligament inguinal, le pubis et la moitié antérieure de la lèvre externe de la crête coxale.

c) Action : flexion antérieure du tronc, avec une contraction des deux côtés. Une contraction d'un seul côté entraîne une flexion latérale du même côté avec une rotation du tronc du côté opposé.
d) Innervation : nerfs intercostaux inférieurs, les nerfs iliohypogastrique et ilio-inguinal.

OBLIQUE INTERNE DE L'ABDOMEN
(obliquus internus abdominis)

C'est un muscle pair des parois antérolatérales de l'abdomen (Figure 9.20). Ce muscle est situé sous le muscle oblique externe de l'abdomen. Ses fibres se dirigent à angles droits par rapport à celles du muscle oblique externe. C'est un muscle plat et très épais. Les muscles oblique interne droit et gauche forment un V inversé sur le devant de l'abdomen.

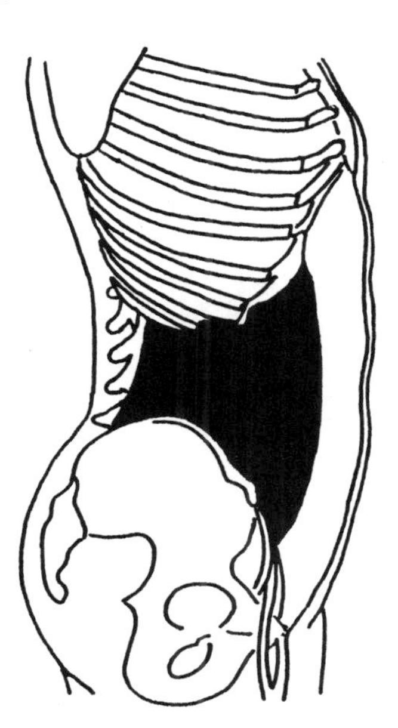

Figure 9.20 Face latérale du muscle oblique interne de l'abdomen.

a) Origine : versant externe de la crête coxale dans ses trois quarts antérieurs, le fascia thoracolombal et les deux tiers externes du ligament inguinal.
b) Terminaison : bord inférieur des 12e, 11e et 10e côtes, la ligne blanche, sur le tubercule et la symphyse pubienne.
c) Action : fléchisseurs du tronc, par leur contraction simultanée. Leur action isolée incline le tronc du même côté et provoque la rotation du thorax du même côté.
d) Innervation : nerfs intercostaux, iliohypogastrique et ilio-inguinal.

STERNOCLÉIDOMASTOÏDIEN
(sternocleïdomastoideus)

C'est un muscle pair, important et puissant de la région antérolatérale du cou (Figure 9.21). Il possède deux chefs : sternal et claviculaire.

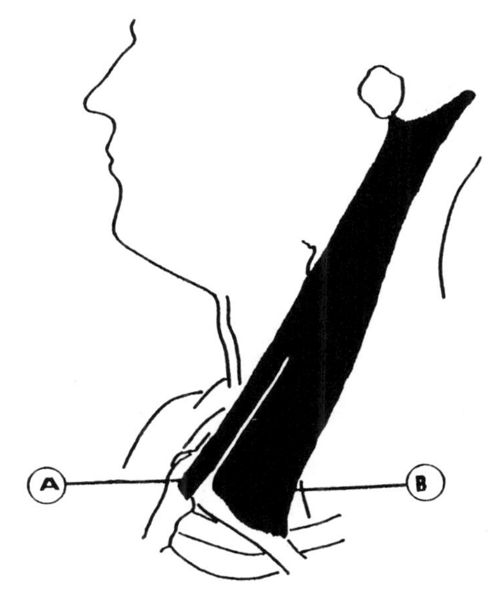

Figure 9.21 Face latérale du muscle sternocléidomastoïdien.
A. Chef sternal B. Chef claviculaire.

a) Origine : face antérieure du manubrium sternal pour le chef sternal. Le chef claviculaire naît du tiers sternal de la face supérieure de la clavicule.

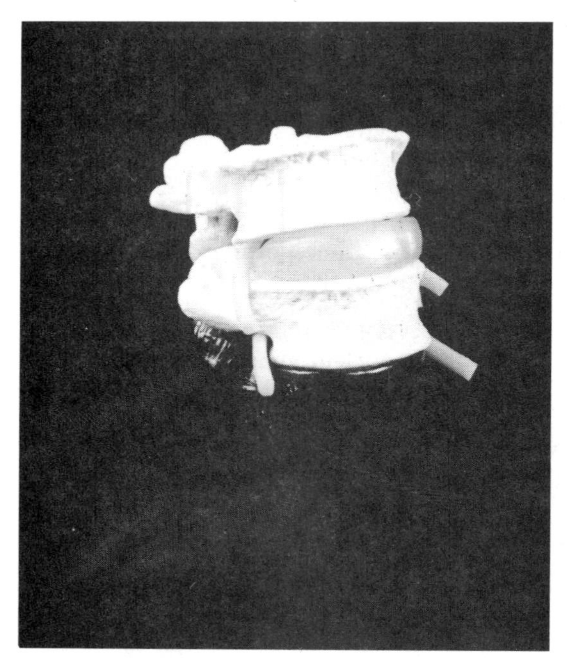

Photo 9.8 Emplacement du disque entre deux corps vertébraux.

Photo 9.9 Hernie discale. Le nucléus pulposus qui sort de l'anneau fibreux : A. Bilatéralement B. Unilatéralement.

b) Terminaison : le pourtour postérieur du processus mastoïde de l'os temporal.

c) Action : une contraction des deux côtés entraîne une puissante flexion antérieure de la tête. Il est ainsi l'antagoniste du muscle trapèze. Contracté d'un seul côté, il occasionne une flexion latérale du même côté et une rotation de la face du côté opposé.

d) Innervation : rameau du nerf accessoire et du plexus cervical.

MUSCLES SCALÈNES (scalenius)

Il y a trois scalènes de chaque côté : l'antérieur, le moyen et le postérieur (Figure 9.22). Ce sont des muscles de la partie profonde de la région antérolatérale du cou.

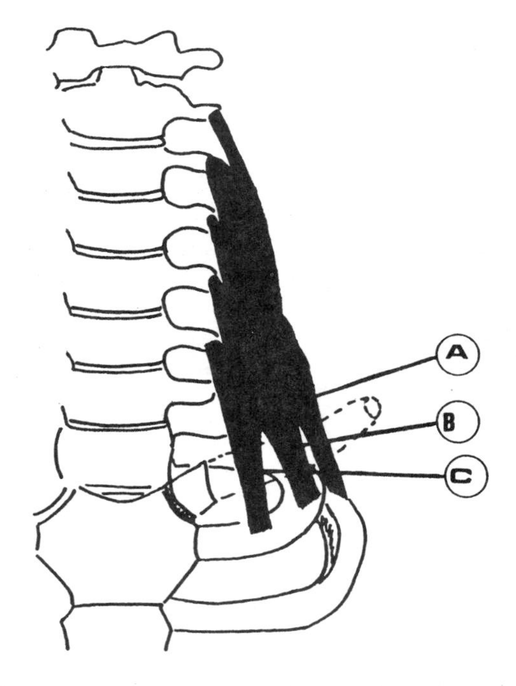

Figure 9.22 Face antérieure des muscles scalènes. A. Postérieur B. Moyen C. Antérieur.

a) Origine : processus transverses des vertèbres cervicales C2 à C7.
b) Terminaison : deux premières côtes.
c) Action : une contraction unilatérale fléchit le rachis cervical latéralement. Une contraction des deux côtés aide à la flexion.
d) Innervation : branches antérieures des nerfs cervicaux 5, 6, 7 et 8.

EXTENSEURS

Les muscles profonds de la région dorsale sont les intertransversaires, les interépineux, les rotateurs du rachis et les multifides (Figure 9.23). Ce sont de petits muscles pairés, extenseurs de la partie médiane du dos.

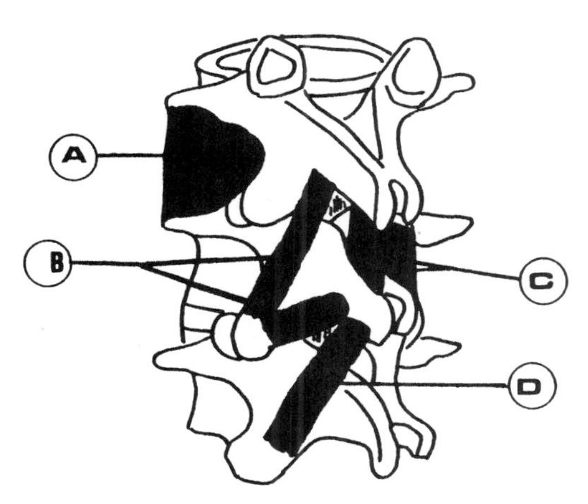

Figure 9.23 Muscles profonds de la région dorsale.
A. Intertransversaire B. Rotateurs du rachis C. Interépineux D. Multifide.

Les muscles érecteurs du rachis se subdivisent en trois colonnes (Figure 9.24). La colonne externe, constituée des muscles iliocostaux (du cou, du thorax et des lombes). La colonne interne, composée des muscles épineux et semi-épineux (tête, cou et thorax). Enfin, les muscles longissimus (tête, cou et thorax) représentent la colonne intermédiaire.

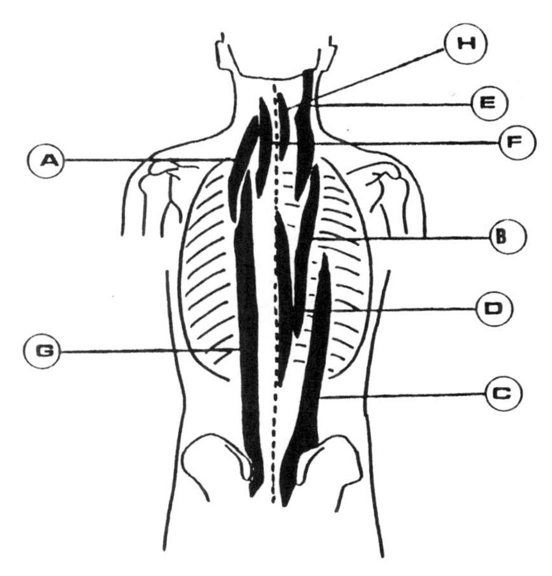

Figure 9.24 Face postérieure des muscles érecteurs du rachis.
A. Iliocostal du cou B. Iliocostal du thorax. C. Iliocostal des lombes D. Épineux du thorax E. Longissimus de la tête F. Longissimus du cou G. Longissimus du thorax H. Épineux du cou.

Les Figures 9.25 et 9.26 illustrent les principaux muscles agissant sur la colonne vertébrale.

SACHEZ QUE...

1. La force des parois de la cavité abdominale dépend entièrement des muscles, car elles ne possèdent aucun support osseux.
2. La ligne blanche (linea alba) est un raphé fibreux médian (entrecroisement de fibres) tendu du sternum au pubis. Elle est longue de 33 cm environ et épaisse de 3 mm.
3. Le ligament inguinal est une bandelette fibreuse séparant la région inguinale de la région fémorale.
4. Le nucléus pulposus tend à se calcifier avec l'âge.

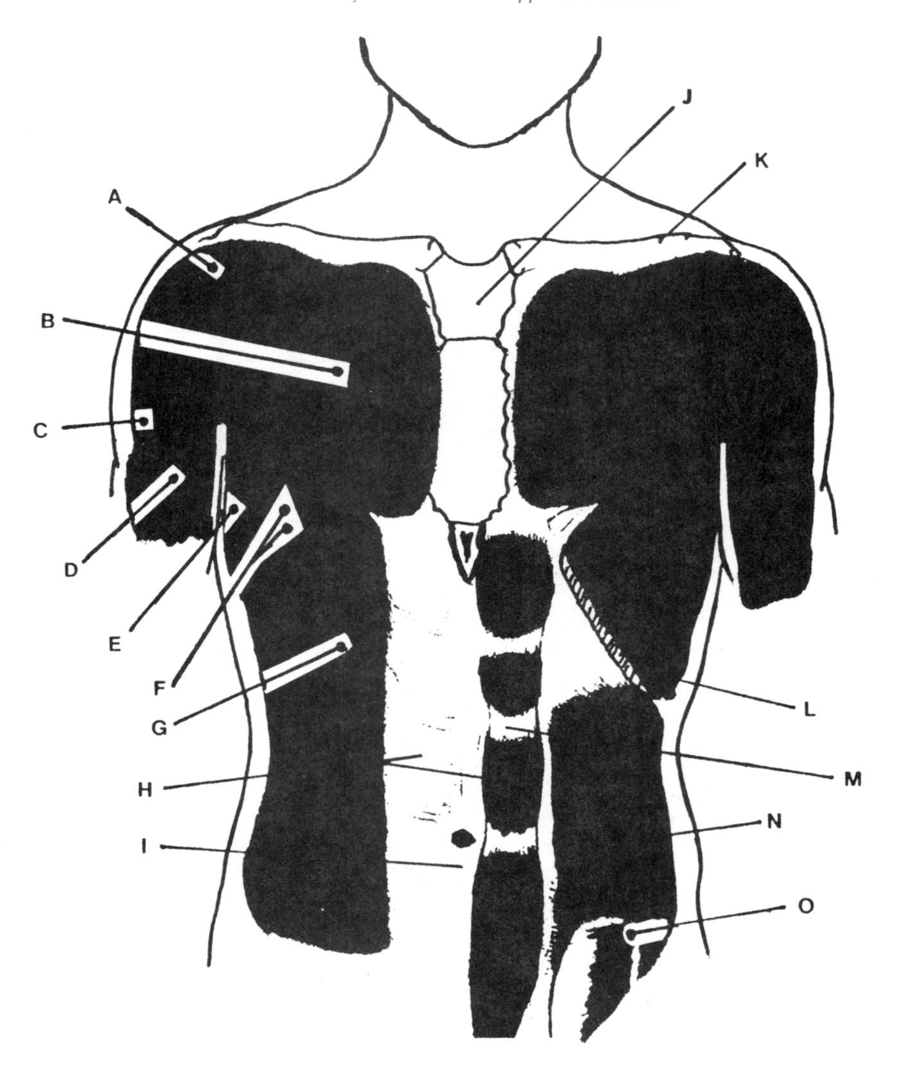

Figure 9.25 Muscles superficiels du thorax et du bras (à gauche) et profonds (à droite) de la paroi abdominale. *A. Deltoïde B. Grand pectoral C. Triceps brachial D. Biceps brachial E. Grand dorsal F. Dentelé antérieur G. Oblique externe H. Droit I. Ligne blanche (linea alba) J. Os sternum K. Os clavicule L. Oblique externe (coupé) M. Intersection tendineuse N. Oblique interne O. Transverse de l'abdomen.*

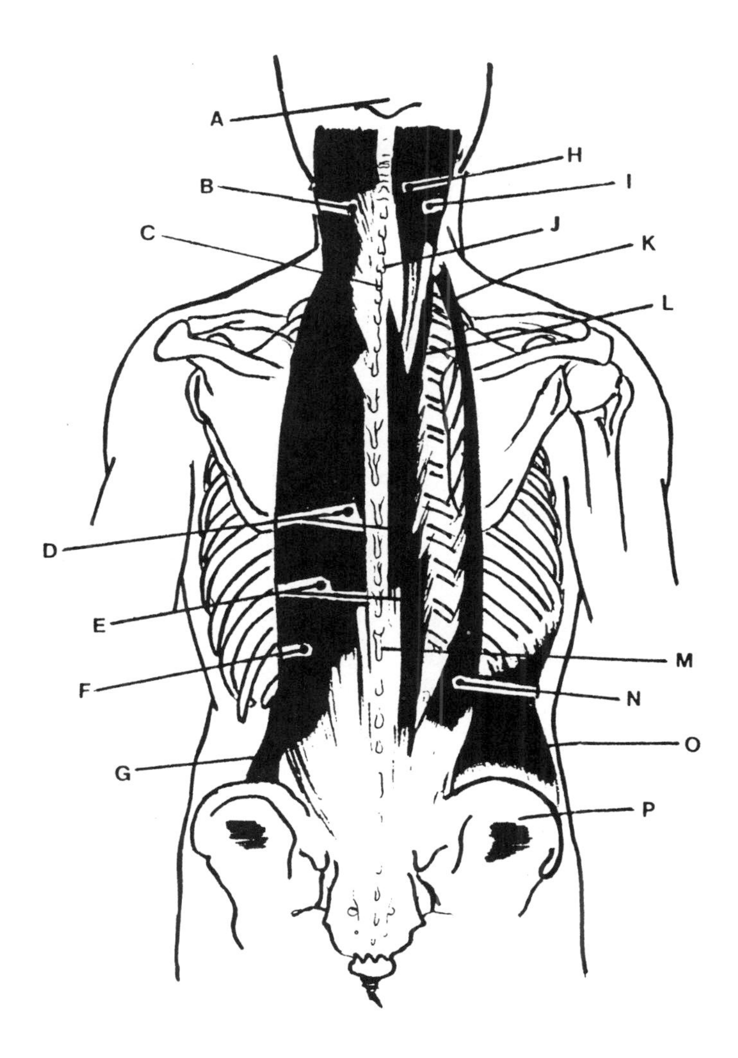

Figure 9.26 Muscles postérieurs intrinsèques de la colonne vertébrale.

A. Os occipital B. Splénius de la tête C. Vertèbre T1 D. Épineux du thorax E. Longissimus du thorax F. Iliocostal du thorax G. Carré des lombes H. Semiépineux de la tête I. Longissimus de la tête J. Os vertèbre C7 K. Iliocostal du cou L. Longissimus du cou M. Os vertèbre L1 N. Iliocostal des lombes O. Oblique externe de l'abdomen P. Os coxal.

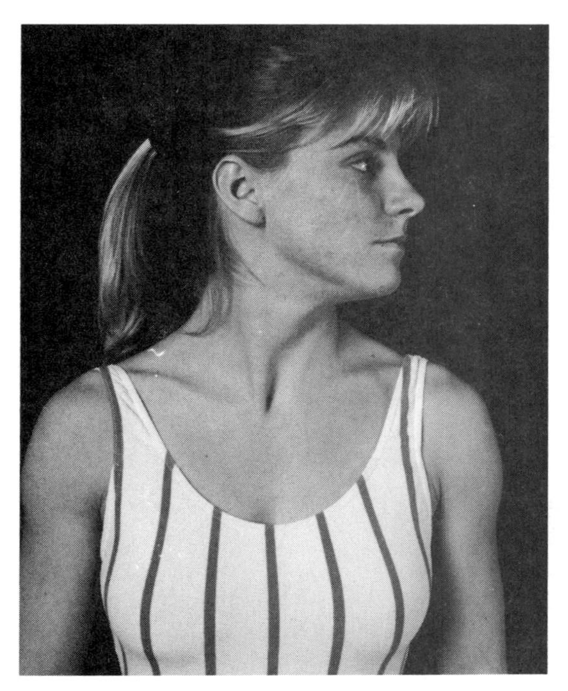

Photo 9.10 Contraction du sternocléidomastoïdien droit provoquant une rotation de la tête vers la gauche.

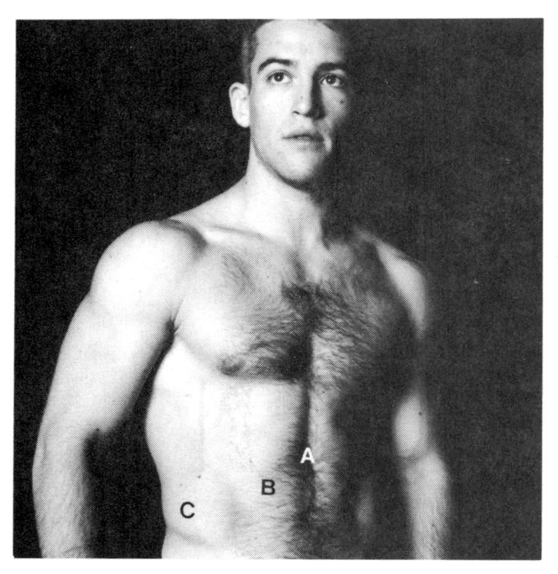

Photo 9.11 A. Linéa alba B. Droit de l'abdomen C. Oblique externe.

5. Les mouvements de flexion-rotation sont les plus nocifs pour les disques. Ce sont ceux qui favorisent le plus facilement la formation d'une hernie discale.
6. La moelle épinière ou spinale s'allonge dans le mouvement de flexion du rachis et se raccourcit dans le mouvement d'extension.
7. Les courbures de la colonne vertébrale donnent une plus grande résistance qu'une ligne droite. En effet, la résistance théorique est $n^2 + 1$, où *n* est le nombre de courbures alternantes non-fixes, c'est-à-dire 3, ce qui donne une résistance dix fois plus grande qu'une ligne droite.
8. Les ligaments jaunes sont les moyens par lesquels des lames vertébrales s'unissent entre elles. Ils sont beaucoup plus élastiques que les autres ligaments.
9. Le nucléus pulposus est toujours situé à l'arrière du centre du disque. Il favorise les hernies discales vers l'arrière (Photo 9.9), donc vers la moelle spinale, d'où le grand danger de paralysie.
10. Seules les vertèbres cervicales possèdent des foramens transversaux. Seules les vertèbres thoraciques possèdent au moins deux petites surfaces articulaires (fosses costales) aux bords latéraux et postérieurs du corps.
11. On incline la tête pour dire *oui* à l'aide de l'articulation atlantooccipitale (crâne — C1) et on hoche la tête pour dire *non* à l'aide de l'articulation atlantoaxoïdienne médiane (C1-C2).

X

Le thorax

OS DU THORAX

La cage thoracique se compose du sternum, de 24 côtes (sternales, asternales et flottantes) et de leurs cartilages costaux rattachés aux vertèbres thoraciques (Figure 10.1). Le thorax est composé de 25 os, qui sont le sternum et les côtes (24). Le thorax est la partie supérieure du tronc sur laquelle s'attachent les membres supérieurs et le cou. Il comprend une paroi (squelette, muscles du thorax et téguments) et une cavité dans laquelle se loge la majeure partie de l'appareil respiratoire et le cœur.

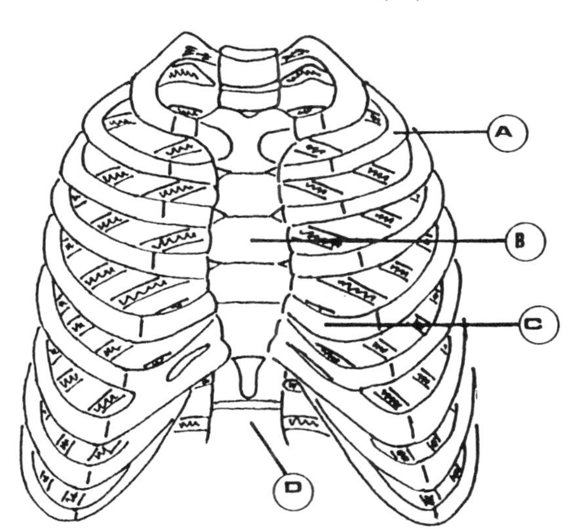

Figure 10.1 Thorax.
A. Os costal B. Sternum C. Cartilage costal D. Vertèbre thoracique.

Extérieurement, le thorax est limité, en haut, par une ligne passant par l'incisure jugulaire du sternum, la clavicule et le processus épineux de la vertèbre C7. En bas, cette ligne passe par le processus xiphoïde, la douzième côte et le processus épineux de la vertèbre T12. Le thorax a la forme d'un tronc de cône à base inférieure. Sa hauteur est de 12 cm en avant, 27 cm en arrière et 33 cm latéralement. À sa base, le diamètre transversal mesure environ 26 cm et le diamètre sagittal 12 cm. À son sommet, le diamètre transversal mesure environ 11 cm et le diamètre sagittal 5 cm.

STERNUM

Le sternum est un os plat allongé verticalement et complétant la partie antérieure et médiane du thorax (Figure 10.2). Il est formé par la fusion de six sternèbres superposées, constituant primitivement le sternum.

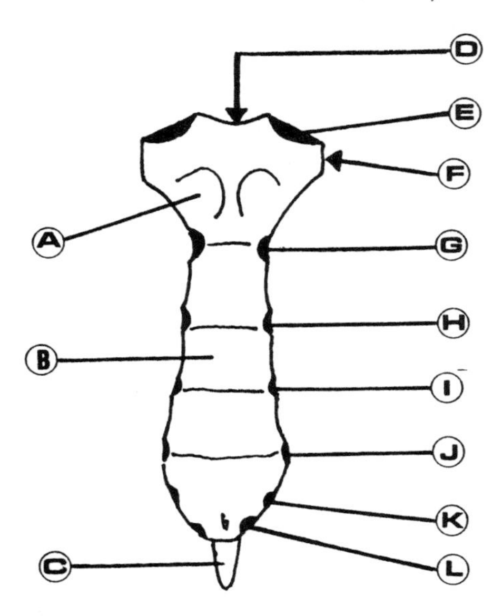

Figure 10.2 Face antérieure du sternum.

A. Manubrium B. Corps C. Processus xiphoïde D. Incisure jugulaire E. Incisure claviculaire F. Premier cartilage costal G. Deuxième cartilage costal H. Troisième cartilage costal I. Quatrième cartilage costal J. Cinquième cartilage costal K. Sixième cartilage costal L. Septième cartilage costal.

Sur ses bords latéraux viennent s'articuler les deux clavicules et les sept premiers cartilages costaux. Il présente une face antérieure cutanée et une face postérieure répondant aux organes internes. Le sternum présente trois parties chez l'adulte :

a) Le manubrium : partie supérieure épaisse du sternum, élargie transversalement. Ses bords latéraux présentent des incisures répondant à la 1re et à la 2e côte. Son bord supérieur est marqué de trois incisures : l'une médiane, l'incisure jugulaire (fourchette), deux latérales, les incisures claviculaires.

b) Le corps : partie moyenne du sternum. Il s'articule avec le manubrium en haut et le processus xiphoïde en bas. Sa face antérieure est marquée par les crêtes sternales et ses bords le sont par des incisures costales qui répondent aux cartilages costaux.

c) Le processus xiphoïde : partie inférieure du sternum. De forme et de direction très variables, il n'est totalement ossifié que chez le vieillard. Il peut être bifide (deux pointes) (70 %) ou percé d'un orifice (plus rare). Il sert de point d'attache pour plusieurs ligaments et muscles, dont le muscle grand droit de l'abdomen et la ligne blanche, qui indique le milieu de l'abdomen.

OS COSTAL

L'os costal est la partie ossifiée de la côte (Figure 10.3). Avec le cartilage costal, l'os costal constitue la côte. Il est caractérisé par une tête s'appuyant sur les vertèbres thoraciques, un col étroit et un corps long et aplati présentant une angulation postérieure marquée, l'angle costal. En saillie, entre le corps et le col, s'avance le tubercule costal.

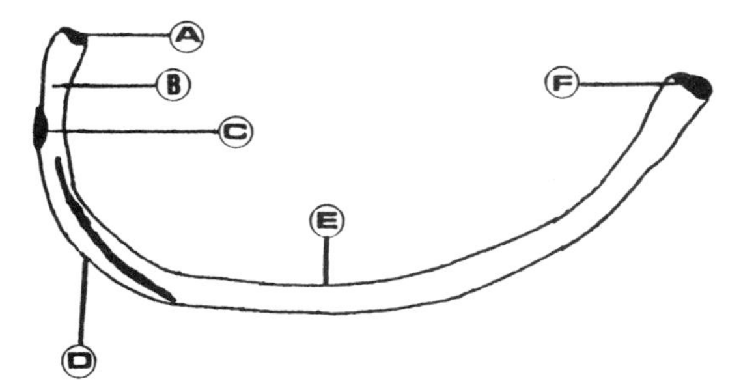

Figure 10.3 Face supérieure de l'os costal.

A. Tête B. Col C. Tubercule costal D. Angle costal E. Corps F. Extrémité sternale.

La côte est une unité ostéocartilagineuse délimitant latéralement le thorax. Au nombre de douze et de part et d'autre du plan sagittal, elles sont numérotées de haut en bas. Elles s'articulent toutes en arrière avec les vertèbres thoraciques. En avant, les sept premières, les vraies côtes ou côtes sternales, s'articulent avec le sternum (Figure 10.1). Les 8e, 9e et 10e par l'intermédiaire d'un cartilage costal commun s'articulent avec le sternum. Ce sont les fausses côtes ou côtes asternales. Les deux dernières côtes ou côtes flottantes, ont une extrémité libre à l'avant. Celles-ci s'articulent avec une seule vertèbre et se singularisent en outre par l'absence de tubercule costal et par l'existence d'un cartilage costal atrophié. Toutes les côtes sont toujours obliques vers le bas. Elles augmentent de longueur de la 1re à la 8e puis diminuent de la 9e à la 12e. Elles sont convexes surtout dans la partie postérieure. La partie supérieure de chaque côte est arrondie et assez lisse, alors que la partie inférieure est aplatie et souvent rugueuse. Les parties de l'os costal sont :

a) Angle : jonction du col et du corps de la côte. Son sommet répond au tubercule costal.
b) Tubercule : saillie irrégulière située à la face externe de l'union du corps et du col costal. Il présente une surface articulaire répondant au processus transverse de la vertèbre thoracique qui lui correspond.
c) Col : segment intermédiaire rétréci, situé entre la tête et le corps de la côte.
d) Corps : segment moyen de la côte, intermédiaire au col et au cartilage costal. Une gouttière longe le bord inférieur de sa face interne.
e) Tête : extrémité dorsale de la côte. Renflée, elle présente deux facettes articulaires, séparées par une arête, s'articulant avec deux corps vertébraux. Les têtes des 1re, 11e et 12e paires de côtes font exception; elles s'articulent sur les facettes d'une seule vertèbre thoracique.

Le cartilage costal est la partie antérieure cartilagineuse de la côte (Figure 10.1). Au niveau des dix premières côtes, il sépare l'os costal du sternum. Les cartilages costaux sont composés de cartilage hyalin. Ils renforcent le thorax en servant d'ancrage au sternum pour la plupart des côtes et comme ce sont des cartilages, ils offrent la flexibilité nécessaire de la cage thoracique pendant la respiration.

ARTICULATIONS DU THORAX

Les articulations unissant les côtes aux vertèbres portent le nom d'articulations costovertébrales. Chacune d'elles se compose d'une articulation de la tête costale et d'une articulation costotransversaire. Au niveau de la partie antérieure du thorax, on retrouve les articulations sternocostales, costochondrales et interchondrales.

ARTICULATION DE LA TÊTE COSTALE

Cette articulation unit la tête de la côte aux faces latérales de deux corps vertébraux successifs (Figure 10.4). Elle se compose de deux articulations planes (arthrodies), séparées par le ligament intraarticulaire de la tête costale.

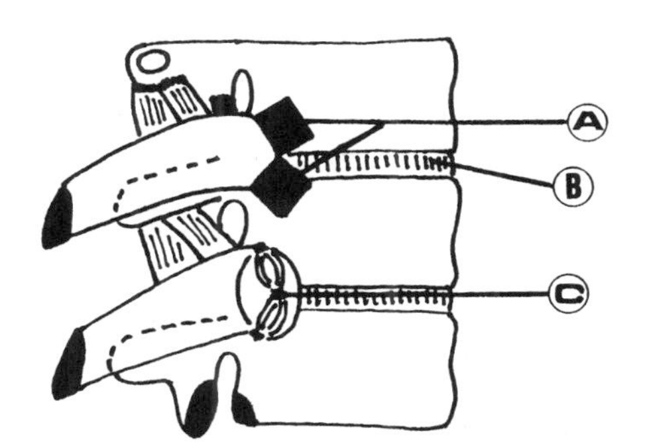

Figure 10.4 Articulation de la tête costale.
A. Ligaments radiés B. Disque intervertébral C. Ligament intraarticulaire.

a) Surfaces articulaires : disque intervertébral, les deux surfaces articulaires de la tête costale et les foveas costales de deux vertèbres successives. La tête des 1re, 11e et 12e côtes ne s'articule qu'avec une seule vertèbre.
b) Capsule articulaire : mince.
c) Ligaments : radié de la tête costale et intraarticulaire de la tête.
d) Anatomie fonctionnelle : glissements.

ARTICULATION COSTOTRANSVERSAIRE

Unissant une côte à un processus transverse d'une vertèbre (Figure 10.5), c'est une articulation trochoïde.

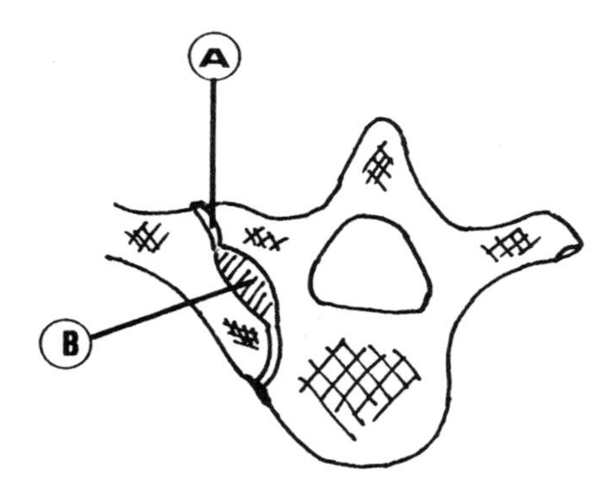

Figure 10.5
A. Articulation costotransversaire B. Ligament costotransversaire.

a) Surfaces articulaires : la fovea costale transversaire et la surface articulaire du tubercule costal.
b) Capsule articulaire : mince.
c) Ligaments : costotransversaires supérieur, latéral et inférieur.
d) Anatomie fonctionnelle : rotation.

ARTICULATIONS STERNOCOSTALES

Ces articulations paires unissent les sept premières côtes au sternum (Figure 10.6). Ce sont des articulations synoviales (arthrodies), sauf au niveau de la première côte où l'on retrouve une articulation cartilagineuse (synchondrose). Un ligament sternocostal intraarticulaire sépare deux articulations planes.

a) Surfaces articulaires : sternum et sept cartilages costaux.
b) Capsule articulaire : sa partie fibreuse réunit le périoste du sternum au périchondre du cartilage costal.

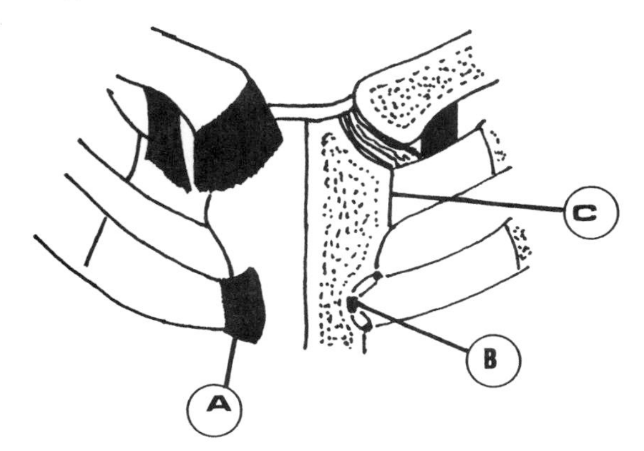

Figure 10.6 Articulations sternocostales.
A. Ligament sternocostal radié B. Ligament sternocostal intraarticulaire C. Synchondrose sternocostale.

c) Ligaments : sternocostaux radiés et sternocostaux intraarticulaires.
d) Anatomie fonctionnelle : glissements.

ARTICULATIONS COSTOCHONDRALES

Articulations unissant l'os costal au cartilage costal, elles sont fibreuses (synarthroses).

ARTICULATIONS INTERCHONDRALES

Ce sont des articulations synoviales (arthrodies) unissant les 6e, 7e et 8e cartilages costaux.

MOUVEMENTS DU THORAX

Les deux principaux mouvements du thorax sont l'élévation et l'abaissement. L'élévation consiste en un redressement des côtes et une augmentation de la capacité thoracique afin de faciliter la respiration. Par contre, l'abaissement des côtes consiste en la reprise de la position normale des côtes et en une diminution de la capacité thoracique à un niveau normal.

La personne a besoin d'une contraction musculaire pour l'inspiration au repos, l'inspiration forcée et l'expiration forcée. La personne n'a pas besoin de contraction musculaire pour l'expiration au repos.

INSPIRATION

Lors de l'inspiration, c'est-à-dire à l'instant où l'air extérieur pénètre dans les poumons, les côtes, normalement en position oblique, se redressent; ce phénomène *actif* est plus facilement observable dans l'*inspiration forcée*. Luttant contre la gravité, les côtes nécessitent l'action des muscles élévateurs (particulièrement les scalènes) pour se redresser, alors que dans la respiration automatique, seul le *diaphragme* semble remplir ce rôle.

Pour bien comprendre le phénomène de l'inspiration, il faut surtout concevoir que pour assurer la rentrée de l'air dans les poumons, la pression atmosphérique doit être plus élevée que celle à l'intérieur des poumons.

L'inspiration par le nez, qui sert à filtrer et à réchauffer l'air qui pénètre dans les poumons, est la plus naturelle et la plus recommandable.

EXPIRATION

Par opposition, l'expiration calme n'exige aucun apport musculaire; c'est un phénomène *passif* — pendant lequel la force gravitationnelle agit seule —, qui permet à l'air de quitter les poumons. Par contre, au cours de l'*expiration forcée* (c'est-à-dire au moment d'un grand exercice), l'action des muscles devient nécessaire.

Dans le cas de l'*expiration*, qui se fait idéalement par la bouche, la pression à l'intérieur des poumons est plus grande que celle de l'air ambiant.

MUSCLES DU THORAX

La majorité des muscles thoraciques profonds se terminent sur les côtes et jouent un rôle dans l'inspiration ou l'expiration.

DIAPHRAGME (diaphragma)

Le diaphragme est un muscle en forme de dôme, présentant une cloison musculo-tendineuse et séparant les cavités thoracique et abdominale (Figure 10.7). Il présente trois grands orifices : le foramen de la veine cave, le hiatus aortique et le hiatus oesophagien.

a) Origine : colonne vertébrale (trois premières vertèbres lombales), l'intérieur des côtes, les six derniers cartilages costaux et l'arrière du processus xiphoïde du sternum.

b) Terminaison : les faisceaux charnus convergent sur le centre tendineux qui est

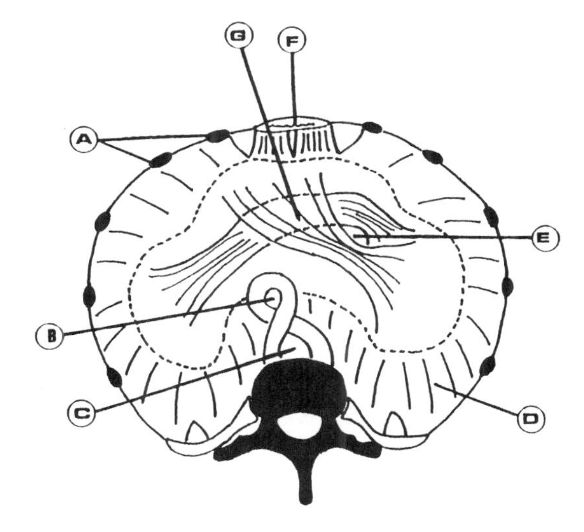

Figure 10.7 Face supérieure du diaphragme.
A. Cartilages costaux B. Hiatus oesophagien C. Hiatus aortique D. Portion charnue E Foramen de la veine cave inférieure F. Sternum G. Centre tendineux.

fibreux et qui porte le nom de centre phrénique.

c) Action : inspirateur puissant, il se contracte énergiquement pendant l'effort, intervenant au cours de nombreux actes (hoquet, vomissement, défécation, miction, accouchement...).

d) Innervation : nerf phrénique, les six derniers intercostaux et des rameaux du sympathique.

DENTELÉ POSTÉRIEUR INFÉRIEUR
(serratus posterior inferior)

C'est un muscle pair du dos, tendu de la colonne vertébrale aux côtes (Figure 10.8). Il se dirige obliquement en haut et en dehors.

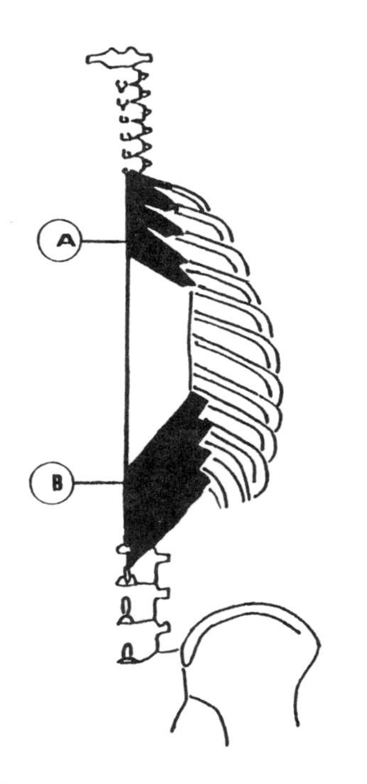

Figure 10.8
A. Muscle dentelé postérieur supérieur B. Muscle dentelé postérieur inférieur.

a) Origine : processus épineux des deux dernières vertèbres thoraciques et des trois premières vertèbres lombales.

b) Terminaison : bord inférieur des quatre dernières côtes.

c) Action : expirateur, il abaisse les dernières côtes.

d) Innervation : nerf intercostaux.

DENTELÉ POSTÉRIEUR SUPÉRIEUR
(serratus posterior superior)

Muscle pair du dos s'étendant de la colonne vertébrale aux côtes (Figure 10.8), il se dirige obliquement en haut et en dedans.

a) Origine : processus épineux des deux dernières vertèbres cervicales et des deux premières vertèbres dorsales, de même que sur les ligaments supraépineux correspondants.

b) Terminaison : face externe des 2e, 3e, 4e et 5e côtes.

c) Action : inspirateur, il élève les 2e, 3e, 4e et 5e côtes.

d) Innervation : nerfs intercostaux.

TRANSVERSE DE L'ABDOMEN
(transversus abdominis)

C'est le muscle le plus profond de la paroi antérolatérale de l'abdomen (Figure 10.9). Il est constitué de fibres qui se portent horizontalement, d'arrière en avant, pour se continuer en une vaste lame tendineuse.

a) Origine : face interne des six dernières côtes, fascia thoracolombal, processus transverses des vertèbres lombales, les deux tiers antérieurs de la lèvre interne de la crête coxale et le tiers externe du ligament inguinal.

b) Terminaison : ligne blanche.

c) Action : expirateur, il augmente la pression intraabdominale par la contraction simultanée des deux muscles.

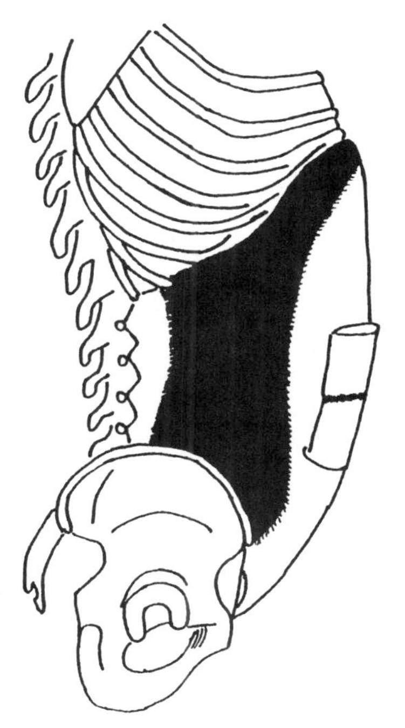

Figure 10.9 Face latérale du muscle transverse de l'abdomen.

d) Innervation : nerfs intercostaux, l'ilio-hypogastrique, l'ilio-inguinal et le génitofémoral.

ÉLÉVATEURS DES CÔTES
(levatores costarum)

Muscles profonds de la face externe dorsale du thorax (Figure 10.10). Ce sont des petits muscles triangulaires situés de chaque côté de la colonne, on en compte douze paires.

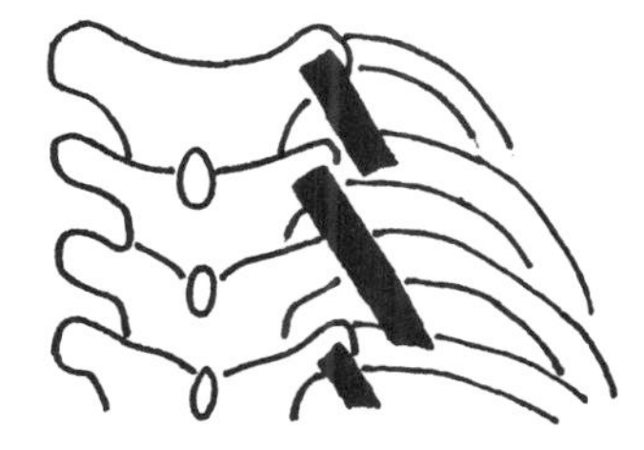

Figure 10.10 Muscles élévateurs des côtes.

a) Origine : sommet des processus transverses de C7 et de T1 à T11.
b) Terminaison : face externe des côtes entre le tubercule et l'angle.
c) Action : inspirateurs, ils élèvent les côtes.
d) Innervation : nerfs intercostaux.

INTERCOSTAUX INTERNES
(intercostales interni)

Muscles de l'espace intercostal (Figure 10.11), ils sont situés entre les muscles intercostaux externes et intimes, ils s'étendent depuis le sternum jusqu'aux angles de la côte où ils se prolongent par les membranes intercostales internes.

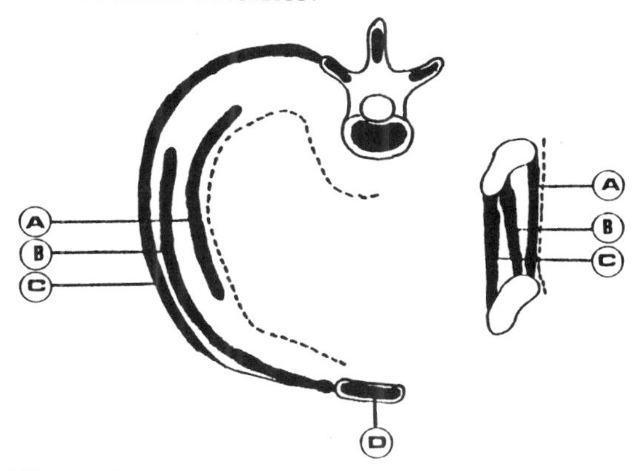

Figure 10.11 Coupes horizontale (à gauche) et longitudinale (à droite) des muscles intercostaux.
A. Intercostal intime B. Intercostal interne C. Intercostal externe D. Sternum.

a) Origine : leurs fibres naissent sur le bord inférieur de la lèvre externe des côtes et des cartilages costaux.
b) Terminaison : leurs fibres se portent obliquement en bas et en arrière pour se fixer sur le bord supérieur interne de la côte et du cartilage costal.
c) Action : expirateurs auxiliaires, ils solidarisent les côtes entre elles, par leur tonicité, tout en protégeant l'intérieur du thorax contre la pression atmosphérique.
d) Innervation : nerfs intercostaux.

INTERCOSTAUX INTIMES
(intercostales interni)

Ce sont les muscles les plus profonds de l'espace intercostal (Figure 10.11). Minces, ils s'étendent depuis les angles costaux jusqu'à environ 5 cm du bord latéral du sternum.

a) Origine : leurs fibres naissent sur le bord inférieur de la lèvre interne des côtes.
b) Terminaison : leurs fibres se portent obliquement en bas et en arrière, pour se fixer sur le bord supérieur interne de la côte.
c) Action : expirateurs auxiliaires.
d) Innervation : nerfs intercostaux.

INTERCOSTAUX EXTERNES
(intercostales externi)

Muscles les plus superficiels de l'espace intercostal (Figure 10.11), ils s'étendent depuis les articulations costotransversaires jusqu'aux cartilages costaux.

a) Origine : leurs fibres naissent sur le bord inférieur de la lèvre externe des côtes.
b) Terminaison : leurs fibres se portent obliquement en bas et en avant, pour se fixer sur le bord supérieur de la côte sous-jacente.
c) Action : inspirateurs auxiliaires.
d) Innervation : nerfs intercostaux.

La figure 10.12 illustre les muscles agissant sur le thorax.

SACHEZ QUE…

1. L'incisure jugulaire du sternum est une échancrure médiane du bord supérieur du manubrium sternal. Elle est concave transversalement et elle correspond à la fossette médiane de la base du cou.
2. Le périmètre thoracique mamelonnaire se mesure au niveau des mamelons et de l'angle inférieur de la scapula.
3. L'indice du périmètre thoracique est définie par le rapport :

   $$I = \frac{\text{périmètre thoracique (mamelonnaire)} \times 100}{\text{taille}}$$

   Ses valeurs sont :

Thorax étroit	$I \leq 49{,}9$
Thorax moyen	$I \leq 55{,}9$
Thorax large	$I \geq 56{,}0$

4. L'angle sternal est la jonction du manubrium et du corps du sternum. Il est marqué sur la face antérieure du sternum par une saillie ou un sillon transversal.
5. La crête sternale est le résultat de la suture de deux sternèbres. Chacune des crêtes osseuses transversales du sternum est plus marquée sur sa face antérieure.
6. Le diaphragme (centre phrénique) baisse d'environ 1,5 cm au cours d'une inspiration normale. Pour une inspiration forcée, il s'abaisse entre 7 et 12 cm.
7. L'oesophage, la veine cave inférieure et l'aorte traversent le diaphragme au niveau d'orifices qui leur sont propres.
8. La cage thoracique augmente sa capacité dans toutes les directions, sauf vers le haut et en arrière.
9. Le meilleur moyen pour retrouver son souffle, après une course épuisante, consiste à rester debout, tronc droit.
10. La calcification des cartilages costaux se produit à un âge avancé et entraîne une perte de l'élasticité de la cage thoracique. Il en résulte une gêne des mouvements respiratoires qui devient permanente et s'exprime par le « souffle court » du vieillard.
11. L'élasticité des cartilages costaux permet au thorax de changer de volume au cours de la respiration.

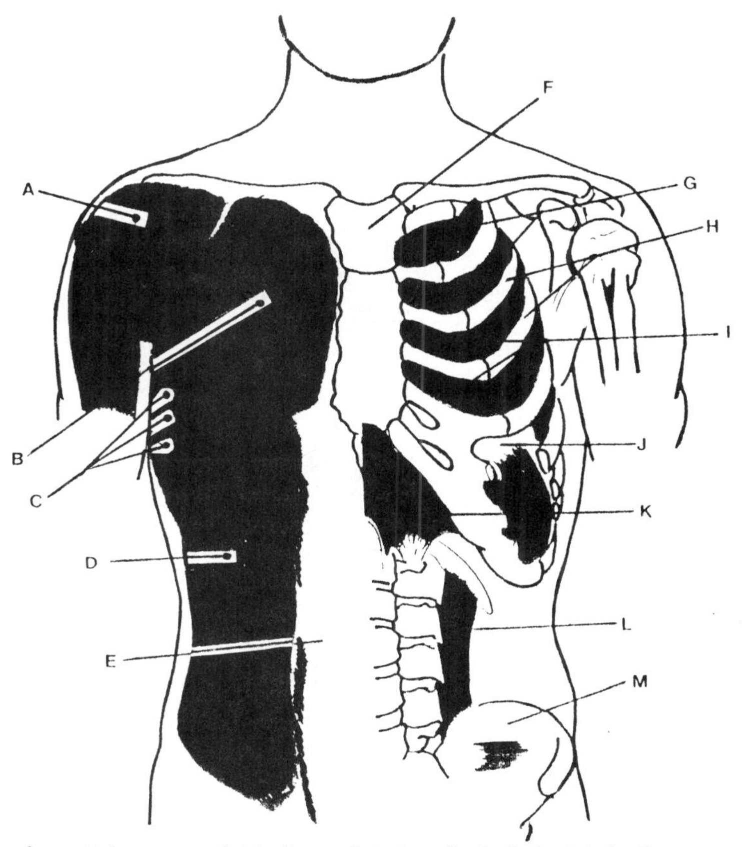

Figure 10.12 Muscles antérieurs superficiels (à gauche) et profonds (à droite) du thorax.

A. Deltoïde B. Grand pectoral C. Dentelé antérieur D. Oblique externe de l'abdomen E. Droit de l'abdomen F. Os sternum G. Intercostaux externes H. Os côtes I. Intercostaux internes J. Centre tendineux du diaphragme K. Diaphragme L. Carré des lombes M. Os coxal.

XI

La ceinture pelvienne et la cuisse

OS DE LA CEINTURE PELVIENNE

La ceinture pelvienne est formée par deux os, les os coxaux (Figure 11.1). Chaque os coxal est impair et formé par la fusion de trois os embryonnaires : l'ilium, l'ischium et le pubis. L'os coxal est comparable à une hélice à deux pales. La pale supérieure est composée de l'ilium. L'ischium et le pubis, représentant la pale inférieure est perforée du foramen obturé. Sur la face externe de l'os coxal se trouve une profonde cavité articulaire, l'acétabulum.

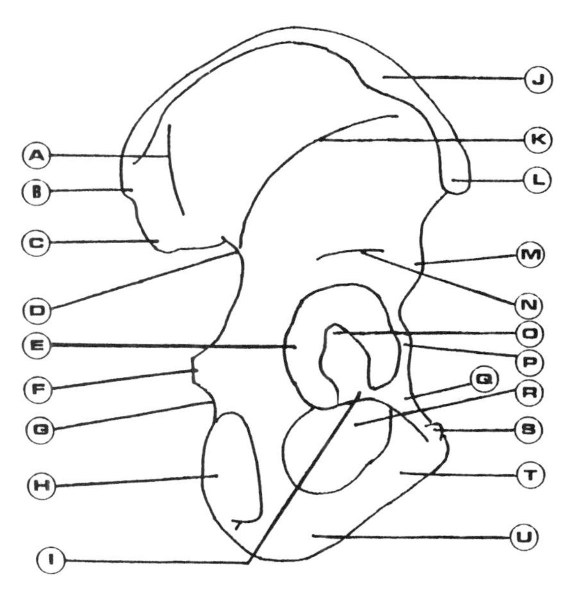

Figure 11.1 Face latérale de l'os coxal.

A. Ligne glutéale postérieure B. Épine iliaque postérosupérieure C. Épine iliaque postéro-inférieure D. Grande incisure ischiatique E. Surface semilunaire de l'acétabulum F. Épine ischiatique G. Petite incisure ischiatique H. Tubérosité ischiatique I. Incisure de l'acétabulum J. Tubercule iliaque K. Ligne glutéale antérieure L. Épine iliaque antérosupérieure M. Épine iliaque antéro-inférieure N. Ligne glutéale inférieure O. Fosse de l'acétabulum P. Éminence iliopectinée Q. Branche supérieure du pubis R. Foramen obturé S. Tubercule du pubis T. Branche inférieure du pubis U. Branche de l'ischium.

ACÉTABULUM

L'acétabulum est une surface articulaire très profonde, excavée sur le segment moyen de la face externe de l'os coxal. Elle s'articule avec la tête du fémur. Elle est constituée d'une surface semilunaire encroûtée de cartilage et ouverte en bas (l'incisure de l'acétabulum). Celle-ci entoure une surface non cartilagineuse (non articulaire), la fosse de l'acétabulum (arrière-fond qui reçoit le ligament rond provenant de la tête du fémur).

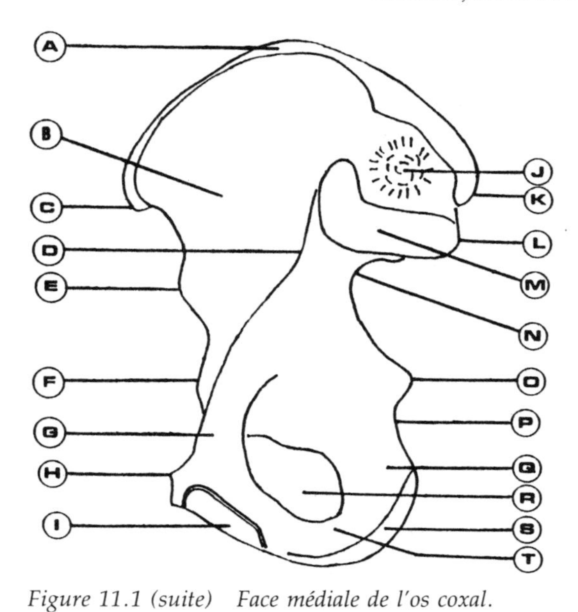

Figure 11.1 (suite) *Face médiale de l'os coxal.*

A. Crête iliaque B. Fosse iliaque C. Épine iliaque antérosupérieure D. Ligne arquée E. Épine iliaque antéro-inférieure F. Éminence iliopectinée G. Branche supérieure du pubis H. Tubercule du pubis I. Surface articulaire du pubis J. Tubérosité iliaque K. Épine iliaque postérosupérieure L. Épine iliaque postéro-inférieure M. Surface auriculaire N. Grande incisure ischiatique O. Épine ischiatique P. Petite incisure ischiatique Q. Corps de l'ischium R. Foramen obturé S. Tubérosité ischiaque T. Branche de l'ischium.

FORAMEN OBTURÉ

Large orifice de la partie inférieure de l'os coxal, il est de forme triangulaire chez la femme et ovalaire chez l'homme. Il est fermé par une membrane fibreuse (obturatrice), sauf à son point le plus élevé ce qui permet de laisser passer le nerf obturateur et des vaisseaux sanguins.

ILIUM

L'ilium est une des trois parties osseuses constituant primitivement chaque os coxal. Il correspond à la partie supérieure aplatie et élargie de cet os et comprend un corps et une aile. Le corps, épais, participe à la formation de l'acétabulum et présente, sur sa face interne, la ligne arquée. L'aile présente une face glutéale (externe) parcourue par la saillie des lignes glutéales. La face interne est caractérisée par la présence de la fosse iliaque, de la surface auriculaire (pour le sacrum), de la tubérosité iliaque et d'un bord supérieur et épais, la crête iliaque. Ses parties importantes sont :

a) Crête iliaque : forme la saillie de la hanche. Elle se termine, à l'avant, par une projection, l'épine iliaque antérosupérieure. Sous cette épine, se trouve une autre projection arrondie, l'épine iliaque antéro-inférieure. En arrière, la crête iliaque se termine au niveau de l'épine iliaque postérosupérieure. Sous cette épine, se trouve l'épine iliaque postéro-inférieure.
b) Grande incisure ischiatique : profonde, elle est située sous l'épine iliaque postéro-inférieure. Elle permet le passage du nerf sciatique, de certains autres nerfs, de vaisseaux et du muscle piriforme.
c) Fosse iliaque : surface lisse et légèrement concave se trouvant au-dessus de la ligne arquée de l'ilium.
d) Lignes glutéales : au nombre de trois (postérieure, inférieure et antérieure), elles se situent sur la surface externe de l'ilium. Les origines des trois muscles fessiers se trouvent entre ces lignes.
e) Ligne arquée de l'ilium : crête saillante de la face interne de l'os ilium, oblique en bas et en avant.
f) Surface auriculaire de l'ilium (auricule de l'ilium, facette auriculaire de l'ilium) : surface articulaire de la face interne de l'os coxal répondant à une surface semblable du sacrum. En forme de pavillon d'oreille à concavité postérosupérieure, elle est convexe dans son ensemble.

ISCHIUM

L'ischium est l'une des trois parties osseuses constituant primitivement chaque os coxal. Il représente la partie postéro-inférieure de cet os et comprend un corps, une branche et une tubérosité. Le corps de l'ischium participe à la formation de l'acétabulum. La branche de l'ischium limite, en bas, le foramen obturé et s'unit à la branche inférieure du pubis. La tubérosité ischiatique, volumineuse, forme l'angle postérieur de l'os coxal. Elle est surmontée de la petite échancrure ischiatique et de l'épine ischiatique. Ses parties importantes sont :

a) Épine : projection triangulaire à partir du bord postérieur, elle se situe derrière l'acétabulum.
b) Tubérosité : élargissement rugueux se trouvant sur le bord postéro-inférieur de l'ischium. Il supporte la masse du corps en position assise (point d'attache des muscles ischiojambiers).
c) Petite incisure : découpure séparant l'épine ischiatique et la tubérosité ischiatique. Par elle, passent le tendon du muscle obturateur interne, des nerfs et des vaisseaux sanguins.
d) Corps de l'ischium : portion supérieure épaissie de l'ischium, participant à la constitution de la partie postérieure de l'acétabulum.

PUBIS

Le pubis est l'une des trois parties osseuses constituant primitivement l'os coxal et il correspond à sa partie antéro-inférieure. L'union des pubis droit et gauche constitue la paroi antérieure du bassin osseux. Le pubis présente un corps et deux branches, supérieure et inférieure. La branche supérieure présente trois faces et trois bords. À l'extrémité médiale du bord postérieur s'élève le tubercule pubien. La branche inférieure limite, en bas, le foramen obturé. La symphyse pubienne est le point de jonction des branches supérieures de chaque os pubis. Ses parties importantes sont :

a) Branche inférieure : projection se dirigeant vers le bas et vers l'arrière, à partir de la symphyse pubienne. Elle joint l'ischium pour former le bord inférieur du foramen obturé.
b) Tubercule du pubis : projection à partir de la branche supérieure, se situant juste à côté de la symphyse pubienne.
c) Branche supérieure : branche s'étendant en avant, à partir de l'acétabulum, pour former le bord supérieur du foramen obturé.
d) Éminence iliopectinée : saillie arrondie et peu marquée du corps du pubis.

CAVITÉS PELVIENNES

Le bassin (pelvis) est divisé en deux parties par un plan passant du promontoire sacré au bord supérieur de la symphyse pubienne, le long de la ligne arquée de la surface interne de chaque ilium (Figure 11.2). La circonférence de ce plan délimite le détroit supérieur du bassin (ouverture supérieure du pelvis). Il marque la frontière entre le grand bassin et le petit bassin.

Le grand bassin est la portion du pelvis situé au-dessus du détroit supérieur. Il est constitué essentiellement par les fosses iliaques des os coxaux, les ailes du sacrum et la 5e vertèbre lombale. Il délimite un espace, la grande cavité pelvienne, qui contient des viscères de l'appareil digestif et se continue avec la cavité abdominale. Le petit bassin est la portion du pelvis située au-dessous du détroit supérieur. Il est constitué par les pubis, les ischiums, une partie des iliums, le sacrum et le coccyx. Il délimite un espace, la petite cavité pelvienne, qui contient des viscères urogénitaux et le rectum. Le détroit inférieur du bassin (ouverture inférieure du pelvis) est l'orifice inférieur du pelvis. Il est limité par l'arc pubien, les bords inférieurs de la branche de l'ischium, les ligaments sacrotubéraux et le coccyx.

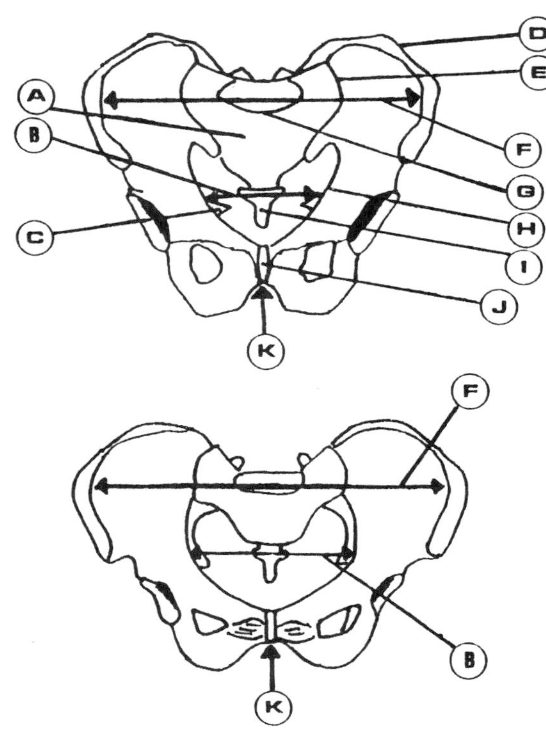

Figure 11.2 Vue antérieure des bassins de l'homme (en haut) et de la femme (en bas).

A. Sacrum B. Petit bassin C. Épine ischiatique D. Crête iliaque E. Articulation sacro-iliaque F. Grand bassin G. Promontoire sacré H. Détroit supérieur du bassin I. Coccyx J. Symphyse pubienne K. Arcade pubienne.

DIFFÉRENCES DU BASSIN SELON LE SEXE

Comme le foetus doit, au moment de la naissance, passer du grand bassin au petit bassin, les dimensions des détroits supérieur et inférieur sont très importantes. Plusieurs différences anatomiques existent donc entre le bassin de l'homme et celui de la femme et la plupart de ces différences sont reliées à la maternité. Les principales sont mentionnées ci-dessous et sont illustrées à la Figure 11.2.

OS DE LA CUISSE

La cuisse est le segment proximal du membre inférieur. L'os formant le squelette de la cuisse, le fémur, (Figure 11.3) est articulé en haut avec l'os coxal et en bas avec le tibia et la patella. Son épiphyse proximale est constituée par la tête fémorale, le col fémoral, le grand et le petit trochanter. Il a un corps prismatique triangulaire qui comprend trois faces (antérieure, postéromédiale et postérolatérale) et trois bords (médial, latéral et postérieur). Son épiphyse distale est très volumineuse et présente la fosse intercondylienne et les condyles latéral et médial.

Caractéristiques des bassins : adapté de Spence et Mason

ANATOMIE GÉNÉRALE	*FEMME*	*HOMME*
Bassin :	plus délicat	plus épais
Épines iliaques antéro-supérieures :	plus distancées	plus rapprochées
Détroit supérieur :	grand et circulaire	forme de cœur
Détroit inférieur :	plus large	plus étroit
Angle subpubien :	obtus	aigu
Foramen obturé :	triangulaire	oval
Acétabulum :	antérieur	latéral

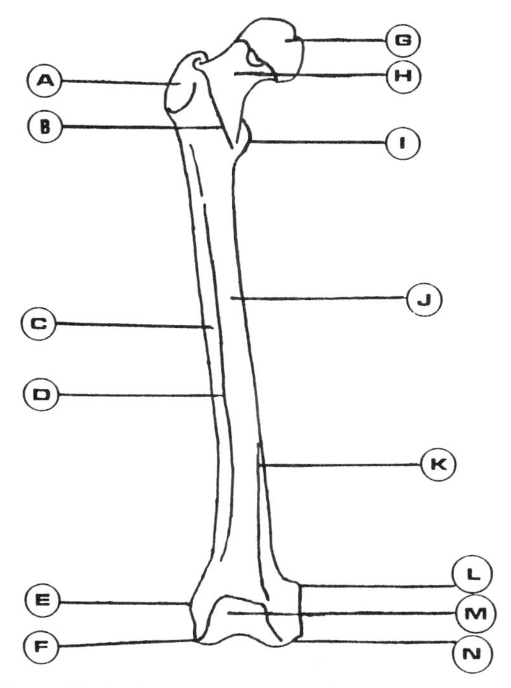

Figure 11.3 Face antérieure du fémur.
A. Grand trochanter B. Ligne intertrochantérique C. Face postérolatérale D. Bord latéral E. Épicondyle latéral F. Condyle latéral G. Tête H. Col I. Petit trochanter J. Face antérieure K. Bord médial L. Tubercule de l'adducteur M. Surface patellaire N. Condyle médial.

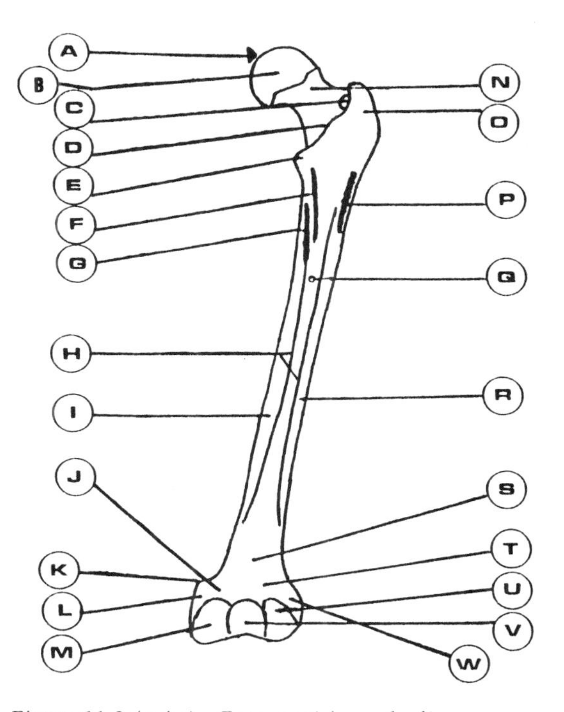

Figure 11.3 (suite) Face postérieure du fémur.
A. Fovea capitis B. Tête C. Fosse trochantérique D. Crête intertrochantérique E. Petit trochanter F. Ligne pectinée G. Ligne spirale H. Ligne âpre (bord postérieur) I. Face postéro-médiale J. Tubérosité supracondylienne médiale K. Tubercule de l'adducteur L. Épicondyle médial M. Condyle médial N. Col O. Grand trochanter P. Tubérosité glutéale Q. Trou nourricier R. Face postérolatérale S. Surface poplitée T. Tubérosité supracondylienne U. Condyle latéral V. Surface patellaire W. Épicondyle latéral.

Ses principales parties sont :

a) Tête du fémur : saillie lisse et arrondie de l'extrémité supérieure du fémur qui s'articule avec l'acétabulum de l'os coxal. Elle correspond aux deux tiers d'une sphère d'environ 25 mm de rayon, dont l'axe est dirigé en haut, au-dedans et en avant. Elle est limitée à sa périphérie par deux lignes courbes, supérieure et inférieure, à concavité latérale. Elle est encroûtée de cartilage, sauf au niveau d'une zone, la fovea capitis.

b) Fovea capitis (fossette de la tête fémorale) : dépression ovalaire de la tête fémorale située en arrière et un peu au-dessous de son sommet. Cette fossette non encroûtée de cartilage donne insertion au ligament de la tête fémorale.

c) Col du fémur : partie rétrécie et allongée de l'extrémité proximale du fémur, reliant la tête aux deux trochanters. Long d'environ 40 mm, son axe forme, avec celui de la diaphyse, l'angle cervicodiaphysaire.

d) Grand trochanter : éminence osseuse, volumineuse et quadrangulaire, qui prolonge la diaphyse fémorale et surplombe le col du fémur.

e) Petit trochanter : saillie conique et arrondie, située à l'union du col et du corps de la face médiale (postérieure) du fémur. Il donne insertion au muscle ilio-psoas.

f) Fosse trochantérique : dépression profonde et arrondie de la face médiale du grand trochanter dans laquelle s'insère le tendon du muscle obturateur externe.

g) Ligne âpre : crête osseuse saillante et rugueuse constituant le bord postérieur de la diaphyse fémorale. Large de 5 mm environ, elle est creusée d'une gouttière longitudinale, la gouttière de la ligne âpre. Elle donne insertion à de nombreux muscles de la cuisse.

h) Surface poplitée : région de la face postérieure de l'extrémité distale du fémur, limitée de chaque côté par l'extrémité distale des lèvres de la ligne âpre.

i) Surface patellaire : zone articulaire de la face antérieure de l'épiphyse distale du fémur. Elle s'articule avec la patella.

j) Épicondyle latéral du fémur : saillie osseuse peu marquée, située au-dessus du condyle latéral du fémur.

k) Épicondyle médial du fémur : saillie osseuse très marquée, située au-dessus du condyle médial du fémur.

l) Condyle latéral du fémur : masse osseuse volumineuse, constituant la partie latérale de l'extrémité distale du fémur. Déjeté en arrière, il s'articule avec la glénoïde latérale du tibia. Il est plus large, moins long et moins haut que son homonyme médial.

m) Condyle médial du fémur : masse osseuse volumineuse, constituant la partie médiale de l'extrémité distale du fémur. Déjeté en arrière, il s'articule avec la glénoïde médiale du tibia. Il est moins large, plus long et plus haut que le condyle latéral.

n) Fosse intercondylaire : vaste échancrure de la face postérieure de l'extrémité inférieure du fémur comprise entre les deux condyles.

o) Tubercule de l'adducteur : saillie osseuse conique de l'extrémité distale du bord médial du fémur. Il donne insertion au muscle adducteur.

p) Crête intertrochantérique : saillie osseuse réunissant en arrière les deux trochanters.

q) Ligne intertrochantérique : petite rugosité oblique, réunissant en avant, les grand et petit trochanters. Elle est bien marquée à ses extrémités par deux petits tubercules prétrochantériques, le supérieur et l'inférieur.

ARTICULATIONS DU PELVIS ET DE LA HANCHE

Les os coxaux s'articulent à l'avant par la symphyse pubienne et en arrière par les articulations sacro-iliaques. L'articulation de la hanche est l'articulation coxofémorale.

SYMPHYSE PUBIENNE

Articulation antérieure du pelvis (Figure 11.4), elle met en présence les deux surfaces symphysaires des os coxaux. C'est une amphiarthrose.

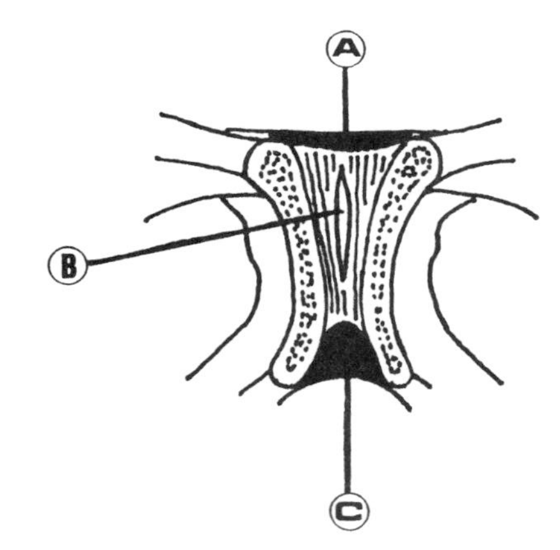

Figure 11.4 Face antérieure et coupe frontale de la symphyse pubienne.

A. Ligament supérieur B. Disque interpubien et fente interpubienne (inconstante) C. Ligament arqué du pubis.

a) Surfaces articulaires : surfaces symphysaires des os coxaux.
b) Ligaments : l'interligne articulaire est comblé par un disque interpubien. Il est maintenu par le ligament arqué du pubis et les ligaments pubiens supérieur, antérieur et postérieur.
c) Anatomie fonctionnelle : mouvements inexistants. Par contre, lors de l'accouchement il peut y avoir une ouverture latérale de quelques centimètres.

ARTICULATION SACRO-ILIAQUE

Articulation paire du pelvis mettant en présence l'os coxal et le sacrum. C'est une articulation synoviale de type ellipsoïde (condylaire) chez la femme et en selle chez l'homme.

a) Surfaces auriculaires : surfaces articulaires de l'os coxal et du sacrum.
b) Capsule articulaire : membrane fibreuse épaisse. La cavité synoviale est peu étendue.
c) Ligaments : sacro-iliaques ventraux, dorsaux et interosseux.
d) Anatomie fonctionnelle : mouvements de faible amplitude qui s'observent essentiellement au moment de l'accouchement. Il s'agit le plus souvent d'une bascule de la base du sacrum en avant (nutation) ou en arrière (contre-nutation).

ARTICULATION COXOFÉMORALE OU DE LA HANCHE

Cette articulation unit la ceinture pelvienne au membre inférieur (Figure 11.5). Synoviale, elle est de type sphéroïde. C'est une articulation plus stable que celle de l'épaule.

a) Surfaces articulaires : l'acétabulum de l'os coxal, la tête fémorale et le labrum acétabulaire.
b) Capsule articulaire : du bord de l'acétabulum jusqu'au col du fémur, elle entoure complètement l'articulation.

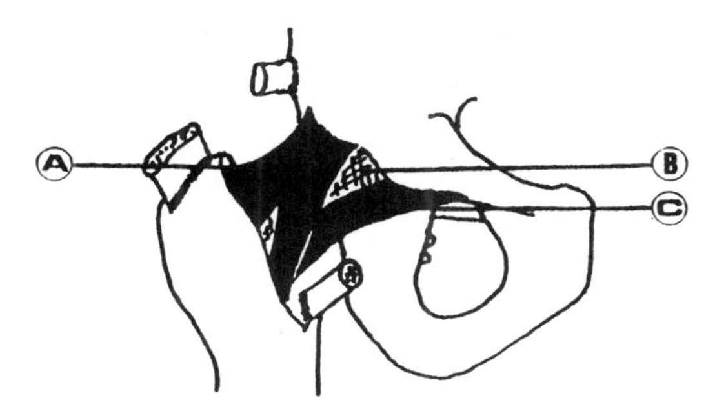

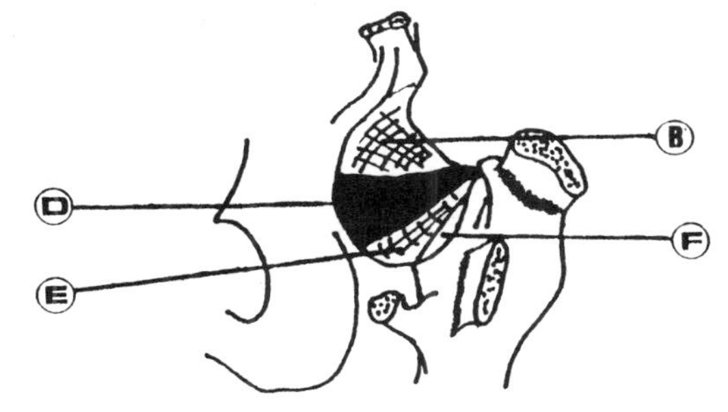

Figure 11.5 Faces antérieure (en haut) et postérieure (en bas) de l'articulation coxofémorale.

A. Ligament iliofémoral B. Capsule articulaire C. Ligament pubofémoral D. Ligament ischiofémoral E. Zone orbiculaire F. Membrane synoviale.

c) Ligaments : épais et au nombre de quatre. Les ligaments sont : l'iliofémoral, l'ischiofémoral, le pubofémoral et le ligament de la tête fémorale. Le ligament iliofémoral est un ligament de la face antérieure de l'articulation coxofémorale. Il est très résistant et comporte deux faisceaux (supérieur et inférieur). Le ligament ischiofémoral est un mince faisceau ligamenteux situé à la face dorsale de l'articulation. Le ligament pubofémoral est situé sur la face antéro-inférieure de l'articulation et est de forme triangulaire. Le ligament de la tête fémorale naît de la fovea capitis et s'étale en trois faisceaux pour se fixer sur l'acétabulum. Ce ligament, propre à l'homme, est très résistant et contribue à la vascularisation de la tête fémorale.

d) Anatomie fonctionnelle : mouvements nombreux : flexion, extension, abduction, adduction, rotation interne et rotation externe.

MOUVEMENTS À LA HANCHE

PLAN SAGITTAL

Un individu peut exécuter deux types de mouvements dans le plan sagittal : l'extension et la flexion (Figure 11.6). L'extension est le mouvement qui porte la région du genou en arrière du plan frontal. L'amplitude moyenne est de 10° à 15°. La flexion est le mouvement qui porte cette région en avant du plan frontal. L'amplitude moyenne est de 120° avec une flexion au genou. S'il y a extension au genou, la flexion de la cuisse dépasse difficilement 90°.

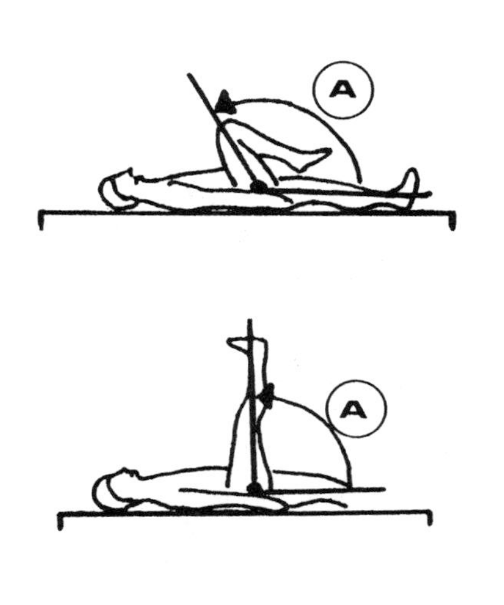

Figure 11.6 Mouvements à la hanche dans le plan sagittal.
A. Flexion B. Extension.

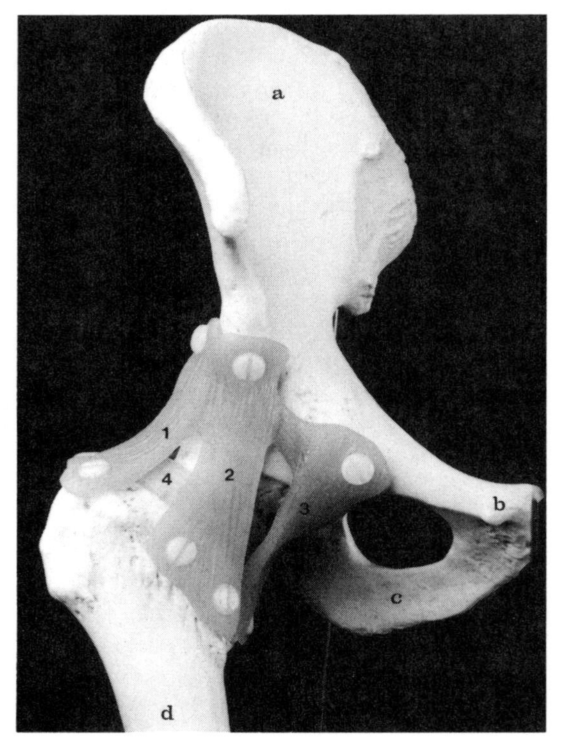

Photo 11.1 Vue antérolatérale de l'articulation de la hanche.
Les os : a. Ilium b. Pubis c. Ischium d. Fémur. Les ligaments : 1. Iliofémoral (branche supérieure) 2. Iliofémoral (branche inférieure) 3. Pubofémoral 4. Capsule articulaire.

PLAN FRONTAL

Un individu peut exécuter deux types de mouvements dans le plan frontal : l'abduction et l'adduction (Figure 11.7). L'abduction est le mouvement qui écarte la cuisse du plan sagittal. L'amplitude moyenne est de 45°. L'adduction est le mouvement qui porte la cuisse au-dedans (médialement) du plan parasagittal en passant par le centre de la tête fémorale. L'amplitude moyenne est de 30°. Il est impossible d'étudier l'adduction pure. On chiffre l'amplitude d'un mouvement en combinant une légère flexion à l'adduction.

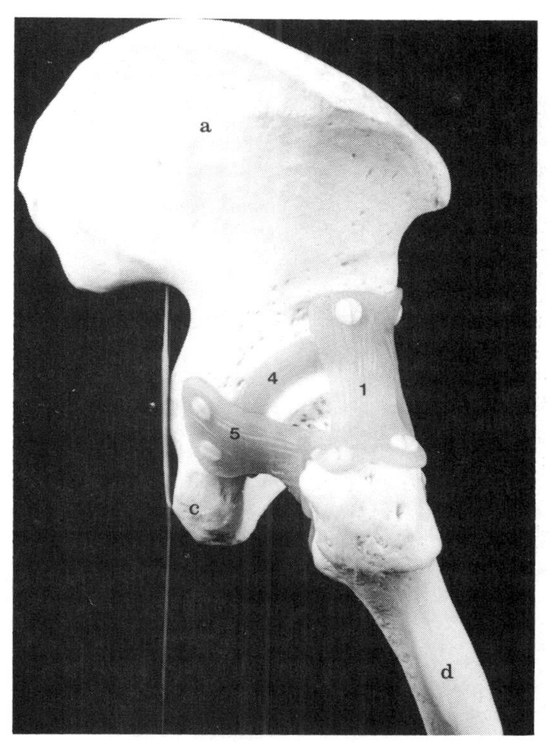

Photo 11.2 Vue postérolatérale de l'articulation de la hanche.

Les os : a. Ilium c. Ischium d. Fémur. Les ligaments : 1. Iliofémoral 4. Capsule articulaire 5. Ischiofémoral.

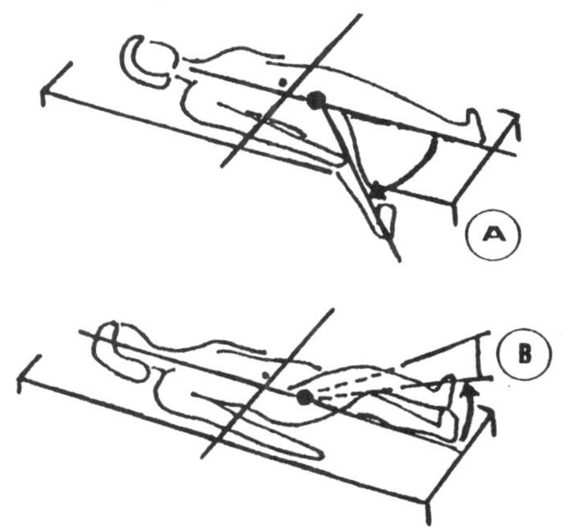

Figure 11.7 Mouvements à la hanche dans le plan frontal.

A. Abduction B. Adduction.

PLAN HORIZONTAL

Un individu peut exécuter deux types de mouvements dans le plan horizontal : la rotation externe et la rotation interne (Figure 11.8). La rotation externe (ou rotation latérale) est le mouvement qui porte la pointe du pied en dehors (latéralement). L'amplitude moyenne est de 30°. La rotation interne (ou rotation médiale) est le mouvement qui porte la pointe du pied au-dedans (médialement). L'amplitude moyenne est de 45°.

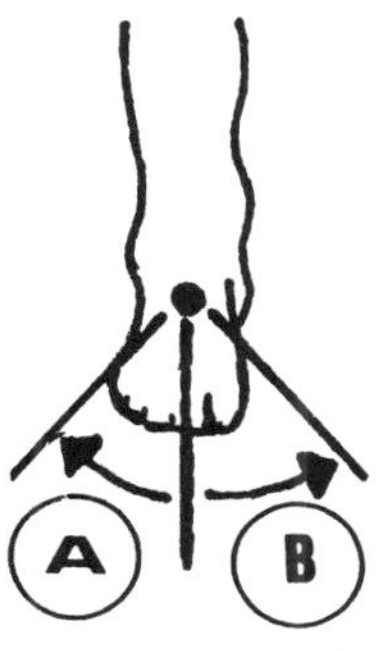

Figure 11.8 Mouvements à la hanche dans le plan horizontal.

A. Rotation externe B. Rotation interne.

FACTEURS

Les mouvements de la hanche sont influencés par plusieurs facteurs :

a) mouvements actifs ou passifs : la flexion active est de 120°, et la flexion passive peut atteindre 140°.

b) âge : la hanche d'un jeune enfant est beaucoup plus souple que celle d'un vieillard. À l'âge de deux ans, l'extension passive est de 40° et à l'âge de quarante, elle n'est plus que de 5° à 10°.

c) sexe : la hanche de la femme est plus souple que celle de l'homme.

d) race : la hanche des Asiatiques est plus souple que celle des Européens.

e) épaisseur des parties molles.

f) élasticité ligamentaire.

MUSCLES AGISSANT SUR L'ARTICULATION DE LA HANCHE

Vingt-deux muscles agissent sur l'articulation de la hanche.

PSOAS (psoas)

C'est un muscle charnu et allongé (Figure 11.9). Il est tendu de la colonne lombale à l'épiphyse proximale du fémur. Ordinairement, on le nomme grand psoas pour le distinguer du petit psoas. Le petit psoas est présent une fois sur deux chez l'homme. Le grand psoas mesure environ 41 cm de longueur. Souvent jumelé avec l'iliaque : on le nomme psoasiliaque.

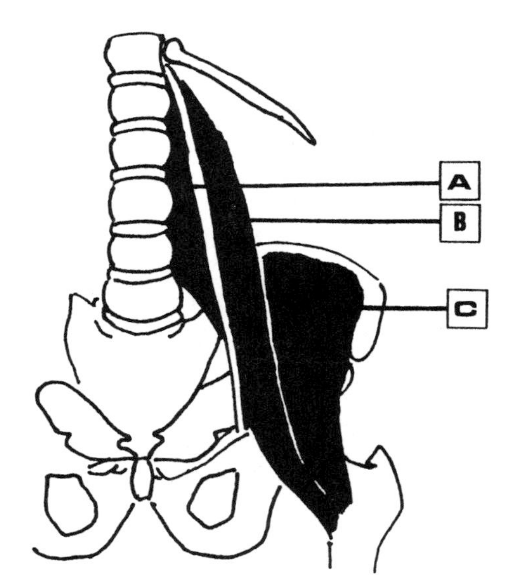

Figure 11.9 Muscles.
A. Petit psoas (en blanc) B. Grand psoas C. Iliaque.

a) Origine : face latérale des corps des vertèbres lombales et de T12, de leurs disques et des processus costiformes des vertèbres lombales.
b) Terminaison : petit trochanter du fémur.

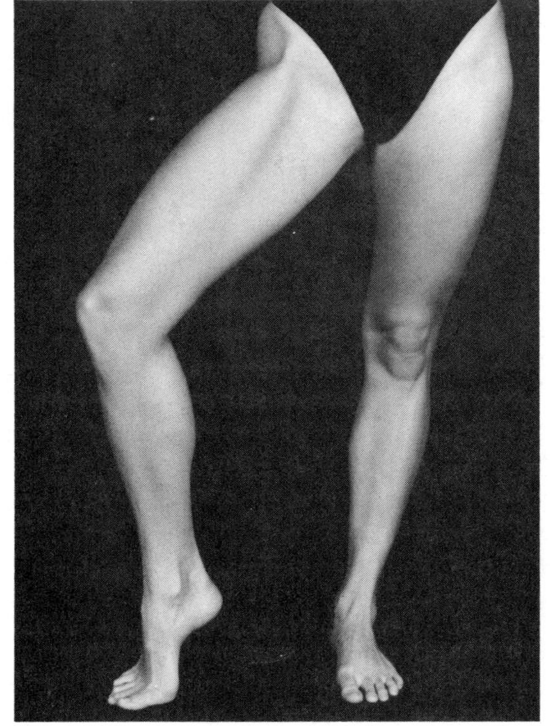

Photo 11.3 Attache supérieure du sartorius au bassin et sa trajectoire à la cuisse.

c) Action : fléchisseur de la cuisse, il aide à l'abduction et à la rotation externe lorsqu'il prend son point fixe sur le rachis.
d) Innervation : rameaux du plexus lombal.

ILIAQUE (iliacus)

C'est un muscle triangulaire et large (Figure 11.9) qui est tendu de l'os coxal au fémur.

a) Origine : face interne de la crête iliaque, la fosse iliaque et une partie de l'aile du sacrum et de l'articulation sacro-iliaque.
b) Terminaison : petit trochanter du fémur.
c) Action : fléchisseur de la cuisse, il aide à l'abduction et à la rotation externe lorsqu'il prend son point fixe sur le pelvis.
d) Innervation : rameaux du nerf fémoral.

SARTORIUS (sartorius)

Muscle superficiel de la face antérieure de la cuisse, il est tendu de l'épine iliaque antérosupérieure à l'extrémité proximale du tibia (Figure 11.10). C'est le muscle le plus long du corps et celui qui possède les plus longues fibres.

a) Origine : épine iliaque antérosupérieure.

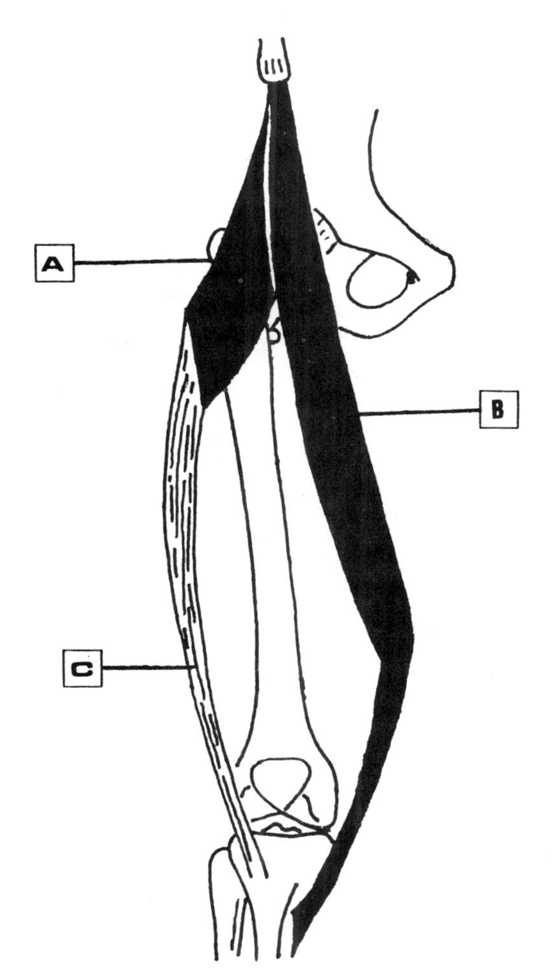

Figure 11.10

A. Muscle tenseur du fascia lata B. Muscle sartorius C. Tractus iliotibial.

b) Terminaison : bord interne de la tubérosité tibiale.

c) Action : aide à la flexion, à l'abduction et à la rotation externe de la cuisse.

d) Innervation : nerf fémoral.

DROIT DE LA CUISSE (rectus femoris)

C'est le chef superficiel du muscle quadriceps fémoral (Figure 11.11). Il est situé sur la face antérieure de la cuisse et est polyarticulaire.

Figure 11.11 Muscle droit de la cuisse.

a) Origine : épine iliaque antéro-inférieure et une partie de l'acétabulum.

b) Terminaison : base et bords latéraux de la patella et sur la tubérosité du tibia par le ligament patellaire.

c) Action : fléchisseur de la cuisse. Il aide aussi à l'abduction de la cuisse.

d) Innervation : nerf fémoral.

PECTINÉ (pectineus)

Muscle de la région médiale de la cuisse entre le pubis et le fémur (Figure 11.12), il est quadrilatère.

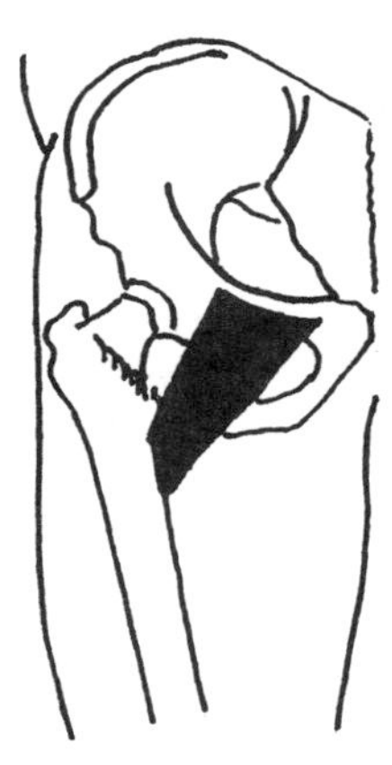

Figure 11.12 Face antérieure du muscle pectiné.

a) Origine : au-dessus du trou obturateur sur le tubercule du pubis.
b) Terminaison : ligne pectinée du fémur sur la face postérieure.
c) Action : fléchisseur et adducteur de la cuisse. Il aide aussi à la rotation interne.
d) Innervation : le nerf fémoral et accessoirement le nerf obturateur.

TENSEUR DU FASCIA LATA (tensor fasciae latae)

Muscle de la région glutéale, il est tendu de l'épine iliaque antérosupérieure au tractus iliotibial du fascia lata (Figure 11.10).

a) Origine : épine iliaque antérosupérieure.
b) Terminaison : tractus iliotibial du fascia lata.
c) Action : aide à la flexion, à l'abduction et à la rotation interne de la cuisse.
d) Innervation : nerf glutéal supérieur.

GRAND FESSIER OU GRAND GLUTÉAL (gluteus maximus)

Muscle superficiel de la région glutéale (Figure 11.13), épais, large et de forme rhomboïdale.

a) Origine : cinquième postérieur de la crête iliaque, la face externe de l'ilium en arrière de la ligne glutéale postérieure et la crête sacrale latérale.
b) Terminaison : tractus iliotibial du fascia lata et la tubérosité glutéale du fémur.
c) Action : extenseur et rotateur externe de la cuisse.
d) Innervation : nerf glutéal inférieur.

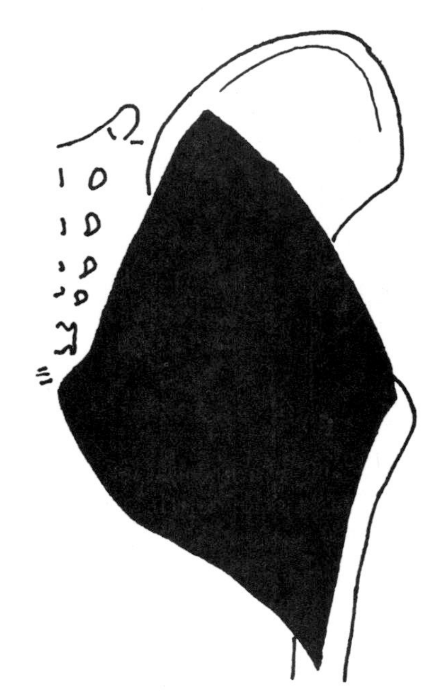

Figure 11.13 Muscle grand fessier.

BICEPS FÉMORAL (biceps femoris)

Muscle de la région postérieure latérale de la cuisse, il est tendu de la tubérosité ischiatique et de celle du fémur au fibula

(Figure 11.14). Il est constitué de deux chefs, le long et le court.

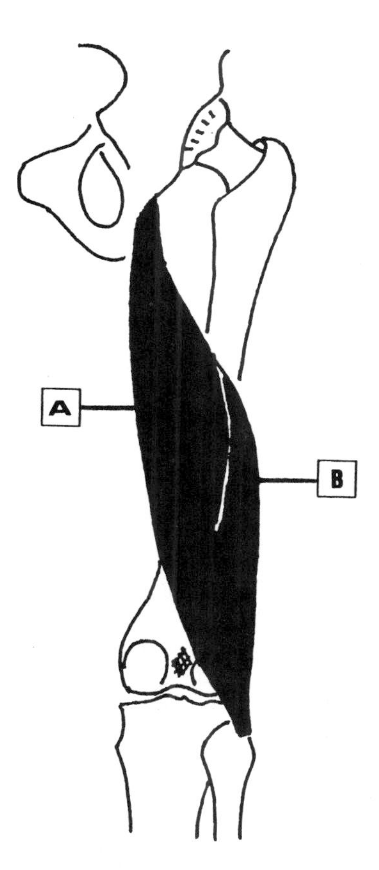

Figure 11.14 Face postérieure du muscle biceps fémoral.
A. Chef long B. Chef court.

a) Origine : le chef long naît de la tubérosité ischiatique et le chef court naît de la ligne âpre du fémur, dans sa moitié distale.
b) Terminaison : tête du fibula et sur le condyle latéral du tibia.
c) Action : est extenseur de la cuisse, le long chef aide à la rotation externe de la cuisse.
d) Innervation : rameaux du nerf ischiatique.

SEMITENDINEUX (semitendinosus)

Muscle unipenné de la région postérieure de la cuisse, il est tendu de la tubérosité ischiatique au tibia (Figure 11.15).

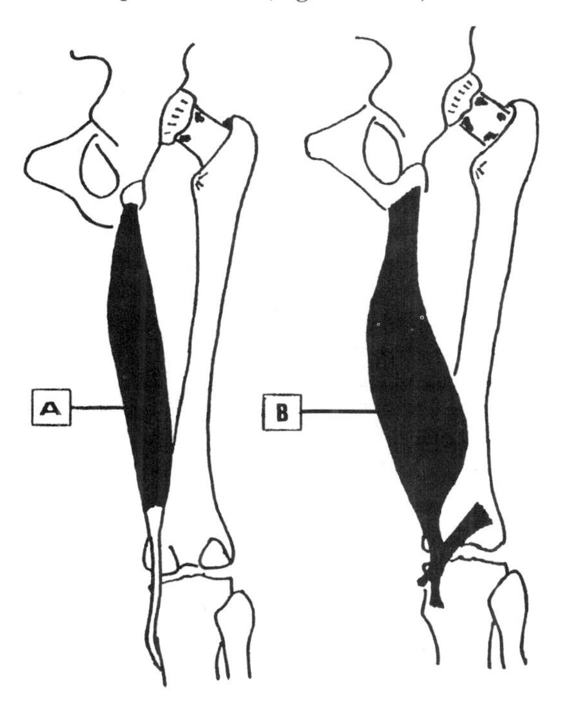

Figure 11.15 Faces postérieures des muscles.
A. Semitendineux B. Semimembraneux.

a) Origine : tubérosité ischiatique.
b) Terminaison : bord interne de la tubérosité tibiale.
c) Action : extenseur et rotateur interne de la cuisse.
d) Innervation : rameau du nerf ischiatique.

SEMIMEMBRANEUX (semimembranosus)

Muscle unipenné de la région postérieure de la cuisse, il est tendu de la tubérosité ischiatique au tibia (Figure 11.15).

a) Origine : tubérosité ischiatique.

b) Terminaison : face postérieure du condyle médial du tibia.

c) Action : extenseur et rotateur interne de la cuisse.

d) Innervation : rameau du nerf ischiatique.

MOYEN FESSIER OU MOYEN GLUTÉAL
(gluteus medius)

Muscle profond de la région glutéale, il est tendu de l'aile de l'ilium au grand trochanter (Figure 11.16).

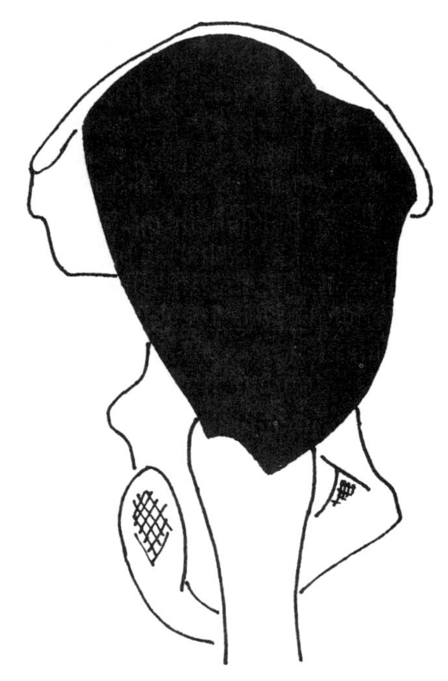

Figure 11.16 Face latérale du muscle moyen fessier.

a) Origine : face externe de l'aile de l'ilium entre la crête iliaque et les lignes glutéales antérieure et postérieure.

b) Terminaison : face externe du grand trochanter.

c) Action : abducteur de la cuisse.

d) Innervation : nerf glutéal supérieur.

PETIT FESSIER OU PETIT GLUTÉAL
(gluteus minimus)

Muscle profond de la région glutéale, en forme d'éventail, il est tendu de l'aile de l'ilium au grand trochanter (Figure 11.17).

a) Origine : face externe de l'aile de l'ilium devant la ligne glutéale antérieure.

b) Terminaison : sommet du grand trochanter.

c) Action : rotateur interne de la cuisse. Il aide à l'abduction de la cuisse.

d) Innervation : nerf glutéal supérieur.

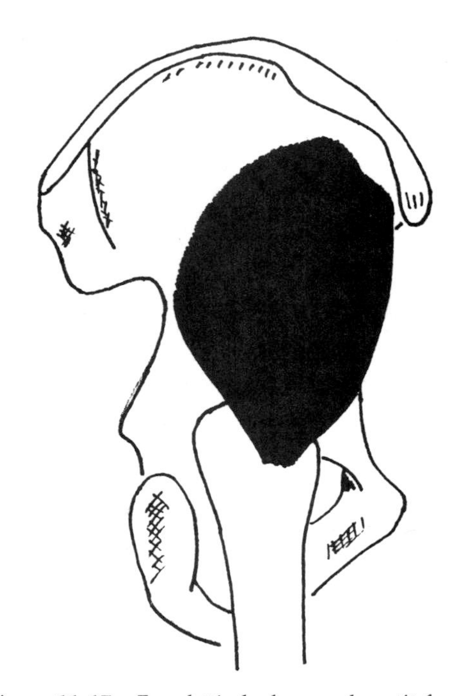

Figure 11.17 Face latérale du muscle petit fessier.

GRACILE (gracilis)

Muscle de la région médiale de la cuisse, il est tendu du pubis à la tubérosité tibiale (Figure 11.18).

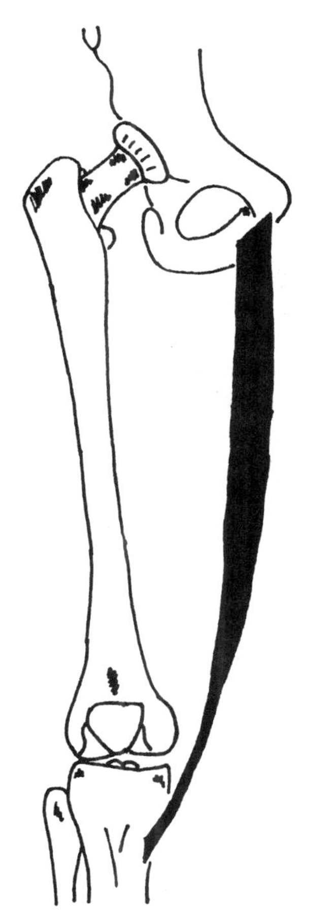

Figure 11.18 Face antérieure du muscle gracile.

a) Origine : branche inférieure du pubis, le long de la symphyse pubienne.
b) Terminaison : bord médial de la tubérosité tibiale.
c) Action : adducteur de la cuisse, il aide à la flexion et à la rotation interne.
d) Innervation : nerf obturateur.

LONG ADDUCTEUR (adductor longus)

Muscle triangulaire de la région médiale de la cuisse, il est tendu du pubis au fémur (Figure 11.19).

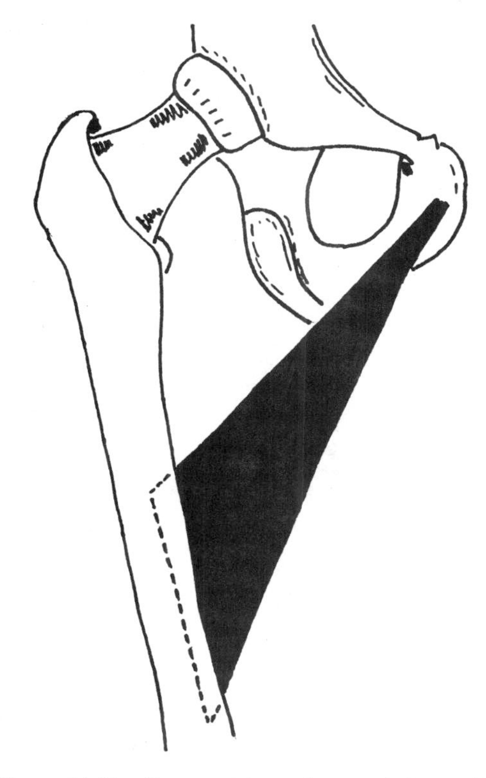

Figure 11.19 Face antérieure du muscle long adducteur.

a) Origine : l'angle des branches supérieure et inférieure du pubis au-dessous du tubercule du pubis.
b) Terminaison : le tiers moyen de la lèvre médiale de la ligne âpre.
c) Action : il est adducteur de la cuisse. Il aide à la flexion et à la rotation interne.
d) Innervation : nerf obturateur.

COURT ADDUCTEUR (adductor brevis)

Muscle triangulaire de la région médiale de la cuisse, il est tendu du pubis au fémur (Figure 11.20).

a) Origine : branche inférieure du pubis, près du foramen obturé.

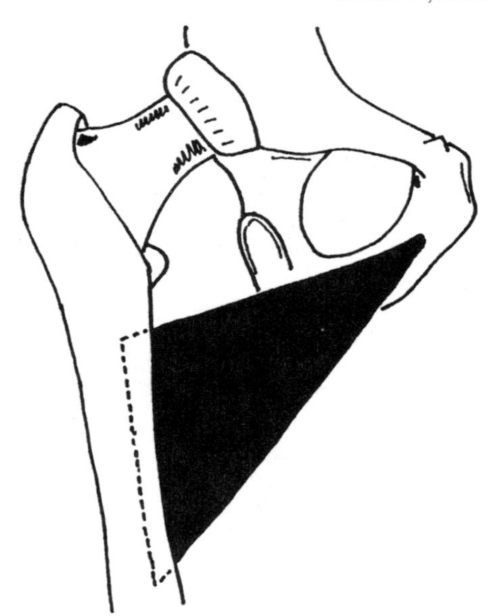

Figure 11.20 Face antérieure du muscle court adducteur.

b) Terminaison : tiers proximal de la lèvre médiale de la ligne âpre.
c) Action : adducteur de la cuisse, il aide à la flexion et à la rotation interne.
d) Innervation : nerf obturateur.

GRAND ADDUCTEUR
(adductor magnus)

Muscle triangulaire de la région médiale de la cuisse, il est tendu de l'ischium au fémur (Figure 11.21).

a) Origine : branche de l'ischium, la branche inférieure du pubis et le bord inférieur de la tubérosité ischiatique.
b) Terminaison : deux tiers proximaux de la lèvre médiale de la ligne âpre et sur l'épicondyle médial du fémur.
c) Action : adducteur de la cuisse. Il aide à la rotation interne.
d) Innervation : nerf obturateur.

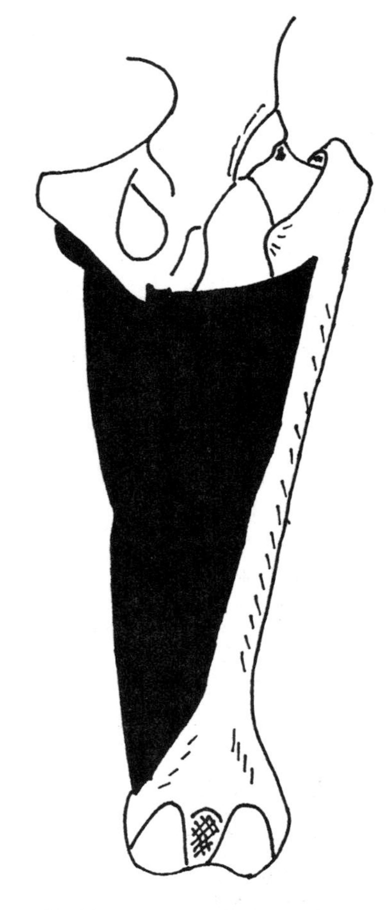

Figure 11.21 Face postérieure du muscle grand adducteur.

LES SIX ROTATEURS EXTERNES

Petits muscles profonds de la région glutéale, ils agissent sur la cuisse et permettent sa rotation externe. Les muscles sont :

a) Piriforme (piriformis) : sacrum au grand trochanter.
b) Obturateur externe (obturator externus) : pourtour du foramen obturé au grand trochanter.

c) Obturateur interne (obturator internus) : face interne de l'os coxal au grand trochanter.
d) Jumeau supérieur (gemellus superior) : satellite du muscle obturateur interne.
e) Jumeau inférieur (gemellus inferior) : satellite du muscle obturateur interne.
f) Carré fémoral (quadratus femoris) : tubérosité ischiatique au fémur.

Les figures 11.22 et 11.23 illustrent les muscles agissant sur la cuisse (fémur).

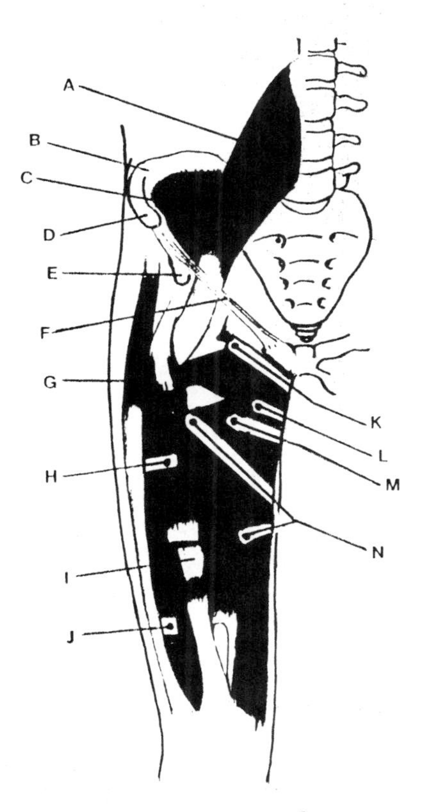

Figure 11.22 Muscles antérieurs de la hanche et de la cuisse.

A. Grand psoas B. Os coxal C. Iliaque D. Épine iliaque antérosupérieure E. Épine iliaque antéro-inférieure F. Ligament inguinal G. Tenseur du fascia lata H. Vaste intermédiaire I. Droit de la cuisse (coupé) J. Vaste latéral K. Pectiné (coupé) L. Long adducteur M. Court adducteur N. Grand adducteur.

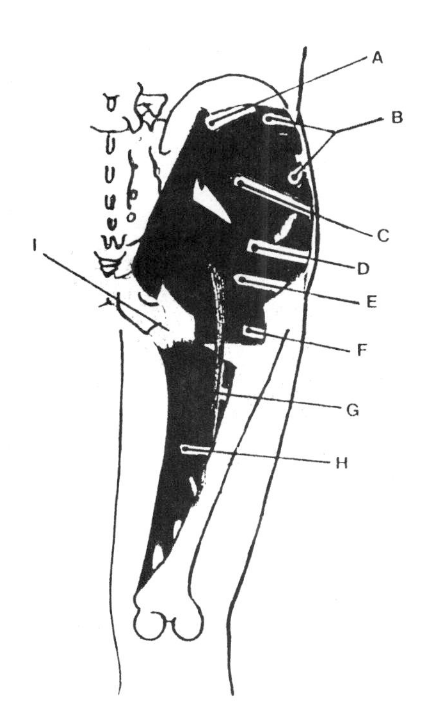

Figure 11.23 Muscles postérieurs de la hanche et de la cuisse.

A. Grand fessier (coupé) B. Moyen fessier (coupé) C. Petit fessier D. Piriforme E. Obturateur interne F. Carré fémoral G. Nerf ischiatique H. Grand adducteur I. Tubérosité ischiatique.

Le tableau 11.1 résume les différentes actions des muscles agissant sur l'articulation de la hanche.

SACHEZ QUE...

1. L'angle cervicodiaphysaire (angle de flexion, angle d'inclinaison) est l'angle obtus constitué par l'axe de la diaphyse et du col du fémur. Il est ouvert au-dedans et mesure 145° environ chez l'enfant pour ne plus faire chez l'adulte, que 130°.

TABLEAU 11.1

MUSCLES DE L'ARTICULATION DE LA HANCHE

MUSCLES \ *MOUVEMENTS DE LA CUISSE*	*FLEXION*	*EXTENSION*	*ABDUCTION*	*ADDUCTION*	*ROTATION INTERNE*	*ROTATION EXTERNE*
Psoas (psoas)	P		A			A
Iliaque (iliacus)	P		A			A
Sartorius (sartorius)	A		A			A
Droit de la cuisse (rectus femoris)	P		A			
Pectiné (pectineus)	P			P	A	
Tenseur du fascia lata (tensor fasciae latae)	A		A		A	
Grand fessier (gluteus maximus)		P				P
Biceps fémoral (long chef) (biceps femoris)		P				A
Semitendineux (semitendinosus)		P			A	
Semimembraneux (semimembranosus)		P			A	
Moyen fessier (gluteus medius)			P			
Petit fessier (gluteus minimus)			A		P	
Gracile (gracilis)	A			P	A	
Long adducteur (adductor longus)	A			P	A	
Court adducteur (adductor brevis)	A			P	A	
Grand adducteur (adductor magnus)	A			P	A	
Les six rotateurs externes						P

P : muscle principal A : muscle auxiliaire

2. L'angle de déclinaison du fémur (angle de torsion) est un angle formé par l'axe du col et l'axe transversal bicondylien du fémur. Il est ouvert au-dedans et mesure environ 15° chez l'adulte.
3. La valeur angulaire de la tête fémorale est de 240°.
4. La valeur angulaire de l'acétabulum est de 180°.
5. Le muscle grand fessier est un extenseur très puissant qui travaille dans la course et dans la montée des escaliers. Il est inactif dans la marche normale.

6. Les muscles rotateurs externes de la hanche sont plus puissants que les rotateurs internes. Pour l'épaule, c'est l'inverse.
7. Le ligament iliofémoral est le plus puissant ligament humain, avec une résistance à la traction de plus de 300 kg.
8. Le grand écart s'exécute plus facilement quand il y a flexion à la hanche. La flexion desserre le système ligamentaire de cette articulation.
9. La fonction principale de la hanche, pour la vie courante, est de permettre la marche, de s'asseoir et de se relever, de monter, de descendre les escaliers et de courir. Tous ces mouvements sont difficiles pour quelqu'un qui a une hanche pathologique.
10. Le terme acétabulum désignait, autrefois, le bilboquet avec lequel les bouffons amusaient leurs maîtres.

XII

La jambe

OS DE LA JAMBE

Le squelette de la jambe est formé de trois os dont le plus volumineux est le *tibia*, rectiligne et solide, placé sur le bord médial; le *fibula* (péroné), sur le bord latéral de la jambe, est beaucoup plus étroit et élancé; la *patella* (rotule), os sésamoïde, prend place en avant de l'épiphyse inférieure du fémur.

TIBIA

Le tibia est l'os médial de la jambe (Figure 12.1). Il supporte la masse de l'organisme transmise par le fémur. Cet os long s'articule en haut avec le fémur, en dehors avec le fibula et en bas avec le talus. Il présente une épiphyse proximale volumineuse, surmontée de deux proéminences non-articulaires déjetées en arrière, les condyles médial et latéral. Il possède un corps prismatique triangulaire, avec trois faces, médiale, latérale, postérieure et trois bords, antérieur, médial et interosseux. L'extrémité proximale du bord antérieur forme une saillie, la tubérosité tibiale. L'épiphyse distale, moins volumineuse, se termine par un processus, la malléole médiale. Ses parties importantes sont:

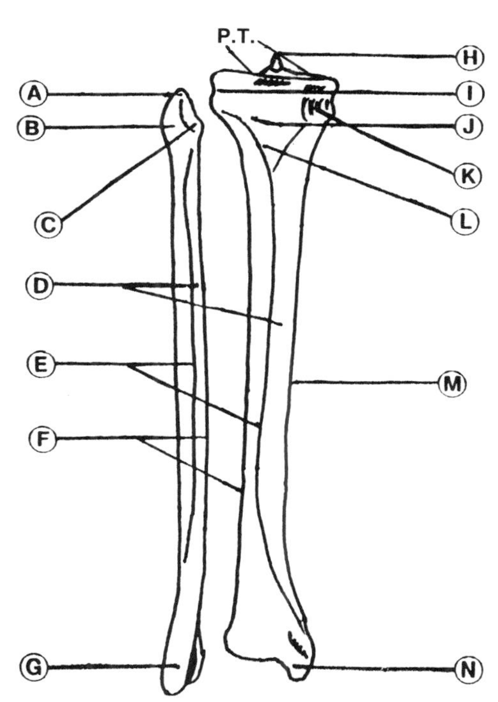

Figure 12.1 Faces antérieures du tibia et du fibula.
A. Apex de la tête fibulaire B. Tête C. Surface articulaire de la tête fibulaire D. Faces médiales E. Bords antérieurs F. Bord interosseux G. Malléole latérale H. Éminence intercondylaire I. Condyle latéral J. Tubercule infracondylaire K. Condyle médial L. Tubérosité du tibia M. Bord médial N. Malléole médiale. P.T. = Plateau tibial.

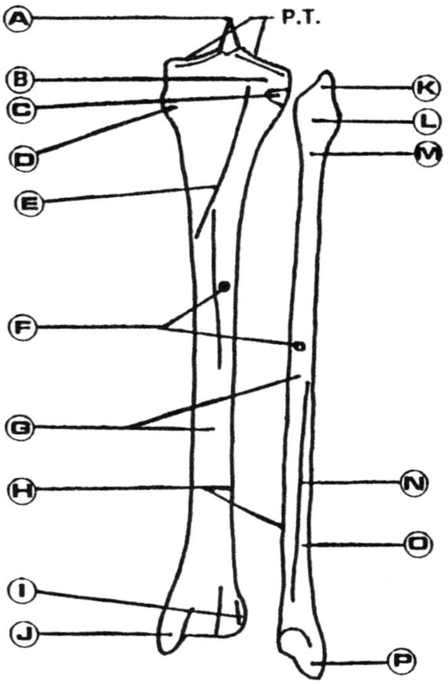

Figure 12.1 (suite) Faces postérieures du tibia et du fibula.

A. Éminence intercondylaire B. Condyle latéral C. Surface articulaire fibulaire D. Condyle médial E. Ligne du muscle soléaire F. Trous nourriciers G. Faces postérieures H. Bords interosseux I. Incisure fibulaire J. Malléole médiale K. Apex de la tête fibulaire L. Tête M. Col N. Bord postérieur O. Face latérale P. Malléole latérale. P.T. = Plateau tibial.

a) Tubercule infracondylaire : petite tubérosité du versant antérieur du condyle latéral du tibia.

b) Condyle latéral : surface ovalaire peu marquée, de la partie latérale de l'extrémité proximale du tibia.

c) Condyle médial : surface ovalaire peu marquée, de la partie médiale de l'extrémité proximale du tibia.

d) Éminence intercondylaire : région intercondylaire proéminente de l'extrémité supérieure du tibia. Elle est subdivisée en deux saillies, les tubercules intercondylaires médial et latéral.

e) Tubérosité : saillie irrégulière ovalaire de la face antérieure de l'extrémité proximale du tibia. Elle surmonte le bord antérieur du tibia et donne insertion au ligament patellaire.

f) Surface articulaire fibulaire : surface articulaire ovalaire située sur la face postérieure du condyle latéral du tibia. Elle s'articule avec la tête du fibula.

g) Ligne du muscle soléaire : crête rugueuse parcourant la partie supérieure de la face postérieure du tibia. Obliquement, en bas et au-dedans, elle donne insertion au muscle soléaire.

h) Incisure fibulaire : gouttière verticale de la face latérale de l'extrémité distale du tibia. L'extrémité inférieure du fibula s'y encastre.

i) Malléole médiale : tubérosité prolongeant, en bas, la partie médiale de l'épiphyse distale. Palpable sous la peau, elle s'articule par sa face latérale avec le talus.

FIBULA

Le fibula est l'os latéral et postérieur de la jambe (Figure 12.1). C'est un os long, grêle, qui s'articule en haut, avec le tibia et en bas, avec le tibia et le talus. Il présente une épiphyse proximale formée d'une partie renflée, la tête, supportée par une portion rétrécie, le col. Il a un corps prismatique triangulaire qui semble tordu sur son axe avec trois faces, médiale, latérale et postérieure et trois bords interosseux, antérieur et postérieur. Son épiphyse distale est volumineuse et constitue la malléole latérale. Ses parties importantes sont :

a) Apex de la tête : saillie osseuse arrondie surmontant la partie postérieure de la tête fibulaire.

b) Surface articulaire de la tête : facette articulaire légèrement excavée de la face supérieure et médiale de la tête fibulaire. Elle s'articule avec la surface articulaire fibulaire du tibia.

c) Tête : partie renflée de l'extrémité proximale du fibula. Elle présente un pourtour rugueux, une surface articulaire et une saillie arrondie la surmonte, l'apex.

d) Malléole latérale : extrémité distale du fibula. C'est une saillie volumineuse, aplatie transversalement, de forme lancéolée. Elle présente une face médiale articulaire avec le tibia et le talus.

e) Col : partie rétrécie de l'extrémité proximale du fibula. Située entre la tête et le corps du fibula, elle est en rapport avec le nerf fibulaire commun.

Les deux os (tibia et fibula) sont fermement liés ensemble par une membrane interosseuse.

PATELLA (rotule)

Petit os de la région antérieure du genou (Figure 12.2), la patella (os sésamoïde) est située dans le tendon du quadriceps fémoral et protège l'articulation du genou. Elle est aplatie et triangulaire et présente une face antérieure saillante sous la peau et une face postérieure. La face postérieure comprend une partie supérieure articulaire avec la surface patellaire du fémur et une partie inférieure non articulaire située en arrière de l'apex. Sa base est supérieure et l'apex est inférieur.

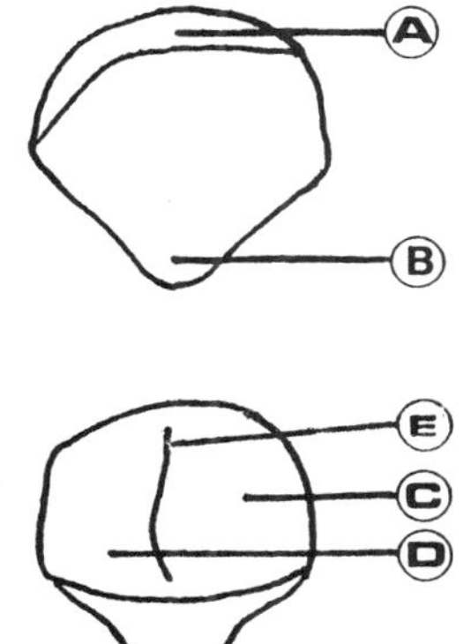

Figure 12.2 Faces antérieure (en haut) et postérieure (en bas) de la patella.

A. Base B. Apex C. Surface articulaire latérale D. Surface articulaire médiale E. Crête patellaire.

ARTICULATIONS DE LA JAMBE ET AU GENOU

L'articulation tibiofibulaire est une articulation de la jambe unissant le tibia et le fibula. Elle comprend deux articulations : les articulations tibiofibulaires proximale et distale.

ARTICULATION TIBIOFIBULAIRE PROXIMALE

Articulation de la jambe qui unit les épiphyses proximales du tibia et du fibula (Figure 12.3). C'est une articulation synoviale plane.

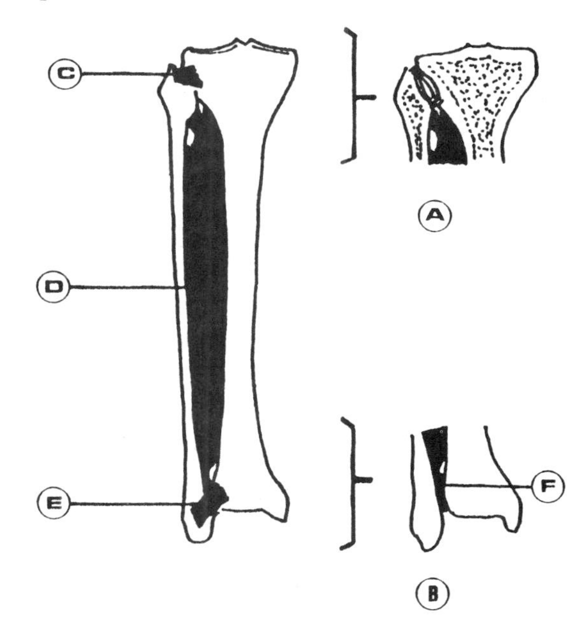

Figure 12.3 Face antérieure et coupe frontale des articulations tibiofibulaires.

A. Proximale B. Distale C. Ligament antérieur de la tête fibulaire D. Membrane interosseuse de la jambe E. Ligament tibiofibulaire antérieur F. Ligament interosseux.

a) Surfaces articulaires : surface articulaire fibulaire du tibia et la surface articulaire tibiale de la tête du fibula.

b) Capsule articulaire : membrane fibreuse et synoviale.
c) Ligaments : ligament antérieur et le ligament postérieur de la tête fibulaire.
d) Anatomie fonctionnelle : présente des mouvements de glissement réduits, liés aux déplacements de l'articulation tibiofibulaire distale.

ARTICULATION TIBIOFIBULAIRE DISTALE
(syndesmose tibiofibulaire)

Articulation de la jambe qui unit les épiphyses distales du tibia et du fibula (Figure 12.3). C'est une articulation fibreuse de type syndesmose.

a) Surfaces articulaires : surfaces sans cartilage : la surface du fibula et l'incisure fibulaire du tibia.
b) Ligaments : tibiofibulaire antérieur, tibiofibulaire postérieur et interosseux.
c) Anatomie fonctionnelle : déplacements transversaux, liés à la flexion du pied, la trochlée du talus écartant les deux épiphyses de 1 à 2 mm.

ARTICULATION DU GENOU

Articulation de la jambe qui unit le fémur, le tibia et la patella (Figure 12.4). C'est une articulation synoviale composée de deux articulations : l'articulation fémorotibiale, bicondylaire et l'articulation fémoropatellaire qui est ginglyme.

a) Surfaces articulaires : surface patellaire du fémur, les condyles du fémur, les surfaces articulaires supérieures du tibia et la surface articulaire de la patella.
b) Capsule articulaire : membrane fibreuse qui adhère au pourtour des ménisques et s'insère sur le fémur, le tibia, la patella et les bords non axiaux des ligaments

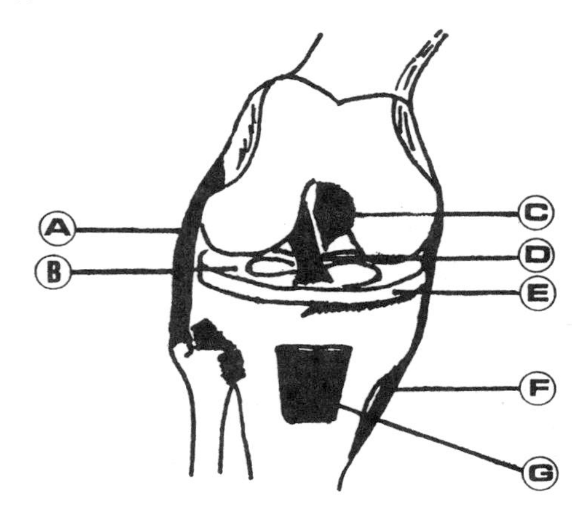

Figure 12.4 Face antérieure de l'articulation du genou (en flexion).

A. Ligament collatéral fibulaire B. Ménisque latéral C. Ligament croisé postérieur D. Ligament croisé antérieur E. Ménisque médial F. Ligament collatéral tibial G. Ligament patellaire (coupé) ou tendon rotulien.

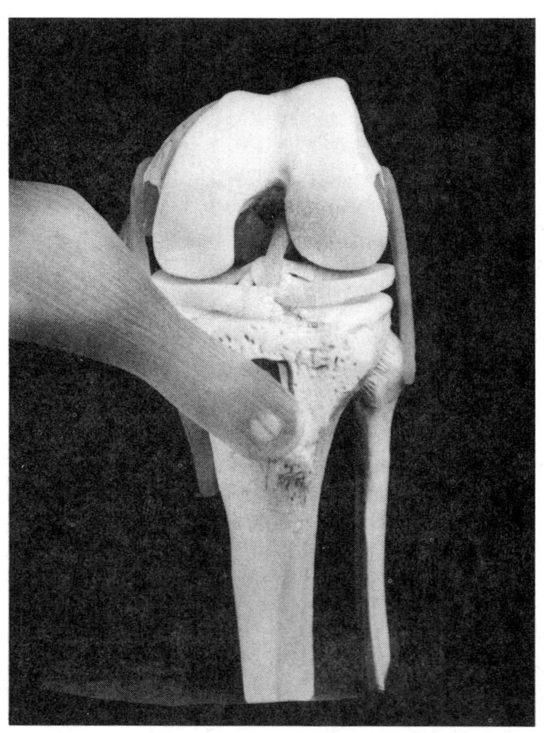

Photo 12.1 Vue antérieure de l'articulation du genou.

croisés. La membrane synoviale est étendue et complexe.

c) Ligaments : qui renforcent la capsule articulaire et maintiennent les structures osseuses : les ligaments croisés antérieur et postérieur, le ligament collatéral fibulaire, le ligament collatéral tibial, le ligament poplité oblique, le ligament poplité arqué, le ligament patellaire et les rétinaculums patellaires médial et latéral. Des ligaments fixent aussi les ménisques : le ligament méniscofémoral antérieur, le ligament méniscofémoral postérieur et le ligament transverse du genou.

d) Anatomie fonctionnelle : peu nombreux, les mouvements comprennent essentiellement la flexion, l'extension et accessoirement des rotations restreintes. Au cours de la flexion, les ménisques glissent vers l'arrière. Au cours de l'extension, les ménisques avancent.

Les ligaments collatéraux (fibulaire et tibial) empêchent les mouvements de rotation. Le ligament patellaire renforce la capsule à l'avant; il s'étend depuis la patella jusqu'à la tubérosité antérieure du tibia. Lorsque la jambe est en extension, le ligament croisé antérieur est tendu et empêche le fémur de glisser vers l'arrière (hyperextension). Lorsque la jambe est en flexion, le ligament croisé postérieur devient tendu et empêche le fémur de glisser vers l'avant. Les ligaments poplité oblique et poplité arqué renforcent l'articulation à l'arrière. Le ménisque latéral est en forme de "C" fermé. Le ménisque médial a la forme d'un "C" ouvert.

MOUVEMENTS DE L'ARTICULATION AU GENOU

Au genou, on rencontre principalement des mouvements de flexion et d'extension. En flexion, on peut y retrouver des rotations et même de légers écartements latéraux passifs.

FLEXION

Exceptionnellement, la flexion rapproche les faces postérieures du mollet et de la cuisse (Figure 12.5). L'amplitude de la flexion varie selon qu'elle est active ou passive et dépend de la position de la hanche (cause des ischio-jambiers). S'il y a flexion à la hanche, l'amplitude de la flexion au genou se situe autour de 140° alors qu'elle ne représente que 120° en position anatomique pour la hanche. La flexion passive atteint une amplitude se situant entre 150° et 160° et est limitée par le contact des masses musculaires en présence.

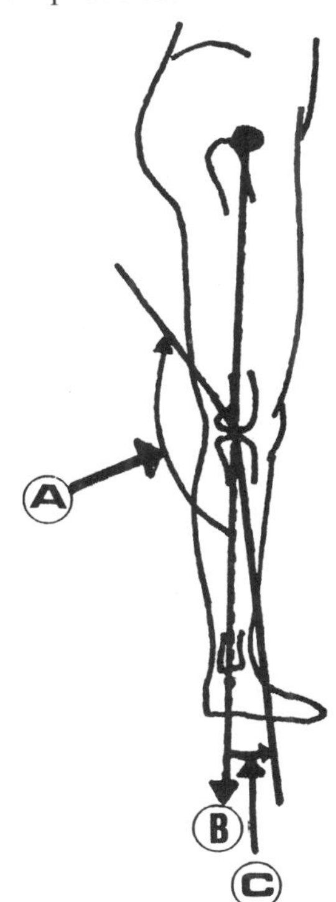

Figure 12.5 Au niveau du genou.
A. Flexion B. Extension C. Hyperextension.

EXTENSION

En extension (position anatomique), tous les points de contact osseux (tête du fémur, condyles fémoraux, plateau tibial et astragale) sont alignés dans le plan sagittal (Figure 12.5).

En hyperextension (au-delà de la position anatomique), vue de face, l'articulation semble être poussée vers l'arrière (genou recurvatum). On retrouve cette position chez les jeunes alors que chez l'adulte son amplitude se retrouve entre 0° et 5°.

L'amplitude de la flexion et de l'extension se mesure chez un sujet couché sur le dos.

ROTATIONS

Les rotations de la jambe en position de flexion (en extension, les rotations sont nulles) sont soit médiales, soit latérales et s'exécutent activement (Figure 12.6). On peut également noter de faibles mouvements de latéralité dans cette position; ils sont passifs parce qu'empêchés par les ménisques. De nombreux joueurs de soccer demandaient une ménisectomie totale dans le but d'augmenter ces mouvements latéraux.

L'amplitude des mouvements de latéralité et de rotation s'évalue sur un sujet assis ou couché sur le ventre.

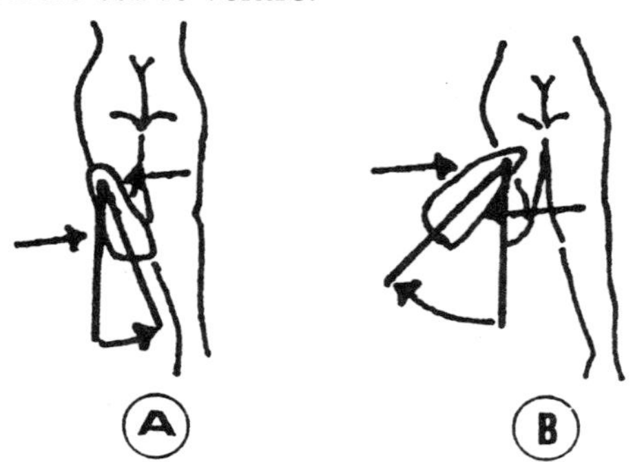

Figure 12.6 Flexion au genou.
A. Rotation médiale. B. Rotation latérale.

VARIABILITÉ

L'amplitude des divers mouvements préalablement mentionnés varie beaucoup selon l'âge et le sexe des individus. Certains sont beaucoup plus souples que d'autres — jusqu'à 10° à 15° (genou *recurvatum*). C'est pourquoi, dans tous les cas pathologiques surtout, l'examinateur doit tenir compte des articulations des deux côtés du corps avant de prononcer son diagnostic. En général, chez un même individu, on retrouve la même amplitude aux mêmes articulations des deux côtés du corps.

MUSCLES DE L'ARTICULATION AU GENOU

Tous les mouvements de la jambe répondent aux commandes des muscles situés au niveau de la cuisse. Ces muscles de la cuisse se divisent en trois loges ou compartiments séparés par des aponévroses, soit les compartiments antérieur, postérieur et médian de la cuisse (Figure 12.7).

Le compartiment antérieur contient tous les muscles *extenseurs* de la jambe, dont le plus important est le quadriceps fémoral; ils sont innervés par le nerf fémoral.

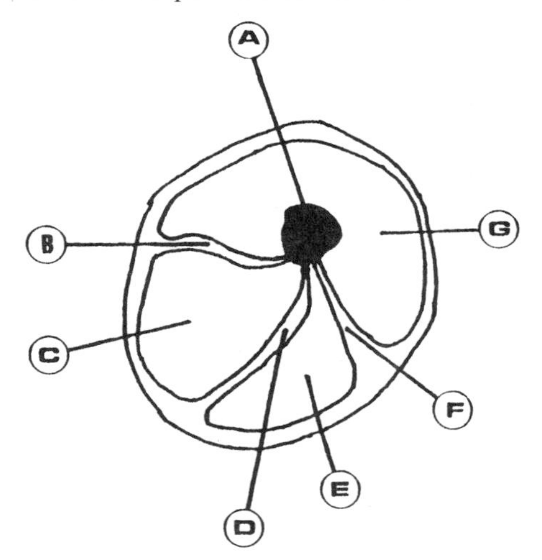

Figure 12.7 Compartiments de la cuisse.
A. Fémur B. Cloison médiane de tissu conjonctif C. Compartiment médian D. Cloison postérieure de tissu conjonctif E. Compartiment postérieur F. Cloison latérale de tissu conjonctif G. Compartiment antérieur.

Le compartiment postérieur regroupe les muscles ischiojambiers, responsables de la flexion; ce sont les *fléchisseurs* de la jambe au niveau du genou et ils sont innervés par le nerf sciatique.

Le compartiment médian englobe les cinq muscles reliant le bassin à la partie médiale du fémur; on les appelle *adducteurs*, parce qu'ils provoquent l'adduction du membre inférieur. Ils sont innervés par le nerf obturateur.

L'articulation au genou est influencée par douze muscles formant trois groupes (Tableau 12.1). Le premier groupe est celui des muscles ischiojambiers (muscle de l'arrière-cuisse) qui sont le semimembraneux, le semitendineux et le biceps fémoral. Le deuxième est le quadriceps fémoral, composé de quatre chefs : droit de la cuisse, vaste intermédiaire, vaste médial et vaste latéral. Finalement, le dernier groupe n'est pas classifié : il comprend les muscles sartorius, gracile, poplité, gastrocnémien et plantaire.

Le tableau 12.1 résume les différentes actions des muscles agissant sur la jambe.

TABLEAU 12.1

MUSCLES DE L'ARTICULATION AU GENOU

MUSCLES \ *MOUVEMENTS DE LA JAMBE*	*FLEXION*	*EXTENSION*	*ROTATION INTERNE*	*ROTATION EXTERNE*
Semitendineux (semitendinosus)	P		P	
Semimembraneux (semimembranosus)	P		P	
Biceps fémoral (biceps femoris)	P			P
Droit de la cuisse (rectus femoris)		P		
Vaste latéral (vastus lateralis)		P		
Vaste intermédiaire (vastus intermedius)		P		
Vaste médial (vastus medialis)		P		
Sartorius (sartorius)	A		A	
Gracile (gracilis)	A		A	
Poplité (popliteus)			P	
Gastrocnémien (gastrocnemius)	A			
Plantaire (plantaris)	A			

P : muscle principal A : muscle auxiliaire

VASTE LATÉRAL (vastus lateralis)

Chef latéral du muscle quadriceps fémoral (Figure 12.8), c'est un gros muscle bipenné qui donne le contour rondelé à la cuisse.

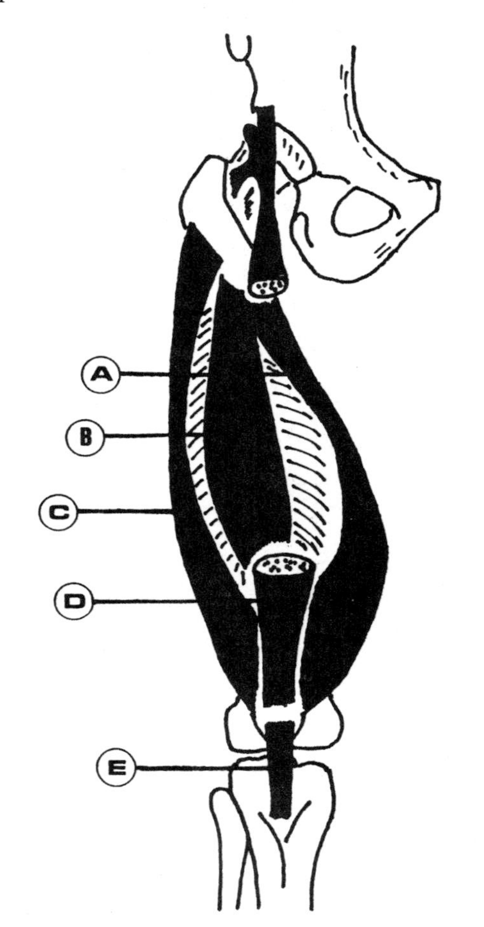

Figure 12.8 Face antérieure du muscle quadriceps fémoral.

A. Muscle vaste médial (récliné au-dedans) B. Muscle vaste intermédiaire C. Muscle vaste latéral (récliné en dehors) D. Muscle droit de la cuisse (sectionné) E. Ligament patellaire.

a) Origine : lèvre latérale de la ligne âpre, jusqu'au bord antérieur du grand trochanter.
b) Terminaison : tendon fixé à la base et au bord latéral de la patella.
c) Action : extenseur de la jambe.
d) Innervation : nerf fémoral.

VASTE MÉDIAL (vastus medialis)

Chef médial du muscle quadriceps fémoral (Figure 12.8), c'est un muscle bipenné et couvert par le sartorius et le droit de la cuisse.

a) Origine : lèvre médiale de la ligne âpre.
b) Terminaison : tendon fixé à la base et au bord médial de la patella.
c) Action : extenseur de la jambe.
d) Innervation : nerf fémoral.

VASTE INTERMÉDIAIRE (vastus intermedius)

Chef profond du muscle quadriceps fémoral, il est situé entre les deux autres vastes.

a) Origine : face antérieure de la diaphyse fémorale.
b) Terminaison : tendon qui s'unit au tendon des vastes médial et latéral, pour se fixer sur la base de la patella.
c) Action : extenseur de la jambe.
d) Innervation : nerf fémoral.

POPLITÉ (popliteus)

Muscle profond de la région postérieure du genou, il est tendu du fémur au tibia (Figure 12.9), triangulaire, il se dirige obliquement en bas et au-dedans, en croisant l'articulation du genou.

a) Origine : épicondyle latéral du fémur.
b) Terminaison : face postérieure du tibia, au-dessus de la ligne du muscle soléaire.
c) Action : rotateur interne de la jambe. Il ouvre le genou au début de la flexion à ce niveau.
d) Innervation : nerf tibial.

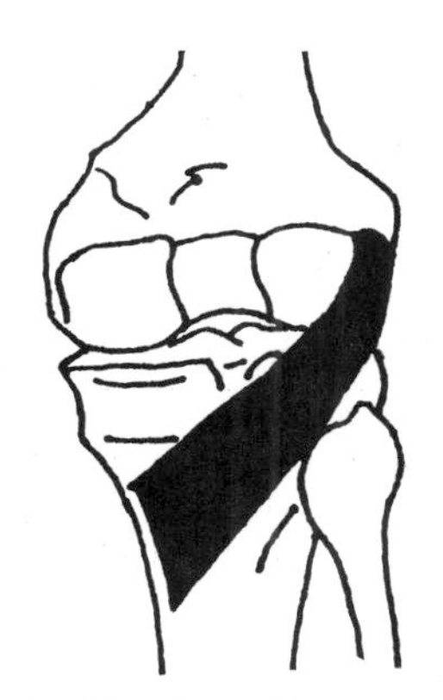

Figure 12.9 Muscle poplité.

Les figures 12.10 et 12.11 illustrent l'ensemble des muscles agissant sur la jambe.

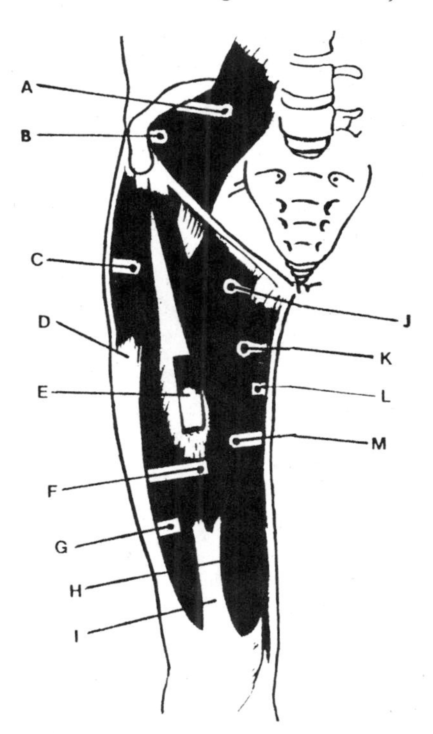

Figure 12.10 Muscles antérieurs de la hanche et de la cuisse.

A. Psoas B. Iliaque C. Tenseur du fascia lata D. Tractus iliotibial E. Vaste intermédiaire F. Droit de la cuisse G. Vaste latéral H. Vaste médial I. Tendon du quadriceps fémoral J. Pectiné K. Long adducteur L. Gracile M. Sartorius.

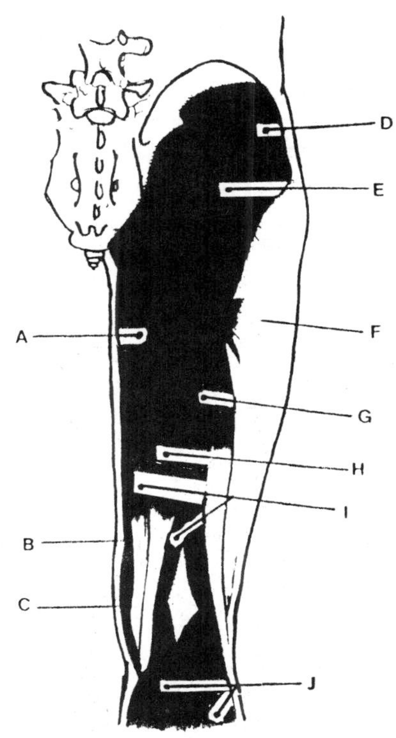

Figure 12.11 Muscles postérieurs de la hanche et de la cuisse.

A. Grand adducteur B. Gracile C. Sartorius D. Moyen fessier E. Grand fessier F. Tractus iliotibial G. Biceps fémoral (chef long) H. Semitendineux I. Semimembraneux J. Gastrocnémien.

SACHEZ QUE...

1. La « patella bipartita » est une variation anatomique consistant en une fragmentation de la patella en plusieurs os juxtaposés. Il s'agit le plus souvent de deux fragments réunis par un ligament interosseux. Elle résulte de l'absence de fusion de plusieurs points d'ossification primitifs de l'os.
2. Le creux poplité est une dépression triangulaire à la surface postérieure du genou.

3. L'appareil ligamentaire médial du genou est beaucoup plus étendu et puissant que l'appareil ligamentaire latéral.
4. Les ménisques sont très mal vascularisés, mais un peu mieux en avant.
5. La patella tend à se luxer latéralement.
6. Les muscles qui forment la « patte d'oie » sont les attaches des muscles sartorius, gracile et semitendineux.
7. La paralysie sciatique entraîne un déficit presque complet de la flexion au genou. Les muscles ischiojambiers sont innervés par le nerf sciatique.
8. La cavité articulaire du genou est la plus volumineuse du corps humain.
9. Le « genu varum » est une désaxation au-dedans de la jambe, par rapport à la cuisse (jambes cagneuses) elle est normale chez le nourrisson, jusqu'à l'âge de 18 mois.
10. La méniscectomie est une ablation chirurgicale d'un ménisque.

XIII

La cheville, le pied et les orteils

OS DE LA CHEVILLE

Le tarse forme la cheville (Figure 13.1). Il est l'ensemble des os constituant la moitié postérieure du squelette du pied. Au nombre de 7, ces os courts forment une voûte et sont disposés en deux rangées. Le tarse postérieur est formé de l'os calcanéus, surmonté du talus. Le tarse antérieur est composé d'un os latéral, l'os cuboïde. Ces os médiaux sont l'os naviculaire, qui est coiffé, en avant, des cunéiformes médial, intermédiaire et latéral.

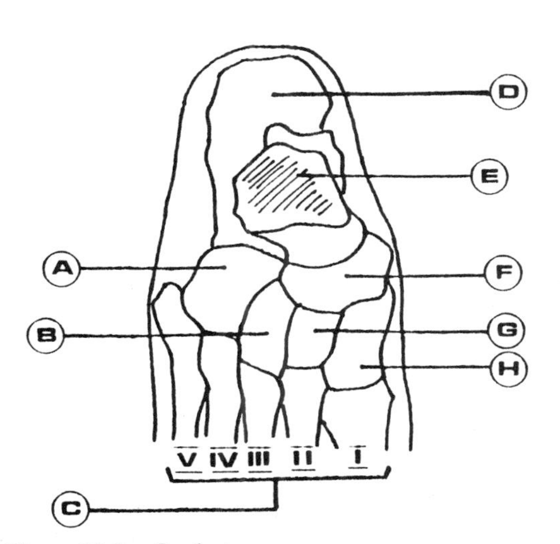

Figure 13.1 Os du tarse.
A. Cuboïde B. Cunéiforme latéral C. Métatarsiens D. Calcanéus E. Talus F. Naviculaire G. Cunéiforme intermédiaire H. Cunéiforme médial.

TALUS

Os du tarse reposant sur le calcanéus, il s'articule avec le tibia et le fibula. Situé entre la malléole médiane et la malléole latérale, il supporte toute la masse du corps, qu'il distribue aux autres os du tarse.

CALCANÉUS (os calcis, os du talon)

Os allongé, c'est le plus volumineux du pied. Situé à la partie postérieure du tarse, il forme la saillie du talon et s'articule, en haut, avec le talus et en avant, avec le cuboïde. Il sert de point d'attache à plusieurs muscles du mollet.

OS CUBOÏDE

C'est l'os latéral de la rangée antérieure du tarse. Il s'articule avec le calcanéus en arrière, les métatarsiens IV et V en avant, l'os naviculaire et l'os cunéiforme latéral, au-dedans.

OS NAVICULAIRE

Os court de la rangée moyenne du tarse, il est situé au niveau du bord médial du pied. Il s'articule, en arrière, avec le talus, en avant, avec les os cunéiformes et latéralement, avec le cuboïde.

OS CUNÉIFORME INTERMÉDIAIRE

C'est le petit os de la rangée antérieure du tarse. En forme de coin, il est encastré entre les cunéiformes médial et latéral, l'os naviculaire, en arrière et le métatarsien II, en avant.

OS CUNÉIFORME LATÉRAL

C'est l'os de la rangée antérieure du tarse. Il s'interpose entre le cunéiforme intermédiaire et le métatarsien II au-dedans, le cuboïde et le métatarsien IV en dehors, l'os naviculaire en arrière et le métatarsien III en avant.

OS CUNÉIFORME MÉDIAL

C'est l'os médial de la rangée antérieure du tarse. En forme de coin, il s'articule avec l'os naviculaire en arrière, le métatarsien I en avant, l'os cunéiforme intermédiaire et le métatarsien II, latéralement.

OS DU PIED

Le pied se compose de cinq os longs, les métatarsiens (Figure 13.2). Le métatarse est l'ensemble des os constituant le segment antérieur de la voûte plantaire. Les métatarsiens sont numérotés de I à V dans le sens médiolatéral. Le métatarsien est un os allongé, présentant un corps, une base articulaire avec le tarse et une tête répondant à une phalange proximale.

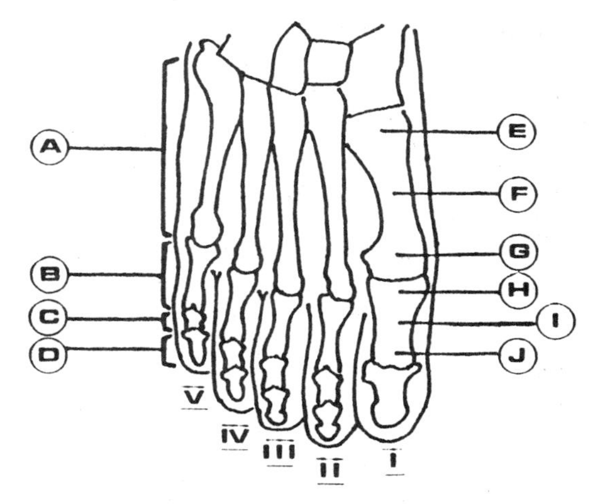

Figure 13.2 Os du métatarse et des orteils.

A. Métatarse B. Phalanges proximales C. Phalanges intermédiaires D. Phalanges distales E. Base du métatarsien F. Corps du métatarsien G. Tête du métatarsien H. Base de la phalange I. Corps de la phalange J. Tête de la phalange.

OS DES ORTEILS

Les orteils ou doigts du pied sont des appendices libres et indépendants formant l'extrémité distale d'un pied. Au nombre de cinq, ils sont numérotés dans le sens médiolatéral. On distingue le hallux ou orteil I, les orteils II, III, IV et le petit orteil ou orteil V. Chaque orteil présente quatre faces : dorsale, plantaire, latérale et médiale. Le squelette des orteils est semblable à celui des doigts.

Les phalanges sont des pièces osseuses articulées formant le squelette des orteils (Figure 13.2). On en compte trois par orteil, à l'exception du gros orteil qui en comprend deux. Ce sont des os allongés qui présentent un corps, une extrémité proximale excavée ou base et une extrémité distale, convexe ou tête. La phalange proximale est la plus rapprochée du métatarse. La phalange moyenne est la phalange intermédiaire à la phalange proximale et à la phalange distale. Elle est inexistante au niveau du gros orteil. La phalange distale est la dernière phalange des cinq orteils. Elle est recouverte par l'ongle tout comme au niveau des doigts de la main. Les phalanges des orteils, au nombre de quatorze, sont plus courtes que celles des doigts.

ARCS DU PIED

Les os tarsiens (cheville) et métatarsiens (coup de pied) s'unissent pour former trois arcs (arches du pied) (Figure 13.3).

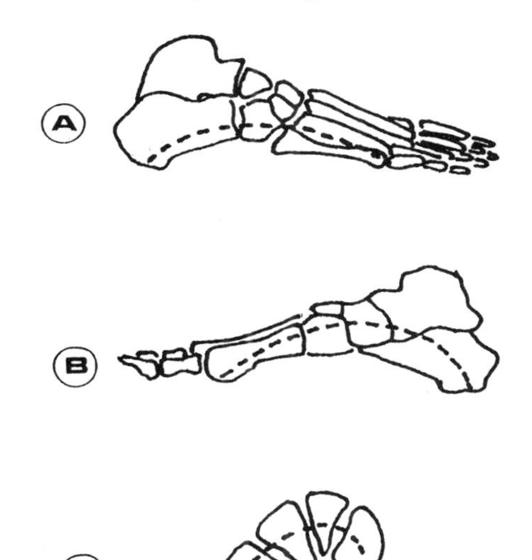

Figure 13.3 Arcs du pied.
A. Arc longitudinal latéral B. Arc longitudinal médial C. Arc transversal.

ARC LONGITUDINAL DU PIED

L'arc longitudinal du pied forme une courbure longitudinale constituée d'une partie latérale et d'une partie médiale. La partie latérale est formée par le calcanéus, le cuboïde et le métatarsien V. Cette partie est peu souple et son apogée est environ 3 à 5 mm du sol. La partie médiale est formée par le calcanéus, le talus, l'os naviculaire, le cunéiforme médial et le métatarsien I. Elle est plus souple et son apogée est à environ 15 à 18 mm du sol.

ARC TRANSVERSAL DU PIED

L'arc transversal du pied est la courbure transversale constituée par la base des métatarsiens, le cuboïde et les trois cunéiformes. Cet arc est de courbure peu prononcée.

Les ligaments — aidés par les muscles et leurs attaches — sont les structures les plus importantes dans le maintien des arcs, qui servent pour leur part à distribuer adéquatement le poids du corps sur le calcanéum et les métatarsiens. Des arcs longitudinaux aplatis — pieds plats — signifient beaucoup de fatigue pour les individus qui en sont affectés. Éventuellement, ils seront affligés de maux de dos causés par une mauvaise absorption des chocs par ces arcs. La marche, la course et autres activités du genre deviennent souvent ardues pour ces personnes. Chez des coureurs débutants, des souliers inadéquats, un mauvais style de course et des surfaces trop dures peuvent provoquer un affaissement de l'arche. Si l'arche est affaissée, le pied est en position de pronation.

ARTICULATION DE LA CHEVILLE

La cheville est formée de l'articulation talocrurale ou tibiofibulotarsienne.

ARTICULATION TALOCRURALE

Articulation de la cheville, synoviale de type ginglyme (trochléenne), elle unit le tibia et le fibula au talus (Figure 13.4).

a) Surfaces articulaires : malléole latérale, la malléole médiale, la surface distale du tibia, la trochlée du talus et les surfaces malléolaires médiale et latérale du talus.
b) Capsule articulaire : membrane fibreuse mince et lâche, en avant et en arrière. La membrane synoviale forme des culs-de-sac entre le tibia et le fibula, en avant et en arrière, entre les fibres de la membrane fibreuse.

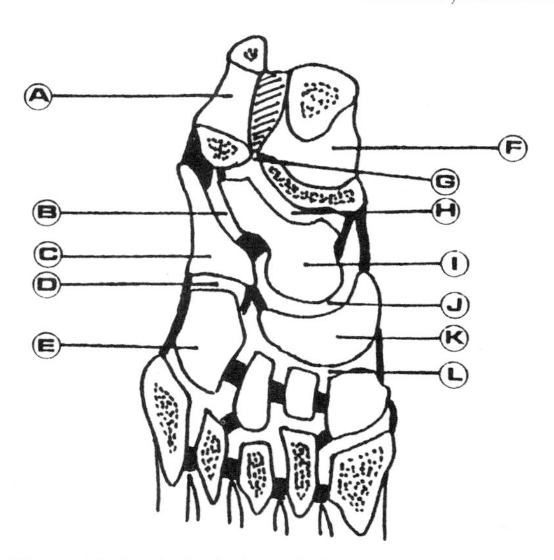

Figure 13.4 Articulations de la cheville et du pied. *A. Os fibula B. Articulation subtalienne C. Os calcanéus D. Articulation calcanéocuboïdienne E. Os cuboïde F. Os tibia G. Syndesmose tibiofibulaire H. Articulation talocrurale I. Os talus J. Articulation talocalcanéonaviculaire K. Os naviculaire L. Articulation cunéonaviculaire.*

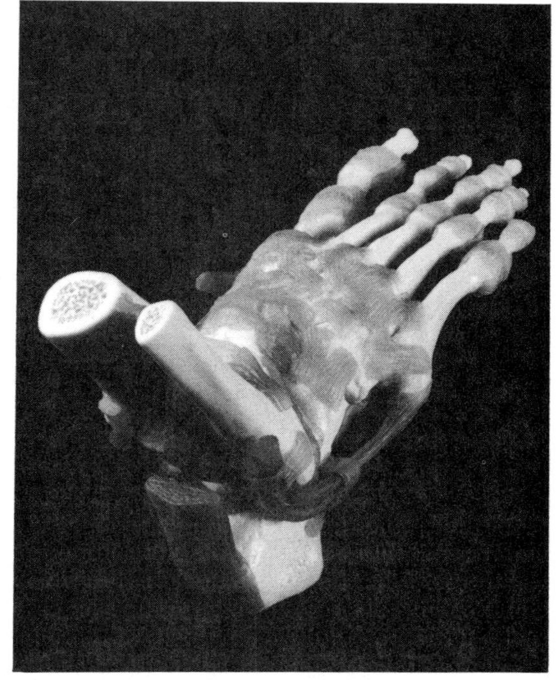

Photo 13.1 Vue supérieure des articulations de la cheville et du pied.

c) Ligaments : ligament médial, constitué de quatre parties : tibionaviculaire, tibiocalcanéenne et tibiotaliennes antérieure et postérieure. Ils comprennent aussi le ligament talofibulaire antérieur, le ligament calcanéofibulaire et le ligament talofibulaire postérieur.

d) Anatomie fonctionnelle : flexion dorsale (flexion) ou flexion plantaire (extension).

ARTICULATIONS DU PIED

Il existe onze articulations indépendantes au niveau du tarse qui sont :

- Articulation subtalienne;
- Articulation talocalcanéonaviculaire;
- Articulation calcanéocuboïdienne;
- Articulations intercunéennes (2);
- Articulation cunéocuboïdienne;
- Articulation cunéonaviculaire;
- Articulation cuboïdonaviculaire;
- Articulations tarsométatarsiennes (3).

ARTICULATION SUBTALIENNE

Unissant le talus et le calcanéus (Figure 13.4), c'est une articulation synoviale de type trochoïde. Elle participe à l'inversion et à l'éversion.

ARTICULATION TALOCALCANÉONAVICULAIRE

Unissant le talus, le calcanéus et l'os naviculaire (Figure 13.4), cette articulation constitue la partie médiale de l'articulation transverse du tarse. Elle est synoviale, du type sphéroïde (énarthrose). Elle participe à l'inversion et à l'éversion.

ARTICULATION CALCANÉOCUBOÏDIENNE

Groupant le calcanéus et le cuboïde (Figure 13.4), cette articulation constitue la partie latérale de l'articulation transverse du tarse. C'est une articulation en selle. Elle participe à l'inversion et à l'éversion.

ARTICULATIONS INTERCUNÉENNES

Ces articulations sont situées entre les os cunéiformes. Au nombre de deux, la première est située entre le cunéiforme médial et le cunéiforme intermédiaire et l'autre, entre le cunéiforme intermédiaire et le cunéiforme latéral. Ce sont des articulations planes.

ARTICULATION CUNÉOCUBOÏDIENNE

Unissant le cuboïde et le cunéiforme latéral, c'est une articulation synoviale plane.

ARTICULATION CUNÉONAVICULAIRE

Groupant l'os naviculaire aux trois os cunéiformes (Figure 13.4), c'est une articulation synoviale plane.

ARTICULATION CUBOÏDONAVICULAIRE

Unissant le cuboïde et le naviculaire, c'est une articulation synoviale plane.

ARTICULATIONS TARSOMÉTATARSIENNES (3)

Ces articulations du pied unissent les trois os cunéiformes et le cuboïde aux cinq métatarsiens. Synoviales planes, elles comprennent trois articulations tarso-métatarsiennes : l'une médiale, entre le cunéiforme médial et le métatarsien I; l'autre, intermédiaire, unissant les cunéiformes intermédiaire et latéral aux métatarsiens II et III; la troisième, latérale, unissant le cuboïde aux métatarsiens IV et V.

ARTICULATIONS DES ORTEILS

ARTICULATIONS INTERMÉTATARSIENNES

Ces articulations unissent les bases des métatarsiens entre elles. Ce sont des articulations synoviales planes, sauf pour celle qui est située entre les métatarsiens I et II, qui est constituée par quelques faisceaux fibreux et une petite bourse synoviale.

ARTICULATIONS MÉTATARSOPHALANGIENNES

Ces articulations du pied unissent les métatarsiens aux phalanges proximales des orteils (Figure 13.5). Synoviales de type sphéroïde, elles permettent des mouvements de flexion, d'extension, d'adduction, d'abduction et des mouvements réduits de rotation.

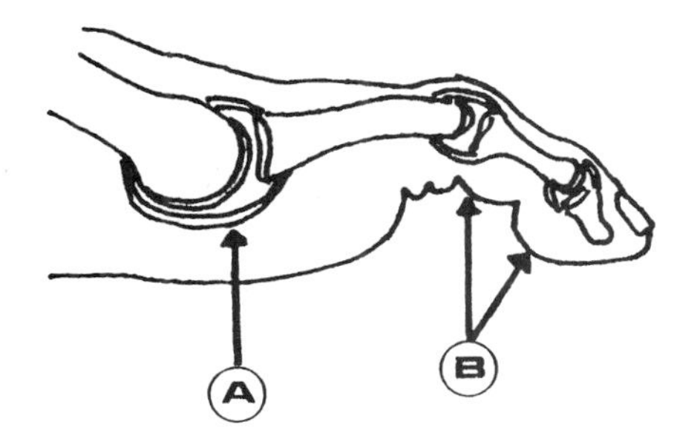

Figure 13.5 Articulations des orteils.
A. Articulation métatarsophalangienne B. Articulations interphalangiennes.

ARTICULATIONS INTERPHALANGIENNES DU PIED

Unissant les phalanges du pied entre elles (Figure 13.5), ce sont des ginglymes mettant en présence la base et la tête de deux phalanges successives. Elles sont le siège de mouvements de flexion et d'extension.

MOUVEMENTS DU PIED

Le pied peut exécuter des mouvements de flexion et d'extension, de rotation au-dedans (supination) et de rotation en dehors (pronation).

FLEXION

La flexion dorsale ou dorsiflexion rapproche le dos du pied et l'avant de la jambe (Figure 13.6). L'amplitude de ce mouvement, à partir de la position anatomique, est d'environ 20° lorsqu'il est actif; par contre, elle peut atteindre 45° à 50° lors de l'utilisation d'une force extérieure (poids du corps), comme dans le cas d'individus qui travaillent souvent en position accroupie avec le poids reposant principalement sur les orteils.

EXTENSION

La flexion plantaire est le mouvement de la face dorsale du pied s'éloignant de la face antérieure de la jambe (Figure 13.6). L'amplitude des mouvements à partir de la position verticale de la jambe est d'environ 40° pour l'extension, mais les variations individuelles sont importantes (allant de 30° à 60°). Pour atteindre l'amplitude extrême, une force extérieure doit agir sur l'articulation, comme par exemple, le poids du corps (attitude assise sur les talons, pieds étendus, pour l'extension).

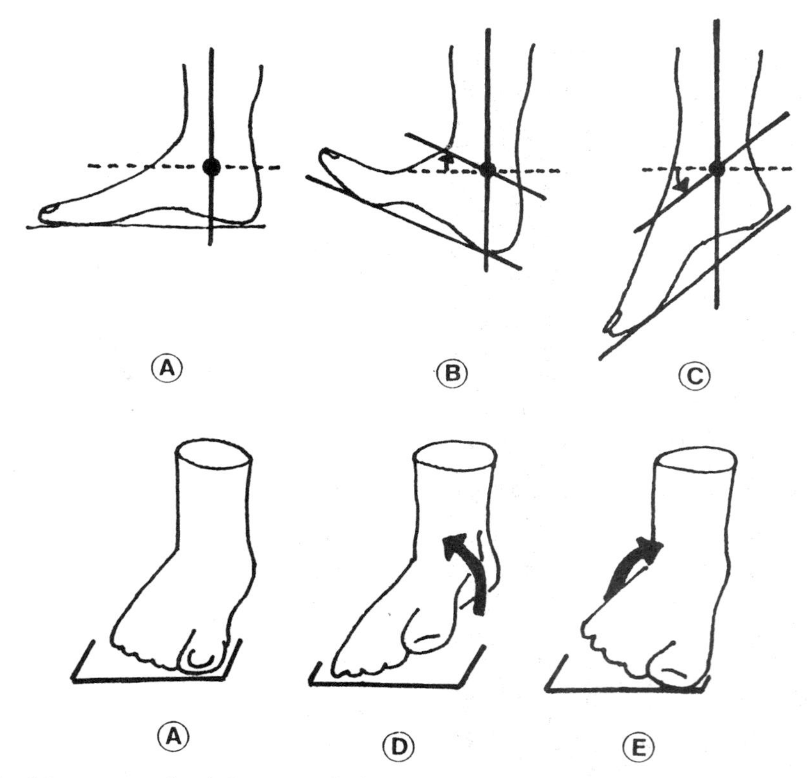

Figure 13.6 Mouvements du pied, vues médiale (en haut), de face (en bas).
A. Position zéro B. Flexion dorsale (20°) C. Flexion plantaire (40°) D. Rotation au-dedans E. Rotation en dehors.

ROTATION AU-DEDANS (supination)

Le bord médial du pied se soulève à l'endroit où la plante du pied tend à regarder au-dedans (Figure 13.6). La rotation au-dedans est inséparable de l'adduction. Cet ensemble se nomme aussi inversion (adduction + supination + flexion plantaire).

ROTATION EN DEHORS (pronation)

Le bord latéral tourne vers le haut à l'endroit où la plante du pied tend à regarder en dehors (Figure 13.6). La rotation en dehors est inséparable de l'abduction. Cet ensemble se nomme aussi éversion (abduction + pronation + flexion dorsale).

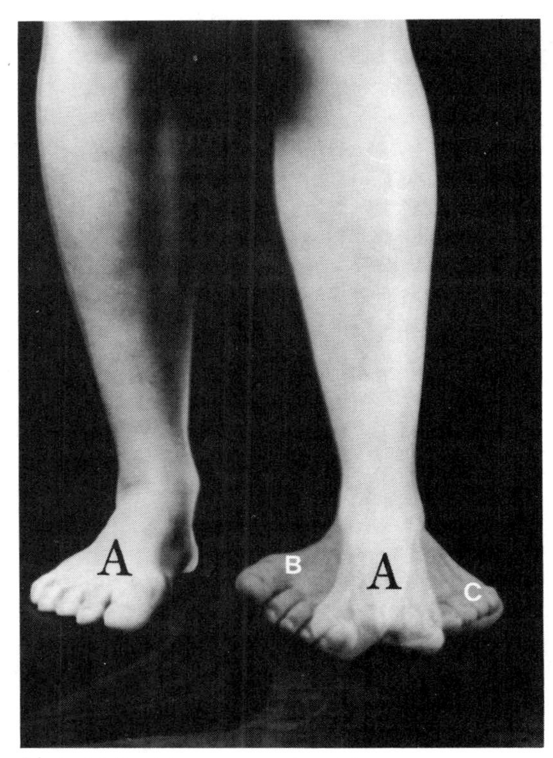

Photo 13.2 Mouvements du pied.
A. Position zéro B. Rotation au-dedans C. Rotation en dehors.

MUSCLES EXTRINSÈQUES DE LA CHEVILLE ET DU PIED

Les muscles extrinsèques de la cheville et du pied sont au nombre de douze. Ces muscles sont groupés en trois compartiments au niveau de la jambe : antérieur, postérieur et latéral (Figure 13.7).

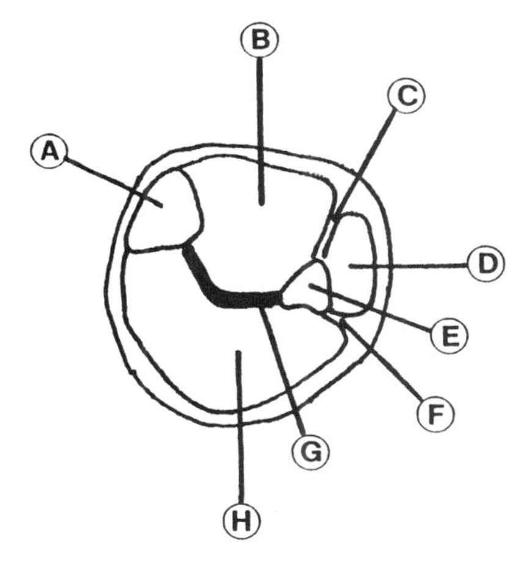

Figure 13.7 Compartiments des muscles extrinsèques de la cheville et du pied.
A. Os tibia B. Compartiment antérieur C. Cloison antérieure du tissu conjonctif D. Compartiment latéral E. Os fibula F. Cloison postérieure du tissu conjonctif G. Membrane interosseuse H. Compartiment postérieur.

Les muscles du compartiment antérieur (tibial antérieur, long extenseur de l'hallux, long extenseur des orteils, troisième fibulaire) agissent sur l'extension des orteils ou sur la flexion dorsale du pied. Les muscles du compartiment latéral (long fibulaire, court fibulaire) permettent la flexion plantaire et l'éversion du pied, alors que ceux du compartiment postérieur (gastrocnémien, soléaire, plantaire, long fléchisseur de l'hallux, long fléchisseur des orteils, tibial postérieur) permettent la flexion des orteils ou la flexion plantaire (extension du pied).

TIBIAL ANTÉRIEUR (tibialis anterior)

Muscle du compartiment antérieur de la jambe, il est tendu du tibia au gros orteil. Muscle mince, important et puissant (Figure 13.8), il sert à initier le mouvement de flexion du pied.

Figure 13.8 Muscle tibial antérieur.

a) Origine : deux tiers proximaux de la face latérale du tibia et la partie adjacente de la membrane interosseuse.
b) Terminaison : bord médial de l'os cunéiforme médial et sur la base du métatarsien I.
c) Action : fléchisseur dorsal, il provoque aussi l'inversion. Durant la flexion plantaire, ce muscle est inactif pour l'inversion.
d) Innervation : nerf fibulaire profond.

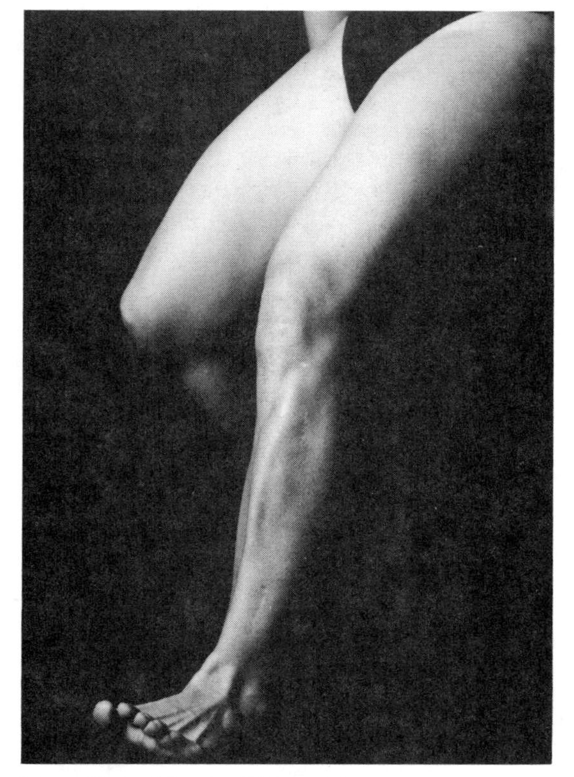

Photo 13.3 Muscle tibial antérieur.

LONG EXTENSEUR DE L'HALLUX (extensor hallucis longus)

C'est le muscle penné du compartiment antérieur de la jambe, entre le fibula et le gros orteil (Figure 13.9). Il est situé sous le tibial antérieur et le troisième fibulaire.

a) Origine : partie moyenne de la face médiale du fibula et la partie adjacente de la membrane interosseuse.
b) Terminaison : base des phalanges proximale et distale du gros orteil.
c) Action : extenseur du gros orteil, il aide à la flexion dorsale du pied et à l'inversion.
d) Innervation : nerf fibulaire profond.

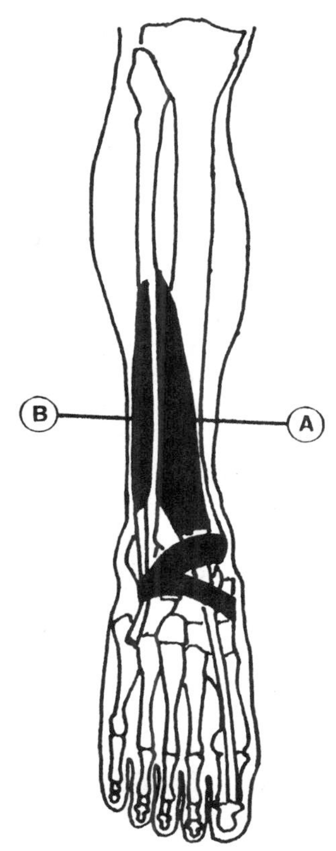

Figure 13.9
A. Muscle long extenseur de l'hallux B. Muscle troisième fibulaire.

LONG EXTENSEUR DES ORTEILS
(extensor digitorum longus pedis)

Muscle du compartiment antérieur de la jambe, il s'étend à partir du tibia et du fibula jusqu'aux quatre orteils latéraux (Figure 13.10). Situé sur le côté extérieur du muscle tibial antérieur, c'est un muscle unipenné.

a) Origine : épicondyle latéral du tibia, les deux tiers supérieurs de la face médiale du fibula et la partie adjacente de la membrane interosseuse.
b) Terminaison : devant l'articulation de la cheville, le muscle se divise en quatre tendons qui se terminent sur la base des phalanges intermédiaire et distale des quatre orteils externes.
c) Action : extenseur des quatre orteils latéraux. Il est aussi fléchisseur dorsal et il exécute l'éversion du pied.
d) Innervation : nerf fibulaire profond.

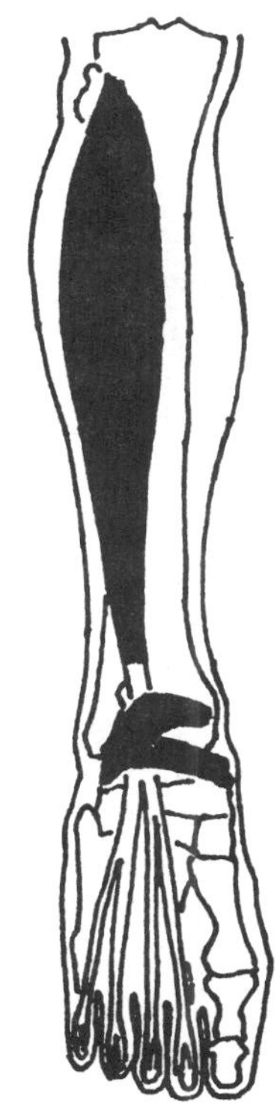

Figure 13.10 Muscle long extenseur des orteils.

TROISIÈME FIBULAIRE
(fibularis tertius)

Muscle penné du compartiment antérieur de la jambe (Figure 13.9). C'est un muscle inconstant.

a) Origine : partie distale de la face médiale du fibula et la partie adjacente de la membrane interosseuse.

b) Terminaison : face dorsale de la base du métatarsien V.
c) Action : fléchisseur dorsal du pied, il exécute l'éversion.
d) Innervation : nerf fibulaire profond.

LONG FIBULAIRE (fibularis longus)

C'est le muscle superficiel du compartiment latéral de la jambe, tendu du fibula au métatarsien I (Figure 13.11).

a) Origine : tête du fibula, condyle latéral du tibia, deux tiers proximaux de la face latérale du fibula.
b) Terminaison : base du métatarsien I et l'os cunéiforme médial.
c) Action : éverseur, il aide à la flexion plantaire.
d) Innervation : nerf fibulaire superficiel.

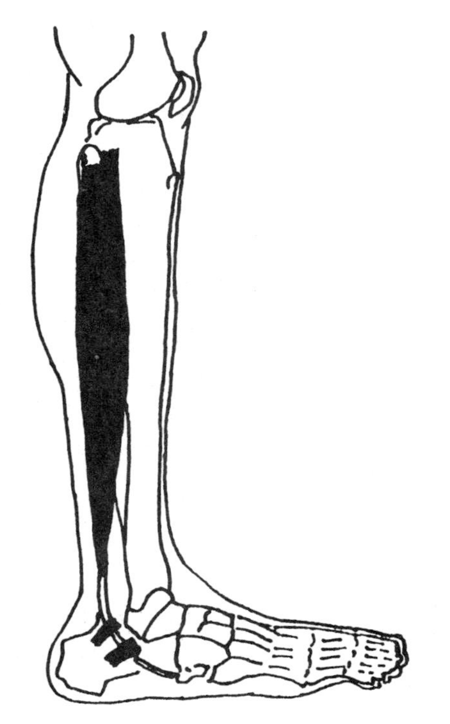

Figure 13.11 Muscle long fibulaire.

COURT FIBULAIRE (fibularis brevis)

C'est le muscle du compartiment latéral de la jambe, tendu du fibula au métatarsien V (Figure 13.12).

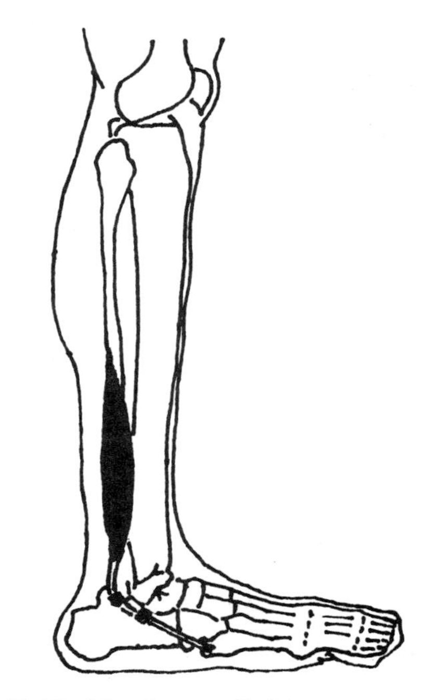

Figure 13.12 Muscle court fibulaire.

a) Origine : moitié distale de la face latérale du fibula.
b) Terminaison : base du métatarsien V.
c) Action : éverseur, il participe à la flexion plantaire.
d) Innervation : nerf fibulaire superficiel.

GASTROCNÉMIEN (gastrocnemius)

Muscle puissant qui donne la rondeur au mollet (Figure 13.13), faisant partie du compartiment postérieur de la jambe. Partie superficielle du triceps sural. Il possède deux chefs : latéral et médial (plus développé).

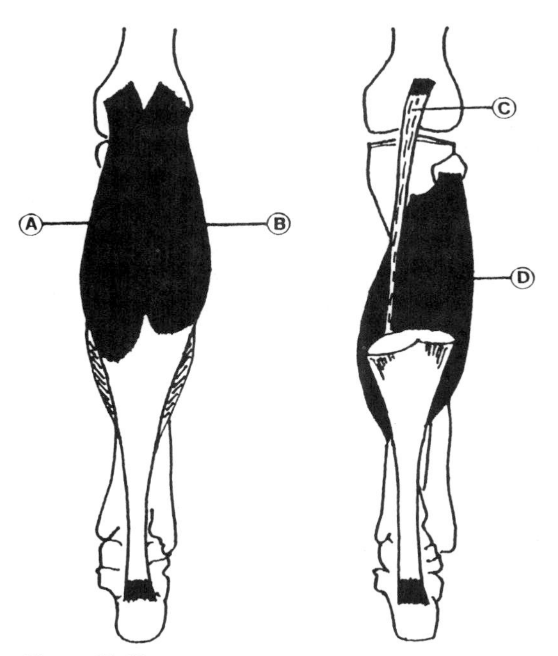

Figure 13.13
A. Muscle gastrocnémien médial B. Muscle gastrocnémien latéral C. Muscle plantaire D. Muscle soléaire.

a) Origine : insertion sur l'épicondyle latéral pour le chef latéral et insertion sur l'épicondyle médial du fémur pour le chef médial.
b) Terminaison : tubérosité du calcanéus, par le tendon calcanéen (Achille).
c) Action : fléchisseur plantaire du pied.
d) Innervation : rameaux du nerf tibial.

SOLÉAIRE (soleus)

Le soléaire est la partie profonde du muscle triceps sural (Figure 13.13). Muscle du compartiment postérieur de la jambe, son nom vient du latin « solea » (sandale) ou du mot « sole » (poisson plat), dont il en imite la forme. Il est recouvert par le gastrocnémien.

a) Origine : face postérieure de la tête du fibula et la face postérieure du tibia en-dessous de la ligne du muscle soléaire.
b) Terminaison : tubérosité du calcanéus par le tendon calcanéen.
c) Action : fléchisseur plantaire du pied.
d) Innervation : rameaux du nerf tibial.

PLANTAIRE (plantaris)

Muscle vestigial et superficiel, il est localisé sur la face postérieure de la jambe (Figure 13.13). Ce muscle est absent chez 6 à 8 % des individus.

a) Origine : épicondyle latéral du fémur.
b) Terminaison : bord médial du tendon calcanéen auquel il s'unit.
c) Action : insignifiante, elle s'associe à celle du soléaire (flexion plantaire).
d) Innervation : nerf tibial.

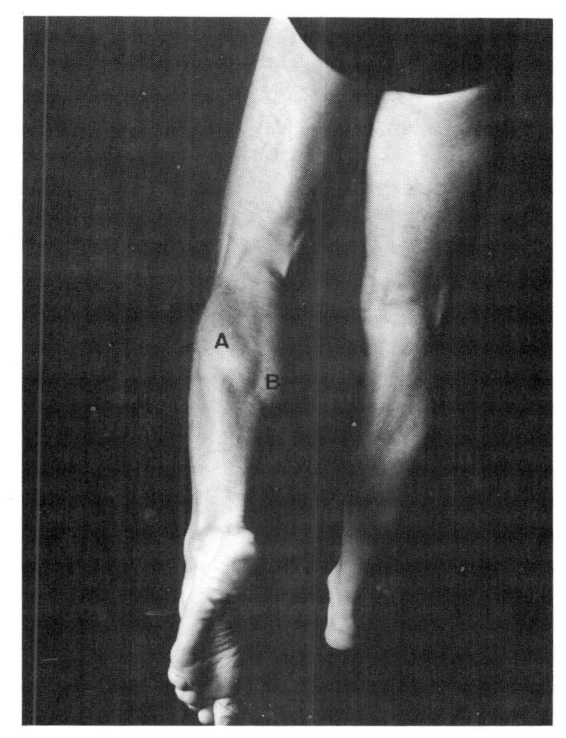

Photo 13.4 Muscle gastrocnémien.
A. Chef latéral B. Chef médial.

LONG FLÉCHISSEUR DE L'HALLUX
(flexor hallucis longus)

C'est le muscle profond du compartiment postérieur de la jambe (Figure 13.14).

a) Origine : deux tiers distaux de la face postérieure du fibula et de la partie adjacente de la membrane interosseuse.
b) Terminaison : face plantaire de la base de la phalange distale de l'hallux.
c) Action : fléchisseur de l'hallux, il participe à l'inversion et à la flexion plantaire du pied.
d) Innervation : nerf tibial.

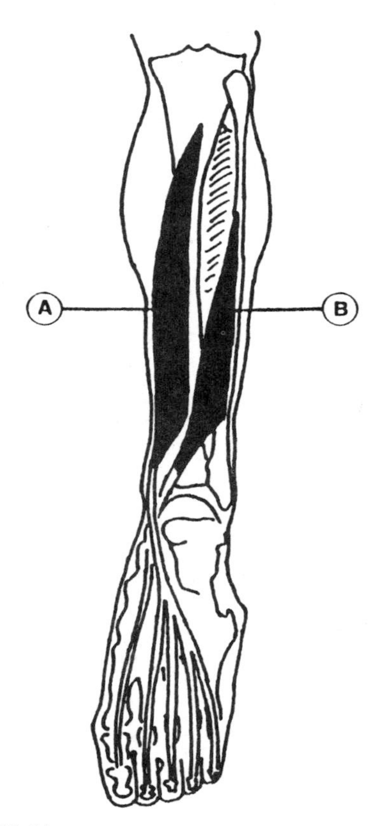

Figure 13.14
A. Muscle long fléchisseur des orteils B. Muscle long fléchisseur de l'hallux.

LONG FLÉCHISSEUR DES ORTEILS
(flexor digitorum longus pedis)

C'est le muscle profond du compartiment postérieur de la jambe (Figure 13.14).

a) Origine : tiers moyen de la face postérieure du tibia.
b) Terminaison : face plantaire de la base des phalanges distales des orteils II à V.
c) Action : fléchisseur des orteils II à V, il participe à la flexion plantaire et à l'inversion.
d) Innervation : nerf tibial.

TIBIAL POSTÉRIEUR
(tibialis posterior)

C'est le muscle le plus profond du compartiment postérieur de la jambe (Figure 13.15).

a) Origine : deux tiers proximaux de la face postérieure du tibia et des deux tiers proximaux de la face médiale du fibula.

Figure 13.15 Muscle tibial postérieur.

b) Terminaison : tubérosité de l'os naviculaire et rattaché par des tendons sur les os environnants.
c) Action : inverseur, il aide à la flexion plantaire du pied.
d) Innervation : nerf tibial.

MUSCLES INTRINSÈQUES DU PIED

La structure squelettique du pied est très semblable à celle de la main; toutefois, elle remplit des fonctions très différentes. Tandis que la main, très versatile, est capable de préhension et de mouvements précis, le pied, lui, sert au support et à la locomotion. Par conséquent, ses muscles sont plus puissants que ceux de la main, ce qui leur permet de supporter les arcs du pied. L'aponévrose plantaire superficielle, faite de tissu conjonctif dense et résistant, s'étend depuis le calcanéus jusqu'aux phalanges; elle aide les muscles intrinsèques et extrinsèques du pied à supporter les arcades.

Une autre différence entre la musculature du pied et celle de la main est l'existence, pour le pied, d'un muscle intrinsèque sur sa face dorsale, le muscle court extenseur des orteils. Les autres muscles intrinsèques sont tous disposés sur la surface plantaire.

COURT EXTENSEUR DES ORTEILS
(extensor digitorum brevis pedis)

Muscle de la face dorsale du pied, tendu du calcanéus aux quatre premiers orteils (Figure 13.16), il est extenseur de ces premiers orteils.

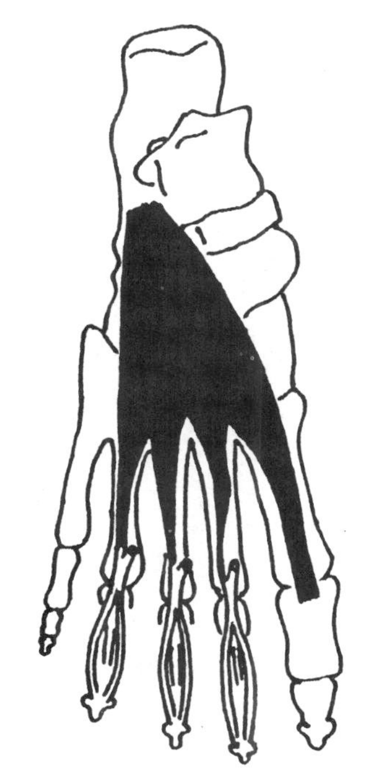

Figure 13.16 Muscle court extenseur des orteils.

ADDUCTEUR DE L'HALLUX
(adductor hallucis)

Muscle de la face plantaire du pied, tendu à partir du tarse et du métatarse jusqu'au gros orteil (Figure 13.17), il est adducteur du gros orteil.

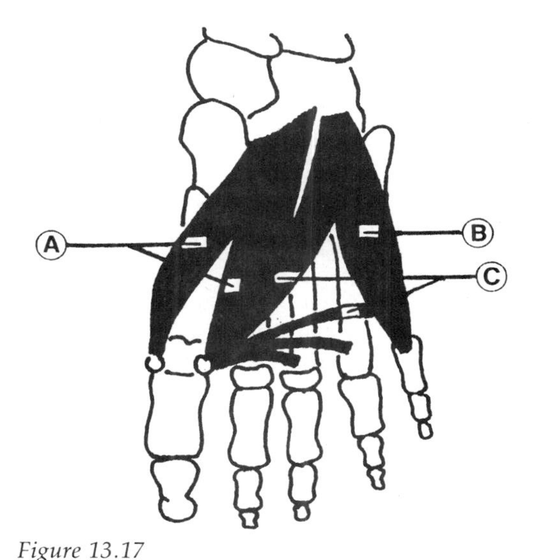

Figure 13.17
A. Muscle court fléchisseur de l'hallux B. Muscle court fléchisseur du petit orteil C. Muscle adducteur de l'hallux.

COURT FLÉCHISSEUR DES ORTEILS
(flexor digitorum brevis pedis)

Muscle de la face plantaire du pied, du calcanéus au quatre derniers orteils (Figure 13.18), il est fléchisseur des quatre derniers orteils.

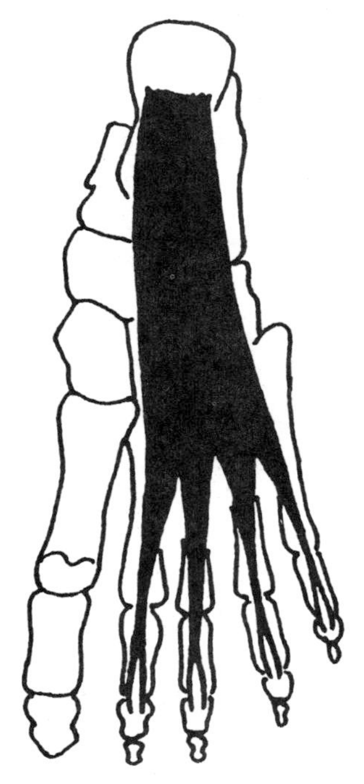

Figure 13.18 Muscle court fléchisseur des orteils.

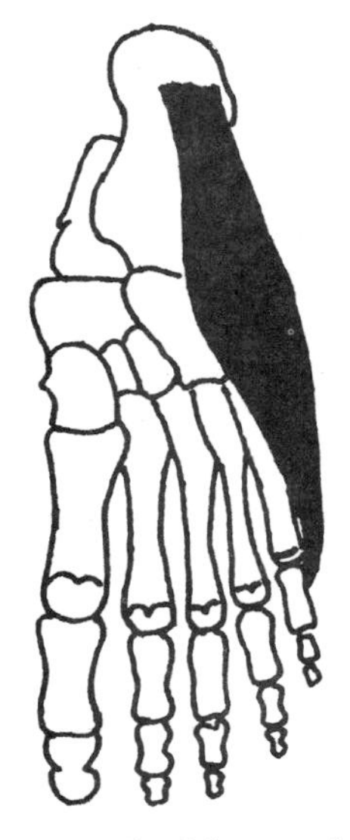

Figure 13.19 Muscle abducteur du petit orteil.

ABDUCTEUR DU PETIT ORTEIL
(abductor digiti minimi pedis)

Muscle latéral et plantaire du pied, placé du calcanéus au petit orteil (Figure 13.19), il est abducteur du petit orteil.

CARRÉ PLANTAIRE (quadratus plantae)

Muscle de la face plantaire du pied, tendu du calcanéus au bord postérieur du tendon principal du muscle long fléchisseur des orteils (Figure 13.20), il participe à la flexion des quatre derniers orteils.

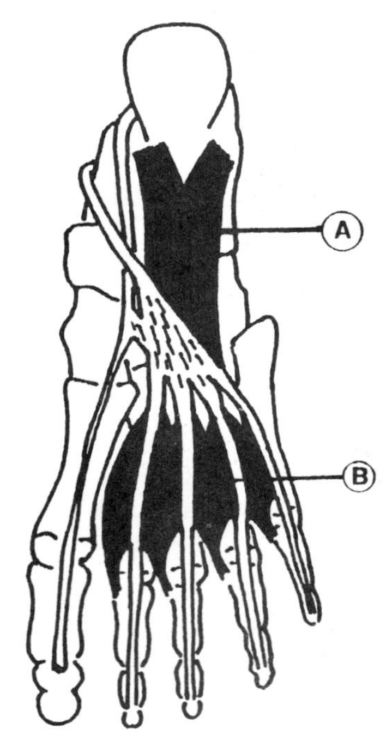

Figure 13.20
A. Muscle carré plantaire B. Muscles lombricaux.

LOMBRICAUX DU PIED
(lumbricales pedis)

Au nombre de quatre, annexés aux tendons du long fléchisseur des orteils, ils fléchissent la première phalange et étendent les deux autres (Figure 13.20).

COURT FLÉCHISSEUR DE L'HALLUX
(flexor hallucis brevis)

Muscle situé entre le tarse et le gros orteil (Figure 13.17), il est fléchisseur du gros orteil.

ABDUCTEUR DE L'HALLUX
(abductor hallucis)

Muscle médial du pied, du calcanéus au gros orteil (Figure 13.21), il est abducteur du premier orteil.

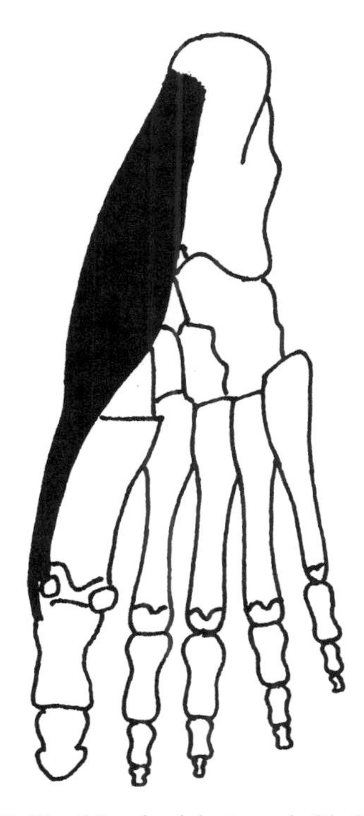

Figure 13.21 Muscle abducteur de l'hallux.

COURT FLÉCHISSEUR DU PETIT ORTEIL
(flexor digiti minimi brevis pedis)

Muscle placé entre le cuboïde et la phalange proximale du petit orteil (Figure 13.17), il est fléchisseur du petit orteil.

INTEROSSEUX PLANTAIRES
(interossei plantares)

Au nombre de trois, tendus des métatarsiens III, IV et V aux phalanges proximales correspondantes (Figure 13.22), ils sont adducteurs des orteils III, IV et V.

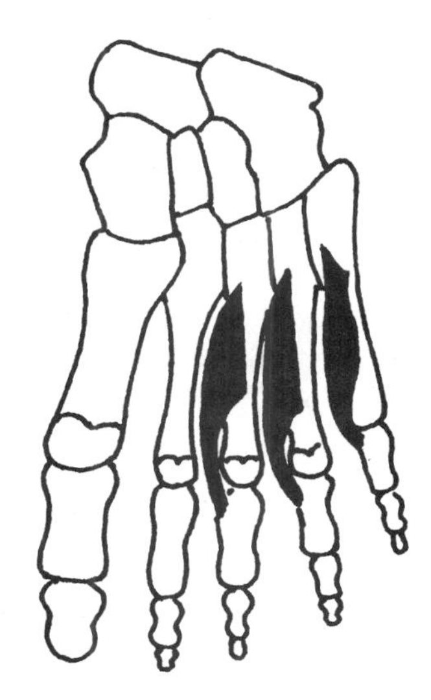

Figure 13.22 Muscles interosseux plantaires (3).

INTEROSSEUX DORSAUX DU PIED
(interossei dorsales pedis)

Au nombre de quatre, ils se fixent sur les faces latérales des métatarsiens et se terminent sur les phalanges proximales (Figure 13.23). Ils sont abducteurs des orteils III et IV.

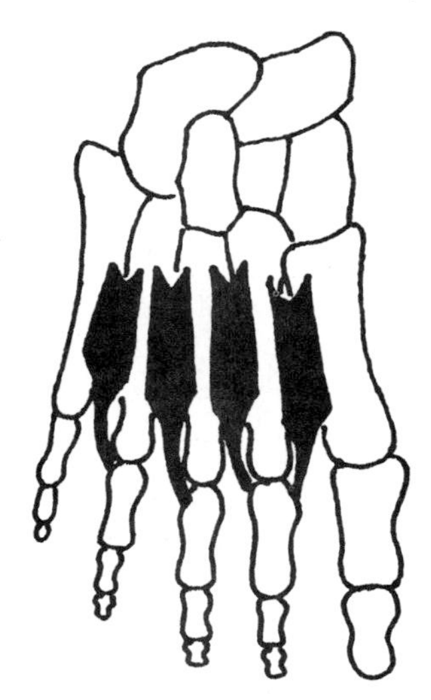

Figure 13.23 Muscles interosseux dorsaux (4).

OPPOSANT DU PETIT ORTEIL
(opponens digiti minimi)

Muscle inconstant de la région plantaire latérale profonde (Figure 13.24), il est étendu du cuboïde au métatarsien V. Il rapproche le petit orteil de l'axe du pied.

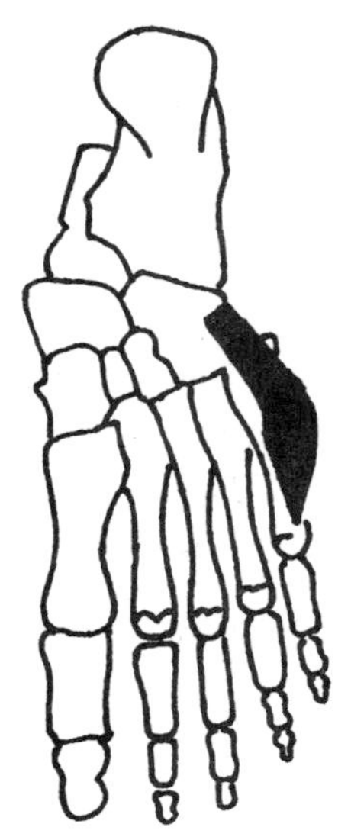

Figure 13.24 Muscle opposant du petit orteil.

Les Figures 13.25 à 13.30 illustrent l'ensemble des muscles agissant sur le pied.

Le Tableau 13.1 résume l'innervation principale du membre inférieur.

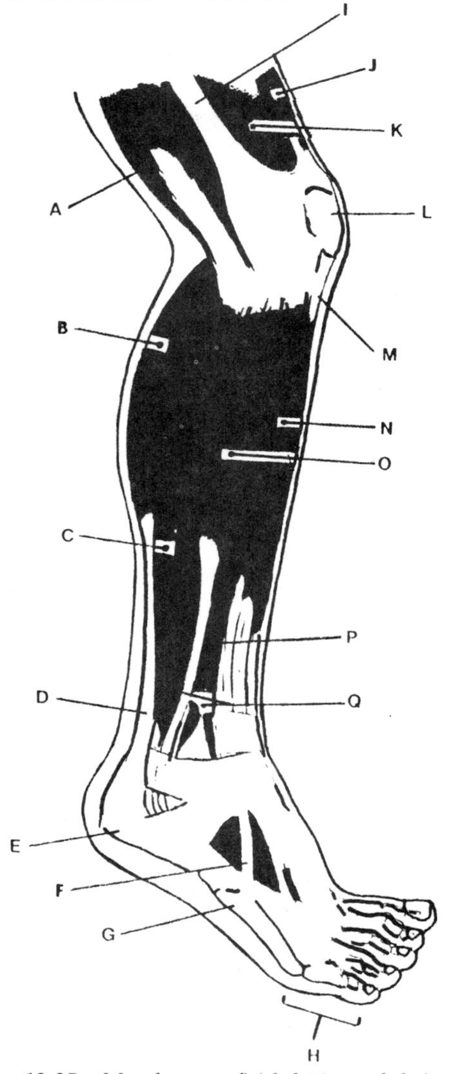

Figure 13.25 Muscles superficiels latéraux de la jambe.
A. Biceps fémoral B. Gastrocnémien C. Soléaire D. Tendon calcanéen E. Os calcanéus F. Tendon du troisième fibulaire G. Os métatarsien V H. Phalanges I. Tractus iliotibial J. Droit de la cuisse K. Vaste latéral L. Os patella M. Ligament patellaire N. Tibial antérieur O. Long fibulaire P. Long extenseur des orteils Q. Court fibulaire.

TABLEAU 13.1
INNERVATION PRINCIPALE DU MEMBRE INFÉRIEUR

NERF	*MUSCLE*
Nerf fémoral (L2, L3, L4)	Iliaque Droit de la cuisse Vaste intermédiaire Vaste médial Vaste latéral Sartorius Pectiné
Nerf obturateur (L2, L3, L4)	Long adducteur Court adducteur Gracile Obturateur externe Grand adducteur
Nerf sciatique (L4, L5, S1, S2, S3)	Biceps fémoral Semitendineux Semimembraneux Grand adducteur
Nerf tibial	Gastrocnémien Soléaire Plantaire Poplité Tibial postérieur Long fléchisseur de l'hallux Long fléchisseur des orteils
Nerf plantaire médial	Abducteur de l'hallux Court fléchisseur de l'hallux Court fléchisseur des orteils Lombricaux du pied (2 internes)
Nerf plantaire latéral	Abducteur du petit orteil Adducteur de l'hallux Court fléchisseur du petit orteil Interosseux du pied Interosseux plantaire Lombricaux du pied (2 externes) Carré plantaire Opposant du petit orteil
Nerf fibulaire profond	Tibial antérieur Long extenseur des orteils Long extenseur de l'hallux Troisième fibulaire Court extenseur des orteils
Nerf fibulaire superficiel	Long fibulaire Court fibulaire
Nerf glutéal supérieur (L4, L5, S1)	Moyen fessier Petit fessier Tenseur du fascia lata
Nerf glutéal inférieur (L5, S1, S2)	Grand fessier

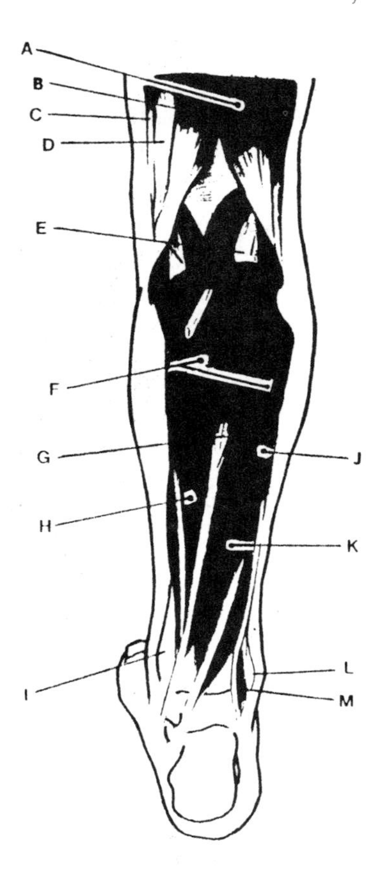

Figure 13.26 Muscles profonds postérieurs de la jambe.
A. Biceps fémoral B. Semitendineux C. Gracile D. Semimembraneux E. Gastrocnémien (coupé) F. Soléaire (coupé) G. Tibial postérieur H. Long fléchisseur des orteils I. Os tibia J. Long fibulaire K. Long fléchisseur de l'hallux L. Os fibula M. Court fibulaire.

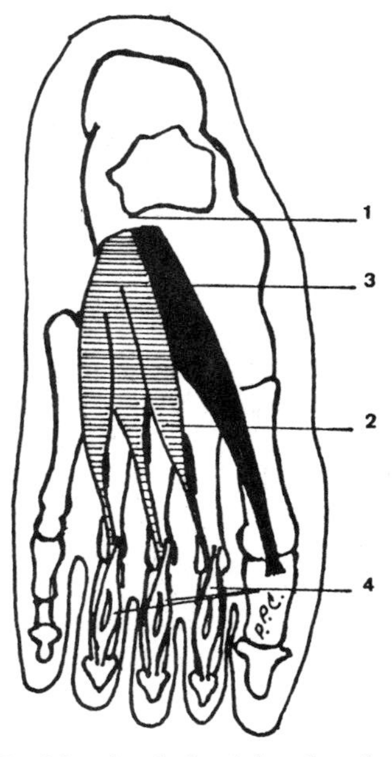

Figure 13.27 Muscles de la région dorsale du pied.
1. Os calcanéus 2. Court extenseur des orteils 3. Court extenseur de l'hallux 4. Tendon du long extenseur des orteils.

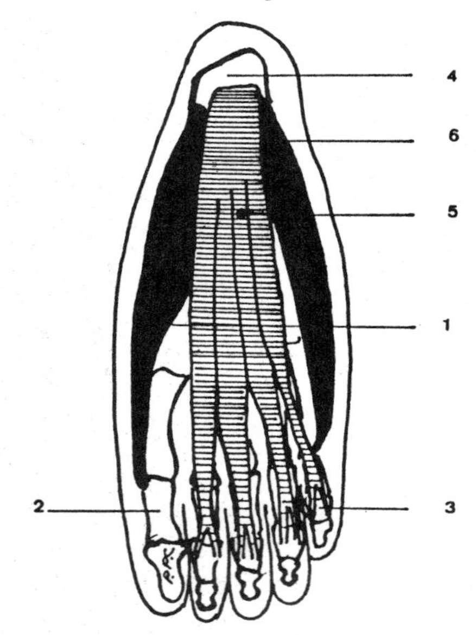

Figure 13.28 Muscles superficiels de la plante du pied.
1. Abducteur de l'hallux 2. Os phalange proximale de l'hallux 3. Os phalange intermédiaire 4. Tubérosité du calcanéus 5. Court fléchisseur des orteils 6. Abducteur du petit orteil.

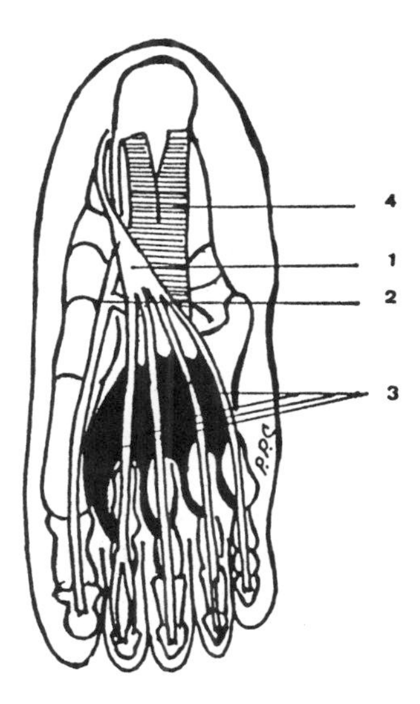

Figure 13.29 Muscles profonds (deuxième couche) de la plante du pied.

1. Tendon du long fléchisseur des orteils 2. Tendon du long fléchisseur de l'hallux 3. Lombricaux 4. Carré plantaire.

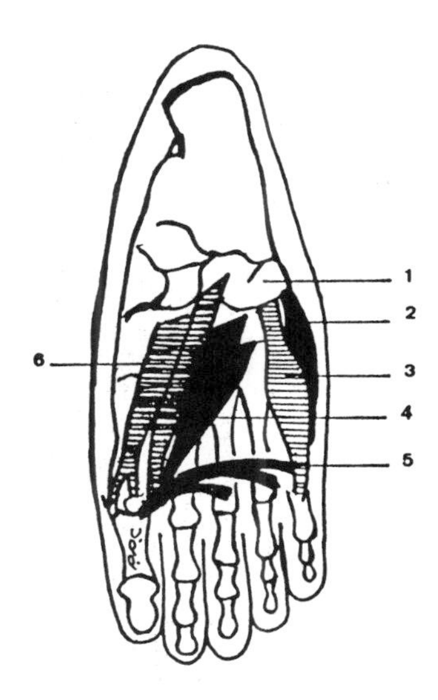

Figure 13.30 Muscles profonds (troisième couche) de la plante du pied.

1. Cuboïde 2. Opposant du petit orteil 3. Court fléchisseur du petit orteil 4. Chef oblique du muscle adducteur de l'hallux 5. Chef transverse du muscle adducteur de l'hallux 6. Court fléchisseur de l'hallux.

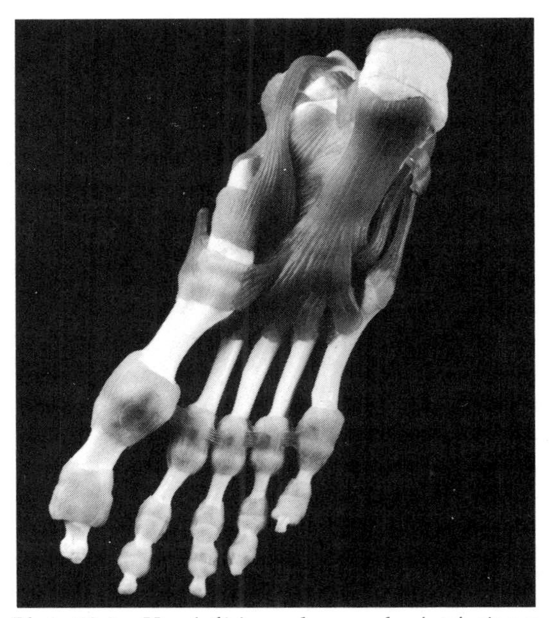

Photo 13.5 Vue inférieure des muscles intrinsèques du pied et des articulations des métatarses et des phalanges.

SACHEZ QUE...

1. Le pied apparaît au 45e jour du développement foetal, soit trois jours après l'ébauche de la main. Par contre, sa croissance est plus rapide que celle de la main.
2. La supination de l'arrière-pied (ou varus) tend à coucher le calcanéus sur sa face externe, sans flexion plantaire.
3. La pronation de l'arrière-pied (ou valgus) tend à coucher le calcanéus sur sa face interne, sans flexion dorsale.
4. Aucun muscle ne s'insère sur le talus.
5. Le tendon d'Achille (calcanéen ou d'Hippocrate) est le tendon le plus volumineux de l'organisme et est rattaché aux tendons du gastrocnémien et du soléaire.

6. C'est en flexion plantaire qu'on se « tord » le plus facilement la cheville. Le ligament talofibulaire antérieur mérite son surnom de « ligament de l'entorse ».
7. Il y a trois tendons distincts qui passent à l'arrière de la malléole interne : le plus antérieur est le long fléchisseur des orteils, le tibial postérieur est en position moyenne et le plus postérieur est le long fléchisseur du gros orteil.
8. Chez le nourrisson, la plante du pied paraît aplatie. La grande quantité de graisse présente dans la plante du pied en est la cause mais les arches osseuses existent déjà. Les caractéristiques fondamentales des arches du pied existent chez l'embryon dès l'apparition des éléments squelettiques.

XIV

La tête

OS DE LA TÊTE

La tête osseuse est formée de 29 os, dont 11 sont pairs (voir Tableau 14.1). Les os de la tête comprennent les os du crâne (8 os), de la face (14 os), les osselets de l'ouïe (6 os) et l'os hyoïde.

Les os du crâne forment l'ensemble des os de la tête enveloppant l'encéphale. Au nombre de 8, soudés entre eux chez l'adulte, ils délimitent la cavité crânienne. Ils comprennent deux os pairs et latéraux, les pariétaux et les temporaux; quatre os impairs et médians, le frontal, l'ethmoïde, le sphénoïde et l'occipital.

Les os de la face sont l'ensemble des os constituant son squelette. Au nombre de 14, ils sont groupés autour de la cavité buccale et participent à la formation des cavités orbitaires et nasales. On distingue deux massifs. D'abord un massif facial supérieur qui est fixe et composé d'os soudés. Ces os sont un os impair, le vomer et douze os pairs, les os maxillaires, zygomatiques, nasaux, lacrymaux, palatins et les cornets nasaux inférieurs. L'autre massif est le massif facial mobile, constitué d'un seul os, la mandibule.

TABLEAU 14.1

LES OS DE LA TÊTE (29 os)

Les os du crâne		8
• Pariétaux	(2)	
• Temporaux	(2)	
• Frontal	(1)	
• Occipital	(1)	
• Ethmoïde	(1)	
• Sphénoïde	(1)	
Les os de la face		14
• Maxillaires	(2)	
• Zygomatiques	(2)	
• Lacrymaux	(2)	
• Nasaux	(2)	
• Cornets nasaux inférieurs	(2)	
• Palatins	(2)	
• Mandibule	(1)	
• Vomer	(1)	
Les osselets de l'ouïe		6
• Malleus	(2)	
• Incus	(2)	
• Stapes	(2)	
Os hyoïde		1
TOTAL		29

FRONTAL

L'*os frontal* est impair, médian et perpendiculaire au sol; il donne son nom au plan frontal qui lui est parallèle. Occupant toute la partie antérosupérieure de la voûte crânienne (Figure 14.1), il modèle notre front et forme la partie supérieure des orbites de l'œil (fosses orbitaires). Près des os du nez (nasaux), l'os frontal montre de petites cavités dénommées *sinus;* il se rattache à de nombreux os dont les pariétaux, les nasaux et le sphénoïde.

PARIÉTAUX

Les deux *pariétaux* (derrière le frontal) s'unissent entre eux sur la ligne médiane du crâne et forment les parois supérolatérales de la voûte crânienne (calvaria) (Figure 14.1). Les *os plats pariétaux* s'unissent au frontal à l'avant, à l'occipital à l'arrière et aux temporaux sur les côtés grâce à des *sutures* (coronale, lambdoïdale et squameuse).

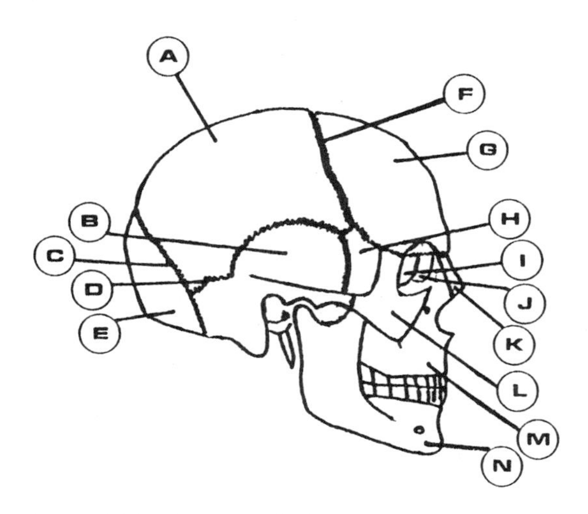

Figure 14.1 Face latérale du crâne.

A. Pariétal B. Temporal C. Suture lambdoïdale D. Suture squameuse E. Occipital F. Suture coronale G. Frontal H. Sphénoïde I. Ethmoïde J. Lacrymal K. Nasal L. Zygomatique M. Maxillaire N. Mandibule.

OCCIPITAL

L'*os occipital* forme la paroi postérieure de la calvaria et du plancher de la boîte crânienne (Figure 14.1). Cet os présente le *foramen magnum* (Figure 14.2) qui relie la cavité crânienne au canal vertébral, siège de la moelle épinière. À l'avant et latéralement au foramen magnum, on retrouve deux processus condylaires qui serviront à l'articulation avec l'atlas. Antérieurement au foramen, le clivus sert à l'articulation avec l'os sphénoïde.

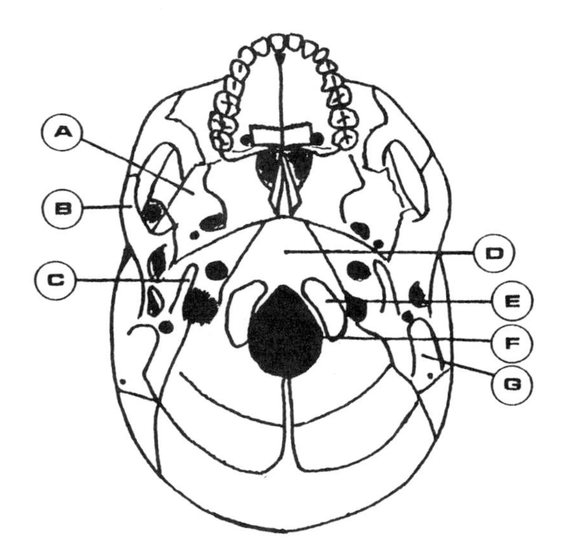

Figure 14.2 Face inférieure du crâne.

A. Sphénoïde B. Temporal C. Processus styloïde D. Clivus E. Condyle occipital F. Foramen magnum G. Processus mastoïde.

TEMPORAUX

Les deux os temporaux occupent les parties latéro-inférieures du crâne (Figure 14.3) et renferment notre appareil statoacoustique. Chacun comprend quatre parties : l'écaille (région mince et squameuse), le rocher (région pétreuse), le processus mastoïde et le processus zygomatique. L'écaille des temporaux s'articule principalement avec l'os pariétal au-dessus. Le rocher est percé du foramen auditif et contient les structures de l'oreille moyenne et interne.

Le processus mastoïde du temporal est une projection saillante vers le bas juste derrière le méat acoustique externe. Le processus styloïde est une épine pointue se projetant à partir de la surface latérale inférieure du rocher en avant du méat acoustique externe; elle sert de point d'attache à l'os hyoïde, à plusieurs ligaments et muscles de la langue et du pharynx. Enfin, le processus zygomatique est une projection antérieure à partir de la portion squameuse; elle s'articule avec l'os zygomatique pour former les os de la joue (l'arcade zygomatique).

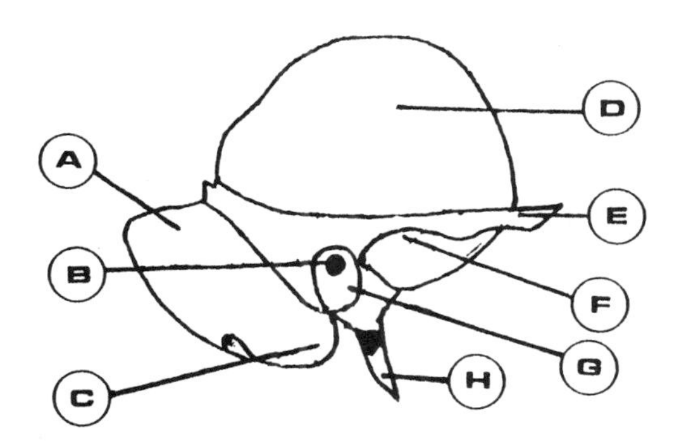

Figure 14.3 Face latérale de l'os temporal droit.
A. Partie mastoïdienne B. Méat acoustique externe C. Processus mastoïde D. Partie squameuse E. Processus zygomatique F. Cavité glénoïdale G. Partie tympanique H. Processus styloïde.

ETHMOÏDE

Os impair et médian situé à la base du crâne (sous le frontal) (Figure 14.4), l'ethmoïde participe (avec beaucoup d'autres os) à la formation des parois de l'orbite de l'œil et à la séparation des fosses nasales. C'est un os délicat et complexe qui compte plusieurs parties : une lame criblée, une lame verticale et deux masses latérales.

La *lame criblée*, perpendiculaire à la lame verticale, est toute perforée de trous olfactifs. La *lame verticale*, limitée supérieurement par la *crista galli* (crête de coq), sépare les fosses nasales en leur milieu et s'articule, à sa partie inférieure, à l'os *vomer*. Les *masses latérales* (labyrinthes ethmoïdaux) forment les cornets nasaux supérieurs et moyens contenus dans les cavités nasales de chaque côté de la lame perpendiculaire de l'ethmoïde.

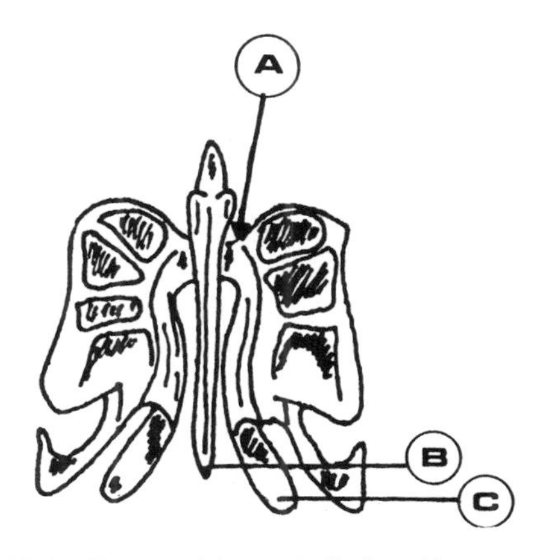

Figure 14.4 Face antérieure de l'ethmoïde.
A. Lame criblée B. Lame perpendiculaire C. Cornet nasal moyen.

SPHÉNOÏDE

Os impair, médian et symétrique, il forme la partie moyenne de la base du crâne (Figure 14.5). De forme complexe, il présente une partie médiane, le corps, des parties latérales, les petites et grandes ailes qui s'en détachent et une partie inférieure, les processus ptérygoïdes. Il ressemble à une chauve-souris. Il prend part à la formation de l'orbite, des fosses nasales, du pharynx, des fosses temporales et ptérygomaxillaires.

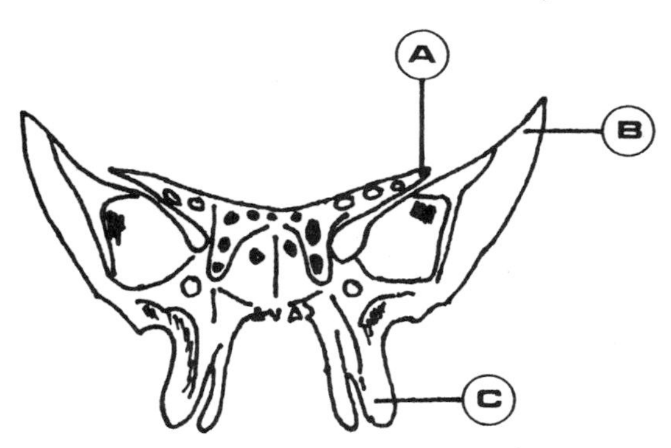

Figure 14.5 *Face antérieure du sphénoïde.*
A. Petite aile B. Grande aile C. Processus ptérygoïde.

MAXILLAIRES

Volumineux os pairs de la face, ils sont le support des dents supérieures (Figure 14.6). Soudé à tous les os de la face, hormis la mandibule, ils participent à la constitution de la cavité nasale, du palais osseux, de la cavité orbitaire et de la fosse infratemporale. De son corps se détachent les processus frontal, zygomatique, palatin et alvéolaire. Le corps du maxillaire est creusé de grandes cavités, les sinus maxillaires. Le processus frontal est une saillie osseuse verticale du maxillaire formant une partie du nez. Le processus zygomatique s'articule avec l'os zygomatique. Le processus palatin forme la majeure partie du palais osseux. Enfin, le processus alvéolaire est l'endroit où sont implantées les dents.

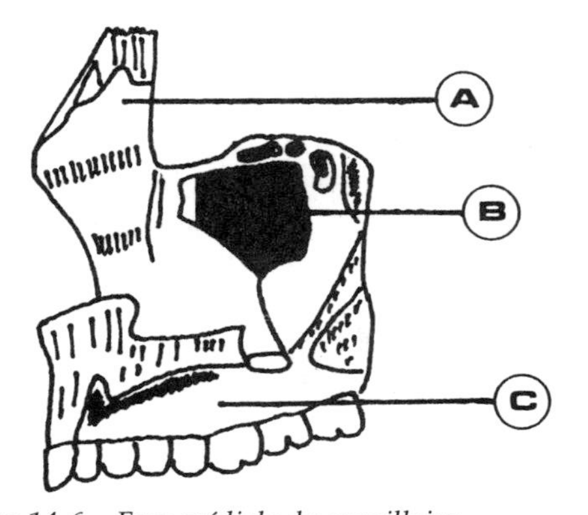

Figure 14.6 *Face médiale du maxillaire.*
A. Processus frontal B. Sinus maxillaire C. Processus alvéolaire.

MANDIBULE

Os impair, médian et symétrique, il constitue le squelette de la mâchoire inférieure (Figure 14.7). La mandibule comprend un corps horizontal arqué, à concavité postérieure, et deux branches verticales unies au précédent pour former l'angle de la mandibule. La tête de la mandibule s'articule avec le temporal. Le processus coronoïde de cet os est une lame osseuse où le tendon du muscle temporal s'insère.

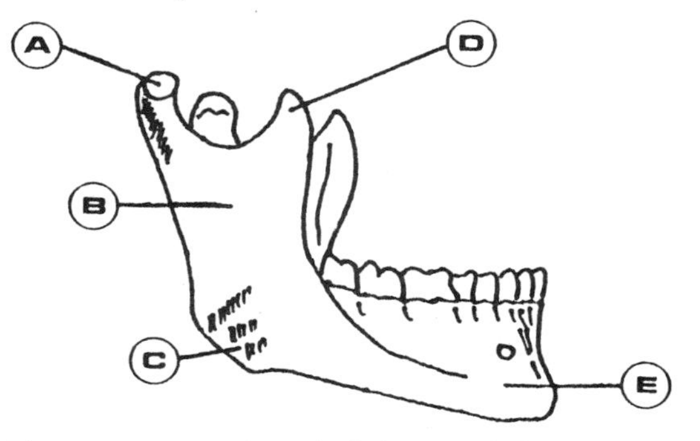

Figure 14.7 *Face latérale de la mandibule.*
A. Tête B. Branche C. Angle D. Processus coronoïde E. Corps.

ZYGOMATIQUES

Os pairs de la face qui constitue le squelette de la pommette du visage (Figure 14.8). Ils présentent trois faces, latérale, temporale et

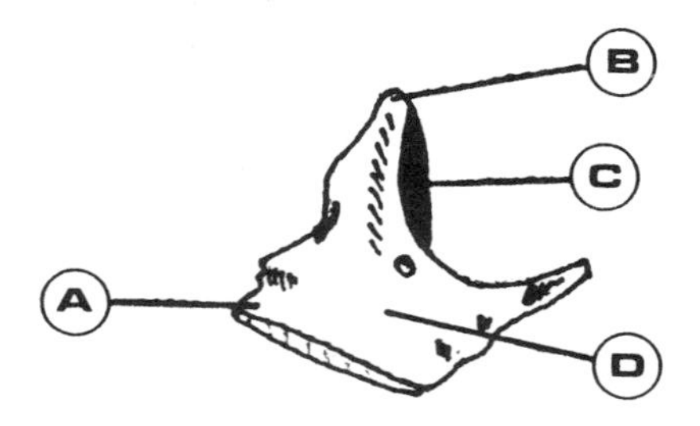

Figure 14.8 *Face latérale du zygomatique.*
A. Processus temporal B. Processus frontal C. Face orbitaire D. Face latérale.

orbitaire et deux processus, temporal et frontal. Le processus temporal s'articule avec le processus zygomatique de l'os temporal. Le processus frontal s'articule avec le processus zygomatique de l'os frontal.

NASAUX

Os pairs de la face s'adressant à son homonyme pour constituer le squelette du dos du nez (Figure 14.1). Les os nasaux sont deux petits os allongés qui se joignent au milieu de la face.

OS LACRYMAUX

Petits os délicats de la face, ils sont situés au niveau de la paroi médiale de l'orbite (Figure 14.1). Pairs, très minces et irréguliers, ils présentent trois faces, orbitaire, faciale et nasale.

VOMER

Os mince de la face (Figure 14.9), impair et médian, il contribue à la formation du squelette de la cloison des fosses nasales à sa partie inférieure. De forme quadrilatère, il présente quatre bords.

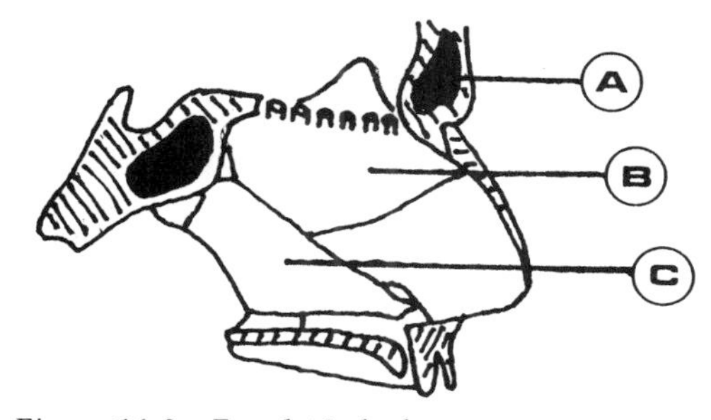

Figure 14.9 Face latérale du vomer.
A. Sinus frontal B. Lame perpendiculaire de l'ethmoïde. C. Vomer.

CORNETS NASAUX INFÉRIEURS

Os pairs de la face, ils participent à la constitution de la paroi latérale d'une cavité nasale (Figure 14.10).

Figure 14.10 Face latérale du cornet nasal inférieur et de l'os palatin.
A. Cornet nasal moyen B. Cornet nasal inférieur C. Lame criblée de l'ethmoïde D. Cornet nasal supérieur E. Os palatin.

PALATINS

Os pairs de la face, ils s'articulent avec la partie postérieure de la face nasale des maxillaires (Figure 14.10). De forme irrégulière, ils participent à la formation des parois des fosses nasales et de la cavité buccale. Ils sont composés d'une lame horizontale et d'une lame perpendiculaire.

OSSELETS DE L'OUÏE

Osselets mobilisables, situés dans le cavum tympanique (oreille moyenne) (Figure 14.11), ils sont au nombre de trois, le malleus, l'incus et le stapes. Le malleus est fixé à la membrane

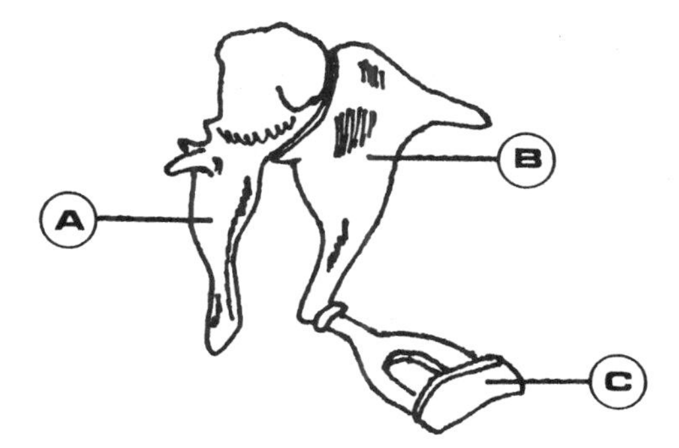

Figure 14.11 Osselets de l'ouïe.
A. Malleus B. Incus C. Stapes.

ils sont au nombre de trois, le malleus, l'incus et le stapes. Le malleus est fixé à la membrane tympanique et la base du stapes au pourtour de la fenêtre du vestibule. L'incus, intermédiaire aux deux précédents, s'articule avec eux. Cette chaîne ossiculaire transmet l'énergie mécanique des vibrations acoustiques recueillies par le tympan à la fenêtre du vestibule.

HYOÏDE

Os de la partie antérieure du cou (Figure 14.12), situé à la frontière du cou et du plancher de la bouche, il se projette en arrière au niveau de C4. Isolé, il ne possède aucun contact direct avec un autre os. C'est le seul os non-articulé du corps humain. Il se compose d'une partie médiane arciforme, le corps, et de quatre cornes, deux grandes et deux petites, qui le prolongent latéralement. Il a la forme d'un "U".

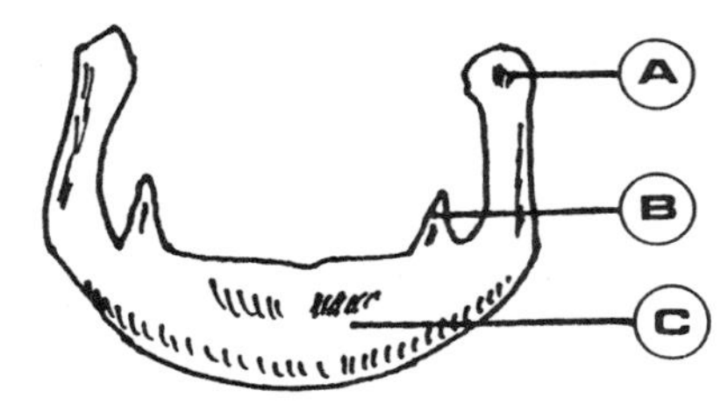

Figure 14.12 Face antérieure de l'os hyoïde.
A. Grande corne B. Petite corne C. Corps.

ARTICULATIONS DE LA TÊTE

On retrouve deux articulations au niveau des osselets de l'ouïe : l'articulation incudomalléaire et l'articulation incudostapédienne.

ARTICULATION INCUDOMALLÉAIRE

Articulation qui unit l'incus et le malleus. C'est une articulation en selle, mettant en présence les surfaces articulaires de la tête du malleus et le corps de l'incus.

ARTICULATION INCUDOSTAPÉDIENNE

Articulation qui unit l'incus et le stapes. C'est une articulation sphéroïde mettant en présence la tête concave du stapes et le processus lenticulaire convexe. C'est une articulation souple et très mobile dont le rôle fonctionnel est très important.

Au niveau des os du crâne, on identifie spécifiquement les sutures. On distingue aussi une articulation entre un os du crâne et un os de la face, c'est l'articulation temporomandibulaire.

SUTURE

C'est une variété d'articulation fibreuse. Elle unit les os de la calvaria entre eux. Chez l'enfant, la suture est constituée par un tissu conjonctif important (ligament sutural) qui est envahi progressivement par du tissu osseux. Chez l'adulte, les os sont unis essentiellement par le périoste.

ARTICULATION TEMPOROMANDIBULAIRE

Articulation de la tête unissant le temporal au processus condylaire de la mandibule. C'est une articulation de mobilité complexe.

a) Surfaces articulaires : tubercule articulaire du temporal, la fosse mandibulaire du temporal, la tête de la mandibule et un disque articulaire qui partage la cavité articulaire en deux espaces (supra et infradiscal).
b) Capsule articulaire : une membrane fibreuse et une membrane synoviale qui est divisée par le disque en deux parties.
c) Ligaments : ligament sphénomandibulaire, ligament latéral, ligament stylomandibulaire et ligament médial.
d) Anatomie fonctionnelle : la mandibule peut s'abaisser et s'élever, se porter en avant (propulsion) ou en arrière (rétropulsion) et effectuer des mouvements de latéralité (diduction).

MUSCLES DE LA FACE

On les surnomme souvent « muscles de la mimique » parce qu'ils permettent l'expression de nos sentiments sur le visage. Plusieurs de ces muscles sont des muscles *peauciers*.

BUCCINATEUR (buccinator)

Muscle cutané de la face, situé dans la partie profonde de la joue (Figure 14.13), il attire l'angle de la bouche en arrière et en dehors. Il est antagoniste à l'orbiculaire de la bouche.

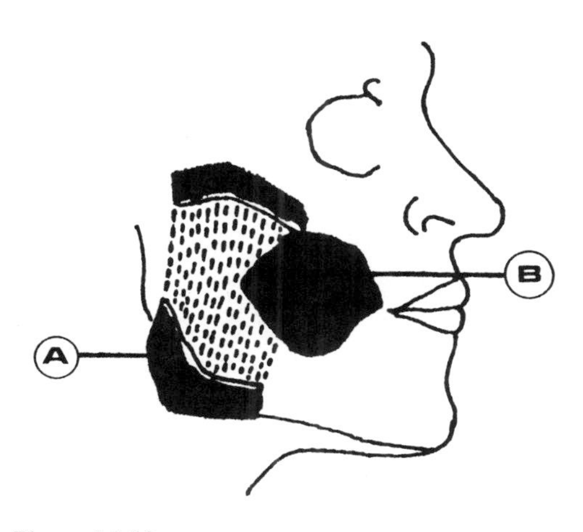

Figure 14.13
A. Muscle massseter B. Muscle buccinateur.

CORRUGATEUR DU SOURCIL (corrugator supercilii)

Muscle de la face, il est situé à la partie médiale et supérieure de l'arcade orbitaire (Figure 14.14). Il rapproche les sourcils en déterminant des rides verticales dans la région intersourcilière.

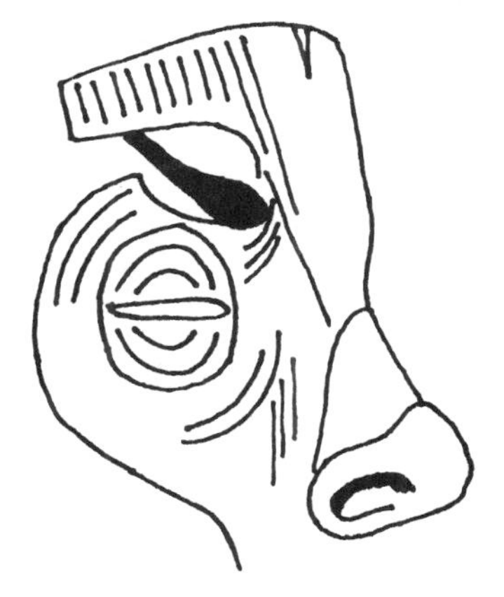

Figure 14.14 Muscle corrugateur des sourcils.

ABAISSEUR DE L'ANGLE DE LA BOUCHE (depressor anguli oris)

Muscle cutané de la face situé près des commissures labiales (Figure 14.15), il attire vers le bas les commissures labiales.

ABAISSEUR DE LA LÈVRE INFÉRIEURE (depressor labri inferioris)

Muscle cutané de la face occupant les parties latérales du menton (Figure 14.15), il abaisse et éverse la lèvre inférieure.

OCCIPITOFRONTAL (occipito frontalis)

Muscle digastrique impair et médian, il s'étend de la région frontale à la région occipitale (Figure 14.15). Il mobilise le cuir chevelu dans le sens antéropostérieur.

RELEVEUR DE LA LÈVRE SUPÉRIEURE (levator labri superioris)

Muscle cutané de la face, il est situé dans la région infraorbitaire (Figure 14.15). Il est élévateur de l'aile du nez et de la lèvre supérieure.

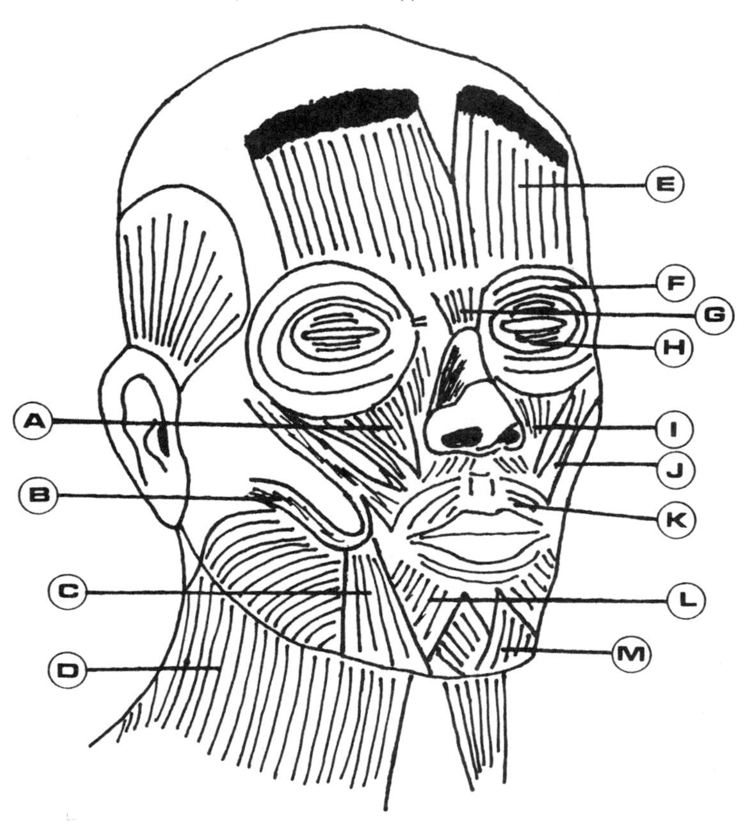

Figure 14.15 Muscles de la face.

A. Releveur de la lèvre supérieure B. Risorius C. Abaisseur de l'angle de la bouche D. Platysma E. Occipitofrontal (ventre frontal) F. Orbiculaire de l'œil (partie orbitaire) G. Procérus H. Orbiculaire de l'œil (partie palpébrale) I. Petit zygomatique J. Grand zygomatique K. Orbiculaire de la bouche L. Abaisseur de la lèvre inférieure M. Mentonnier.

MENTONNIER (mentalis)

Petit muscle cutané de la région mentonnière (Figure 14.15), il est élévateur des parties molles du menton et participe à la mastication.

ORBICULAIRE DE L'ŒIL (orbicularis oculi)

Muscle plat, mince et cutané de la face, il circonscrit le bord de l'orbite (Figure 14.15). Sa contraction ferme les paupières.

ORBICULAIRE DE LA BOUCHE (orbicularis oris)

Muscle cutané de la face qui entoure l'orifice buccal (Figure 14.15). Sa contraction entraîne l'occlusion de l'orifice buccal et la projection des lèvres en avant.

PLATYSMA (platysma)

Muscle cutané de la région antérolatérale du cou (Figure 14.15), il soulève et tend faiblement la peau du cou.

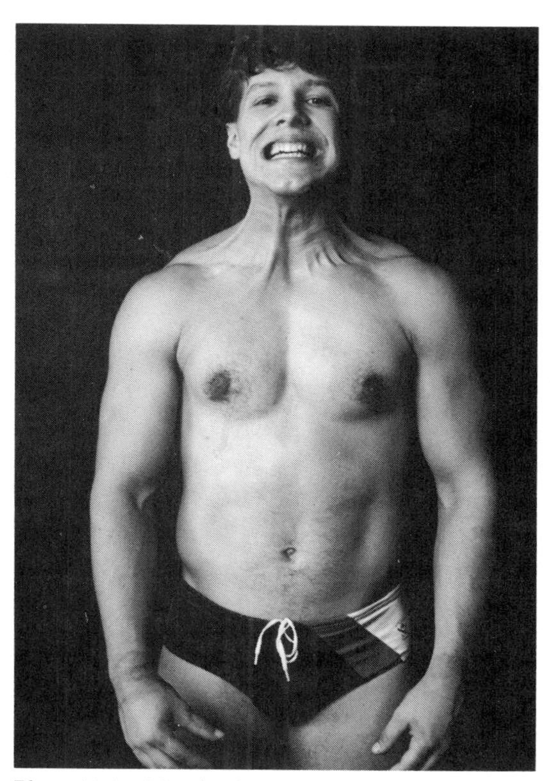

Photo 14.1 Muscle platysma contracté.

PROCÉRUS (procerus)

Muscle de la partie supérieure du dos du nez (Figure 14.15), il abaisse la peau de la région intersourcilière.

RISORIUS (risorius)

Muscle cutané inconstant de la face et propre à l'homme (Figure 14.15), il étire l'angle de la bouche en arrière et en dehors provoquant le sourire.

GRAND ZYGOMATIQUE (zygomaticus major)

Muscle cutané de la face et situé dans la région jugale (Figure 14.15), il est élévateur de la lèvre supérieure, ce qui donne une expression joyeuse.

PETIT ZYGOMATIQUE (zygomaticus minor)

Muscle cutané de la face situé dans la région infraorbitaire (Figure 14.15). Il est élévateur de la lèvre supérieure, déterminant une expression joyeuse.

MUSCLES DE LA MASTICATION

Fermer la bouche, mordre ou mastiquer, tout cela nécessite la présence de muscles très puissants capables de combattre la gravité; ce sont le temporal, le masseter et les ptérygoïdiens médial et latéral, qui élèvent la mandibule de chaque côté.

TEMPORAL (temporalis)

Il occupe la fosse temporale (Figure 14.16). Il est élévateur de la mandibule par ses fibres antérieures.

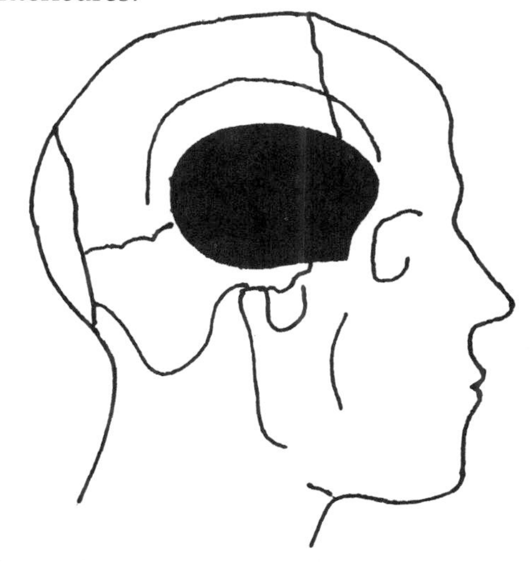

Figure 14.16 Muscle temporal.

MASSETER (masseter)

Il est appliqué contre la face externe de la branche de la mandibule (Figure 14.13). Il est élévateur de la mandibule et provoque l'ouverture de la bouche.

PTÉRYGOÏDIEN MÉDIAL
(pterygoideus medialis)

Il est situé au-dedans de la branche de la mandibule (Figure 14.17). Sa contraction bilatérale provoque l'élévation de la mandibule, sa contraction unilatérale provoque la diduction.

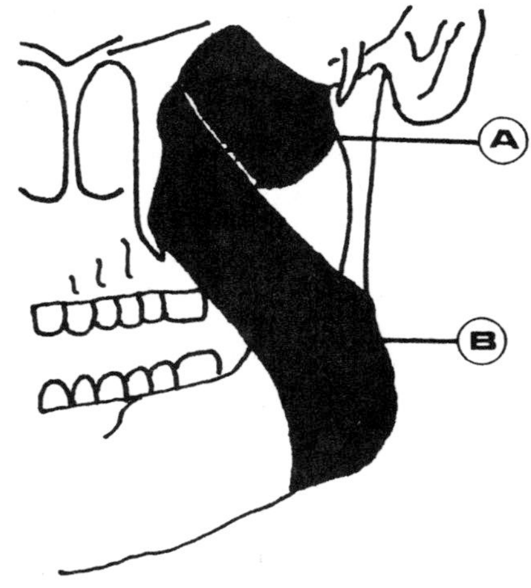

Figure 14.17 Muscles ptérygoïdiens.
A. Latéral B. Médial.

PTÉRYGOÏDIEN LATÉRAL
(pterygoideus lateralis)

Il est situé au-dedans de la branche de la mandibule (Figure 14.17). Sa contraction bilatérale provoque une propulsion de la mandibule, sa contraction unilatérale provoque la diduction.

MUSCLES DE LA LANGUE

Actionnée par 17 muscles intrinsèques et extrinsèques, la langue est un organe musculaire recouvert d'une muqueuse.

Les muscles intrinsèques sont disposés selon divers plans et remplissent des rôles prépondérants dans la mastication, la déglutition et dans l'émission des sons, en permettant à la langue de se placer dans la position appropriée.

Les muscles extrinsèques rattachent la langue aux os avoisinants (hyoïde, mandibule et temporal) et la dirigent dans sa sortie (génioglosse), sa rentrée (hyoglosse), et dans ses mouvements latéraux et verticaux (styloglosses).

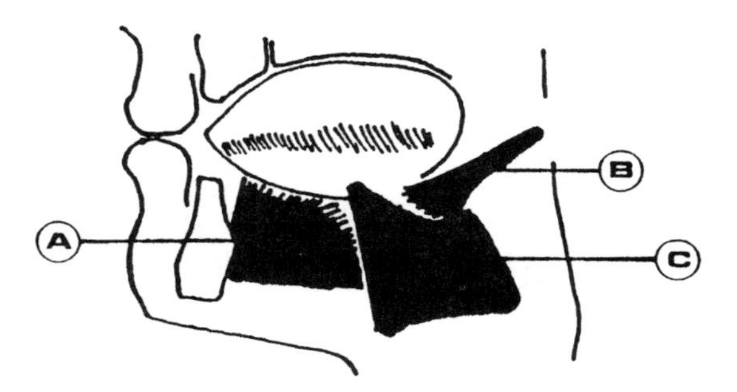

Figure 14.18 Muscles extrinsèques de la langue.
A. Génioglosse B. Styloglosse C. Hyoglosse.

MUSCLES DU COU

Les muscles de la gorge forment la partie antérieure du cou. Ces muscles sont divisés en deux groupes : les suprahyoïdiens et les infrahyoïdiens.

a) Les muscles suprahyoïdiens, qui élèvent l'os hyoïde lors de la déglutition (Figure 14.19) sont :
   1° Digastrique (digastricus)
   2° Stylohyoïdien (stylohyoideus)
   3° Mylohyoïdien (myohyoideus)
   4° Géniohyoïdien (geniohyoideus)
b) Les muscles infrahyoïdiens, qui abaissent l'os hyoïde et le larynx (Figure 14.19) sont :
   1° Sternohyoïdien (sternohyoideus)
   2° Sternothyroïdien (sternothyroideus)
   3° Thyrohyoïdien (thyrohyoideus)
   4° Omohyoïdien (omohyoideus)

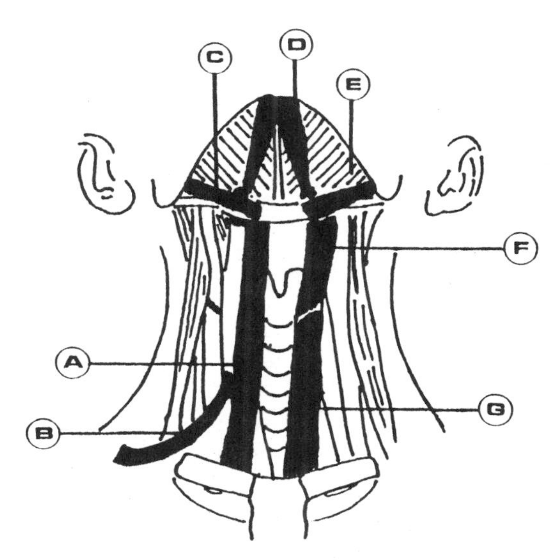

Figure 14.19 Muscles du cou.
A. Sternohyoïdien B. Omohyoïdien C. Stylohyoïdien D. Digastrique E. Mylohyoïdien F. Thyrohyoïdien G. Sterno-thyroïdien.

SACHEZ QUE...

1. Le foramen magnum mesure environ 35 mm de long et 30 mm de largeur maximale (Figure 14.1).
2. Le craniotabès est un ramollissement des os du crâne, provoqué par une insuffisance de leur calcification.
3. En regardant au niveau du plancher de la voûte crânienne, on remarque, vers l'avant, une protubérance osseuse perpendiculaire aux lames criblées de l'ethmoïde. C'est la crista galli (crête de coq), qui termine supérieurement la lame verticale de cet os.
4. L'os sphénoïde représente la pièce de jonction par excellence de plusieurs os du crâne et de la face. C'est probablement la pièce-maîtresse de ce casse-tête, formé par le crâne et la face.
5. C'est sur la partie supérieure du sphénoïde, au niveau de la selle turcique, que repose la glande hypophyse ou pituitaire, considérée comme chef d'orchestre de notre organisme au point de vue glandulaire.
6. L'os hyoïde est le seul os non-articulé du squelette humain. Il n'est rattaché au reste du squelette que par des tendons et des ligaments.

XV

Analyse du mouvement humain

INTRODUCTION

Le fait de connaître les divers constituants de l'appareil locomoteur de l'être humain peut représenter pour plusieurs personnes un objectif en soi. Cet effort est louable et même s'il demeure presqu'exclusivement au niveau théorique, malgré tout, l'acquisition et la connaissance de ces diverses notions devraient servir davantage l'enseignant, l'entraîneur ou tout autre responsable de la préparation et du développement d'un athlète ou de personnes en quête de développement moteur spécifique.

Ces différentes notions sont à la base d'un type d'analyse reconnu sous le vocable « d'analyse cinésiologique ». Ce genre d'analyse qui a pour but de saisir les nombreuses nuances exigées par tout mouvement humain, aussi simple en apparence soit-il, est relativement simple à réaliser et ne nécessite pas obligatoirement d'appareillages sophistiqués. Il est bien évident que la précision de ces observations laisse souvent l'observateur-analyste incertain et insécure; il n'obtiendra jamais l'exactitude des résultats qu'il pourrait obtenir à l'aide de goniomètres (servant à mesurer les angles au niveau des articulations), d'électromyographes (indiquant le potentiel électrique des muscles étudiés), de la cinématographie, du vidéographe ou même de la photographie. Par contre, ces analyses élémentaires permettront quand même la correction de nombreux détails ou pourront servir à préparer un programme d'entraînement musculaire adéquat, adapté aux besoins de l'individu concerné.

Avant d'aborder cette forme d'analyse, nous vous présentons quelques éléments de mécanique qui devraient vous permettre de mieux saisir diverses relations essentielles à la bonne compréhension de l'analyse cinésiologique.

DÉFINITIONS

Voici quelques définitions importantes pour une meilleure compréhension de la mécanique appliquée au mouvement.

a) Axe de gravité : ligne verticale (perpendiculaire au sol) et imaginaire qui passe par le centre de gravité du corps. Pour que tout corps soit en équilibre, il faut que son axe de gravité demeure au-dessus ou au-dedans des limites extrêmes de la base de sustentation.

b) Base de sustentation : formée par les contours extérieurs des surfaces, en contact avec l'appui et délimitée par les droites qui joignent les points extrêmes.

c) Centre de gravité : point où le poids d'un corps, d'un segment ou d'un objet est considéré comme étant concentré.

d) Force : tout ce qui est capable de modifier l'état de repos ou de mouvement rectiligne uniforme d'un corps. Selon sa façon d'agir, la force est décomposable en composantes verticale et horizontale. Les quatre caractéristiques d'une force sont *sa grandeur, sa ligne d'action, son sens* et *son point d'application*.

e) Forces internes : force des muscles qui agissent sur les segments osseux placés de part et d'autre d'une articulation mobile. Ce sont les véritables rouages actifs du mouvement.

f) Forces externes : poids des segments à déplacer, comme la gravité (laquelle agit toujours verticalement vers le bas) ou toute autre surcharge extérieure.

LEVIERS

Le levier représente une machine simple, composée d'une barre rigide, mobile autour d'un point d'*appui* (A) et soumise à deux forces qui tendent à la faire tourner : la *force puissance* (P) et la *force résistance* (R). Les muscles qui provoquent les mouvements du corps humain sont régis par les lois des leviers.

En application au corps humain :

Barre rigide : représentée par le segment osseux, l'os ou les os en cause.

Point d'appui : c'est le centre de l'articulation mobilisée (A).

Force puissance : c'est le point d'attache du muscle sur le segment mobile (terminaison) (P).

Force résistance : c'est le centre de gravité global du segment et de l'engin, s'il y a lieu (R).

GENRES DE LEVIERS

Il existe trois genres de leviers :

a) Leviers du premier genre (Figure 15.1) :

Dans les leviers du premier genre (leviers interappuis ou intermobiles), le point

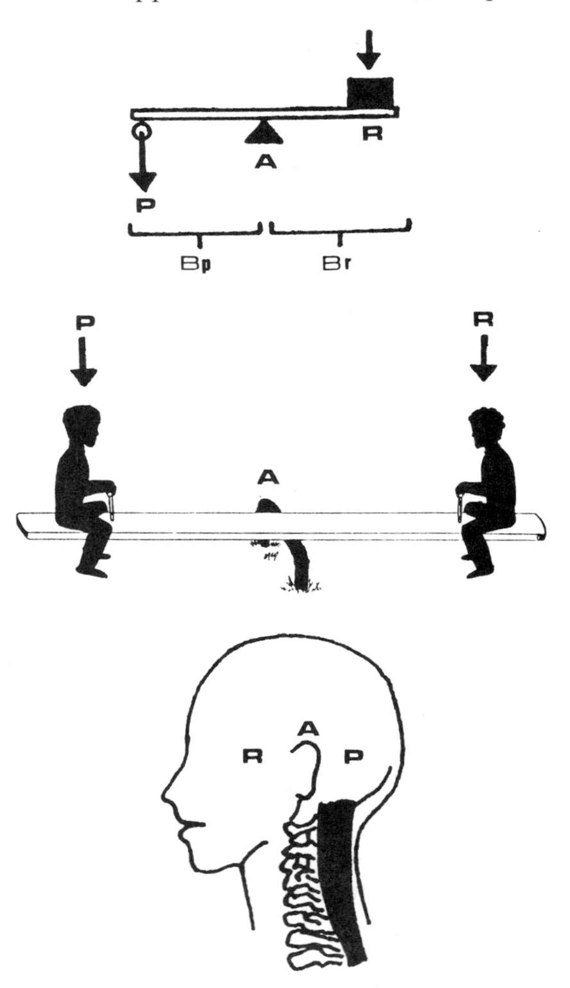

Figure 15.1 Leviers du premier genre.
A. Appui P. Puissance R. Résistance Bp. Bras de puissance Br. Bras de résistance.

d'appui (A) est situé entre le point d'application de la force puissance (P) et celui de la force résistance (R). La balançoire est ce genre de levier. Dans l'organisme, l'hyperextension de la tête en est un exemple. L'articulation atlantooccipitale sert de point d'appui, le poids de la tête (sphénoïde) représente la résistance à mouvoir et la force puissance est fournie par le muscle trapèze. C'est le levier de l'équilibre.

b) Leviers du deuxième genre (Figure 15.2) :

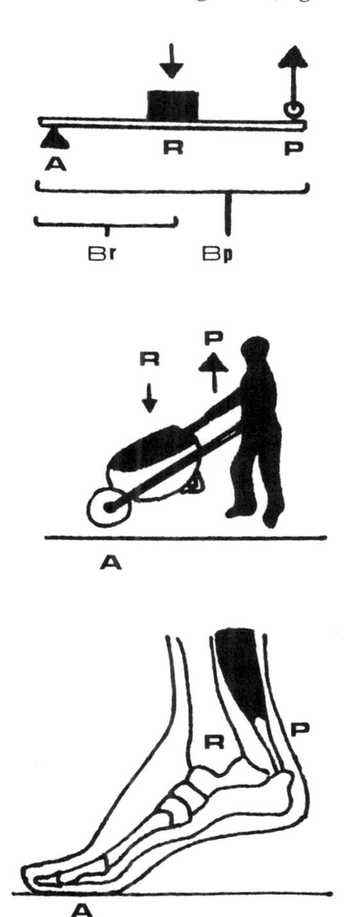

Figure 15.2 Leviers du deuxième genre.

A. Appui P. Puissance R. Résistance Bp. Bras de puissance Br. Bras de résistance.

Dans les leviers du deuxième genre (leviers interrésistants), la force résistance (R) est située entre le point d'appui (A) et le point d'application de la force puissance (P). La brouette en est un exemple. L'extension du pied en est une application au corps humain. Dans ce cas, les orteils servent de point d'appui, supportent la force résistance et la contraction des muscles postérieurs du mollet détermine une force puissance qui s'exerce sur le calcanéus. C'est le levier de la force.

c) Leviers du troisième genre (Figure 15.3) :

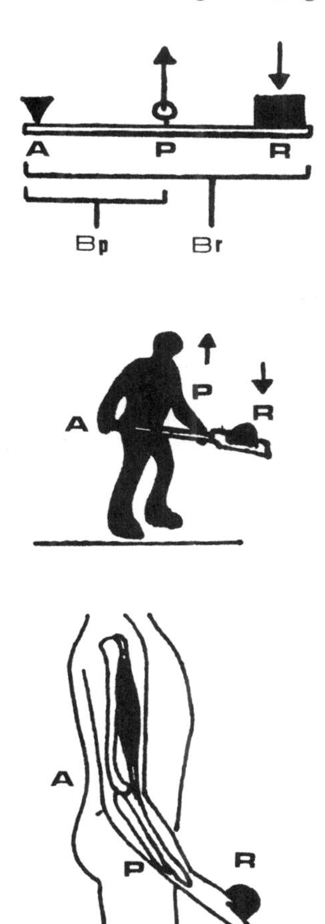

Figure 15.3 Leviers du troisième genre.

A. Appui P. Puissance R. Résistance Bp. Bras de puissance Br. Bras de résistance.

Dans les leviers du troisième genre (leviers interpuissants), le point d'application de la force puissance (P) se situe entre la force résistance (R) à mouvoir et le point d'appui (A). Soulever une pelletée de terre est une application de ce genre de levier. Il est le plus commun dans l'organisme. La flexion de l'avant- bras sur le bras en est un exemple. La force résistance est à la main (engin), le point d'appui se situe au centre de l'articulation du coude et la force puissance est fournie par la contraction des muscles fléchisseurs de l'avant-bras. C'est le levier de la vitesse.

EFFETS PARTICULIERS DES LEVIERS

Le *bras de levier* représente la distance perpendiculaire entre le point d'appui (A) et la direction de la force représentée par le muscle.

Le *moment* d'une force est le produit de son intensité par son bras de levier. Pour qu'un levier soit en équilibre, il faut que les moments de la puissance et de la résistance autour du point d'appui soient égaux.

Le bras de levier de la puissance (Bp) est représenté par la section comprise entre le point d'appui (A) et le point où la force s'applique (P). Le bras de levier de la résistance (Br) se schématise par la portion du levier située entre le point d'appui (A) et le point d'application de la résistance (R) (Figure 15.1). Un long Bp permet le déplacement de grands poids avec une force réduite; par contre, ce gain en force s'effectue au détriment de la vitesse et de l'amplitude du mouvement. Les leviers du second genre illustrent bien ces phénomènes (Figure 15.2), mais ils sont rares dans la mécanique humaine. Si c'est le Br qui est plus long, il faudra exercer une force plus grande que la résistance; par contre, la vitesse et l'amplitude du mouvement seront avantagées. Les leviers du troisième genre, fréquents chez l'être humain, en sont la preuve (Figure 15.3).

CENTRES DE GRAVITÉ DES SEGMENTS CORPORELS

Voici quelques exemples des positions du centre de gravité selon Vandervael (sur des cadavres).

TÊTE :
niveau de la selle turcique (sphénoïde);

TRONC :
face antérieure de la première vertèbre lombale;

TRONC – TÊTE :
face antérieure de la onzième vertèbre dorsale;

BRAS :
partie moyenne de l'humérus;

MAIN :
épiphyse inférieure du deuxième métacarpien;

AVANT-BRAS – MAIN :
tiers inférieur de l'avant-bras;

MEMBRE SUPÉRIEUR ENTIER :
articulation du coude;

CUISSE :
tiers supérieur interne du fémur;

JAMBE :
tiers supérieur postérieur du tibia;

PIED :
côté interne de l'articulation talocrurale;

JAMBE – PIED :
tiers inférieur du tibia;

MEMBRE INFÉRIEUR ENTIER :
bord postérieur du fémur à environ 6 à 10 cm au-dessus de l'articulation du genou.

CONTRACTION MUSCULAIRE SQUELETTIQUE

Le terme « contraction » est normalement utilisé pour décrire le raccourcissement musculaire. Cependant, il existe différents types de contractions et elles ne s'accompagnent pas toutes de variations de longueur.

TYPES DE CONTRACTION

Fondamentalement, il existe deux types de contraction musculaire, la contraction isométrique (statique) et la contraction anisométrique (dynamique), utilisées pour étudier le fonctionnement des muscles.

a) Contraction isométrique :

Au cours de la contraction isométrique (iso : égal, métrique : mesure), la longueur du muscle ne varie pas. Dans ce type de contraction, le muscle produit activement une tension et exerce cette force sur un objet, sans toutefois raccourcir. Un bon exemple de contraction isométrique est la contraction des muscles du membre supérieur lorsque ceux-ci exercent une poussée contre un mur solide.

b) Contraction anisométrique :

La contraction anisométrique (an : sans, privatif; iso : égal; métrique : mesure) cause un changement dans la longueur du muscle. On l'appelle aussi contraction dynamique car c'est elle qui est responsable des mouvements et du travail musculaire (travail = force x déplacement).

La contraction anisométrique d'un muscle squelettique peut produire deux genres de mouvement : un mouvement concentrique et un mouvement excentrique. Le mouvement concentrique consiste en un raccourcissement musculaire. La flexion de l'avant-bras sur le bras à l'aide du biceps brachial est un exemple de mouvement concentrique. Le mouvement excentrique se caractérise par un allongement musculaire. Un bon exemple de ce genre de mouvement est l'extension du membre supérieur (armé pour le lancer) où le grand pectoral est allongé.

ANALYSE DU MOUVEMENT

L'expérience de l'observateur joue un rôle prépondérant dans ce type d'analyse. Un coup d'œil entraîné permet de percevoir très rapidement, s'il y a lieu, les lacunes à corriger.

Il est à noter que tout mouvement se compose de la succession de plusieurs phases ou de plusieurs parties et que pour parachever une bonne analyse, on devrait étudier chacune d'elles.

PHASES D'UN MOUVEMENT

Tout mouvement est décomposable en trois phases bien distinctes : la phase préparatoire, la phase d'exécution et la phase de convoyage (finale). Pour bien comprendre les trois phases prenons l'exemple du tir frappé au hockey sur glace.

a) Phase préparatoire : représente tout l'élan arrière et en haut du bâton ainsi que son retour jusqu'au moment du contact avec la rondelle.

b) Phase d'exécution : représente l'instant où le bâton touche à la rondelle jusqu'au moment où la lame du bâton perd contact avec elle.

c) Phase de convoyage : s'étend de l'instant où la lame du bâton a perdu le contact de la rondelle jusqu'à l'amorce du geste suivant.

Ces trois phases distinctes sont toujours présentes et souvent s'influencent les unes et les autres. Une mauvaise préparation amène parfois une mauvaise exécution. Pour un bon observateur, l'erreur décelée dans une phase du mouvement sera causée par une erreur commise au niveau de la phase qui précède sa perception. En d'autres mots, en procédant à l'analyse il est souvent facile de percevoir la lacune, le manque, l'erreur mais il appert beaucoup plus difficile d'en trouver la cause exacte et d'en apporter le correctif approprié.

JUSTIFICATIONS DE L'ANALYSE

Les raisons justifiant ces analyses sont nombreuses surtout pour les personnes impliquées dans l'entraînement des athlètes, qu'ils soient amateurs ou professionnels. L'analyse permet avant tout la correction du geste, son perfectionnement, l'économie de la dépense énergétique tout en augmentant le rendement de la performance.

PROCÉDURE ANALYTIQUE

Il est bien entendu qu'avant de réaliser une analyse, nous nous devons de convenir entre autre chose que le système nerveux (qui innerve les muscles) et les vaisseaux sanguins (qui vascularisent les muscles) sont en parfait état, sans quoi, il y aurait paralysie musculaire, par conséquent une impossibilité de mouvement à ce niveau.

Pour toute analyse proposée, la référence de base est la position anatomique définie au thème I. Chaque étape de l'analyse à effectuer se fera toujours en comparant chaque segment impliqué dans le mouvement à ce segment en position anatomique.

Voici une analyse en quatre étapes essentielles plus une cinquième, qui sans être primordiale, vous aidera à mieux visualiser les exigences du mouvement :

1. Description et énonciation du mouvement en cause par rapport à chacune des phases du mouvement.
2. Situation du point de départ, placement et positionnement des divers segments en partant du point d'appui.
3. Énumération des diverses phases du mouvement en précisant le déplacement de chacun des segments en cause (flexion, adduction,...).
4. Énumération des groupes musculaires (ou les principaux muscles) responsables, en précisant le genre de contraction impliquée (en tenant compte de la gravité).
5. À l'aide de tableaux ou de figures, on indique :
   a) Les forces extérieures et leur sens (gravité et poids des segments);

TABLEAU 15.1

SYMBOLES À UTILISER POUR UNE ANALYSE CINÉSIOLOGIQUE

Types de mouvements	*Groupes musculaires*	*Genres de contractions*	*Axes*	*Plans*	*Genres de leviers*
Flexion (F)	Fléchisseurs (F)	Dynamique concentrique	Sagittal (S)	Frontal (F)	Premier (PAR)
Extension (E)	Extenseurs (E)	(DC)	Transversal (T)	Horizontal (H)	Deuxième (ARP)
Abduction (AB)	Abducteurs (AB)	Dynamique excentrique	Vertical (V)	Sagittal (S)	Troisième (APR)
Adduction (AD)	Adducteurs (AD)	(DE)			
Pronation (P)	Pronateurs (P)	Statique (S)			
Supination (S)	Supinateurs (S)				
Rotations : • droite (RD) • gauche (RG) • interne (RI) • externe (RE)	Rotateurs : • droits (RD) • gauches (RG) • internes (RI) • externes (RE)				

b) Les forces intérieures et leur sens (muscles responsables du mouvement qui combattent la gravité);
c) La sorte d'articulation en cause à ce niveau;
d) Le genre de leviers pour les principaux muscles;
e) L'axe et le plan de déplacement de chacun des segments.

Le tableau 15.1 indique les symboles utiles pour une analyse cinésiologique.

EXEMPLE

Le mouvement simple à analyser est le suivant :

Description : Couché dorsal avec les membres inférieurs allongés reposant sur le sol. L'analyse portera uniquement sur les membres inférieurs.

Cet exercice comporte quatre *phases* distinctes :

1) Élévation des membres inférieurs à 30° du sol avec les jambes et les pieds allongés.
2) Ouverture latérale des membres inférieurs.
3) Fermeture médiale des membres inférieurs.
4) Abaissement des membres pour reprendre la position de départ.

Le tableau 15.2 vous présente l'analyse cinésiologique de ce mouvement. Étant donné que les jambes et les pieds sont toujours dans la même position et qu'ils suivent les mouvements de la cuisse, ils ne sont pas répétés dans les phases 2, 3 et 4. Ils maintiennent la même contraction et aucun déplacement musculaire ou segmentaire ne s'opère.

Le tableau 15.3 illustre l'analyse d'un geste technique spécifique en patinage de vitesse (Photo 15.1). Cette analyse est plus simple que la précédente. Cependant, elle vous apporte des informations très pertinentes. Vous pouvez utiliser l'une ou l'autre de ces analyses selon vos besoins en tant qu'éducateur ou entraîneur.

Photos 15.1 Nathalie Lambert en patinage de vitesse (en haut) et en position de patinage (en bas).

TABLEAU 15.2

ANALYSE CINÉSIOLOGIQUE D'UN MOUVEMENT SIMPLE

PHASES ET SEGMENTS	MOUVEMENT	GROUPE MUSCULAIRE	GENRE DE CONTRACTION	SORTE D'ARTICULATION	AXE	PLAN	PRINCIPAUX MUSCLES	GENRE DE LEVIERS
1re phase a) – cuisses	F	F	DC	– coxofémorale (sphéroïde)	T	S	– psoas-iliaque – droit de la cuisse – pectiné	– APR – ARP – APR
b) – jambes	E	E	S	– fémorotibiale (bicondylaire)	T	S	– quadriceps fémoral	– APR
c) – pieds	E	E	S	– talocrurale (ginglyme)	T	S	– gastrocnémien – soléaire	– APR – APR
2e phase – cuisses	AB F	AB F	DC S	– coxofémorale (sphéroïde)	V	H	– moyen fessier + cf. a)	– APR + cf. a)
3e phase – cuisses	AD F	AD F	DC S	– coxofémorale (sphéroïde)	V	H	– adducteurs + cf. a)	– APR + cf. a)
4e phase – cuisses	E	F	DE	– coxofémorale (sphéroïde)	T	S	cf. a)	cf. a)

TABLEAU 15.3

ANALYSE SIMPLIFIÉE D'UN GESTE TECHNIQUE

Nom de l'activité : Patinage de vitesse
Geste technique spécifique : Allure de train
Nom de l'athlète : Nathalie Lambert

Possibilité de mouvement(s)	*MOUVEMENT(S) SEGMENT(S)*				*GROUPE(S) MUSCULAIRE(S)*				*GENRE(S) CONTRACTION(S)*				*COMMENTAIRE(S)*
	1	2	3	4	1	2	3	4	1	2	3	4	
A) *Squelette AXIAL*													
Tête	E				E				DC				
Tronc	F				E				DE				
B) *Squelette APPENDICULAIRE*													
a) *Membre supérieur droit*													
Bras	F	AD	RI		F	AD	RI		DC	DC	DC		
Avant-bras	F	RI			F	RI			DC	DC			
Main	E	AD	RI		E	AB			S	DE			
Doigts	F				F				DC				
b) *Membre supérieur gauche*													
Bras	AB	E			AB	E			DC	DC			On suppose le bras légèrement vers l'arrière
Avant-bras	E	RI			E	RI			S	DC			
Main	E	RI			E				S				
Doigts	F				E				DE				
c) *Membre inférieur droit*													
Cuisse	AB	E	RE		AB	E	RE		DC	DC	DC		Cuisse légèrement vers l'arrière
Jambe	E	RE			E				S				
Pied	E	RE			E				DC				
Orteils													
d) *Membre inférieur gauche*													
Cuisse	F				E				DE				
Jambe	F				E				DE				
Pied	E				E				S				
Orteils													

LÉGENDE

SEGMENTS

Flexion :	F
Extension :	E
Abduction :	AB
Adduction :	AD
Pronation :	P
Supination :	S
Rotation	
interne :	RI
externe :	RE
gauche :	RG
droite :	RD
	P
	S

GROUPES MUSCULAIRES

Fléchisseurs :	F
Extenseurs :	E
Abducteurs :	AB
Adducteurs :	AD
Pronateurs :	P
Supinateurs :	S
Rotateurs	
internes :	RI
externes :	RE
gauches :	RG
droits :	RD

CONTRACTIONS

Statique :	S
Dynamique concentrique :	DC
Dynamique excentrique :	DE

SACHEZ QUE...

1. La position du centre de gravité du corps entier varie non seulement d'un individu à l'autre (en raison du type morphologique, du type racial, du degré d'adiposité, etc.) mais aussi d'un moment à l'autre suivant l'attitude adoptée.
2. Le tonus postural est l'état de contraction des muscles qui maintiennent les attitudes habituelles, telle la station debout.
3. Il n'y a pas de contractions purement isotoniques (iso : égal, tonique : tension) dans l'organisme.
4. Le réchauffement des muscles avant un exercice produit une augmentation de la force de contraction musculaire. Ainsi la force de contraction sera plus grande après plusieurs contractions.
5. Les crampes sont des contractions musculaires douloureuses, soutenues et involontaires.
6. La biomécanique est la science qui applique les méthodes et les techniques de la mécanique à l'étude des êtres vivants.
7. Tout mouvement représente le résultat d'une différence entre des forces internes et externes.

APPENDICE A

Artères et veines du corps

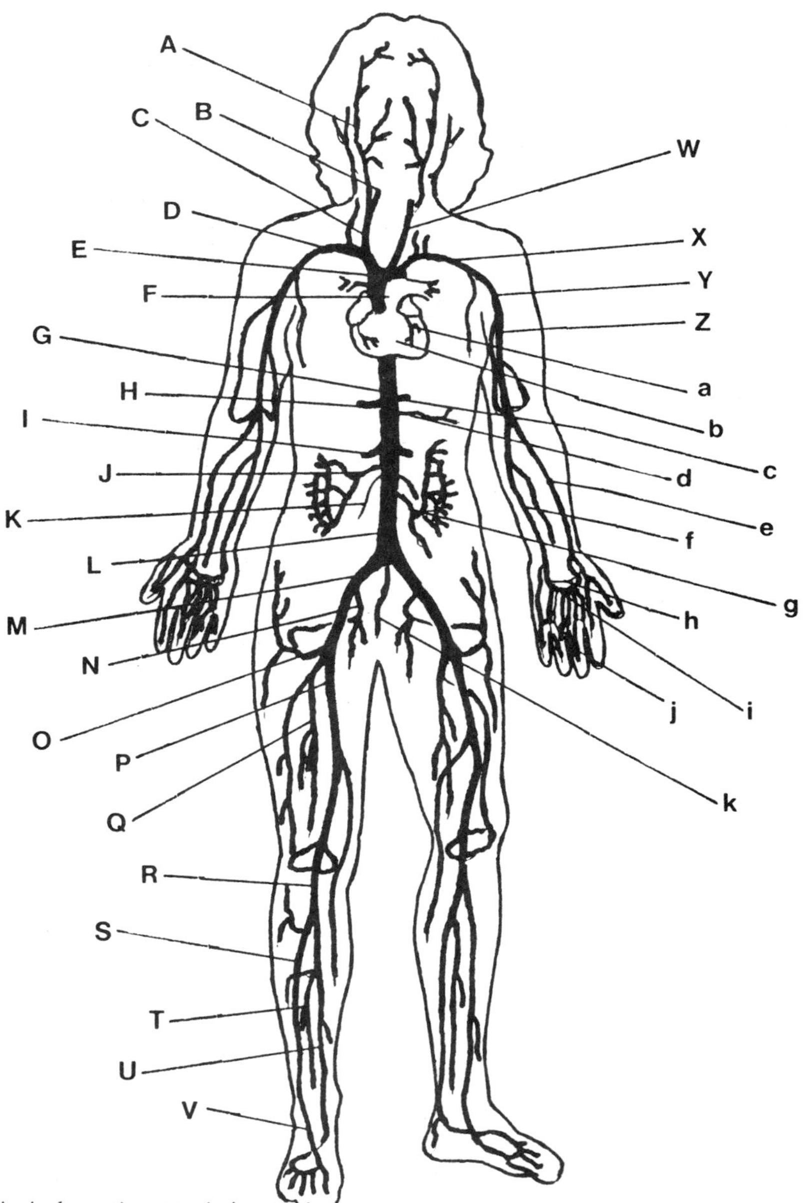

Figure A.1 Principales artères systémiques.

A. Carotide externe B. Carotide interne C. Carotide commune droite D. Tronc brachiocéphalique E. Arc de l'aorte F. Tronc pulmonaire G. Tronc coeliaque H. Hépatique I. Rénale J. Mésentérique supérieure K. Ovarique L. Aorte abdominale M. Iliaque commune N. Iliaque interne O. Iliaque externe P. Fémorale Q. Fémorale profonde R. Poplitée S. Tibiale antérieure T. Fibulaire U. Tibiale postérieure V. Dorsale du pied W. Carotide commune gauche X. Subclavière Y. Axillaire Z. Brachiale
a. Coronaire gauche b. Cœur c. Gastrique gauche d. Linéale e. Radiale f. Ulnaire g. Mésentérique inférieure h. Arcade palmaire profonde i. Arcade palmaire superficielle j. Digitale k. Sacrale médiane.

D'après l'ouvrage *Anatomie et physiologie* de Spence et Mason, publié aux Éditions du Renouveau Pédagogique.

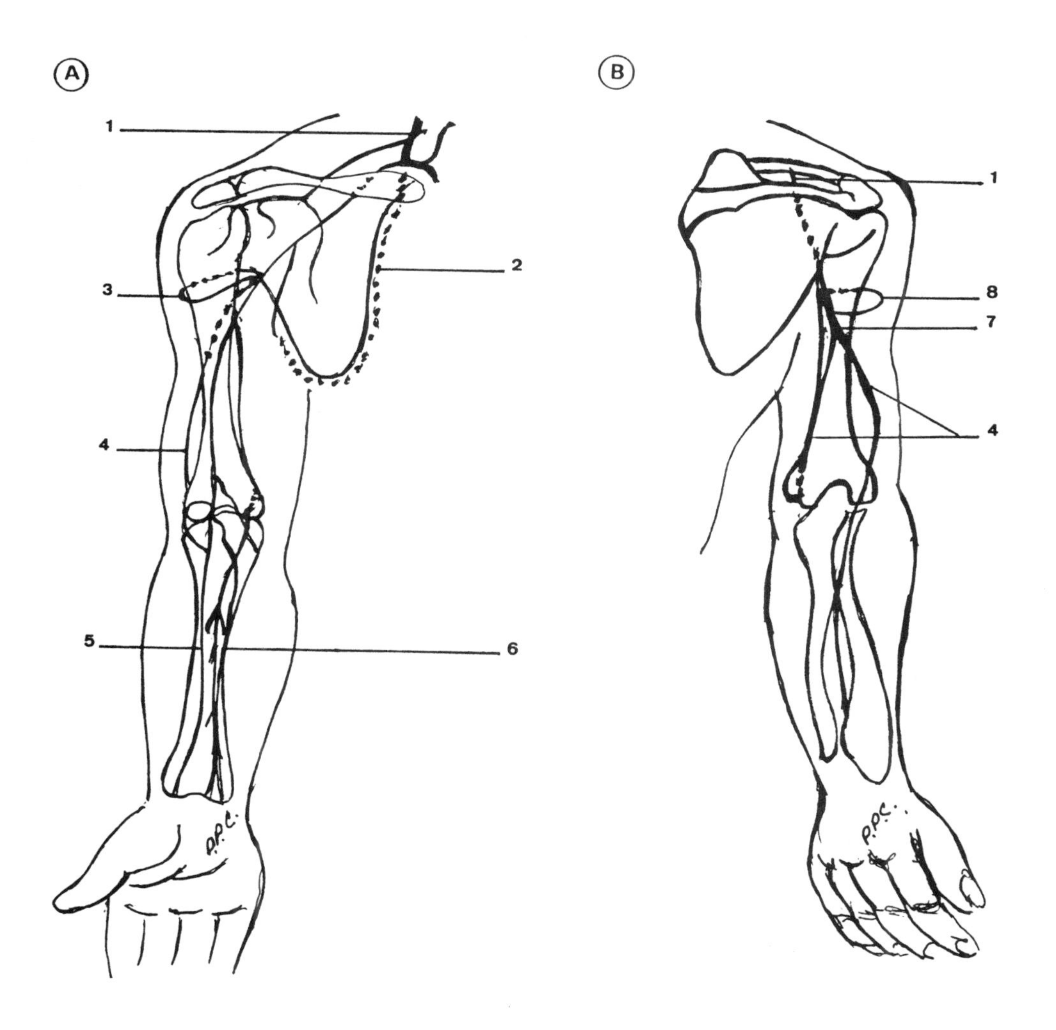

Figure A.2 Principales artères du membre supérieur.

A. Vue antérieure B. Vue postérieure

1. Suprascapulaire 2. Scapulaire descendante 3. Circonflexe antérieure de l'humérus 4. Brachiale 5. Radiale 6. Ulnaire 7. Humérale 8. Circonflexe postérieure de l'humérus.

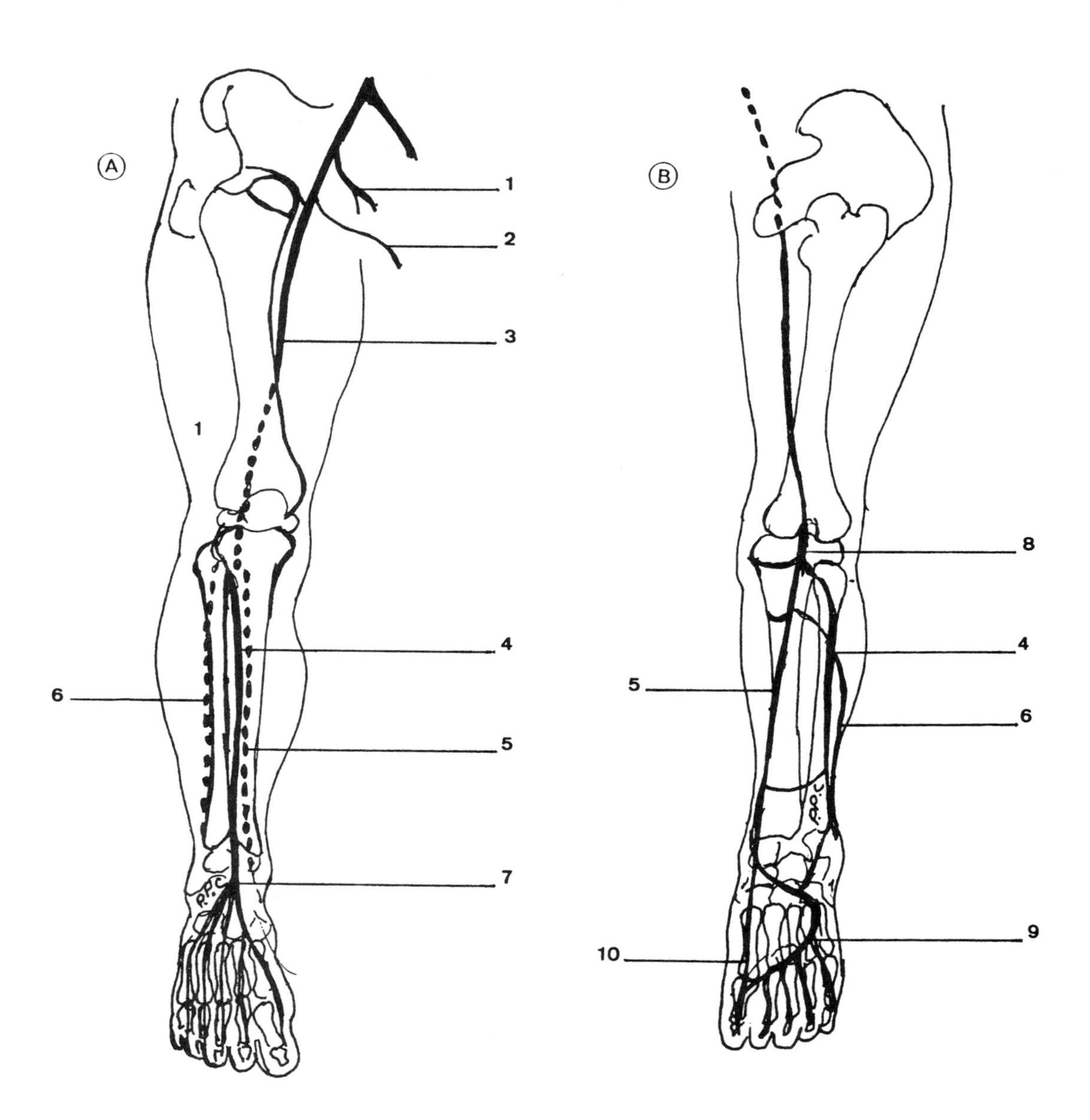

Figure A.3 Principales artères du membre inférieur.

A. Vue antérieure B. Vue postérieure

1. Honteuse externe superficielle 2. Honteuse externe profonde 3. Fémorale 4. Tibiale antérieure 5. Tibiale postérieure 6. Fibulaire 7. Dorsale du pied 8. Poplitée 9. Plantaire latérale 10. Plantaire médiale.

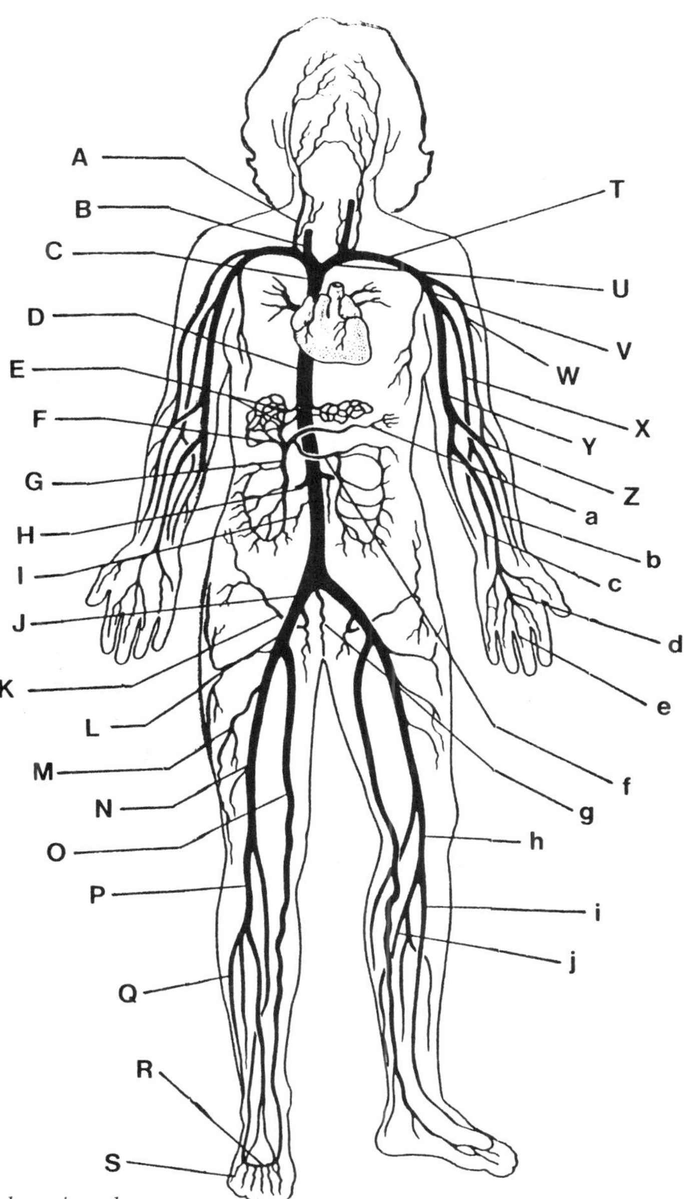

Figure A.4 Principales veines du corps.

A. Jugulaire externe B. Jugulaire interne C. Cave supérieure D. Cave inférieure E. Hépatiques F. Porte hépatique G. Mésentérique supérieure H. Rénale I. Ovarique J. Iliaque commune K. Iliaque interne L. Iliaque externe M. Fémorale profonde N. Fémorale O. Grande veine saphène P. Saphène externe Q. Fibulaire R. Arcade veineuse dorsale S. Digitale dorsale T. Subclavière U. Tronc brachiocéphalique V. Axillaire W. Céphalique X. Brachiales Y. Basilique Z. Cubitale médiane
a. Linéale b. Céphalique c. Ulnaire d. Palmaire e. Digitale f. Mésentérique inférieure g. Sacrale moyenne h. Poplitée i. Tibiale antérieure j. Tibiale postérieure.

D'après l'ouvrage *Anatomie et physiologie* de Spence et Mason, publié aux Éditions du Renouveau Pédagogique.

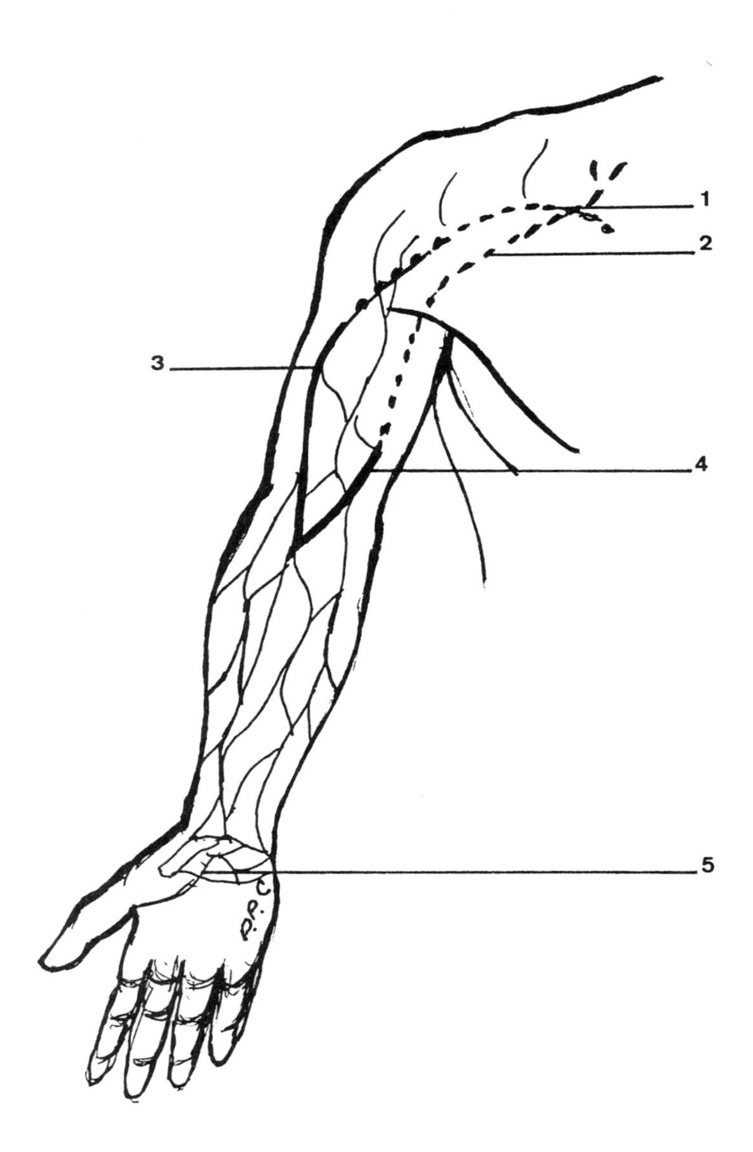

Figure A.5 *Veines superficielles* ***du membre supérieur*** *(vue antérieure).*
1. Subclavière 2. Axillaire 3. Céphalique 4. Basilique 5. Réseau veineux palmaire superficiel.

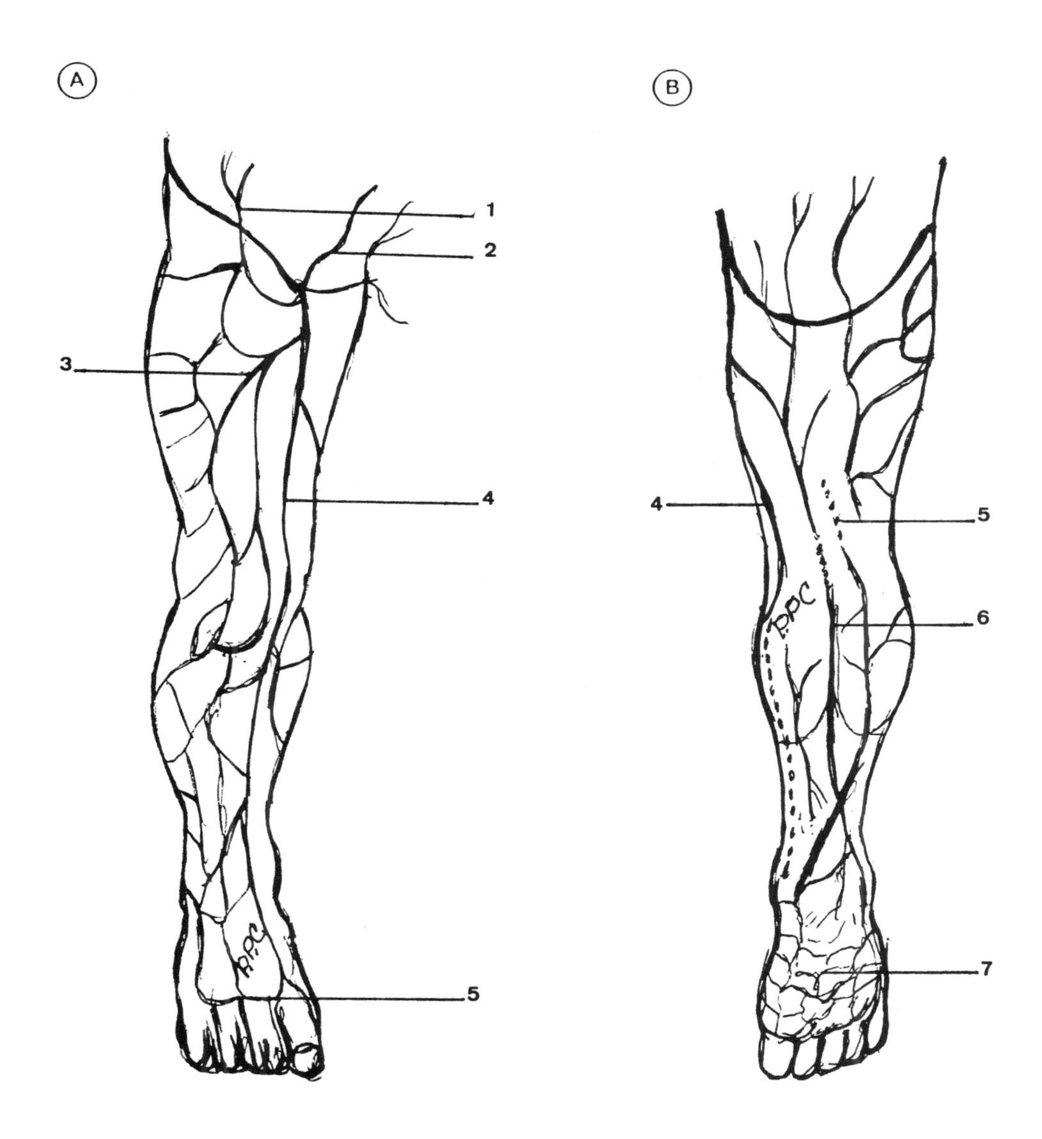

Figure A.6 *Veines superficielles du membre inférieur.*

A. Vue antérieure B. Vue postérieure

1. Circonflexe iliaque superficielle 2. Épigastrique superficielle 3. Saphène accessoire 4. Grande veine saphène 5. Arcade veineuse dorsale du pied 6. Petite veine saphène 7. Réseau veineux plantaire.

APPENDICE B

Muscles du corps

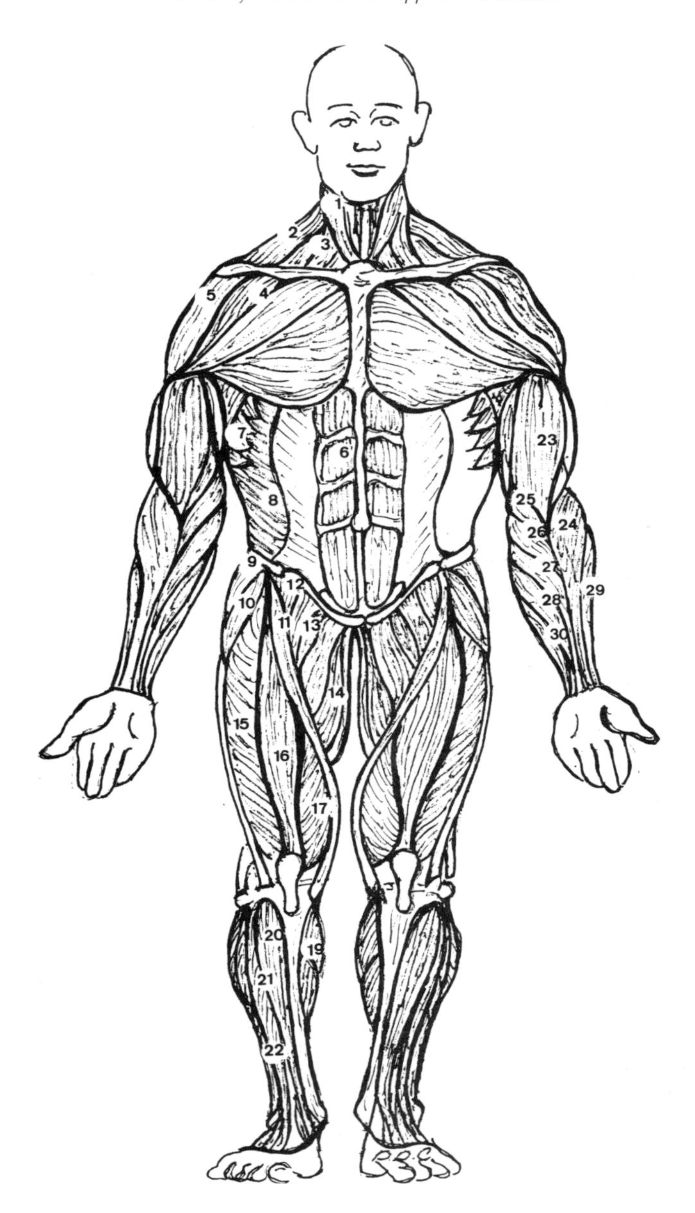

Figure B.1 Muscles superficiels de la face antérieure du corps.

1. Sternocléidomastoïdien 2. Trapèze 3. Scalène 4. Grand pectoral 5. Deltoïde 6. Droit de l'abdomen 7. Dentelé antérieur 8. Oblique externe de l'abdomen 9. Grand fessier 10. Tenseur du fascia lata 11. Sartorius 12. Iliopsoas 13. Pectiné 14. Long adducteur 15. Vaste latéral 16. Droit de la cuisse 17. Vaste médial 19. Gastrocnémien médial 20. Tibial antérieur 21. Long extenseur des orteils 22. Long fibulaire 23. Biceps brachial 24. Brachioradial 25. Brachial 26. Supinateur 27. Long palmaire 28. Fléchisseur radial du carpe 29. Long extenseur radial du carpe 30. Fléchisseur ulnaire du carpe.

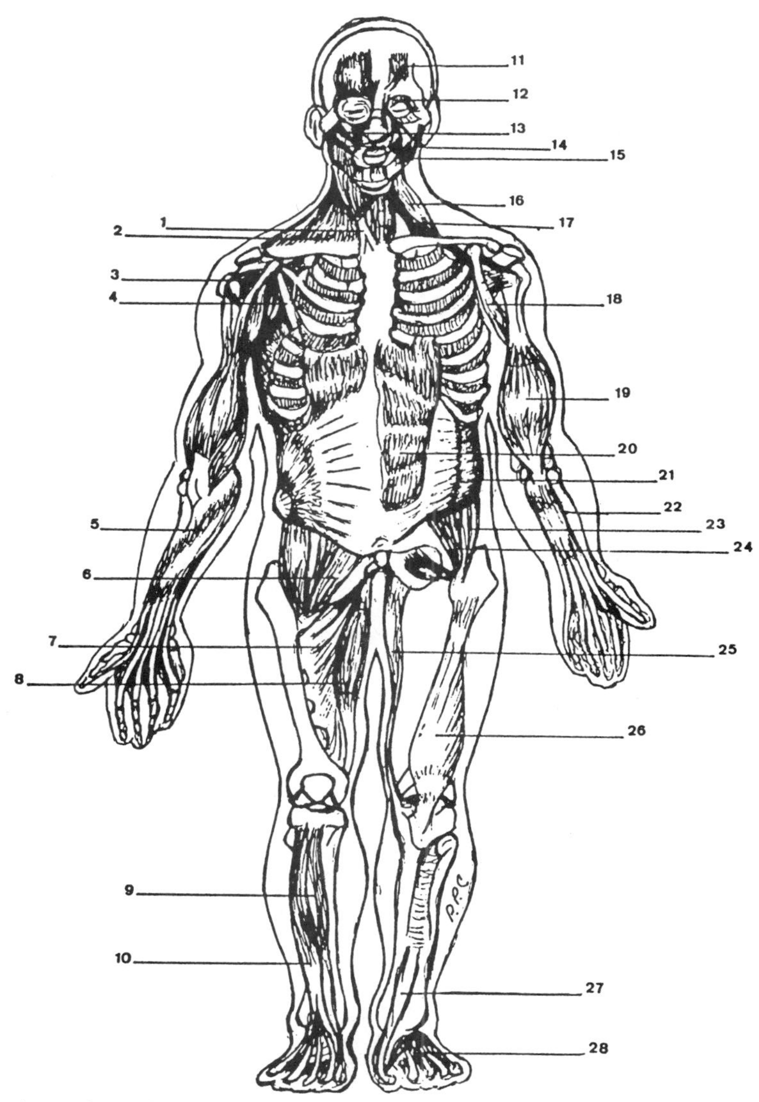

Figure B-2 Muscles profonds de la face antérieure du corps.

1. Sternocléidomastoïdien 2. Trapèze 3. Subscapulaire 4. Petit pectoral 5. Fléchisseur superficiel des doigts 6. Pectiné 7. Court adducteur 8. Grand adducteur 9. Tibial antérieur 10. Long extenseur des orteils 11. Occipitofrontal 12. Orbiculaire de l'œil 13. Petit zygomatique 14. Grand zygomatique 15. Masseter 16. Scalènes 17. Omobyoïdien 18. Coracobrachial 19. Brachial 20. Droit de l'abdomen 21. Transverse de l'abdomen 22. Long fléchisseur du pouce 23. Iliaque 24. Psoas 25. Gracile 26. Vaste intermédiaire 27. Long extenseur de l'hallux 28. Court extenseur des orteils.

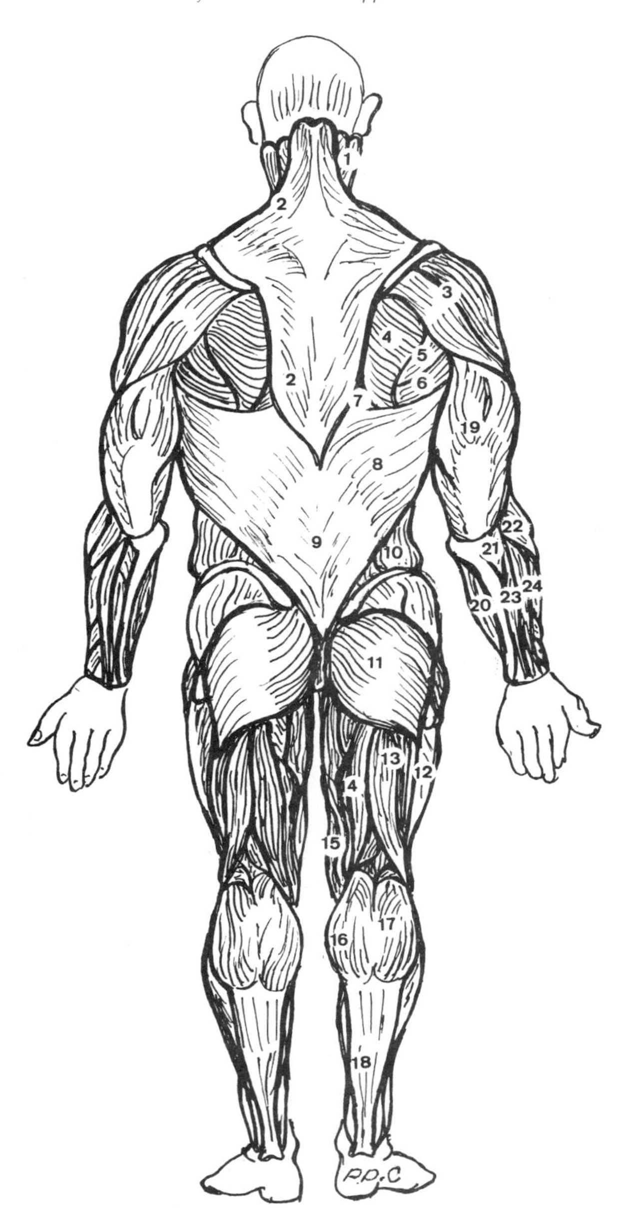

Figure B.3 Muscles superficiels de la face postérieure du corps.

1. Sternocléidomastoïdien 2. Trapèze 3. Deltoïde 4. Infraépineux 5. Petit rond 6. Grand rond 7. Rhomboïde 8. Grand dorsal 9. Fascia thoracolombal 10. Oblique externe de l'abdomen 11. Grand fessier 12. Fascia lata 13. Biceps fémoral 14. Semitendineux 15. Gracile 16. Gastrocnémien médial 17. Gastrocnémien latéral 18. Tendon calcanéen (Achille) 19. Triceps brachial 20. Extenseur ulnaire du carpe 21. Anconé 22. Brachioradial 23. Court extenseur radial du carpe 24. Long extenseur radial du carpe.

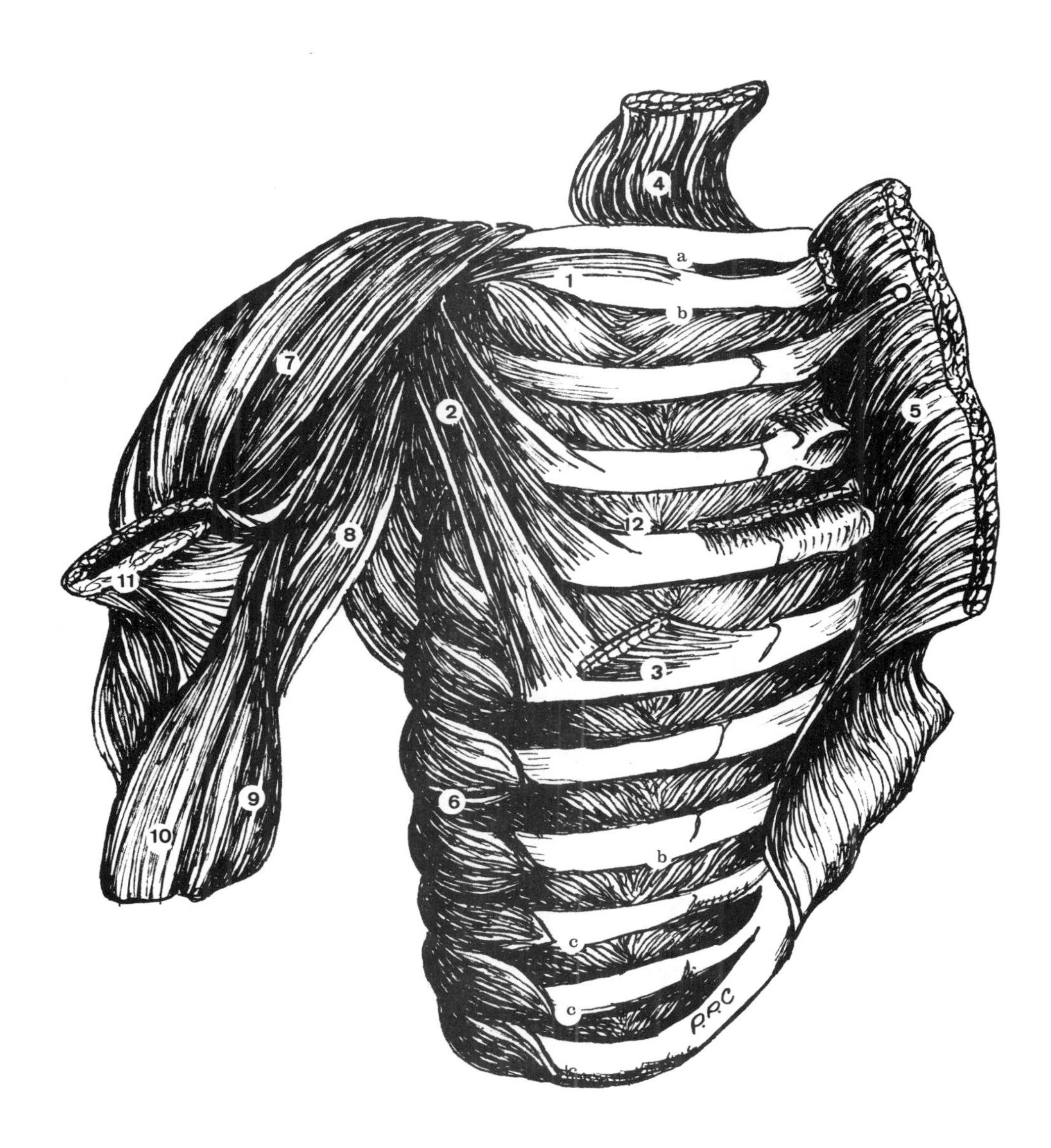

Figure B.4 Muscles du thorax et les os (côté droit).

1. Subclavier 2. Petit pectoral 3. Grand pectoral (costal) 4. Grand pectoral (claviculaire) 5. Grand pectoral (sternal) 6. Dentelé antérieur 7. Deltoïde 8. Coracobrachial 9. Biceps brachial (chef court) 10. Biceps brachial (chef long) 11. Grand pectoral 12. Intercostaux externes.

Os : a) clavicule b) côtes sternales c) côtes asternales.

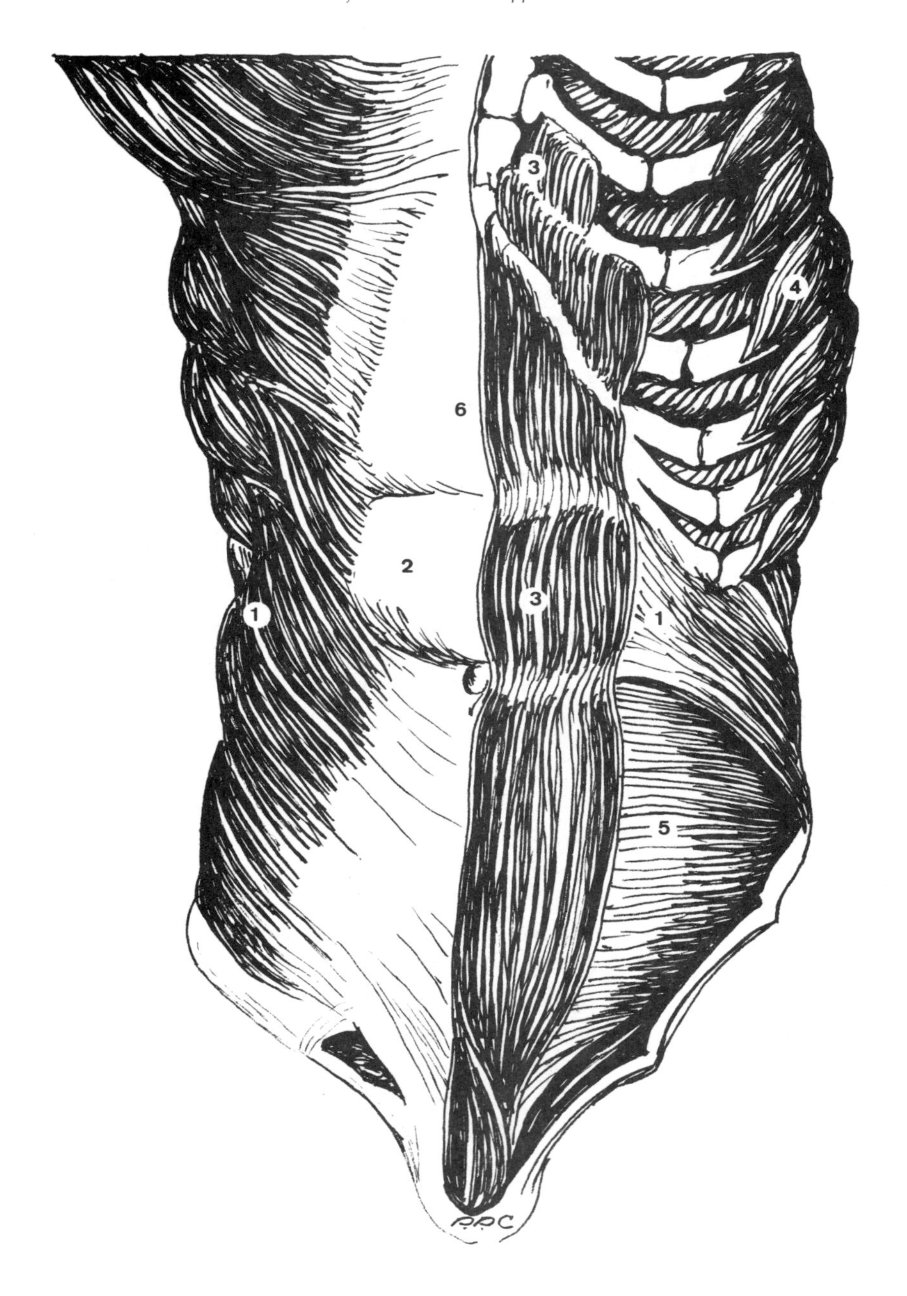

Figure B.5 Muscles de l'abdomen.

1. Oblique externe de l'abdomen 2. Fascia abdominal 3. Droit de l'abdomen 4. Dentelé antérieur 5. Oblique interne de l'abdomen 6. Ligne blanche (linea alba).

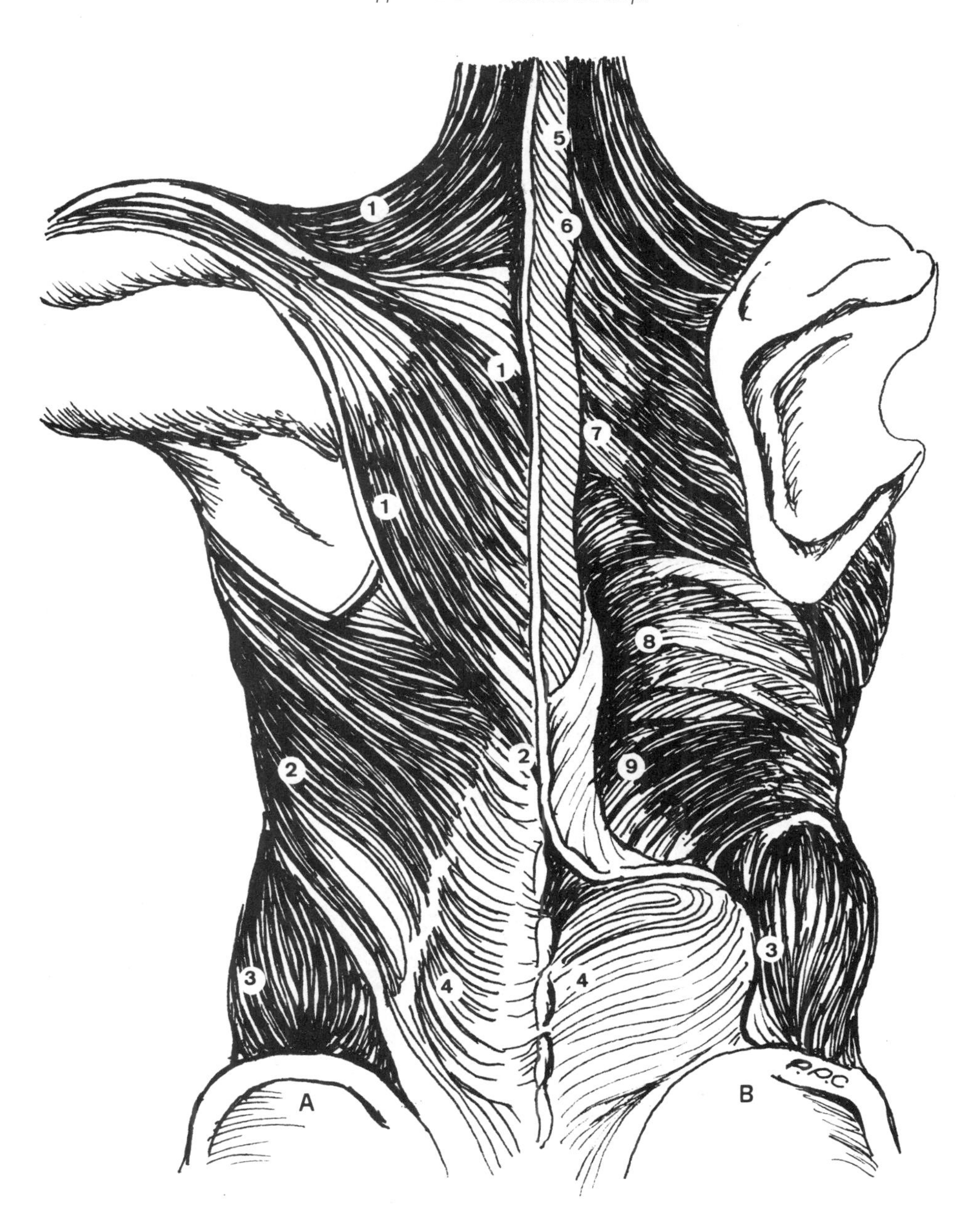

Figure B.6 Muscles du dos.

A. Superficiels B. Profonds.

1. Trapèze 2. Grand dorsal 3. Oblique externe de l'abdomen 4. Aponévrose lombale 5. Élévateur de la scapula 6. Petit rhomboïde 7. Grand rhomboïde 8. Fascia des dentelés 9. Dentelé postérieur inférieur.

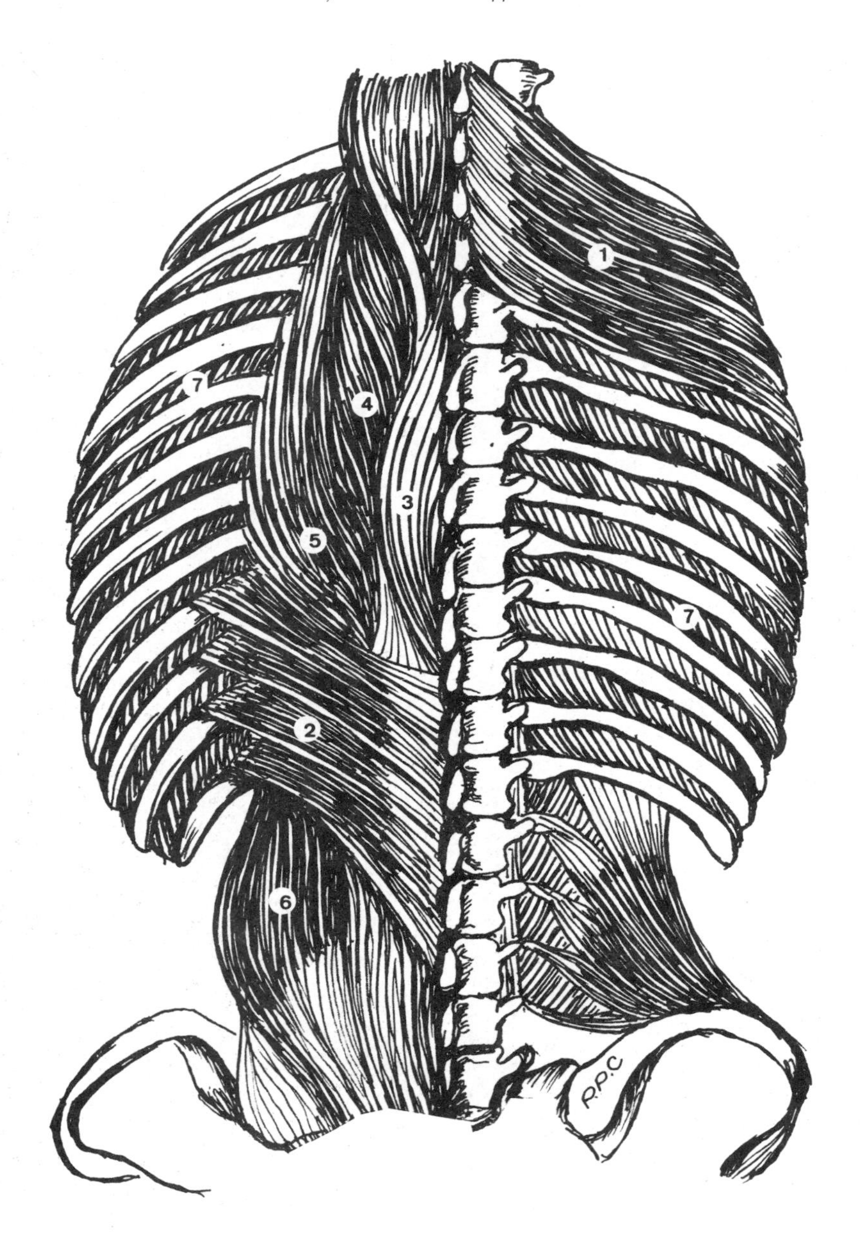

Figure B.7 Muscles profonds du dos.

1. Dentelé postérieur supérieur 2. Dentelé postérieur inférieur 3. Épineux du thorax 4. Longissimus du thorax 5. Iliocostal du thorax 6. Oblique externe de l'abdomen 7. Intercostaux.

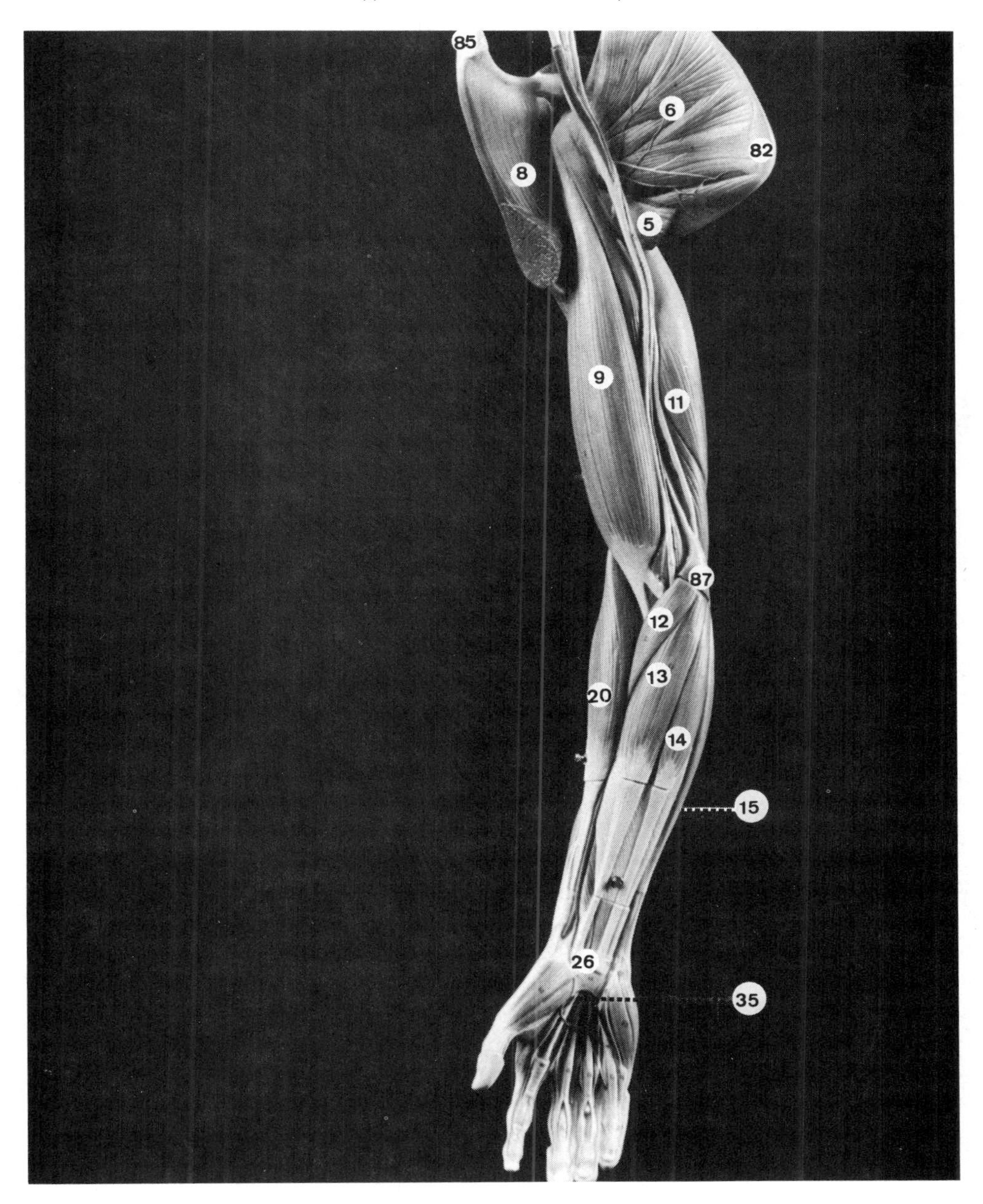

Photo B.1 Muscles et repères osseux du membre supérieur droit (antérieur).

Muscles : *5. Grand dorsal 6. Subscapulaire 8. Grand pectoral 9. Biceps brachial 11. Triceps brachial 12. Rond pronateur 13. Fléchisseur radial du carpe 14. Long palmaire 15. Fléchisseur ulnaire du carpe 20. Brachioradial 35. Lombricaux de la main.*

Os : *82. Scapula 85. Clavicule 87. Épicondyle médial (humérus).*

Ligament : *26. Palmaire du carpe.*

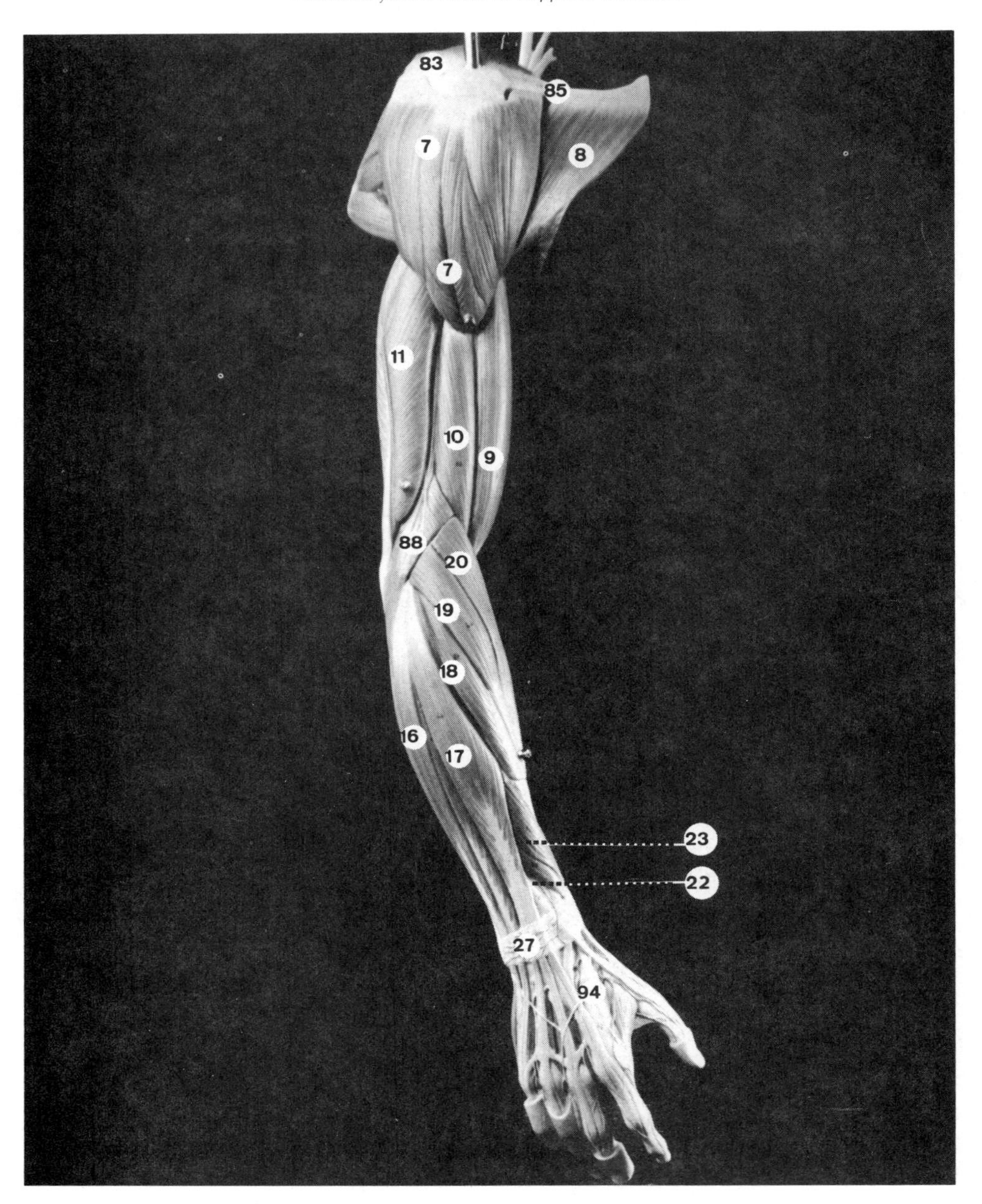

Photo B.2 Muscles et repères osseux du membre supérieur droit (latéropostérieur).

Muscles : *7. Deltoïde 8. Grand pectoral 9. Biceps brachial 10. Brachial 11. Triceps brachial 16. Extenseur ulnaire du carpe 17. Extenseur commun des doigts 18. Court extenseur radial du carpe 19. Long extenseur radial du carpe 20. Brachioradial 22. Court extenseur du pouce 23. Long abducteur du pouce.*

Os : *83. Épine (scapula) 85. Clavicule 88. Épicondyle latéral (humérus) 94. Métacarpien.*

Ligament : *27. Dorsal du carpe.*

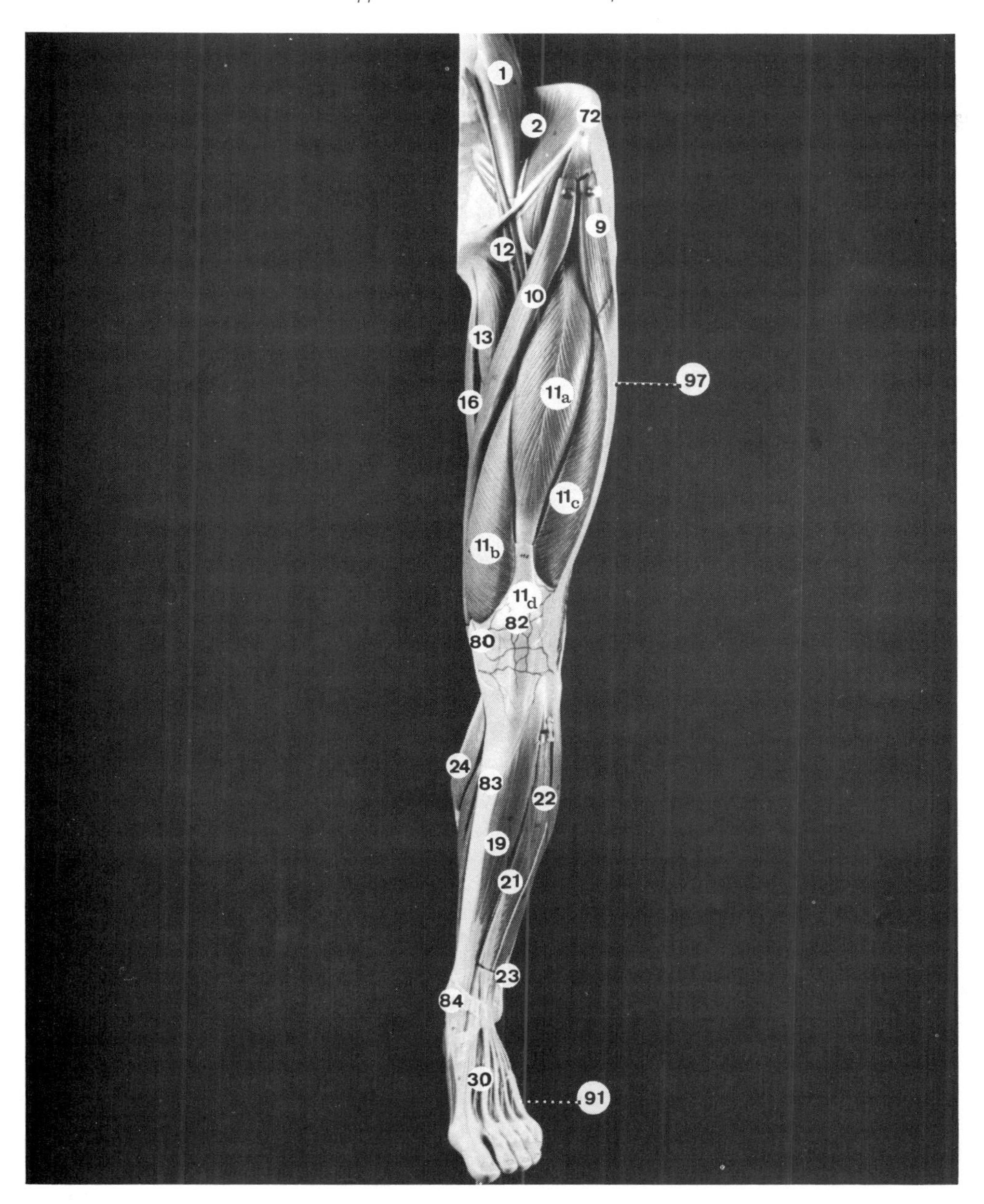

Photo B.3 Muscles et repères osseux du membre inférieur gauche (antérieur).

Muscles : *1. Psoas 2. Iliaque 9. Tenseur du fascia lata 10. Sartorius 11a. Droit de la cuisse 11b. Vaste interne 11c. Vaste externe 11d. Tendon du quadriceps 12. Pectiné 13. Long adducteur 16. Semitendineux 19. Tibial antérieur 21. Long extenseur des orteils 22. Long fibulaire 23. Court fibulaire 24. Gastrocnémien médial 30. Court extenseur des orteils.*

Os : *72. Coxal 80. Condyle latéral (fémur) 82. Patella 83. Tibia 84. Malléole médiale (tibia) 91. Métatarsien 97. Fascia lata.*

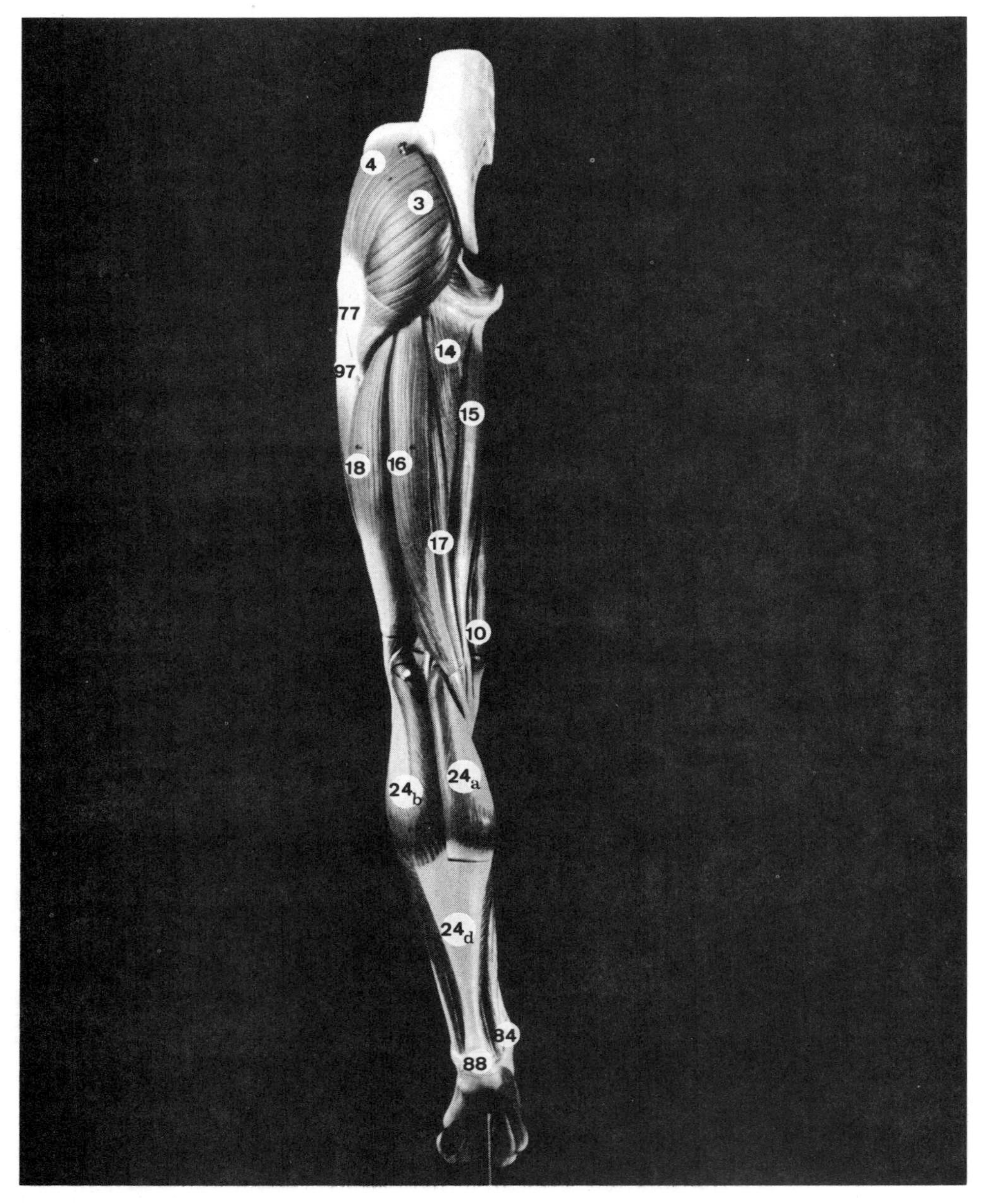

Photo B.4 Muscles et repères osseux du membre inférieur gauche (postérieur, superficiel).

Muscles : *3. Grand fessier 4. Moyen fessier 10. Sartorius 14. Grand adducteur 15. Gracile 16. Semitendineux 17. Semimembraneux 18. Biceps fémoral 24a. Gastrocnémien médial 24b. Gastrocnémien latéral 24d. Tendon calcanéen (Achille).*
Os : *77. Grand trochanter (fémur) 84. Malléole médiale (tibia) 88. Calcanéus 97. Fascia lata.*

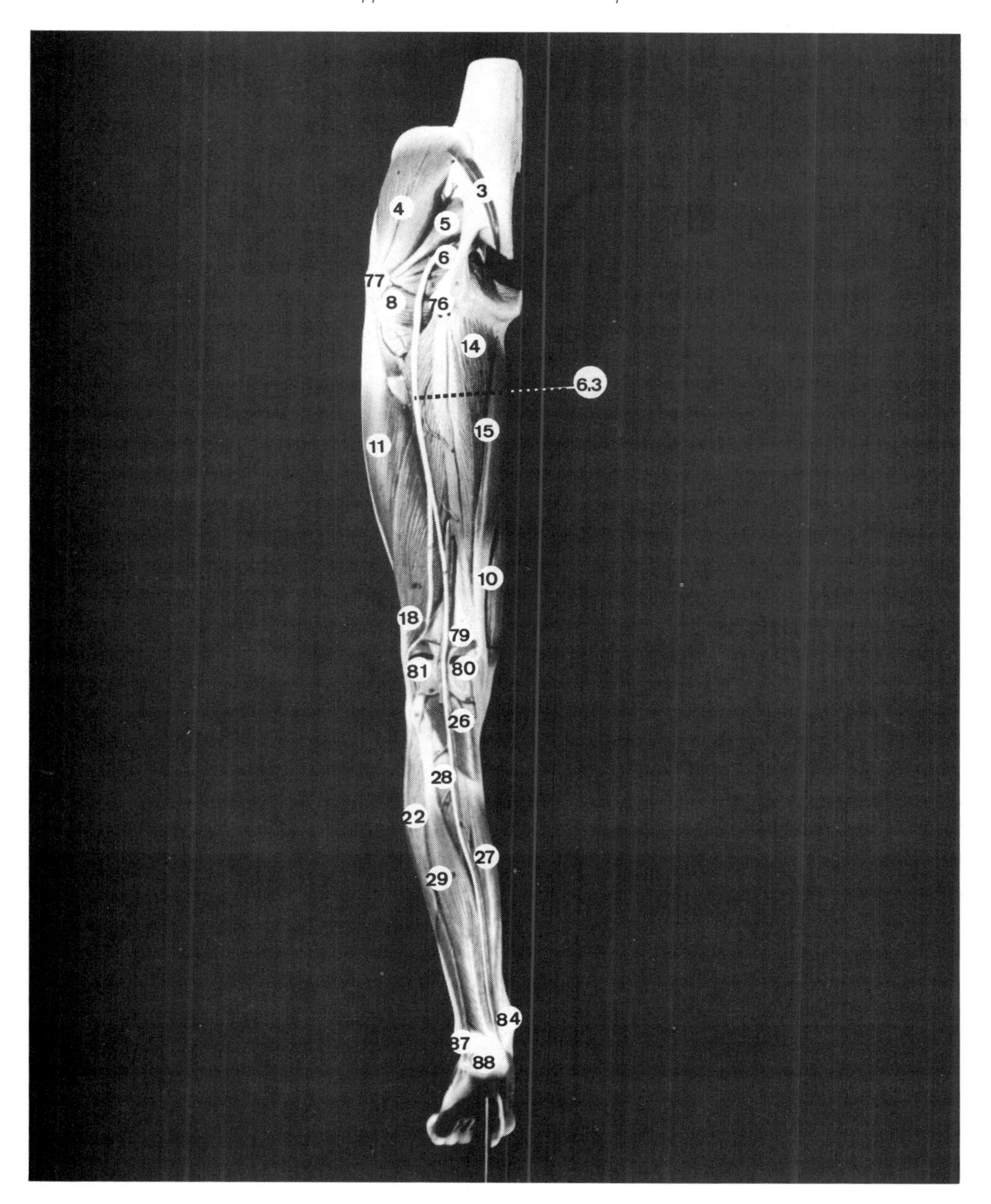

Photo B.5 Muscles et repères osseux du membre inférieur gauche (postérieur, profond).

Muscles : *3. Grand fessier 4. Moyen fessier 5. Piriforme 6. Obturateur 8. Carré fémoral 10. Sartorius 11. Vaste latéral 14. Grand adducteur 15. Gracile 18. Biceps fémoral 22. Long fibulaire 26. Poplité 27. Long fléchisseur des orteils 28. Tibial postérieur 29. Long fléchisseur de l'hallux.*

Os : *76. Tubérosité ischiatique (coxal) 77. Grand trochanter (fémur) 79. Fémur 80. Condyle médial (fémur) 81. Condyle latéral (fémur) 84. Malléole médiale (tibia) 87. Malléole latérale (fibula) 88. Calcanéus 6.3 Nerf sciatique.*

APPENDICE C

Les nerfs

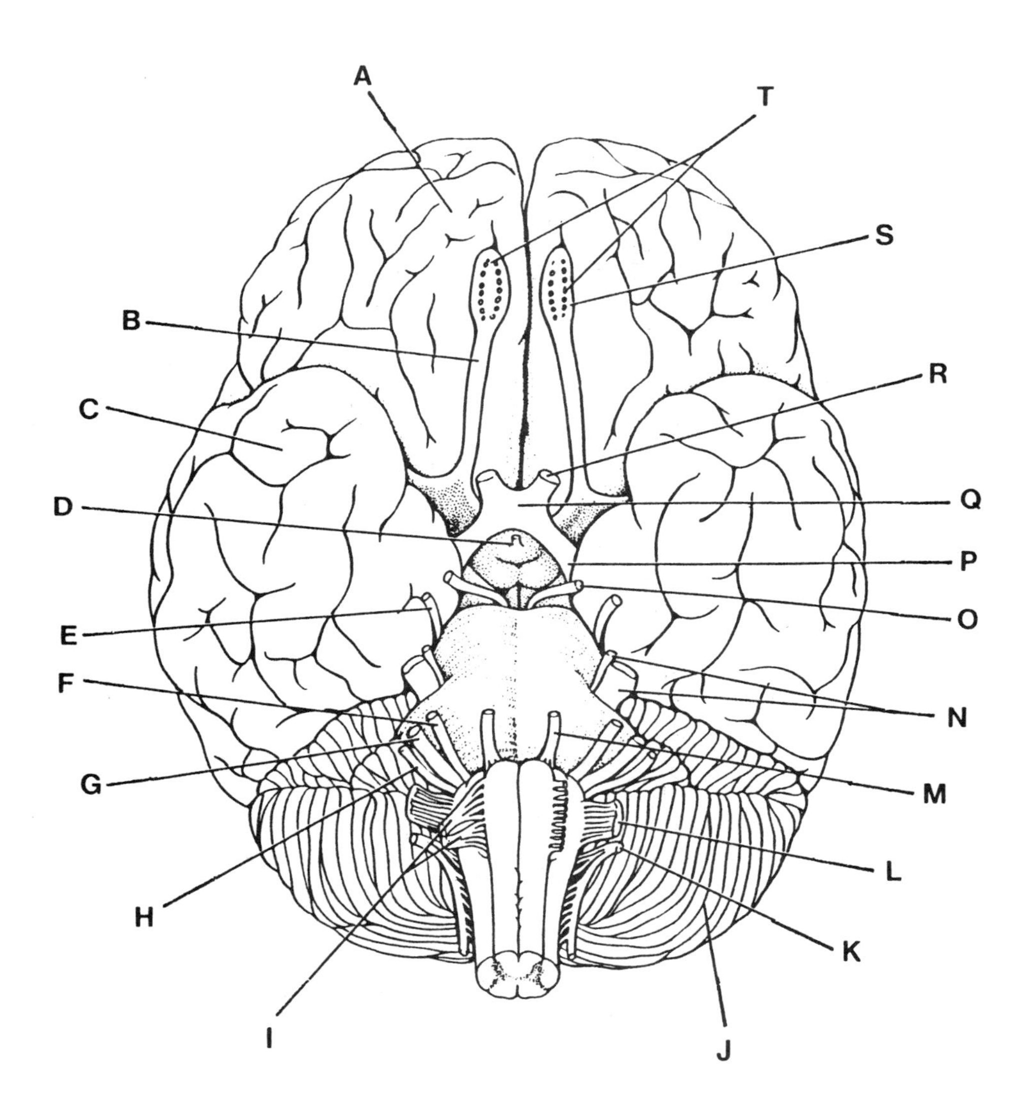

Figure C.1 *Vue de la base de l'encéphale montrant les nerfs crâniens.*

A. Lobe frontal B. Tractus olfactif C. Lobe temporal D. Pédoncule hypophysaire E. Nerf trochléaire F. Nerf facial G. Nerf vestibulocochléaire H. Nerf glossopharyngien I. Nerf hypoglosse J. Cervelet K. Nerf accessoire L. Nerf vague M. Nerf abducens N. Nerf trijumeau O. Nerf oculomoteur P. Tractus optique Q. Chiasma optique R. Nerf optique S. Bulbe olfactif T. Fibres du nerf olfactif.

D'après l'ouvrage *Anatomie et physiologie* de Spence et Mason, publié aux Éditions du Renouveau Pédagogique.

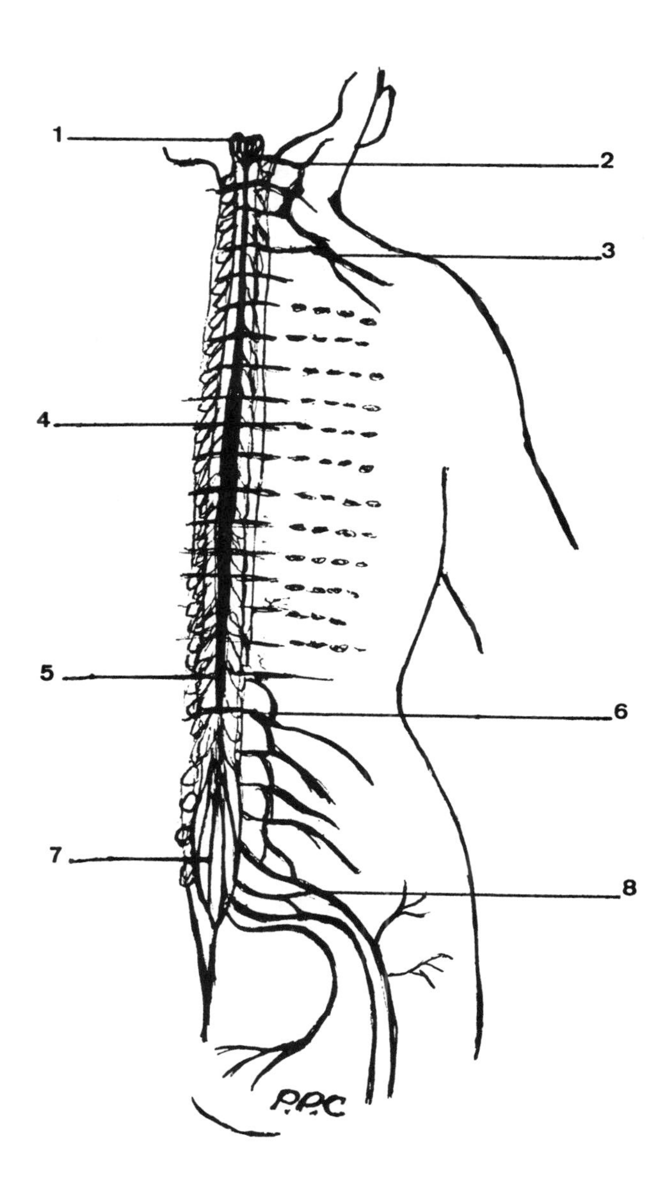

Figure C.2 *Nerfs spinaux (vue dorsale).*

1. Nerf cervical C1 2. Plexus cervical 3. Plexus brachial 4. Nerf thoracique 5. Nerf thoracique T12 6. Plexus lombal 7. Queue de cheval 8. Plexus sacral.

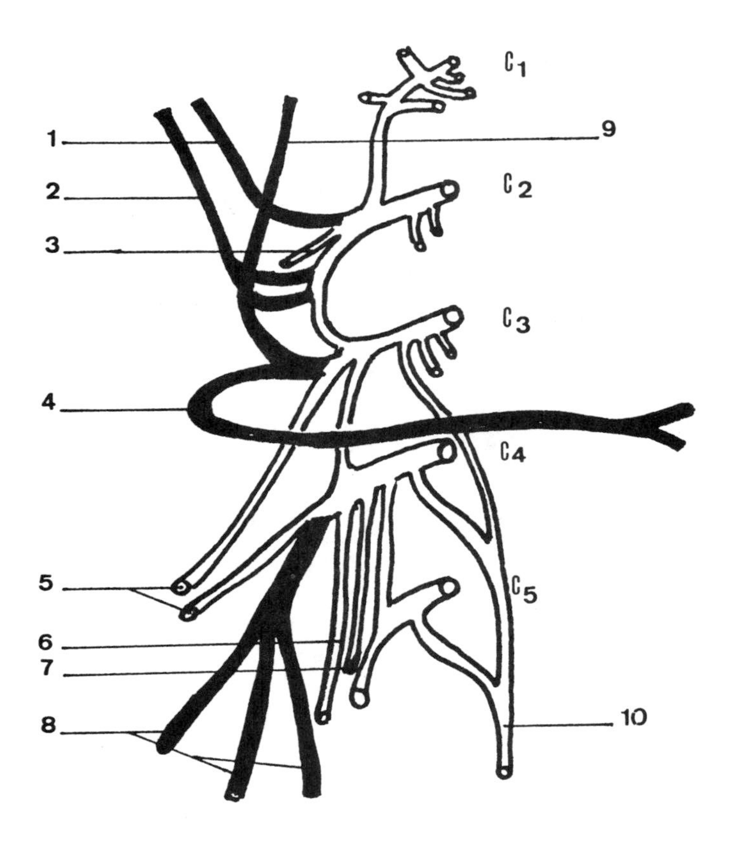

Figure C.3 *Branches du plexus cervical (en blanc : nerfs moteurs; en noir : nerfs sensitifs).*

1. Nerf petit occipital 2. Nerf grand occipital 3. Nerf du muscle sternocléidomastoïdien 4. Nerf transverse du cou 5. Nerf du muscle trapèze 6. Nerf du muscle élévateur de la scapula 7. Nerf du scalène moyen 8. Nerf supraclaviculaire 9. Nerf grand auriculaire 10. Nerf phrénique C1. Nerf cervical 1 C2. Nerf cervical 2 C3. Nerf cervical 3 C4. Nerf cervical 4 C5. Nerf cervical 5.

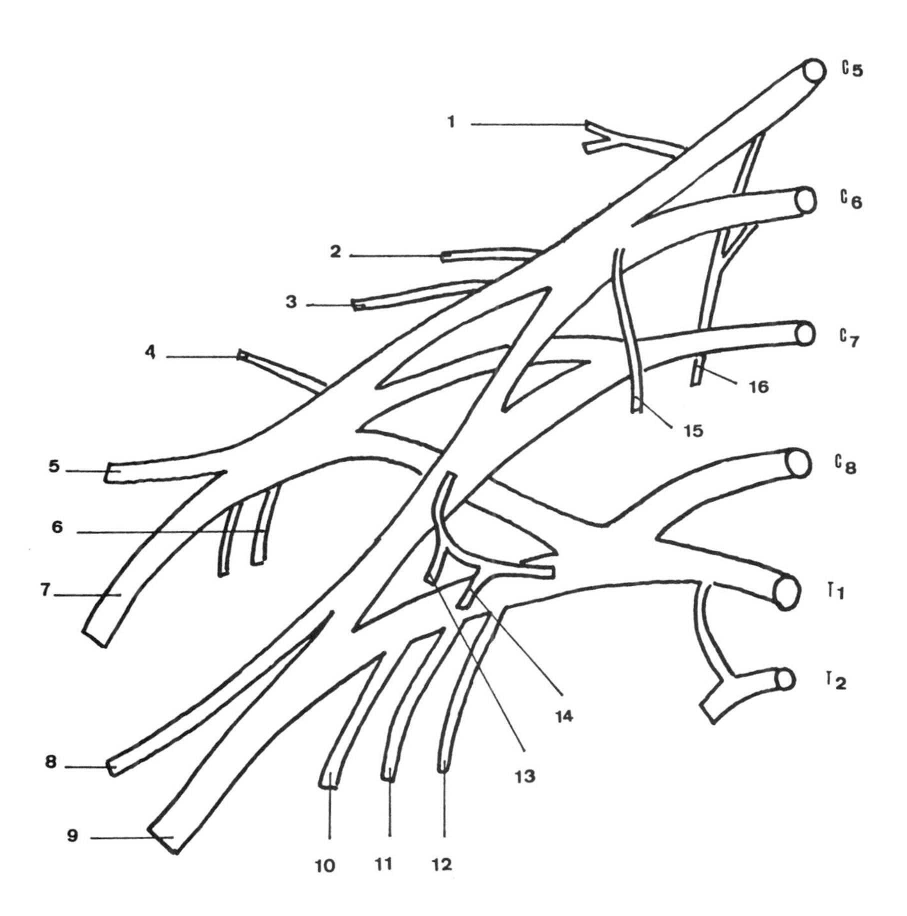

Figure C.4 Plexus brachial.

1. Nerf dorsal de la scapula 2. Nerf suprascapulaire 3. Nerf subscapulaire supérieur 4. Nerf subscapulaire inférieur 5. Nerf axillaire 6. Nerf thoracodorsal 7. Nerf radial 8. Nerf musculocutané 9. Nerf médian 10. Nerf ulnaire 11. Nerf cutané médial de l'avant-bras 12. Nerf cutané médial du bras 13. Nerf pectoral latéral 14. Nerf pectoral médial 15. Nerf subclavier 16. Nerf thoracique long C5. Nerf cervical 5 C6. Nerf cervical 6 C7. Nerf cervical 7 C8. Nerf cervical 8 T1. Nerf thoracique 1 T2. Nerf thoracique 2.

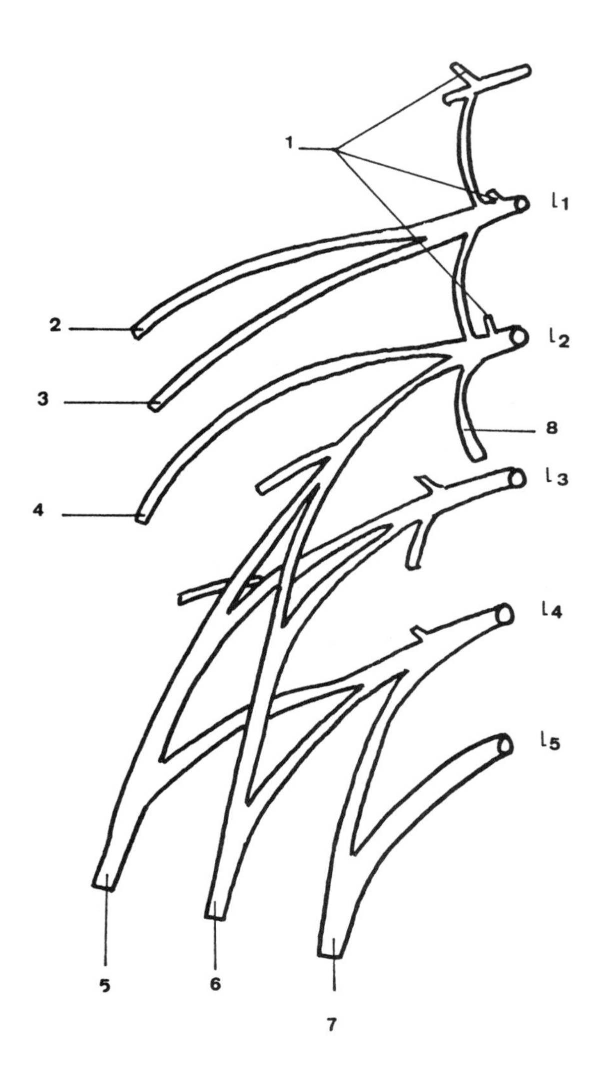

Figure C.5 Plexus lombal.

1. Nerf du muscle carré des lombes 2. Nerf ilohypogastrique 3. Nerf ilioinguinal 4. Nerf cutané latéral de la cuisse 5. Nerf fémoral 6. Nerf obturateur 7. Tronc lombosacral 8. Nerf génitofémoral L1. Nerf lombal 1 L2. Nerf lombal 2 L3. Nerf lombal 3 L4. Nerf lombal 4 L5. Nerf lombal 5.

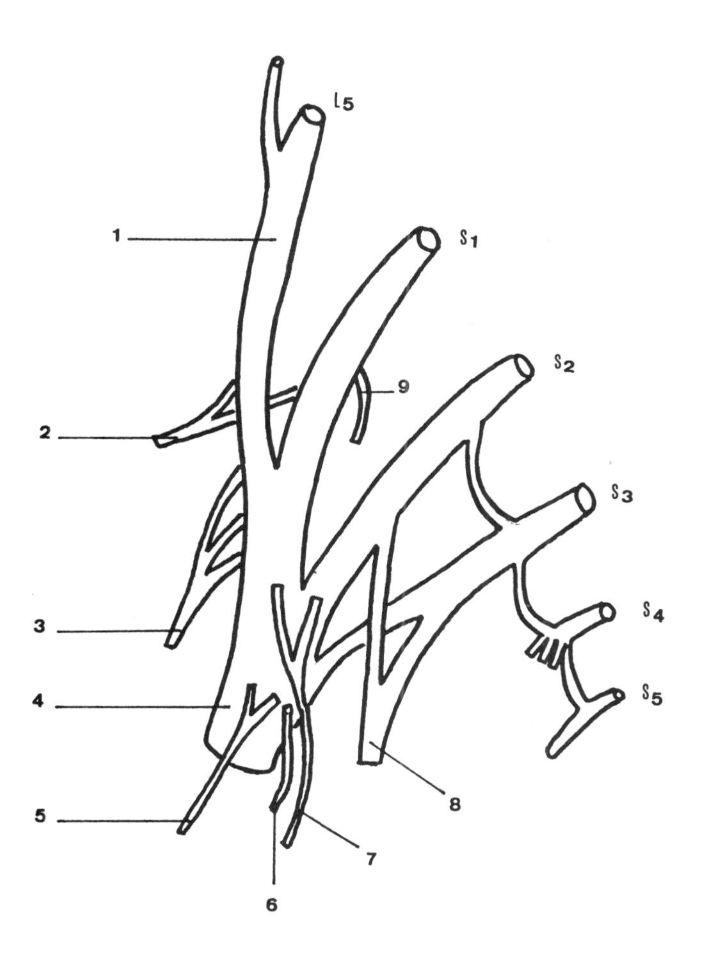

Figure C.6 Plexus sacral et honteux.

1. Tronc lombosacral 2. Nerf glutéal supérieur 3. Nerfs glutéal inférieur et cutané postérieur de la cuisse 4. Nerf ischiatique 5. Nerf du jumeau inférieur et du carré fémoral 6. Nerf du jumeau supérieur 7. Nerf de l'obturateur interne 8. Nerf honteux 9. Nerf du pyramidal L5. Nerf lombal 5 S1. Nerf sacral 1 S2. Nerf sacral 2 S3. Nerf sacral 3 S4. Nerf sacral 4 S5. Nerf sacral 5.

APPENDICE D

Squelette et principales articulations

A. *Les articulations.*

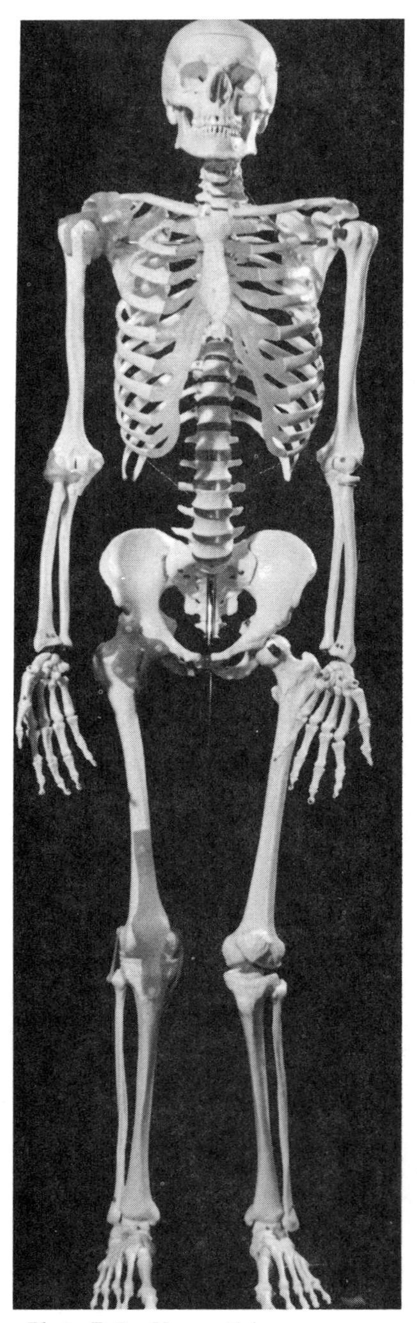

Photo D.1 Vue antérieure.

B. *Les os.*

B. *Les os.*

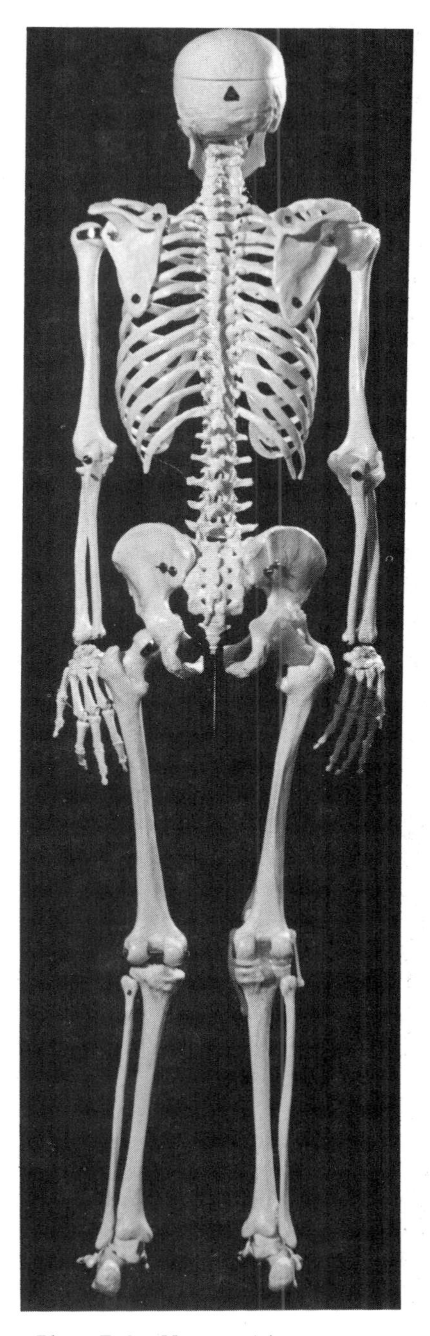

Photo D.2 Vue postérieure.

A. *Les articulations.*

INDEX DES OS

Calcanéus [13]* (calcaneum)**
Capitatum [8] (grand os)
Clavicule [5]
Cornet nasal inférieur [14]
Cuboïde [13]
Cunéiforme intermédiaire [13] (2e cunéiforme)
Cunéiforme latéral [13] (3e cunéiforme)
Cunéiforme médial [13] (1er cunéiforme)
Ethmoïde [14]
Fémur [11]
Fibula [12] (péroné)
Frontal [14]
Hamatum [8] (os crochu, os unciforme)
Humérus [6]
Hyoïde [14]
Incus [14] (enclume)
Lacrymal [14] (unguis)
Lunatum [8] (os semilunaire)
Malleus ([14] (marteau)
Mandibule [14] (maxillaire inférieur)
Maxillaire ([14] (maxillaire supérieur)
Métacarpiens [8]
Métatarsiens [13]
Nasal [14] (os propre du nez)
Naviculaire [13] (scaphoïde du tarse)
Occipital [14]
Os costal [10] (côte osseuse)
Os coxal [10] (os iliaque)
Palatin [14]
Pariétal [14]
Patella [12] (rotule)
Phalanges de la main ([8]
Phalanges du pied [13]
Pisiforme [8]
Radius [7]
Scaphoïde [8] (os naviculaire du carpe)
Scapula [5] (omoplate)
Sphénoïde [14]
Stapes [14] (étrier)
Sternum [10]
Talus [13] (astragale)
Temporal [14]

* Les crochets indiquent le thème où l'os a été examiné.
** Les parenthèses indiquent l'ancienne appellation.

Tibia [12]
Trapèze [8] (grand multiangulaire)
Trapézoïde [8] (petit multiangulaire)
Triquetrum [8] (os pyramidal du carpe)
Ulna [7] (cubitus)
Vertèbres cervicales [9]
Vertèbres coccygiennes [9] (vertèbres caudales)
Vertèbres lombales [9] (vertèbres lombaires)
Vertèbres sacrales [9] (vertèbres pelviennes)
Vertèbres thoraciques [9] (vertèbres dorsales)
Vomer [14]
Zygomatique [14] (os malaire)

INDEX DES ARTICULATIONS

Acromioclaviculaire [5]*
Atlantoaxoïdienne latérale [9] (atlanto-axoïdienne)**
Atlantoaxoïdienne médiane [9] (atlanto-odontoïdienne)
Atlantooccipitale [9]
Calcanéocuboïdienne [13]
Carpométacarpiennes [8]
Corps vertébraux... des [9]
Costochondrales [10]
Costotransversaire [10]
Coxofémorale [11] (de la hanche)
Cuboïdonaviculaire [13]
Cunéocuboïdienne [13]
Cunéonaviculaire [13] (scaphocunéenne)
Genou... au [12]
Huméroradiale [7]
Huméro-ulnaire [7] (humérocubitale)
Incudomalléaire [14]
Incudostapédienne [14]
Intercarpiennes [8]
Interchondrales [10]
Intercunéennes [13]
Intermétacarpiennes [8]
Intermétatarsiennes [13]
Interphalangiennes de la main [8]
Interphalangiennes du pied [13]
Lombosacrale [9] (lombosacrée)
Médiocarpiennes [8]
Métarcarpophalangiennes [8]
Métatarsophalangiennes [13]
Processus articulaires... des [9] (des apophyses articulaires)
Radiocarpienne [8] (du poignet)
Radio-ulnaire distale [7] (radiocubitale supérieure)
Radio-ulnaire proximale [7] (radiocubitale supérieure)
Sacrococcygienne [9]
Sacro-iliaque [11]
Scapulohumérale [6]
Sternoclaviculaire [5] (sternocostoclaviculaire)
Sternocostales [10] (chondrosternales)
Subtalienne [13] (sousastragalienne)
Suture [14] (synfibrose)
Symphyse pubienne [11]

* Les crochets indiquent le thème où l'articulation a été examinée.
** Les parenthèses indiquent l'ancienne appellation.

Talocalcanéonaviculaire [13] (astragalo-scaphocalcanéenne)
Talocrurale [13] (tibioastragalienne)
Tarsométatarsiennes [13] (de Lisfranc)
Temporomandibulaire [14] (temporomaxillaire)
Tête costale... de la [10]
Tibiofibulaire distale [12] (péronéotibiale inférieure)
Tibiofibulaire proximale [12] (péronéotibiale supérieure)

INDEX DES MUSCLES

Les crochets indiquent le thème où le muscle a été examiné.
Les parenthèses indiquent l'ancienne appellation.

Abaisseur de la lèvre inférieure [14] (carré du menton)
Abaisseur de l'angle de la bouche [14] (triangulaire)
Abducteur de l'hallux [13] (abducteur du gros orteil)
Abducteur du petit doigt [8]
Abducteur du petit orteil [13]
Adducteur de l'hallux [13] (adducteur du gros orteil)
Adducteur du pouce [8] (contracteur du pouce)
Anconé [7]
Biceps brachial [7]
Biceps fémoral [11] (biceps crural)
Brachial [7] (brachial antérieur)
Brachioradial [7] (long supinateur)
Buccinateur [14] (partie maxillomandibulaire)
Carré des lombes [9]
Carré plantaire [13] (muscle accessoire du fléchisseur commun des orteils)
Carré pronateur [7] (pronateur transverse)
Coracobrachial [6] (perforé de Casserius)
Corrugateur du sourcil [14] (sourcilier)
Court abducteur du pouce [8]
Court adducteur [11] (petit adducteur)
Court extenseur des orteils [13] (pédieux)
Court extenseur du pouce [8]
Court extenseur radial du carpe [8] (2e radial externe)
Court fibulaire [13] (court péronier latéral)
Court fléchisseur de l'hallux [13]
Court fléchisseur des orteils [13] (court fléchisseur plantaire)
Court fléchisseur du petit doigt [8]
Court fléchisseur du petit orteil [13]
Court fléchisseur du pouce [8]
Deltoïde [6]
Dentelé antérieur [5] (grand dentelé)
Dentelé postérieur inférieur [10] (petit dentelé inférieur)
Dentelé postérieur supérieur [10] (petit dentelé supérieur)
Diaphragme [10]
Digastrique [14]
Droit antérieur de la tête [9] (petit droit antérieur de la tête)
Droit de la cuisse [11] (droit antérieur de la cuisse)
Droit de l'abdomen [9] (grand droit de l'abdomen)
Droit latéral de la tête [9] (petit droit latéral de la tête)
Élévateur de la scapula [5] (angulaire de l'omoplate)
Élévateurs des côtes [10] (surcostaux)
Épineux du cou [9]
Épineux du thorax [9]

Extenseur commun des doigts [8]
Extenseur de l'index [8]
Extenseur du petit doigt [8]
Extenseur ulnaire du carpe [8] (cubital postérieur)
Fléchisseur profond des doigts [8] (fléchisseur commun profond des doigts)
Fléchisseur radial du carpe [8] (grand palmaire)
Fléchisseur superficiel des doigts [8] (fléchisseur commun superficiel des doigts)
Fléchisseur ulnaire du carpe [8] (cubital antérieur)
Gastrocnémien [13] (jumeaux de la jambe)
Génioglosse [14]
Géniohyoïdien [14]
Gracile [11] (droit interne de la cuisse)
Grand adducteur [11] (3e adducteur)
Grand dorsal [6]
Grand fessier [11] (grand glutéal)
Grand pectoral [6]
Grand rond [6]
Grand zygomatique [14]
Hyoglosse [14]
Iliaque [11]
Iliocostal des lombes [9]
Iliocostal du cou [9]
Iliocostal du thorax [9] (long costal)
Infraépineux [6] (sousépineux)
Intercostaux externes [10]
Intercostaux internes [10] (intercostaux moyens)
Intercostaux intimes [10] (intercostaux internes)
Interépineux [9]
Interosseux dorsaux de la main [8]
Interosseux dorsaux du pied [13]
Interosseux palmaires [8]
Interosseux plantaires [13]
Intertransversaires [9]
Lombricaux de la main [8]
Lombricaux du pied [13]
Long abducteur du pouce [8]
Long adducteur [11] (1er adducteur)
Long de la tête [9] (grand droit antérieur de la tête)
Long du cou [9]
Long extenseur de l'hallux [13] (extenseur propre du gros orteil)
Long extenseur des orteils [13] (extenseur commun des orteils)
Long extenseur du pouce [8]
Long extenseur radial du carpe [8] (1er radial externe)
Long fibulaire [13] (long péronier latéral)
Long fléchisseur de l'hallux [13] (long fléchisseur propre du gros orteil)
Long fléchisseur des orteils [13] (long fléchisseur commun des orteils)
Long fléchisseur du pouce [8]
Long palmaire [8] (petit palmaire)

Longissimus de la tête [9] (petit complexus)
Longissimus du cou [9] (transversaire du cou)
Longissimus du thorax [9] (long dorsal)
Masseter [14]
Mentonnier [14] (de la houppe du menton)
Moyen fessier [11] (moyen glutéal)
Multifides [9] (transversaire épineux)
Mylohyoïdien [14]
Oblique externe de l'abdomen [9] (grand oblique de l'abdomen)
Oblique interne de l'abdomen [9] (petit oblique de l'abdomen)
Occipitofrontal [14] (épicrânien d'Albinus)
Omohyoïdien [14] (sternocléidohyoïdien)
Opposant du petit doigt [8]
Opposant du petit orteil [13]
Opposant du pouce [8]
Orbiculaire de la bouche [14] (orbiculaire des lèvres)
Orbiculaire de l'œil [14] (orbiculaire des paupières)
Pectiné [11]
Petit fessier [11] (petit glutéal)
Petit pectoral [5]
Petit rond [6]
Petit zygomatique [14]
Plantaire [13] (plantaire grêle)
Platysma [14] (peaucier du cou)
Poplité [12]
Procérus [14] (pyramidal du nez)
Psoas [9] [11]
Ptérygoïdien latéral [14] (ptérygoïdien externe)
Ptérygoïdien médial [14] (ptérygoïdien interne)
Releveur de la lèvre supérieure [14]
Rhomboïdes [5]
Risorius [14] (muscle rieur)
Rond pronateur [7]
Rotateurs du rachis [9]
Rotateurs externes ([11]
Sartorius [11]
Scalènes [9] (couturier)
Semiépineux de la tête [9] (grand complexus)
Semiépineux du cou [9]
Semiépineux du thorax [9]
Semimembraneux [11] (demimembraneux)
Semitendineux [11] (demitendineux)
Soléaire [13]
Splénius de la tête [9]
Splénius du cou [9]
Sternocléidomastoïdien [9]
Sternohyoïdien [14] (sternocléidohyoïdien)
Sternothyroïdien [14]

Styloglosse [14]
Stylohyoïdien [14]
Subclavier [5] (sousclavier)
Subscapulaire [6]
Supinateur [7] (court supinateur)
Supraépineux [6] (susépineux)
Temporal [14] (crotaphyte)
Tenseur du fascia lata [11]
Thyrohyoïdien [14] (hyothyroïdien)
Tibial antérieur [13] (jambier antérieur)
Tibial postérieur [13] (jambier postérieur)
Transverse de l'abdomen [10]
Trapèze [5]
Triceps brachial [7]
Troisième fibulaire [13] (péronier antérieur)
Vaste intermédiaire [12] (crural)
Vaste latéral [12] (vaste externe)
Vaste médial [12] (vaste interne)

INDEX DES FIGURES

N.B. : **A : articulations, M : mouvements, Mus : muscles**

Thème I

1.1 Axes et plans (antérolatérale)
1.2 **Régions** Tête
1.3 Tête (postérolatérale)
1.4 Cou (antérolatérale)
1.5 Tronc (antérieure)
1.6 Dos
1.7 Membre supérieur (antérieure)
1.8 Membre supérieur (postérieure)
1.9 Membre inférieur (antérieure)
1.10 Membre inférieur (postérieure)

Thème II

2.1 Os Constants du squelette
2.2 Fontanelles
2.3 Anatomie macroscopique
2.4 Structure de la substance compacte
2.5 Structure du cartilage
2.6 Constituants du tissu osseux
2.7 Ossification cartilagineuse
2.8 Croissance en longueur
2.9 Croissance en épaisseur

Thème III

3.1 Os Sutures
3.2 A Synchondrose
3.3 Symphyse
3.4 Synoviale typique
3.5 Coupe d'un disque
3.6 Coupe du labrum
3.7 Coupe d'un ménisque
3.8 M Flexion et extension (hanche)
3.9 Abduction et adduction (hanche)
3.10 A Sphéroïde
3.11 En selle
3.12 Ellipsoïde
3.13 Ginglyme
3.14 Trochoïde
3.15 Plane
3.16 M Élévation, abaissement (scapula)
3.17 Circumduction (bras)
3.18 Dorsiflexion, flexion plantaire (pied)

3.19		Éversion, inversion (pied)
3.20		Supination, pronation (avant-bras)
3.21		Protraction, rétraction (mandibule)

Thème IV

4.1	Mus	Cellule lisse
4.2		Cellule striée squelettique
4.3		Cellule myocardique
4.4		Coupe transversale
4.5		Types selon les fibres

Thème V

5.1	Os	Clavicule
5.2		Scapula
5.3	A	Acromioclaviculaire
5.4		Sternoclaviculaire
5.5	M	Scapula
5.6	Mus	Subclavier
5.7		Petit pectoral
5.8		Dentelé antérieur
5.9		Trapèze
5.10		Élévateur de la scapula
5.11		Rhomboïdes
5.12		Ceinture scapulaire (antérieure)
5.13		Ceinture scapulaire (postérieure)

Thème VI

6.1	Os	Humérus (antérieure)
6.1	(suite)	Humérus (postérieure)
6.2	A	Scapulohumérale
6.3		Épaule
6.4	Mus	Deltoïde
6.5		Supraépineux
6.6		Infraépineux
6.7		Grand rond
6.8		Petit rond
6.9		Coracobrachial
6.10		Subscapulaire
6.11		Grand pectoral
6.12		Grand dorsal
6.13		Profonds (épaule) (antérieure)
6.14		Épaule (postérieure)

Thème VII

7.1	Os	Radius, ulna (antérieure)
7.1	(suite)	Radius, ulna (postérieure)

7.2 A Huméroradiale, huméro-ulnaire
7.2 (suite) Coude
7.3 Radio-ulnaire proximale
7.4 Radio-ulnaire distale
7.5 M Avant-bras
7.6 Mus Biceps brachial
7.7 Brachial
7.8 Brachioradial
7.9 Rond pronateur
7.10 Carré pronateur
7.11 Supinateur
7.12 Triceps brachial
7.13 Anconé
7.14 Superficiels (bras) (antérieure)
7.15 Profonds (avant-bras)
7.16 Superficiels (bras) (postérieure)

Thème VIII

8.1 Os Carpe
8.2 Poignet, main (palmaire)
8.3 A Main (palmaire)
8.4 Radiocarpienne (palmaire)
8.5 Main (latérale)
8.6 Métacarpophalangienne
8.7 Interphalangienne
8.8 Carpométacarpienne (pouce)
8.9 Mus Fléchisseur radial (carpe)
8.10 Fléchisseur ulnaire (carpe)
8.11 Long palmaire
8.12 Long extenseur radial (carpe)
8.13 Court extenseur radial (carpe)
8.14 Extenseur ulnaire (carpe)
8.15 Fléchisseur profond (doigts)
8.16 Fléchisseur superficiel (doigts)
8.17 Extenseur commun (doigts)
8.18 Extenseur (index)
8.19 Extenseur (petit doigt)
8.20 Lombricaux (main)
8.21 Interosseux dorsaux (main)
8.22 Interosseux palmaires (main)
8.23 Abducteur (petit doigt)
8.24 Court fléchisseur (petit doigt)
8.25 Opposant (pouce)
8.26 Court fléchisseur (pouce)
8.27 Opposant (pouce)
8.28 Court abducteur (pouce)
8.29 Adducteur (pouce)

8.30		Long extenseur (pouce)
8.31		Court extenseur (pouce)
8.32		Long abducteur (pouce)
8.33		Long fléchisseur (pouce)
8.34		Avant-bras (antérieure)
8.35		Avant-bras (postérieure)
8.36		Profonds avant-bras (antérieure)
8.37		Profonds avant-bras (postérieure)
8.38		Éminences thénar, hypothénar
8.39		Dorsolatérale (main)

Thème IX

9.1	Os	Colonne vertébrale (latérale)
9.2		Vertèbre typique
9.3		Vertèbre cervicale typique
9.4		Atlas
9.5		Axis
9.6		Vertèbre dorsale typique
9.7		Vertèbre lombale typique
9.8		Sacrum, coccyx
9.9	A	Colonne vertébrale
9.10		Intervertébrales
9.12		Courbures rachidiennes (enfant)
9.13		Courbures rachidiennes (adulte)
9.14	M	Souplesse cervicale
9.15		Souplesse dorsale
9.16		Souplesse lombale
9.17	Mus	Carré des lombes
9.18		Droit de l'abdomen
9.19		Oblique externe de l'abdomen
9.20		Oblique interne de l'abdomen
9.21		Sternocléidomastoïdien
9.22		Scalènes
9.23		Profonds, région dorsale
9.24		Érecteurs du rachis
9.25		Paroi abdominale
9.26		Intrinsèques, colonne vertébrale

Thème X

10.1	Os	Thorax
10.2		Sternum
10.3		Costal
10.4	A	Tête costale
10.5		Costotransversaires
10.6		Sternocostales
10.7	Mus	Diaphragme
10.8		Dentelés

10.9 Transverse de l'abdomen
10.10 Élévateurs des côtes
10.11 Intercostaux
10.12 Thorax

Thème XI

11.1 Os Coxal (latérale)
11.1 (suite) Coxal (médiale)
11.2 Bassins, homme, femme
11.3 Fémur (antérieure)
11.3 (suite) Fémur (postérieure)
11.4 A Symphyse pubienne
11.5 Coxofémorale
11.6 M Hanche (plan sagittal)
11.7 Hanche (plan frontal)
11.8 Hanche (plan horizontal)
11.9 Mus Psoas, iliaque
11.10 Tenseur fascia lata, sartorius
11.11 Droit (cuisse)
11.12 Pectiné
11.13 Grand fessier
11.14 Biceps fémoral
11.15 Semimembraneux, semitendineux
11.16 Moyen fessier
11.17 Petit fessier
11.18 Gracile
11.19 Long adducteur
11.20 Court adducteur
11.21 Grand adducteur
11.22 Hanche et cuisse (antérieure)
11.23 Hanche et cuisse (postérieure)

Thème XII

12.1 Os Tibia, fibula (antérieure)
12.1 (suite) Tibia, fibula (postérieure)
12.2 Patella
12.3 A Tibiofibulaire
12.4 Genou
12.5 M Au genou
12.6 Rotation (flexion au genou)
12.7 Mus Compartiments (cuisse)
12.8 Quadriceps fémoral
12.9 Poplité
12.10 Hanche et cuisse (antérieure)
12.11 Hanche et cuisse (postérieure)

Thème XIII

13.1	Os	Tarse
13.2		Métatarse et orteils
13.3		Arcs (pied)
13.4	A	Cheville, pied
13.5		Orteils
13.6	M	Pied
13.7	Mus	Extrinsèques cheville, pied
13.8		Tibial antérieur
13.9		Long extenseur hallux, troisième fibulaire
13.10		Long extenseur orteils
13.11		Long fibulaire
13.12		Court fibulaire
13.13		Gastrocnémien, plantaire, soléaire
13.14		Long fléchisseur orteils, hallux
13.15		Tibial postérieur
13.16		Court extenseur orteils
13.17		Court fléchisseur, hallux, petit orteil, adducteur hallux
13.18		Court fléchisseur des orteils
13.19		Abducteur petit orteil
13.20		Carré plantaire, lombricaux
13.21		Abducteur hallux
13.22		Interosseux plantaires (3)
13.23		Interosseux dorsaux (4)
13.24		Opposant petit orteil
13.25		Jambe (latérale)
13.26		Profonds jambe
13.27		Dorsale pied
13.28		Superficiels plante du pied
13.29		Deuxième couche plante du pied
13.30		Troisième couche plante du pied

Thème XIV

14.1	Os	Crâne (latérale)
14.2		Crâne (inférieure)
14.3		Temporal
14.4		Ethmoïde
14.5		Sphénoïde
14.6		Maxillaire
14.7		Mandibule
14.8		Zygomatique
14.9		Vomer
14.10		Cornet nasal inférieur, palatin
14.11		De l'ouïe (osselets)
14.12		Hyoïde
14.13	Mus	Masseter, buccinateur
14.14		Corrugateur (sourcils)

14.15 Face
14.16 Temporal
14.17 Ptérygoïdiens
14.18 Extrinsèques (langue)
14.19 Cou

Thème XV

15.1 Leviers Premier genre, interappui (PAR)
15.2 Deuxième genre, interrésistant (ARP)
15.3 Troisième genre, interpuissant (APR)

INDEX DES PHOTOS

Thème I

1.1 Position anatomique (antérieure).
1.2 Position anatomique (postérieure).
1.3 Position anatomique de trois athlètes féminines (antérieure).
1.4 Position anatomique de trois athlètes féminines (postérieure).
1.5 Termes d'orientation (antérieure).
1.6 Termes d'orientation (postérieure).
1.7 Axes et plans corporels.

Thème II

2.1 Squelette antérieure (côté gauche).
2.2 Squelette postérieur (côté gauche).

Thème III

3.1 Les principales articulations (antérieur) (côté droit).
3.2 Flexion du bras.
3.3 Abduction du bras.
3.4 Rotation du bras.
3.5 Mouvements des membres supérieurs (plan horizontal).

Thème IV

4.1 Musculature d'un haltérophile.

Thème V

5.1 Vue postérieure des parties du trapèze.
5.2 Vue antérieure du trapèze.
5.3 Musculature du dos et des membres supérieurs.
5.4 Vue supérieure de la musculature des membres supérieurs.

Thème VI

6.1 Articulation de l'épaule.
6.2 Grand pectoral.
6.3 Grand pectoral (chef claviculaire) (chef sternal).

Thème VII

7.1 Articulation du coude.
7.2 Différentes positions de l'avant-bras.
7.3 Différentes positions des avant-bras.

Thème VIII

8.1 Vue latérale du membre supérieur.
8.2 Tendon du long palmaire et du fléchisseur ulnaire.
8.3 Tabatière anatomique.

Thème IX

9.2 Vue postérieure de la colonne vertébrale et du bassin.
9.3 Vue antérieure de la colonne vertébrale et du bassin.
9.4 Vue latérale de la colonne vertébrale et du bassin.
9.5 Vue postérieure de la colonne vertébrale (scoliose).
9.6 Flexion latérale du tronc.
9.7 Vue latérale du tronc.
9.8 Emplacement du disque intervertébral.
9.9 Hernie discale.
9.10 Contraction du sternocléidomastoïdien.
9.11 Linéa alba, droit de l'abdomen, oblique externe.

Thème XI

11.1 Vue antérolatérale de l'articulation de la hanche.
11.2 Vue postérolatérale de l'articulation de la hanche.
11.3 Sartorius.

Thème XII

12.1 Vue antérieure de l'articulation du genou.

Thème XIII

13.1 Vue supérieure des articulations de la cheville et du pied.
13.2 Mouvements du pied.
13.3 Muscle tibial antérieur.
13.4 Muscle gastrocnémien.
13.5 Vue inférieure des muscles et des articulations du pied.

Thème XIV

14.1 Muscle platysma.

Thème XV

15.1 Nathalie Lambert, patinage de vitesse (courte piste).

INDEX DES TABLEAUX

Thème I

2.1 Points d'ossification.

Thème III

3.1 Principales articulations fibreuses de l'organisme.
3.2 Principales articulations cartilagineuses de l'organisme.
3.3 Principales articulations synoviales de l'organisme.

Thème IV

4.1 Nerfs crâniens.
4.2 Nerfs spinaux.
4.3 Plexus nerveux.

Thème V

5.1 Muscles et mouvements de la ceinture scapulaire.

Thème VI

6.1 Relations fondamentales entre les mouvements de la ceinture scapulaire et les mouvements du bras.
6.2 Muscles et mouvements de l'épaule.

Thème VII

7.1 Muscles et mouvements au coude et de l'avant-bras.

Thème VIII

8.1 Muscles et mouvements au poignet.
8.2 Muscles et mouvements des doigts.
8.3 Muscles intermédiaires.
8.4 Éminence hypothénar.
8.5 Les muscles agissant sur le pouce.
a) Muscles intrinsèques.
b) Muscles extrinsèques.
8.6 Innervation principale du membre supérieur.

Thème IX

9.1 Muscles prévertébraux.
9.2 Muscles profonds de la région dorsale.
9.3 Muscles semiépineux.
9.4 Muscles érecteurs du rachis.

Thème XI

11.1 Muscles de l'articulation de la hanche.

Thème XII

12.1 Muscles de l'articulation du genou.

Thème XIII

13.1 Innervation principale du membre inférieur.

Thème XIV

14.1 Les os de la tête.

Thème XV

15.1 Symboles à utiliser pour une analyse cinésiologique.
15.2 Analyse cinésiologique d'un mouvement simple.
15.3 Analyse simplifiée d'un geste technique.

BIBLIOGRAPHIE

Asimov, I., *L'homme, ses structures et sa physiologie, 1. Le corps,* Marabout Université, Belgique, 1963, 287 pages.

Basmajian, J.V., *Anatomie,* Septième édition, Maloine, S.A., Éditeur, Paris, 1977, 461 pages.

Bénassy, J., *Traumatologie sportive,* Deuxième édition, Masson, S.A., Paris, 1981, 196 pages.

Bouchet, A., *Tête et cou, Fascicule 12 : muscles et organes,* dans Anatomie, schémas de travaux pratiques, Éditions Vigot, Paris, 1966, 127 pages.

Bresse, G., *Morphologie et physiologie animales.* Librairie Larousse, Paris, 1968, 1056 pages.

Castaing, J., *1. Le complexe de l'épaule,* dans Anatomie fonctionnelle de l'appareil locomoteur, par J. Castaing et Ph. Burdin, Éditions Vigot, Paris, 1979, 47 pages.

Castaing, J., *2. La prosupination,* dans Anatomie fonctionnelle de l'appareil locomoteur, par J. Castaing et Ph. Burdin. Éditions Vigot, Paris, 1979, 29 pages.

Castaing, J., *3. Les doigts,* dans Anatomie fonctionnelle de l'appareil locomoteur, par J. Castaing et Ph. Burdin, Éditions Vigot, Paris, 1979, 41 pages.

Castaing, J., *4. La hanche,* dans Anatomie fonctionnelle de l'appareil locomoteur, par J. Castaing et Ph. Burdin, Éditions Vigot, Paris, 1979, 65 pages.

Castaing, J. et Burdin, Ph., *5. Le genou,* dans Anatomie fonctionnelle de l'appareil locomoteur, par J. Castaing et Ph. Burdin, Éditions Vigot, Paris, 1979, 83 pages.

Castaing, J. et Delplace, J., *6. La cheville,* dans Anatomie fonctionnelle de l'appareil locomoteur, par J. Castaing et Ph. Burdin, Éditions Vigot, Paris, 1979, 53 pages.

Castaing, J. et Santini, J.J., *7. Le rachis,* dans Anatomie fonctionnelle de l'appareil locomoteur, par J. Castaing et Ph. Burdin, Éditions Vigot, Paris, 1960, 111 pages.

Chevrel, J.P., Guéraud, J.P. et Lévy, J.B., *Anatomie générale,* Troisième édition, Masson, S.A., Paris, 1983, 189 pages.

Clemente, C., *Anatomy,* Baltimore, 1987, 439 pages.

Depreux, R., *Les parois du tronc, Fascicule 5 : myologie/angéiologie/névrologie,* dans Anatomie, schémas de travaux pratiques, Éditions Vigot, Paris, 1964, 118 pages.

Domart, A. et Bourneuf, J., *Petit Larousse de la Médecine,* 2 tomes, Librairie Larousse, Paris, 1976, 995 pages.

Donnelly, J.E., *Living Anatomy,* Human Kinetics Publishers, Inc., Champaign, Illinois, 1982, 195 pages.

Kamina, P., *Dictionnaire Atlas d'anatomie,* 3 volumes, Paris, Maloine, S.A., Éditeur, 1983, 1843 pages.

Kapit, W. et Elson, L.M., *L'anatomie à colorier,* Maloine, S.A., Éditeur, Paris, 1983, 144 pages.

Latarjet, A., *Manuel d'anatomie appliquée à l'éducation physique et à la kinesthérapie,* Éditions Doin, Paris, 1965, 688 pages.

Libersa, C., *Myologie, angéiologie, névrologie, topographie, Fascicule 4 : membre inférieur,* dans Anatomie, schémas de travaux pratiques, éditions Vigot, Paris, 1960, 114 pages.

Libersa, C., *Myologie, angéiologie, névrologie, topographie, Fascicule 4 : membre inférieur,* dans Anatomie, Schémas de travaux pratiques, Editions Vigot, Paris, 1960, 114 pages.

Luttgens, K. et Wells, K., *Kinesiology,* Saunders, Philadelphie, 1982, 656 pages.

Olivier, G., *Ostéologie et arthrologie, Fascicule 1 : le squelette appendiculaire,* dans Anatomie, schémas de travaux pratiques, Éditions Vigot, Paris, 1964, 113 pages.

Olivier, G., *Ostéologie et arthrologie, Fascicule 2 : le squelette axial,* dans Anatomie, schémas de travaux pratiques, Éditions Vigot, Paris, 1970, 82 pages.

Pépin, Marie-Andrée, *Systèmes osseux et musculaire,* Décarie, Éditeur, Montréal, 1981, 123 pages.

Perrott, J.W., *Anatomie,* Éditions Vigot, Paris, 1984, 496 pages.

Poirier, J., *Histologie humaine, fascicule 1,* Troisième édition, Maloine, S.A., Éditeur, Paris, 1977, 104 pages.

Poirier, J., *Histologie humaine, fascicule 2,* Troisième édition, Maloine, S.A., Éditeur, Paris, 1977, 88 pages.

Rasch, P.J. et Burke. R.K., *Kinesiology and Applied Anatomy*. Sixth Edition, Lea & Febiger, Philadelphia, 1978, 496 pages.

Seguy, B., *Anatomie, Fascicule 1*, dans Dossiers médico-chirurgicaux de l'infirmière, Troisième édition, Maloine, S.A., Éditeur, Paris, 1975, 139 pages.

Spence, A.P. et Mason, E.B., *Anatomie et physiologie : une approche intégrée*, Éditions du Renouveau Pédagogique inc., Montréal, Québec, 1983, 855 pages.

Van de Graaff, K. et Fox, S., *Concepts of Human Anatomy and Physiology*, Brown, 1986, 1080 pages.

Vandervael, F., *Analyse des mouvements du corps humain*, Cinquième édition, Éditions Desoer, Liège, 1966, 168 pages.

Weineck, J., *Anatomie fonctionnelle du sportif*, Masson, S.A., Paris, 1985, 201 pages.

Le papier utilisé pour cette publication satisfait aux exigences minimales contenues dans la norme American National Standard for Information Sciences - Permanence of Paper for Printed Library Materials, ANSI Z39.48-1992.

Achevé d'imprimer
en août 1993 sur les presses
des Ateliers Graphiques Marc Veilleux Inc.
Cap-Saint-Ignace (Québec).